国家自然科学基金项目
江西省研究生优质课程建设项目　联合资助
江西理工大学著作出版基金

普通高等教育"十二五"规划教材

融媒体教材·金石悦学

# 基于 ArcObjects 与 C# .NET 的 GIS 应用开发

兰小机　刘德儿　魏瑞娟　编著

北　京
冶 金 工 业 出 版 社
2020

## 内容提要

本书在广泛的社会需求调查的基础上，选择国际流行的、最具代表性的、最新版本的 ArcObjects 作为 GIS 开发组件，以 C#．NET 作为开发环境，全面系统地阐述了应用型 GIS 工程项目开发的基本思路、技术方法和应用实例。本书从 GIS 应用开发的角度，系统详细地阐述了 GIS 应用开发基础、ArcGIS 应用程序框架、使用 ArcObjects 控件编程、几何对象与空间参考、地图及相关对象、空间数据的可视化表达、空间数据管理、地理处理框架、空间查询与空间分析、空间数据编辑以及三维 GIS 应用开发基础。书中每部分内容的讲解都配有关键的源代码，本书附带的数字资源中包含每部分内容涉及的完整源代码，读者可以方便地进行学习，并根据需要进行开发。

本书可作为高等院校地理信息系统、测绘等专业的本科生和研究生的教材，也可供从事地理信息系统开发和相关软件开发人员阅读参考。

**图书在版编目(CIP)数据**

基于 ArcObjects 与 C#．NET 的 GIS 应用开发/兰小机，刘德儿，魏瑞娟编著．—北京：冶金工业出版社，2011.12（2020.1 重印）
普通高等教育“十二五”规划教材
ISBN 978-7-5024-5802-7

Ⅰ.①基… Ⅱ.①兰… ②刘… ③魏… Ⅲ.①地理信息系统—程序设计—应用软件，Arcs—高等学校—教材 ②C 语言—程序设计—应用—地理信息系统—高等学校—教材 Ⅳ.①P208

中国版本图书馆 CIP 数据核字(2011)第 259456 号

出 版 人　陈玉千
地　　址　北京市东城区嵩祝院北巷 39 号　邮编　100009　电话　(010)64027926
网　　址　www.cnmip.com.cn　电子信箱　yjcbs@cnmip.com.cn
责任编辑　王梦梦　美术编辑　彭子赫　版式设计　孙跃红
责任校对　王永欣　责任印制　李玉山
ISBN 978-7-5024-5802-7
冶金工业出版社出版发行；各地新华书店经销；北京印刷一厂印刷
2011 年 12 月第 1 版，2020 年 1 月第 5 次印刷
787mm×1092mm　1/16；24.25 印张；589 千字；375 页
**50.00** 元

**冶金工业出版社　投稿电话　(010)64027932　投稿信箱　tougao@cnmip.com.cn**
**冶金工业出版社营销中心　电话　(010)64044283　传真　(010)64027893**
**冶金工业出版社天猫旗舰店　yjgycbs.tmall.com**

# 前　言

软件重用及开发效率始终是软件开发的核心问题。在早期（面向过程语言），人们为了重用，将一些基本的数学计算函数和界面设计函数设计成函数库，让其他软件开发人员调用，这为应用开发者提供了方便，但是重用的粒度太小。面向对象语言的出现提高了编程的粒度。面向对象语言的基本单位是类，它封装了数据成员和函数成员，将软件重用单元的粒度提高了一个等级；开发人员需要直接操作的不是过程和函数，而是更高层次上的类。但是，一个类提供了很多的属性、方法，如果不加区别地堆积在类中，当开发人员需要寻找一个方法的时候，不得不遍历它们，这样很不方便。COM 组件技术（接口）的出现，解决了以上问题，它将类的内部属性和方法进行分类，即将功能相近的属性、方法组织到同一个接口中，通过接口来管理类中的属性、方法，但 COM 也存在一个致命的缺陷——“DLL 灾难”，即多个应用程序可以共享相同的 COM 组件，如果某个应用程序升级了共享的 COM 组件，就很可能导致其他的某个应用程序无法使用新组件，进而导致应用程序不能运行的情况。.NET 技术的出现解决了“DLL 灾难”问题。

ArcGIS 是一套完整的 GIS 平台产品，具有强大的地图制作、空间数据管理、空间分析、空间信息整合、发布与共享的能力。ArcGIS 不但支持桌面环境，还支持移动平台、Web 平台、企业级环境以及云计算架构。ArcGIS 同时为开发人员提供了功能丰富的 GIS 应用开发组件 ArcObjects，使开发人员能够轻松构建个性化的 GIS 应用。

C# .NET 具有易学易用、开发效率高等优势，已经成为广大应用开发人员首选的开发环境。本书以 ArcObjects 10.0 作为 GIS 开发组件，以 C# .NET 作为开发环境（Visual Studio 2010），从 GIS 应用开发的角度，全面系统地论述了应用型 GIS 工程项目开发的相关技术问题。具体内容包括：第 1 章介绍了 GIS 应用开发的相关基础；第 2 章阐述了 ArcGIS 应用程序框架的内容以及自定义应用程序框架元素的开发；第 3 章介绍了 ArcObjects 中的主要控件及其接口，阐述了如何使用控件进行独立的GIS应用开发，以及在WPF程序中如何使用ArcObjects控件；第4章阐述了ArcObjects中的几何对象、空间参考以及如何使用它们；第5章阐述了地图的组成及相关对象，以及在开发中如何使用它们；第6章阐述了空间数据可视化的主要对象以及如何实现各种类型的空间数据符号化；第7章阐述了在GIS应用开发中如何使用各种类型的空间数据；第8章介绍了ArcGIS地理处理框架以及在开发过程中如何使用地理处理工具；第9章介绍了空间查询、空间分析的相关基础，阐述了主要的空间查询、空间分析功能如何实现；第10章介绍了空间数据编辑的相关基础，阐述了常见的空间数据编辑功能的实现；第11章介绍了三维GIS应用开发的两个控件及其主要接口，阐述了基本的三维分析功能的实现。

为了帮助读者快速学习本书内容，本书附带的数字资源中提供了每部分内容涉及的完整源代码，读者在学习过程中，可参阅本书附带的光盘。

本书是作者近十年教学、科研工作的总结与升华。本书的讲义已在江西理工大学等高校的地理信息系统、测绘等本科专业和研究生教学中使用近十届，历经多次修改，现终于正式出版。在此，首先要感谢南京师范大学的闾国年教授、汤国安教授、盛业华教授等对本书编写的悉心指导和大力帮助；感谢江西理工大学地理信息学科的同仁们为本书编写提出的许多宝贵意见；感谢邓凯、蔡竹静、韩立钦、王志红、隋德志、戢武平、张国锋等为本书编写所做出的贡献。在本书编写过程中还得到了江西省测绘局、江西省基础地理信息中心、江西省遥感信息中心、山东正元地理信息工程有限责任公司、江西省赣州市规划建设局、江西省萍乡市规划局等单位的领导和同行的支持与帮助，在此一并表示感谢！

由于作者水平所限，书中不足和疏漏之处在所难免，敬请读者批评指正。

编著者

2011年10月

# 目　录

# 1 GIS 应用开发基础

随着计算机软件技术的发展，组件技术已经成为 GIS 应用开发的主流。ArcObjects 是美国 ESRI 公司开发的基于 Microsoft 的 COM 技术的一套 GIS 组件产品，它提供了几乎全部底层的 GIS 功能，开发人员可以使用 ArcObjects 开发自己的 GIS 应用程序。使用 ArcObjects 进行组件式 GIS 二次开发，是目前最流行、最灵活和最稳定的 GIS 开发方式，本书的开发语言采用 C# .NET（Visual Studio 2010）。

本章将介绍使用 ArcObjects 在 C# .NET 环境下进行 GIS 应用开发所涉及的基础知识，主要内容包括：ArcObjects 基础、组件对象模型、.NET 平台概述、.NET 组件与 COM 组件的互操作、ArcGIS 系列产品及开发方式、ArcGIS Visual Studio IDE 集成框架。

## 1.1 ArcObjects 基础

### 1.1.1 ArcObjects 简介

ArcObjects（通常简称为 AO）是 ESRI 公司 ArcGIS 系列产品的开发平台，它是基于 Microsoft COM 技术所构建的 GIS 组件产品，是一套可重用的、通用的二次开发组件产品，它可以用于大量开发框架中，如 .NET、Visual C ++ 、Java 等开发环境，因此开发人员可以在自己熟悉的开发环境中利用 ArcObjects 开发 GIS 应用程序。ArcObjects 不是为最终用户而是专门为开发人员提供的二次开发组件。

ArcObjects 是 ArcGIS 系列产品的基础，大部分 ArcGIS 产品都是由 ArcObjects 构建的（图 1-1）。ArcGIS Engine（通常简称为 AE）是一个完整的嵌入 GIS 组件库和工具，开发人

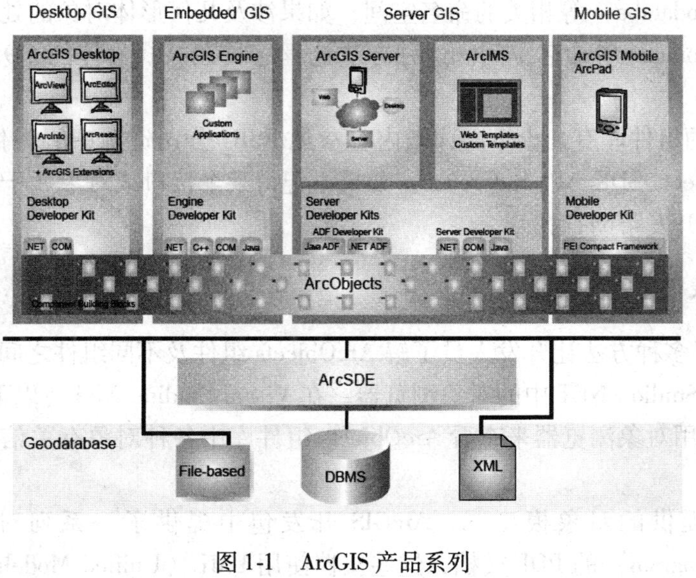


图 1-1 ArcGIS 产品系列

员可以用来创建新的独立的 GIS 应用程序或者在自定义的应用程序或已经存在的应用程序中嵌入 GIS 功能。ArcGIS Engine 是 ArcObjects 的子集，主要用于独立的 GIS 应用开发，它不依赖于 ArcGIS Desktop。

学习 ArcObjects 的程序员，必须熟练掌握 ArcGIS 桌面软件的一般操作，尤其是 ArcMap 和 ArcCatalog 两个应用程序，只有较好地掌握了 GIS 平台软件功能及其操作，才能开发出更好的 GIS 应用系统。

### 1.1.2 ArcObjects 的组件库

ArcObjects 是一套庞大的 COM 组件集合，ArcGIS 各版本各种 COM 类型统计见表 1-1。

**表 1-1 ArcObjects 各版本 COM 类型统计**

| COM 类型 | Enums | Structs | Interfaces | Classes | Total |
|---|---|---|---|---|---|
| ArcGIS 9. 0 | 628 | 35 | 3029 | 2322 | 6014 |
| ArcGIS 9. 1 | 933 | 36 | 3918 | 3043 | 7930 |
| ArcGIS 9. 2 | 1100 | 40 | 4798 | 3832 | 9770 |
| ArcGIS 9. 3 | 1195 | 51 | 5206 | 4050 | 10502 |
| ArcGIS 10. 0 | 1053 | 93 | 5555 | 4081 | 10782 |

为了更好地管理 ArcObjects 中数目众多的 COM 对象，ESRI 将它们放置在不同的组件库中。对于 . NET 来说，一个组件库就是一个程序集（assembly），一个程序集包含多个不同的命名空间（NameSpace）。如 ESRI. ArcGIS. ADF. Local 程序集的命名空间包括：ESRI. ArcGIS. ADF. BaseClasses、ESRI. ArcGIS. ADF. CATIDs、ESRI. ArcGIS. ADF. COMSupport 和 ESRI. ArcGIS. ADF. Serialization。

命名空间将功能相同或者相似的 COM 对象在逻辑上松散组织起来。在 ArcObjects 中，众多的组件放在不同命名空间。如果要进行地理数据操作，需要引入 ESRI. ArcGIS. Geodatabase 等相关的命名空间；如果涉及几何形体对象的处理，就需要引入 ESRI. ArcGIS. Geometry 等命名空间。这种方法让程序员在寻找具体的 COM 对象时更有目标性。

ArcObjects 的组件库有几十个，详细内容参见 ESRI 公司资源中心提供的 Learning ArcObjects、ArcObjects SDK API Reference。如果不记得某个接口或对象属于哪个命名空间的时候，可以通过开发帮助查找。

### 1.1.3 理解对象模型图

ESRI 提供了多种方法让开发人员了解 ArcObjects 组件及不同组件之间的关系：

（1）Visual Studio . NET 中的对象浏览器。在 Visual Studio . NET（以下简称 VS . NET）环境中，可以使用对象浏览器来查看 ArcObjects 组件库中各种对象有关信息，对象浏览器如图 1-2 所示。

（2）ESRI 提供的对象模型图。ArcGIS 开发包中提供了一系列对象模型图 OMD（Object Model Diagram）的 PDF 文档，这些文档使用 UML（Unified Modeling Language，统

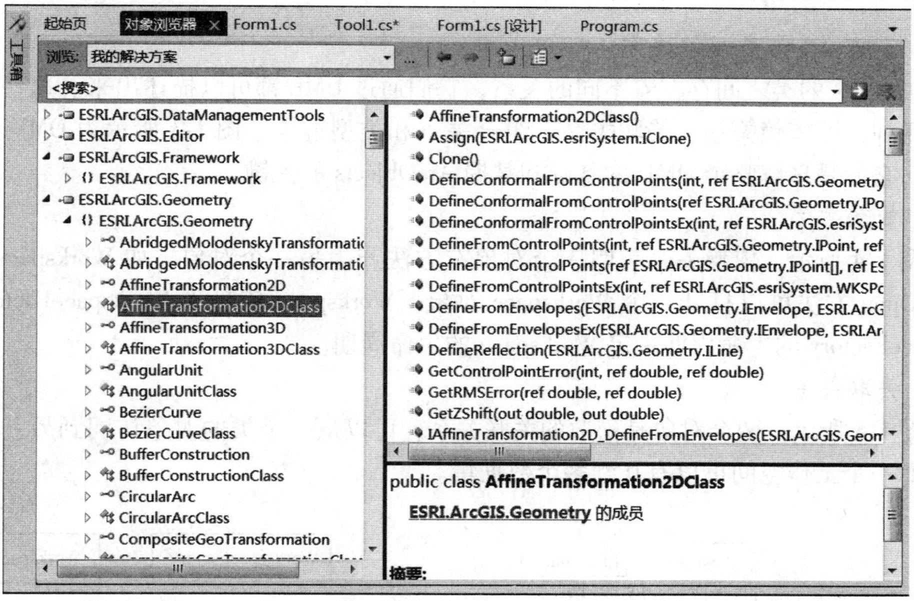


图 1-2　VS .NET 中的对象浏览器

一建模语言）描述了 ArcObjects 中对象及对象之间的关系，它补充了在对象浏览器中看不到的信息。OMD 可以帮助程序员来了解类之间的关系，如何从一个类到另一个类，选择正确的接口，获取需要的属性和方法等。通过阅读 ArcObjects 的 OMD，可以很快地熟悉 ArcObjects 的结构和不同组件之间的关系。

（3）开发帮助、ArcObjects 库参考。通过查阅开发帮助、ArcObjects 库参考，可以详细了解 ArcObjects 组件、接口等的功能、用法等。

ArcObjects 程序员在学习 ArcObjects 二次开发中，应该养成一个良好的阅读 OMD 的习惯，灵活地使用对象浏览器、开发帮助和库参考，是熟悉和掌握 ArcObjects 的最佳途径。

#### 1.1.3.1　类与对象

在 ArcObjects 中存在三种类型的类：抽象类（Abstract Class）、组件类（CoClass）和普通类（Class）。

抽象类不能用于产生一个新的对象，但是可以用于定义一个子类。

组件类是一个可以直接创建对象实例的类，它的实例对象不依赖其他对象的存在而存在，其生存周期也不用其他的对象管理。在 C# .NET 环境中，可以使用这样的语句：

```
IMap pMap = new MapClass();
```

这里的 MapClass 就是一个组件类，它可以使用 new 关键字来产生一个对象 pMap。

普通类不能够直接产生一个对象，但它可以用其他的普通类或组件类的方法产生，而不是使用 new 关键字来完成。如 Workspace（工作空间）是一个普通类，这意味着开发人员不能直接新建它；为了获得一个工作空间，需要使用 WorkspaceFactory 对象来创建或打开一个 Workspace。可以使用以下代码打开一个工作空间：

```
IWorkspaceFactory workspaceFactory = new FileGDBWorkspaceFactoryClass();
```

*workspaceFactory. OpenFromFile(fileName, 0)*;

### 1.1.3.2 类与类间的关系

ArcObjects 的类之间存在着不同的关系，它们通过 UML 都可以描述出来。这些关系主要分为四种，即依赖关系、关联关系、组合关系和类型继承。图 1-3 所示为 OMD 的类结构关系，它们是理解整个 OMD 的基础和掌握 ArcObjects 的关键。

A 依赖关系

如图 1-4 所示，依赖关系表明一个对象有方法产生另一个对象。如 WorkspaceFactory 有一个 Open 方法可以打开一个 Workspace 对象。Workspace 依赖于 WorkspaceFactory，即 WorkspaceFactory 的生命周期决定 Workspace 的生命周期。

B 关联关系

如图 1-5 所示，两个对象是松散的关联关系，可以从一个类的对象访问到另一个类的对象。如一个工作空间可以有 0 到多个数据集。

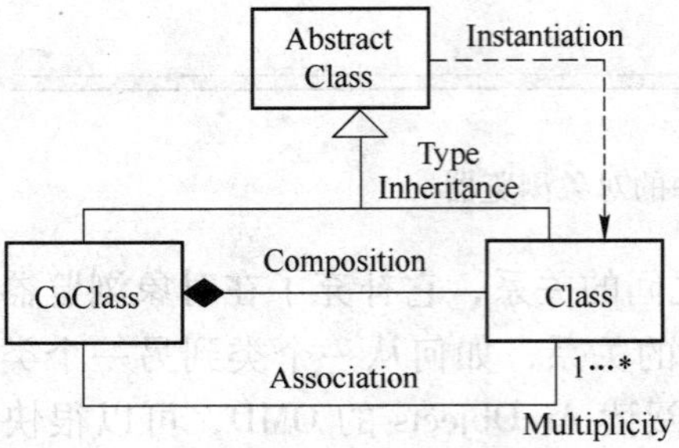


图 1-3 OMD 的类结构关系

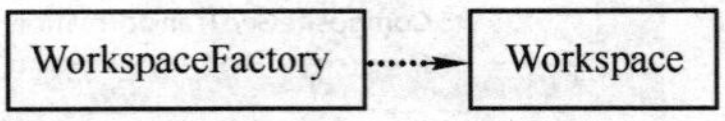


图 1-4 依赖关系

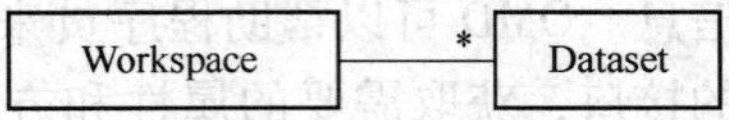


图 1-5 关联关系

在 ArcObjects 中，关联关系也很普遍，如 Workspace 与 Dataset、Table 与 Fields、MapControl 与 Map 的关系等。

C 组合关系

如图 1-6 所示，两个对象属于紧密的组合关系。地图（Map）对象由 0 到多个图层（Layer）组成。

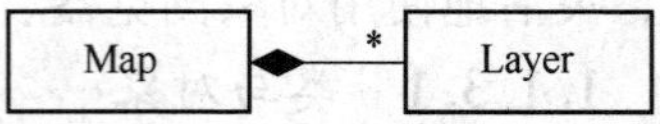


图 1-6 组合关系

组合关系在 ArcObjects 中很常见，如地图文档由 0 到多个地图对象组合而成；工具条控件（ToolbarControl）由 0 到多个工具条项（ToolbarItem）组成等。

D 类型继承

类型继承关系在 ArcObjects 中比比皆是，如几何对象模型中几何对象之间的继承关系、Geodatabase 中数据集之间的继承关系等等。图 1-7 列出了 Geodatabase 中 Table、ObjectClass、FeatureClass 之间的继承关系。

类之间的继承可以看做是类功能的扩展，即子类在保存父类的属性和行为的基础上会增加自己特有的行为和属性。正是这种扩展使得对象具有了更强的生命力和使用范围。

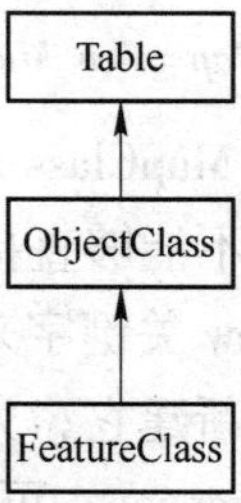


图 1-7 类型继承关系

# 1.2　组件对象模型

## 1.2.1　软件开发历史

软件重用和开发效率始终是软件开发的核心问题。程序员希望能够编写一次代码，在任何地方都可以运行。

在早期（面向过程语言），人们为了重用，将一些基本的数学计算函数和界面设计函数设计成函数库，让其他软件开发人员调用。它为应用开发者提供了方便，但是重用的粒度太小。

面向对象语言的出现，提高了编程的粒度。面向对象语言的基本单位是类，它封装了数据成员和函数成员，将最小组件的粒度提高了一个等级。程序员需要直接操作的不是过程和函数了，而是更高层次上的类。但是，做成了类并没有解决编程中所有问题，新的问题随之而来。一个类，它提供了很多种方法和属性，这些方法和属性其实可以分组，为不同的功能服务，但是类并没有做这个管理，它只是一个属性和方法的容器。在 ArcObjects 中，Map 对象拥有很多类型的功能，像管理图层、管理元素、管理选择集、显示地图等，每种不同的功能群都有好多方法和属性，如果这些属性和方法是杂乱无章，没有任何区别地堆积在一个类里面，当程序员需要寻找一个方法的时候，不得不遍历它们，这样做很不方便。

COM 技术（接口）的出现，解决了以上问题，将类的内部属性和方法进行分类。例如在 Map 类中有好几个接口，在这些接口中定义不同功能组的方法和属性，Map 实现了这些接口，这样就可以使用接口进行定义，如：

```
IGraphicsContainer    pGraphicsContainer = pActiveView.FocusMap as IGraphicsContainer;
```

pGraphicsContainer 对象现在可以使用的属性和方法就只能是 IGraphicsContainer 接口定义的那部分，而不能使用其他接口定义的方法和属性，那如何使用其他接口定义的属性和方法呢？这就是所谓的 QI（Query Interface）功能，即从对象的一个接口查询另一个接口定义的属性和方法，如：

```
IActiveView    pActiveView = pGraphicsContainer as IActiveView;
```

通过上面的操作，pActiveView 现在就可以使用 Map 类中 IActiveView 接口定义的属性和方法了，这就实现了在一个类的不同接口之间的转换。

但 COM 也存在一个严重的问题——“DLL 灾难”，.NET 技术的出现解决了“DLL 灾难”问题。

## 1.2.2　什么是组件对象模型

随着计算机技术的发展和应用范围的不断延伸，计算机软件系统的规模也在不断扩大，结构越来越复杂，代码越来越长，维护越来越困难，从过去几百行代码扩大到几万甚至几十万、几百万行代码的软件系统随处可见。因此，设计一个功能完善，结构优良，开发效率高，稳定性和安全性强，扩展方便，维护简单，易于复用，生命周期长，投资成本低的软件系统，一直是系统管理、设计和开发者所追求的目标之一。

组件软件技术的基本思想是：将大而复杂的软件应用分成一系列可先行实现、易于开发、理解和调整的软件单元组件。每个组件功能确定，单独设计，分开编码，最后用组件组装应用，完成系统开发和部署。因此，以组件为基础的软件系统解决方案，开发效率高，投资少，维护成本低，复用能力强，软件升级简单。

组件技术标准有：

（1）COM（DCOM）：微软的组件对象模型((Distributed) Component Object Model)。

（2）JavaBean：Sun公司的基于Java的组件技术。

（3）CORBA：对象管理组织（Object Management Group，OMG）的组件技术标准，公共对象请求代理结构（Common Object Request Broker Architecture，CORBA）。

微软的COM模型是一种二进制标准，它允许任意两个组件按照一定规则互相通信，而不管它们是在什么计算机上运行(只要计算机是相联的)，不管组件所在计算机运行的是什么操作系统(只要该系统支持COM)，也不管该组件是用什么语言编写的(只要该语言支持编写的组件遵守COM标准)。

遵守COM标准的类的实例称为COM对象，COM对象有三个公认的特点：抽象、多态和继承。

抽象是指COM对象被很好地封装起来，程序员无法获得对象的内部实现细节。实际上，ArcObjects程序员也并不需要知道这些细节，除非想窥探到程序的核心算法。对象的封装是如此的严密，以至于COM对象通常被描绘为盒子。尽管实现细节不会告诉使用者，但程序员可以通过接口来访问COM对象中的相关的属性和方法。即COM对象之间并不能够直接联系，它们是通过接口来接触的。

多态是指可以通过同样的方法去处理不同类型的对象，这些对象将能够正常运行，这是因为不同的对象会以不同的方式去实现这些方法。当外部访问某个对象的时候，对象会自动知道自己该调用什么方法去完成任务。

继承分为实现继承和接口继承两种类型。实现继承是子类对象可以从其父类对象继承其程序，当外界调用子类中继承的方法的时候使用的其实是父类的方法；对于接口继承而言，对象继承的只是其父类方法的声明，对象必须自己去完成这些方法的实现。

COM技术是一个较复杂的知识体系。在使用基于COM技术的ArcObjects编程中，程序员需要了解COM技术的以下知识要点：

（1）COM是一种二进制级别的组件通信标准——接口（Interface），它定义了组件之间应该如何通信、一个COM对象的不同接口之间如何查询等。

（2）COM对象也是基于面向对象标准的。COM对象可以以DLL或者EXE文件形式存在，它包含着接口的具体实现。使用者可以通过接口来访问它内部的方法、属性。

（3）COM对象必须实现IUnknown接口，它负责管理COM对象生命周期并在运行时刻提供类型查询，当COM对象不被使用的时候，是这个接口定义的方法负责释放内存。

（4）QI即查询接口。由于一个COM对象有很多个接口，不同的接口管理着COM的不同类型的方法、属性，因此从一个接口可以使用的属性方法转到另一个接口可以使用的属性方法的过程称为QI。这个过程也是由IUnknown接口管理的。

下面是一个查询接口的例子：

```
IMap pMap;   IActiveView pActiveView;
pMap = axMapControl1. Map;//获取控件中的地图
...
pActiveView = pMap as IActiveView;//QI
//pActiveView = (IActiveView)pMap;//or using
```

(5) 每个组件都有一个独一无二的标识 GUID。接口的 GUID 称为 IID，而组件类的 GUID 称为 CLSID。CLSID 还有一个文本别名，即所谓的 ProgID，它是一个由项目名加组件类类名组成的字符串。

(6) 一个 COM 对象可以有多个接口，一个接口也可以被多个 COM 对象实现。

(7) 接口分为两种，即内向接口和外向接口。内向接口(Inbound Interface)是组织 COM 对象相关的方法和属性，COM 对象必须实现所有的接口内容；外向接口(Outbound Interface)是用于组织 COM 对象相关的事件，开发人员根据需要实现事件接口。

(8) 接口可以从多个父接口继承。接口继承机制是非常有用的，在很多时候程序员可以将一个子接口类型的对象定义为父接口类型的对象，从而实现一般化的操作，如：

```
private void CreateGeometry(IPolygon pPolygon)
private void CreateGeometry(IGeometry pPolygon)
```

(9) COM 对象的接口一旦被公布，就不能再修改，但可以增加新接口，在 ArcObjects 中有很多以“2”、“3”结尾的接口，都是这样发展的产物。

(10) COM 组件必须被注册后才能使用。

COM 组件模型有很多优点，但它也有致命的缺陷。由于 COM 对象可以被重用，这样多个程序可能使用同一个 COM 对象，如果这个 COM 组件升级了，就很可能出现其中某个程序无法使用新组件，导致程序不能运行的情况，这种情况被称为“DLL HELL”(“DLL 灾难”，COM 对象常常被编译为 dll 文件)。有时安装了新软件后很多其他的软件都无法使用，往往就是这个原因。

## 1.3 .NET 平台概述

针对 Windows 平台存在的缺陷，微软提出了全新的 .NET 技术体系，其主要包括 .NET Framework 和 Visual Studio .NET 两部分。

Visual Studio .NET 是一套完整的开发工具，用于生成各种类型的应用程序，包括 ASP Web 应用程序、XML Web services、桌面应用程序和移动应用程序。Visual C# .NET、Visual Basic .NET、Visual C ++ .NET 和 Visual J# .NET 全都使用相同的集成开发环境(IDE)，该环境允许它们共享工具并有助于创建混合语言解决方案。

.NET Framework 是生成、部署和运行 Web 服务及应用程序的平台。.NET Framework 包含两个主要组件：通用语言运行时(Common Language Runtime, CLR)和 .NET Framework 类库，如图 1-8 所示。

### 1.3.1 通用语言运行时

通用语言运行时管理内存、线程执行、代码执行、代码安全验证、编译以及其他系统服务。这些功能是在通用语言运行时上运行的托管代码所固有的。

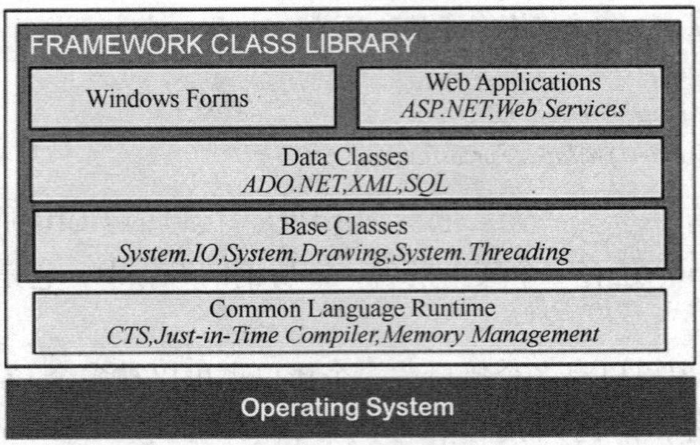


图 1-8 .NET Framework 体系结构

CLR 处于.NET Framework 的最底层，是.NET Framework 的基础，它为 C#.NET、VB.NET、C++、J#等多种语言提供了统一的运行环境，使得用某种高级语言编写的应用程序可以在不同的操作系统和硬件上运行，而不需要按照特定环境重写应用程序。

为实现 CLR 对多种编程语言的支持，就需要在传统的源代码层和编译后的本机代码层中间添加一个代码层，即应用程序代码要先编译成独立于机器的中间语言代码，然后编译成与机器对应的本机代码。这样，无论应用程序使用什么语言编写，只要能编译成中间语言代码，就可以在 CLR 的支持下运行。其运行步骤大体如下：由某种语言编写的应用程序，通过编译器(Compiler)生成中间语言 MSIL(Microsoft Intermediate Language)代码，然后由即时编译器 JIT(Just In Time Compiler)生成相应的机器代码。

整个编译执行的过程如图 1-9 所示。具体的运行过程如下：

(1) 使用 C#.NET、VB.NET 或任一种 CLR 支持的编程语言编写应用程序源代码。

(2) 由编程语言对应的编译器将源代码编译成一个程序集(assembly)——.NET 组件，为一 EXE 或 DLL 文件。这个程序集包括中间语言 MSIL 代码、元数据和一个文件清单。

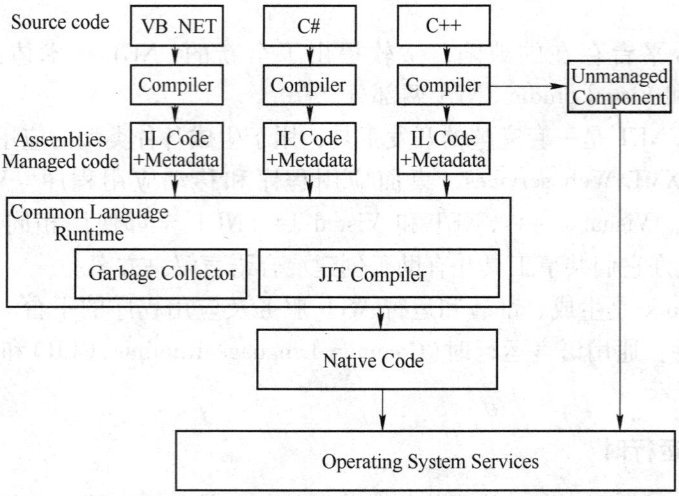


图 1-9 .NET 环境下程序编译执行过程

1）MSIL 代码也简称 IL 代码，其特点是独立于特定操作系统和硬件平台。

2）元数据详细描述了 MSIL 代码正确执行所需的各种相关数据类型，包括描述 assembly 的信息，描述类型的信息，描述其他属性的信息等。这样就使.NET 应用程序代码具备了自描述特性。

3）文件清单则列出了程序集中的所有文件和软件组件，同时指出了 CLR 在哪里可以找到应用程序运行时需要的其他组件。

（3）CLR 加载 IL 代码，同时收集有关应用程序的事实信息。

（4）即时编译器 JIT 将 IL 代码动态编译成可执行的本机代码。不同的机器使用不同的 JIT 编译器，所以同一个应用程序的 MSIL 代码经不同机器的 JIT 编译器编译之后，便可以在不同的机器上执行。

借助 CLR，用一种语言编写的类能被另一种语言继承，像调试之类的操作也不用考虑编写代码所用的语言，这就意味着编写可重用类库时，不需要为每种语言生成一个版本，使用类库时也不受编程语言的限制，从而使多种语言达到深度集成。

CLR 借助通用类型系统(Common Type System,CTS)对代码类型进行严格的安全检查，避免了不同组件之间可能存在的类型不匹配的问题。CTS 中定义的基础类型如图 1-10 所示。

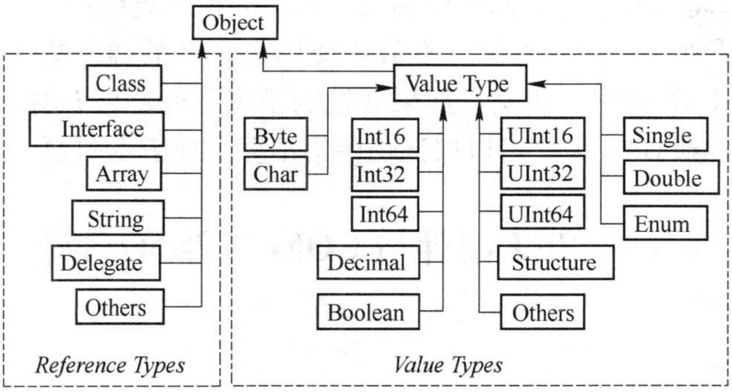


图 1-10　CTS 中定义的基础类型

### 1.3.2 .NET Framework 类库

.NET Framework 类库（FCL）是一套软件组件，用于编写在 CLR 控制下运行的代码。类库分级组成了一个庞大的功能集，包括显示图形用户界面、读写 XML 数据、在 Internet 上通信、访问数据库等多种功能。

在.NET 平台上编写的代码，不管使用哪一种语言，它们都会被编译为中间代码而不是直接的机器码，这些中间代码将在 CLR 上运行。并且，无论使用哪一种语言，它们使用的类库都是 FCL。.NET 还带来了多种语言之间的无缝集成，例如一个系统同时可以采用多用编程语言来开发，C# .NET 编写的类可以让 VB .NET 直接继承使用，这就大幅度提高了开发效率。

.NET Framework 提供了多种语言开发执行的环境以及全新的数据库访问技术和网络应用开发技术。利用 .NET Framework 的功能，可缩短开发时间，提高应用程序的可靠性和性能，使得快速构建新一代的网络应用程序和 Web 服务成为可能。

有关 .NET Framework 类库的详细内容，请参阅 Visual Studio 2010 文档中的相关内容。

### 1.3.3　.NET 的强命名程序集

以前在 Windows 下开发程序时常会遭遇“DLL 灾难”问题，即动态链接库的向后兼容问题。微软在 .NET 产生前，使用 Guid 来唯一的标识每一个 COM 组件，为了运行 COM 组件就必须在注册表中对其进行注册。多个应用程序可以共享相同的 COM 组件，当 COM 组件版本升级时，可能导致原来引用此 COM 组件的程序不能正确运行。

在 .NET 中，微软引入了一种新的解决方案：强命名程序集(Strong Name)，以及与之配套的全局程序集缓存(Global Assembly Cache，GAC)来解决这个问题。

强命名程序集：.NET 使用 Name、Version、Culture、PublicToken 四个属性来唯一标识一个程序集。创建一个强命名程序集需要获得一个用强命名实用工具(Strong Name Utility，即 SN.exe)产生的密钥。

全局程序集缓存：如果一个 assembly 要被多个应用程序访问，那么它就必须放在一个 CLR 已确知的目录下，并且 CLR 在探测到有对该 assembly 的引用时，它必须能自动到该目录下寻找这个程序集。这个已确知的目录称作 GAC，就是全局程序集缓存，它一般位于下面的目录下：C:\Windows\assembly\。可以在命令行下查看 GAC 的详细结构。使用 gacutil.exe 命令可以将具有强命名的程序集添加到全局程序集缓存。

在开发一般的、非共享的程序时，不需要使用强命名的程序集，仅将项目（project）编译成 .DLL 或者 .EXE 即可。但是，如果开发的是组件库、框架时，通过对程序集进行强命名，并将其部署到 GAC 中，可以保证程序集不会出现版本问题。

## 1.4　.NET 组件与 COM 组件的互操作

### 1.4.1　COM 包装

为了实现传统的 COM 程序与 .NET 程序之间的相互调用，.NET 提供了两个包装类：运行时可调用包装（Runtime Callable Wrapper，RCW）和 COM 可调用包装（COM Callable Wrapper，CCW）。每当一个 .NET 客户程序调用一个 COM 对象的方法时就会创建一个 RCW 对象；相反，每当一个 COM 客户程序调用一个 .NET 对象的方法时就会创建一个 CCW 对象，如图 1-11 所示。

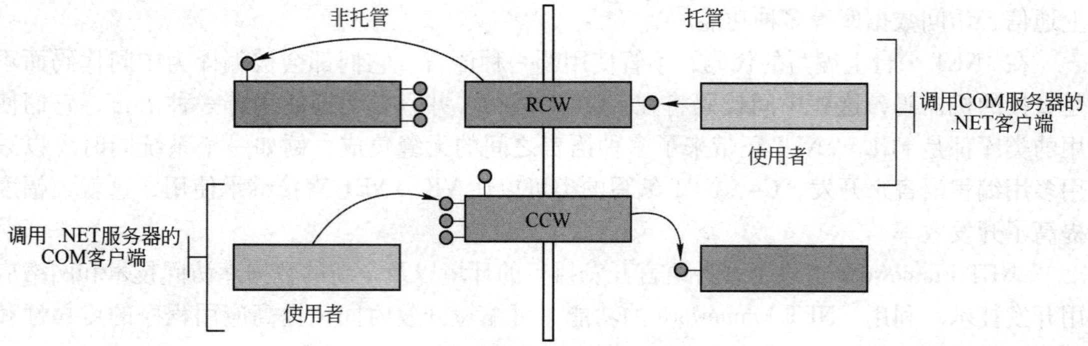


图 1-11　.NET 通过包装类实现与 COM 的互操作

### 1.4.2 ESRI 提供的主互操作程序集

主互操作程序集（Primary Interop Assemblies，PIAs）是 COM 软件厂商提供的为其 COM 组件在.NET 环境下运行的互操作程序集，PIAs 暴露 COM 组件中的所有类，接口和常量，作为.NET 托管类。

ESRI 为所有的 ArcObjects 类型库提供了 PIAs，ArcGIS 的.NET 开发人员只能使用这些安装在 GAC（缺省安装目录为 C:\WINDOWS\assembly，如图 1-12 所示）下的 PIAs，这些 PIAs 的公钥标记（public key）为 8fc3cc631e44ad86。

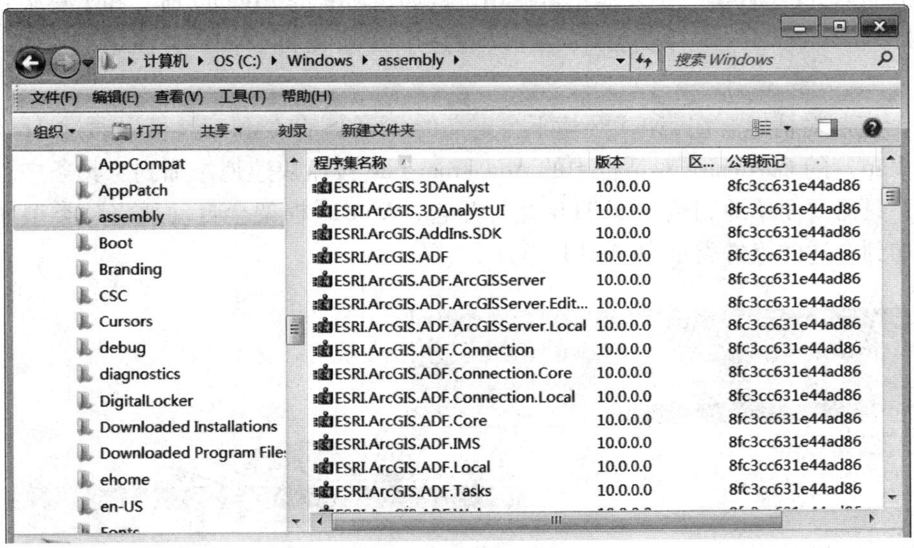


图 1-12 ESRI 提供的 PIAs

ArcGIS Engine 控件的 RCW 类继承自.NET Framework 的 AxHost 类，允许这些控件驻留在.NET 的 Windows 窗体上。

### 1.4.3 向 COM 公开.NET 对象

#### 1.4.3.1 注册.NET 组件

使用定制的.NET 组件来扩展 ArcGIS 应用程序，需要在 COM 注册表中注册.NET 组件，并将.NET 的程序集（assemblies）输出为 COM 的类型库（tlb），完成这一任务有两条途径：一是使用.NET Framework 提供的 regasm 工具，二是使用 Visual Studio .NET 开发环境（register for COM Interop）。

程序集注册(regasm.exe)的命令行工具用来注册或注销与 COM 一起使用的程序集。Regasm.exe 会将有关类的信息添加到系统注册表中，以便 COM 客户端透明地使用.NET 类。RegistrationServices 类提供了等效的功能。例如：

*regasm EditTools.dll /tlb:EditTools.tlb /codebase*

将.NET 组件 EditTools.dll 注册为 COM 组件，其 COM 类型库为 EditTools.tlb（由 tlb

参数指定)，/codebase 选项表示指向 . NET 组件的路径包括在注册表中。

在 Visual Studio . NET 开发环境中，通过下列步骤来自动完成 . NET 组件的注册：

(1) 在“解决方案资源管理器”中，鼠标右键点击要注册的项目（即正在开发的 . NET 组件)，然后点击“属性”；

(2) 在项目“属性页”对话框中，点击“生成”，在右边的窗格中，选中“为 COM Interop 注册”，点击“确定”按钮，即可完成 . NET 组件的自动注册。

#### 1. 4. 3. 2 在 COM 组件类目中注册 . NET 类

大量的 ArcGIS 扩展都依赖 COM 组件类目。事实上，大部分定制的 ArcGIS 组件必须注册到合适的 COM 组件类目中才能正常使用，例如，所有的 ArcMap 命令和工具必须注册到“ESRI Mx Commands”组件类目中。可以通过下列途径将 . NET 类注册到 COM 组件类目中。

(1) 定制对话框。在 . NET 环境下自定义的 ArcGIS 命令和工具可以通过 ArcGIS 桌面（如 ArcMap）的 Customize 对话框中的 Add From File 按钮快速地添加到工具条中。在这种情况下，只需要简单地浏览一下 TLB 并打开它，ArcGIS 框架会自动地将从类型库中选中的类添加到合适的组件类目中（图 1-13)。

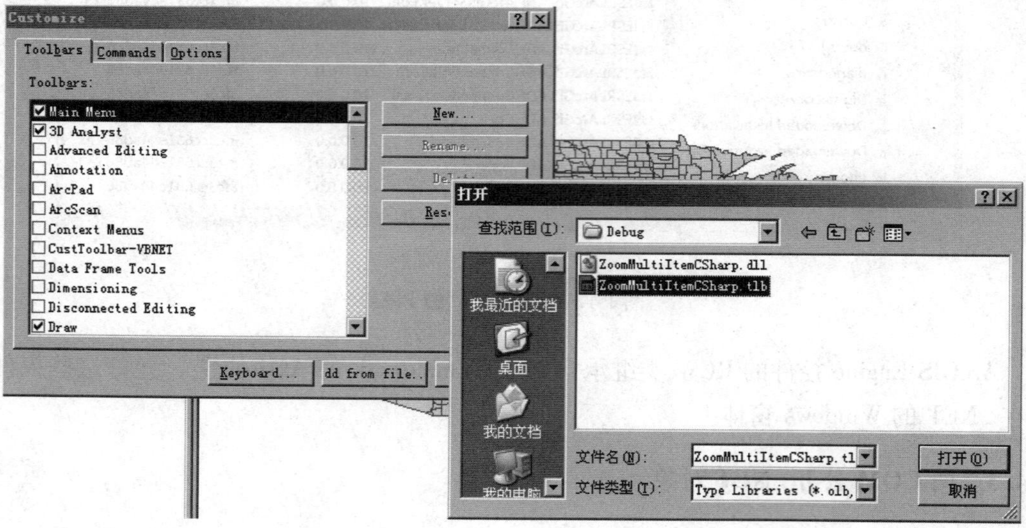


图 1-13 通过 Customize 对话框注册组件类

(2) 组件类目管理工具。另外一个选项是使用 Component Catesories Manager（Categories. exe)。在这种情况下，可以在应用程序中选择组件类目，浏览类型库，并选择合适的类目（图 1-14)。

(3) 使用 COM 注册函数（COMRegisterFunction)。最后的也是推荐的解决方案是添加代码到 . NET 类中，这样每当注册 . NET 组件的时候，会在特定的组件类目中自动注册 . NET 类。. NET Framework 类库中包含两个属性类（ComRegisterFunction 和 ComUnregister-Function)，它们允许开发人员指定方法注册或注销 . NET 类。两个方法都传递当前被注册类的 CLSID，使用这个信息，可以在这两个方法内编写适合的代码注册或注销 . NET 类。在组件类目内注册一个组件类，需要程序员知道组件类目的唯一 ID（CATID)。

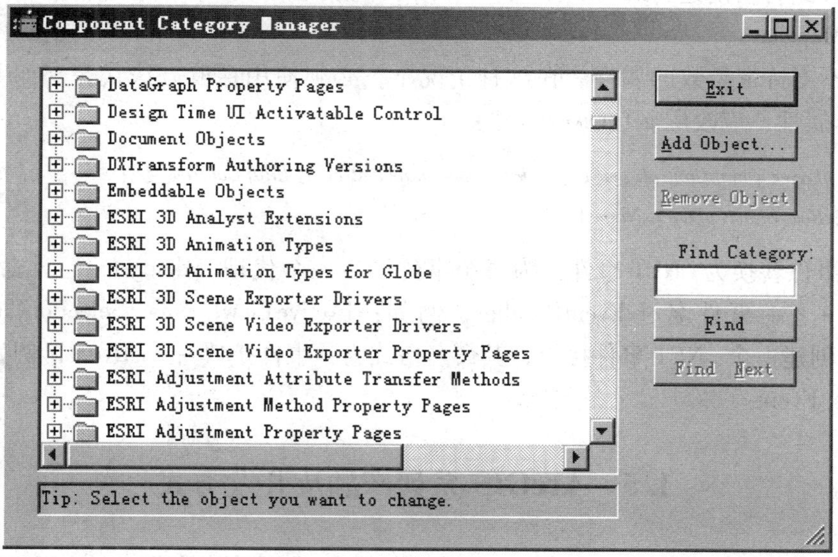


图 1-14 通过 Categories 工具注册组件类

为了帮助程序员简化这一注册过程，ESRI. ArcGIS. ADF. CATIDs 名称空间中包含代表 ArcGIS 组件类目的类，这些类知道组件类目的 CATID，并提供两个静态方法（Register 和 Unregister）来添加或删除组件类。下面的例子展示了一个定制的 PanTool 工具注册到“ESRI Mx Commands”组件类目的方法。

```
[Guid("d36096cd-4680-42d6-8e5a-8c88cf86170b")]
public sealed class PanTool:BaseTool
  { #region "Component Category Registration"
    [ComRegisterFunction()]
    static void Reg(string regKey)
      { MxCommands.Register(regKey); }
    [ComUnregisterFunction()]
    static void Unreg(string regKey)
      { MxCommands.Unregister(regKey); }
    #endregion
    …  }
```

### 1.4.4 COM 到 .NET 的类型转换

一般来说，类型库导入工具导入与最初在 COM 中名字相同的类型。所有导入的类型都添加到一个遵循下面命名规则的命名空间中：ESRI. ArcGIS. 加上库名。例如 Geometry 库的命名空间是 ESRI. ArcGIS. Geometry。所有类型通过它们的完整的命名空间和类型名识别。

所有的 COM 组件类被转换成为托管类；托管类的类名为起初的类名加上“Class”，

例如，Point 组件类的运行时可调用包装（RCW）为 PointClass，Map 组件类的运行时可调用包装为 MapClass。

C#中不支持带参数的属性。在这种情况下，必须使用存取方法代替。如 IMapControl 中的 Layer 属性，应改用 get_Layer 方法：

```
ILayer pLayer = mapControl.get_Layer(0);   // mapControl 为 IMapControl 类型
MessageBox.Show(pLayer.Name);
```

COM 事件转换为 .NET 事件：为每个事件产生一个代理（delegate），其命名格式为：事件接口 + _ + 事件名 + EventHandler，例如：IActiveViewEvents_SelectionChangedEventHandler；创建一个 .NET 事件接口，其命名格式为：事件接口 + _ + Event，例如：IActiveViewEvents_Event。

## 1.5 ArcGIS 系列产品及开发方式

ArcGIS 为单用户或多用户在桌面、服务器、Web 和野外移动设备上使用 GIS 提供了一个完整的、可伸缩的框架。ArcGIS 是一整套 GIS 软件产品的系列，这些产品构成了一个完整的 GIS 平台，其中主要由以下几个部分组成：

（1）ArcGIS 桌面。ArcGIS 桌面是 GIS 专业人员编辑、使用和管理地理信息的主要平台，它按功能分为三个不同级别的产品：ArcView、ArcEditor 和 ArcInfo；每个产品主要包括 ArcMap、ArcCatlog、ArcGlobe、ArcScene 桌面应用程序。

（2）ArcGIS Engine。ArcGIS Engine 是一个完整的嵌入式 GIS 组件库和工具，开发人员可以用来创建新的独立的 GIS 应用程序或者在自定义的应用程序或已经存在的应用程序中嵌入 GIS 功能。

（3）ArcGIS Server。ArcGIS Server 将 GIS 信息和地图以 Web 服务形式发布，提供一系列 WebGIS 应用程序，并且支持企业级数据管理。

（4）ArcGIS Mobile。ArcGIS Mobile 为野外计算提供移动 GIS 工具和应用程序。

ArcObjects 为开发者提供了丰富的 GIS 功能，开发者可以使用标准的开发框架来扩展 ArcGIS 桌面，使用 ArcGIS Engine 构建独立的 GIS 应用程序，使用 ArcGIS Server 开发企业级 GIS 服务应用程序。

### 1.5.1 ArcGIS 桌面及其扩展

ArcGIS 桌面应用程序定制/扩展方式主要有：

（1）使用 ArcGIS 桌面应用程序的定制功能（customize），配置应用程序界面；

（2）使用 Python 脚本，自动化 GIS 工作流；

（3）开发插件（Add-in），定制/扩展 ArcGIS 桌面应用程序；

（4）开发定制组件，扩展 ArcGIS 桌面应用程序。

前两种方式无需使用 ArcObjects，后两种方式需使用 ArcObjects，可以使用 C#、VB .NET、Java、C ++ 等开发语言。

由于 ArcGIS 10 不再推荐使用 VBA 且之后版本将不再支持 VBA，本书将不再对 VBA

的内容作讨论。

### 1.5.1.1 使用 Python 脚本，自动化 GIS 工作流

Python 是一种免费的、跨平台的开源编程语言，它功能强大且简单易学，因而得到了广泛应用和支持。ESRI 已将 Python 完全纳入 ArcGIS 中，成为了一种用于数据分析、数据转换、数据管理和地图自动化的语言，因而有助于提高工作效率。

ArcGIS 10 引入了 Python 站点包 ArcPy，它涵盖并进一步加强了 ArcGIS 9.2 中所采用的 arcgisscripting 模块的功能。Python 使用 ArcPy 站点包可访问地理处理功能。通过 ArcPy 可访问地理处理工具和其他函数、类和模块，使用它们可快速轻松地创建简单或复杂工作流。

使用以 ArcPy 编写的 ArcGIS 应用程序和脚本，可以访问并使用其他人员开发的大量 Python 模块。

ArcGIS 10 中引入了全新的 Python 窗口来增强内嵌于 ArcGIS 桌面的 Python 体验，它作为 Python 的解释器，替代了先前版本中的命令行窗口，但可使用 ArcPy 提供的 Command 函数来执行以前的命令行语法。通过 Python 窗口，开发人员可以快捷地在 ArcGIS 内部使用 Python，从而以交互方式运行地理处理工具和功能以及充分利用其他 Python 模块和库。此窗口还为开发人员学习 Python 提供了一个途径。Python 窗口提供了智能感知和代码自动完成功能（图 1-15）。

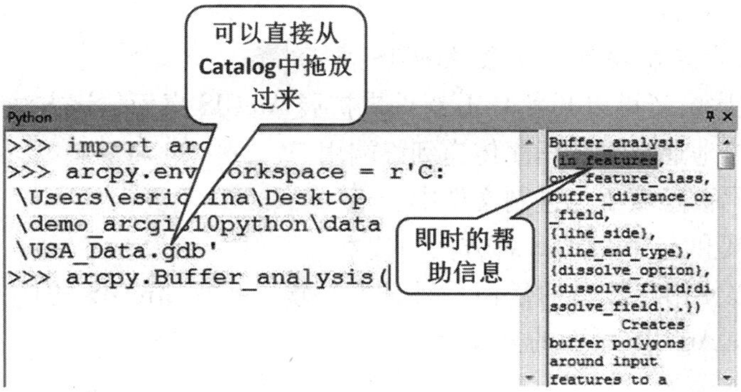


图 1-15 Python 窗口

图 1-16 所示为 Python 窗口中使用地理处理工具创建缓冲区。

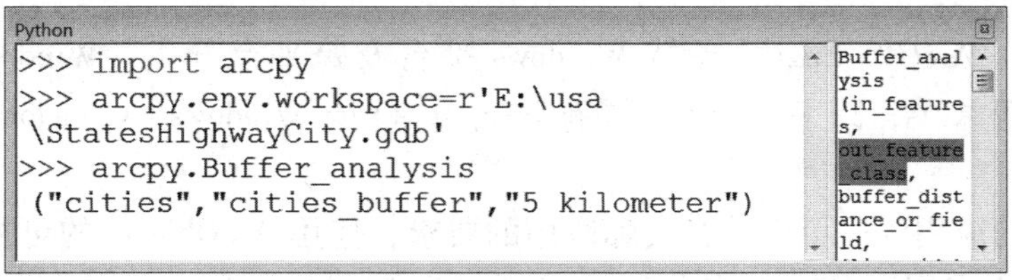


图 1-16 Python 窗口中使用地理处理工具创建缓冲区

ArcGIS 10 还引入了后台地理处理的概念，允许 Geoprocessing 工具、ArcGIS 操作同时运行（使用多核 CPU）。

#### 1.5.1.2 开发插件定制/扩展 ArcGIS 桌面

插件（Add-in）是 ArcGIS 10 新推出的扩展桌面的方式。该方式提供了一个基于声明式的框架，使用打包成一个压缩文件的方法来方便地创建用户自定义桌面扩展。Add-in 容易共享，因为它既不需要安装也不需要 COM 注册，只需要将其拷贝到一个共享文件夹下，如要移除则将其从该文件夹下删除即可。关于 Add-in 的详细内容请参考 ESRI 开发文档。

Add-in 作为 ArcGIS 10 中全新定制方法，它有以下特点：

（1）容易创建。ArcGIS 提供了创建 Add-in 模板，并提供了详细的接口以实现各种功能。

（2）更易共享。Add-in 创建后是一个压缩包，易于网络、邮件传输，易于局域网内共享。

（3）更加安全。可以对 Add-in 文件进行数字签名，使用的安全性得到保障。

（4）更易安装管理。只要安装有 ArcGIS 桌面软件，系统就能自动识别 Add-in 文件，双击即可安装部署，同时 ArcGIS 桌面也有用于管理 Add-in 的管理工具。

ArcGIS 10 Add-in 所支持的类型包括：buttons and tools、combo boxes、menus and context menus、multi-items、toolbars、tool palettes、dockable windows、application extensions、editor extensions。

ArcGIS 10 Add-in 支持多种 Visual Studio、Eclipse IDE for Java Developers 等多种开发环境。

#### 1.5.1.3 开发定制组件，扩展 ArcGIS 桌面

ArcObjects 程序员还可以开发 DLL 组件来扩展 ArcGIS 桌面，该方法有诸多优点：

（1）可以轻松地通过安装程序传递到终端用户。

（2）逻辑代码被隐藏于二进制文件中。

（3）可以扩展和定制 ArcGIS 各方面的技术。

这种方式可以使用您熟悉的任何一种开发环境，扩展 ArcGIS 的任何方面的功能，是功能最强大的扩展 ArcGIS 桌面的方式。

### 1.5.2 ArcGIS Engine

ArcGIS Engine 是 ArcObjects 的子集，主要用于开发独立的 GIS 应用系统，它不依赖于 ArcGIS Desktop。ArcGIS Engine 由两部分组成：一个软件开发包（SDK）和一个可分发的运行时（Runtime）。

ArcObjects、ArcGIS Engine 支持 Windows 平台及跨平台开发。Windows 平台开发有 .NET、VC ++ 等 APIs；跨平台开发主要有 Java、C ++ for Windows、C ++ for Solaris/Linux 等 APIs。

创建独立的应用程序可以结合实际应用的要求，使用 ArcObjects 的可视化控件开发出独立界面的 GIS 应用系统，具有很高的灵活性和扩展性能，因而是很多行业和部门的选择。

### 1.5.3 ArcGIS Server

ArcGIS Server 是功能强大的基于服务器的 GIS 产品，用于构建集中管理的、支持多用

户的、具备高级 GIS 功能的企业级 GIS 应用与服务。开发者使用 ArcGIS Server 可以构建 Web 应用、Web 服务以及其他运行在标准的 .NET 和 J2EE Web 服务器上的企业应用。它包含两个主要部分：GIS 服务器和多种开发框架。

ArcGIS Server 提供的开发环境包括：

（1）ArcGIS Server SDK for .NET and Java；

（2）ArcGIS JavaScript API；

（3）ArcGIS JavaScript extension for the Google Maps API；

（4）ArcGIS JavaScript extension for Bing Maps；

（5）ArcGIS API for Microsoft Silverlight/Windows Presentation Foundation（WPF）；

（6）ArcGIS API for Flex；

（7）ArcGIS Server Representational State Transfer（REST）API；

（8）ArcGIS Server Simple Object Access Protocol（SOAP）SDK。

### 1.5.4 Mobile GIS

ArcGIS 技术可以部署到一系列的移动设备上，从轻量级的设备到 PDA、笔记本电脑以及平板电脑。在野外工作中使用 GIS，主要依靠将应用程序定制成简单的移动工作任务以及对中心 GIS Web 服务器的无线访问。

ArcGIS 为用户提供了三种移动 GIS 解决方案：

（1）ArcGIS Desktop 和使用 ArcGIS Engine 建立的应用程序。这种方案常常部署在用于野外的笔记本电脑或者平板电脑上。

（2）ArcPad。ArcPad 为使用 Windows CE 兼容设备的野外工作人员提供了一个以 GIS 为中心的解决方案。

（3）ArcGIS Mobile SDK。ArcGIS Server 包含的一个软件开发包，可以被用于智能手机、PocketPC 等设备上的应用开发。

## 1.6 ArcGIS Visual Studio IDE 集成框架

为了提高软件开发效率，ArcGIS 开发包为开发人员提供了集成于 VS 环境的模板、向导、命令、代码段等。该框架属于 ArcObjects SDK for .NET 的一部分，安装时为可选选项。

本书采用的开发环境为 Visual Studio 2010，开发语言为 C# .NET。

ArcGIS 开发包安装后包括：开发类库、开发文档、VS IDE 集成框架（开发环境元素）。ArcGIS Visual Studio IDE 集成框架包括四部分：Add-in、Extending ArcObjects、Server Object Extensions 和 Web Mapping Application，这里仅讨论前两部分。

### 1.6.1 ArcGIS Add-in

新建工程对话框中有四种 Add-in，每种分别对应相应的 ArcGIS 桌面应用程序：ArcMap、ArcCatalog、ArcGlobe 和 ArcScene（图 1-17）。

选定了语言和工程类型后，就可以在 ArcGIS Add-Ins 向导里输入 Add-in 的一些基本信息了，包括名称、发布者、作者、描述等（图 1-18）。

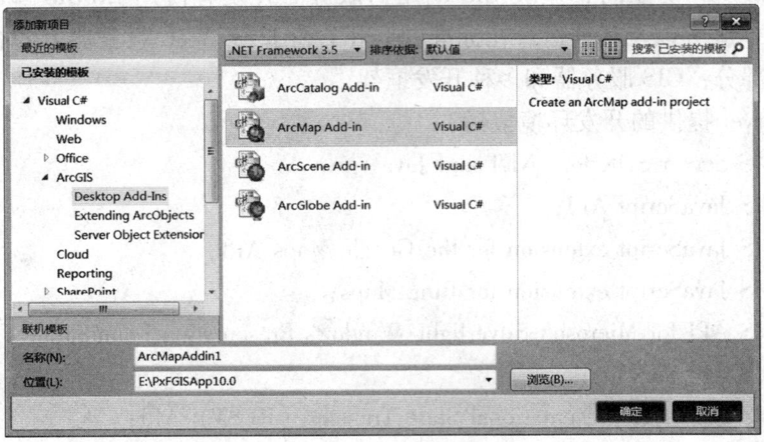


图 1-17 ArcGIS Add-Ins 模板类型

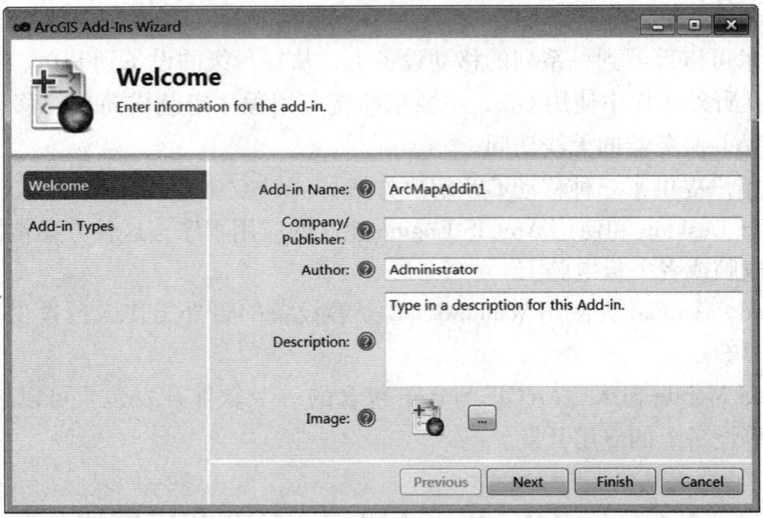


图 1-18 ArcGIS Add-Ins 向导基本信息

在左边的复选框选中某种 Add-in 类型后，点击 Next，右边则可以编辑该 Add-in 类型的一些信息，如类名、标题、图标、类目等。然后点击完成，一个初始的 C#或者 VB .NET 工程元素就生成了（图 1-19）。

Add-in 的工程结构简单明了，工程里包含一个名为 Config. esriaddinx 的 XML 文件，以及已经添加到工程里的对象代码文件，如 Button 对象、Tool 对象等。Config. esriaddinx 文件结构如下：

```
<ESRI. Configuration xmlns = "http://schemas. esri. com/Desktop/AddIns" xmlns:xsi = "http://www. w3. org/2001/XMLSchema-instance">
<Name>ArcMapAddin1</Name>
<AddInID>{022ead27-f35d-4ae3-a842-1aca5f832344}</AddInID>
<Description>Type in a description for this Add-in. </Description>
```

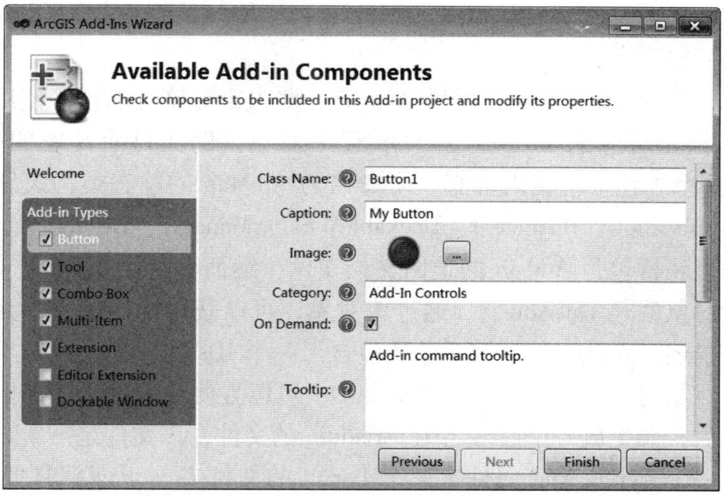


图 1-19 ArcGIS Add-Ins 类型及相关信息设置

```
<Version>1.0</Version>
<Image>Images\ArcMapAddin1.png</Image>
<Author>Administrator</Author>
<Company></Company>
<Date>2011/8/12</Date>
<Targets>
<Target name="Desktop" version="10.0" />
</Targets>
<AddIn language="CLR" library="ArcMapAddin1.dll" namespace="ArcMapAddin1">
<ArcMap>
<Commands>
<Button id="ArcMapAddin1_Button1" class="Button1" message="Add-in command generated by Visual Studio project wizard." caption="My Button" tip="Add-in command tooltip." category="Add-In Controls" image="Images\Button1.png" />
<Tool id="ArcMapAddin1_Tool1" class="Tool1" message="Add-in command generated by Visual Studio project wizard." caption="My Tool" tip="Add-in command tooltip." category="Add-In Controls" image="Images\Tool1.png" />
<ComboBox id="ArcMapAddin1_Combo1" class="Combo1" message="Add-in command generated by Visual Studio project wizard." caption="My ComboBox" tip="Add-in command tooltip." category="Add-In Controls" image="Images\Combo1.png" />
<MultiItem id="ArcMapAddin1_MultiItem1" class="MultiItem1" message="Add-in command generated by Visual Studio project wizard." caption="My Multi-Item" />
</Commands>
<Extensions>
<Extension id="ArcMapAddin1_Extension1" class="Extension1" />
</Extensions>
</ArcMap>
```

```
</AddIn>
</ESRI.Configuration>
```

在编写代码，实现自定义对象的逻辑时，有一些内置对象可以直接使用。其中一个内置对象就是和工程相对应的 ArcGIS Desktop 程序对象，例如目前开发的是一个 ArcMap Add-in，那么在这个工程中就会内置有一个命名为 ArcMap 的静态类，该静态类包含一些静态对象，如 Application、Document、DockableWindowManager、Events，通过这些对象可以很容易在代码里获得包含 Add-in 的地图文档实例，继而获得类似 Map 这些核心编程对象。另一个内置对象就是 ThisAdd-in，通过该对象，可以获得插件的一些元数据信息，例如插件的名称、描述，除此之外，该对象还包含了一个 IDs 的对象，该对象记录了当前工程所包含的所有对象的 ProgID，通过这些 ProgID，可以方便地创建或查找相对应的对象。

程序在编译后，会生成一个后缀名为 esriaddin 的文件，该文件是一个 . zip 文件，解压后，其内部包含一个 Config. xml 文件、一个 Install 的文件夹（里面就是插件的 dll 文件）和一个 Images 的文件夹。

Add-in 的部署也十分简单，可以复制或邮件发送编译好的 esriaddin 文件到需要部署机器上（已经安装好 ArcGIS 桌面）；在部署电脑上双击 esriaddin 文件，就会弹出 Add-in 安装界面（图 1-20），让用户查看该插件的一些元信息，例如作者、是否具有数字签名，然后让用户决定是否安装该插件，安装插件是不需要重启任何 ArcGIS Desktop 应用程序的。安装完之后，就可以通过相应 ArcGIS Desktop 应用程序的 Add-in Manager（图 1-21）来查看已安装的 Add-in，也可以通过它来卸载。一些 Add-in 所包含的对象，例如 Button、Tool、Toolbar，是需要用户通过 Customize 窗口定制添加到界面上的。Extension 对象，则需要用户通过 Extensions 窗口勾选加载。

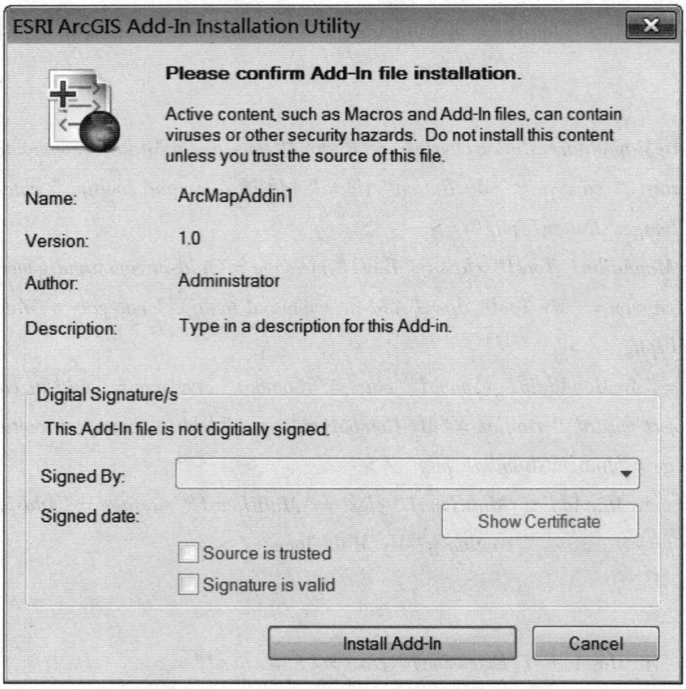


图 1-20　Add-in 安装界面

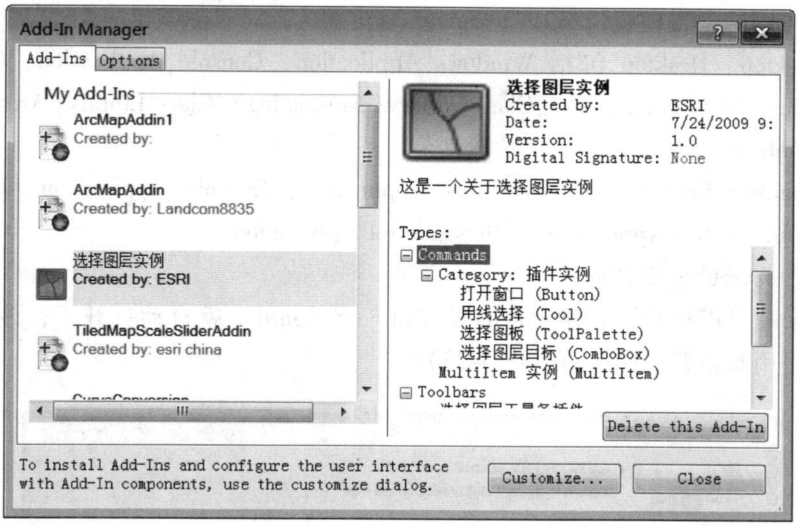


图 1-21 Add-in 管理器

### 1.6.2 Extending ArcObjects

该模块主要包括以下几个元素：Project templates、ArcGIS Project Wizard、Item templates、ArcGIS Add Class Wizard、ArcGIS Component Category Registrar 对话框、ArcGIS License Initializers 对话框、ArcGIS Toolbox Reference 对话框。

#### 1.6.2.1 项目模板

在新建项目（工程）对话框中找到展开 Visual C#或 Visual Basic，选择 ArcGIS 下的 Extending ArcObjects，就可以看到项目模板了（图 1-22）。

图 1-22 Extending ArcObjects 项目模板

ArcGIS 可用的项目模板(project templates)有:

(1) Desktop。Desktop 包括 Windows Application、Console Application、Class Library (General)、Class Library(ArcMap)、Class Library(ArcCatalog)、Class Library(ArcScene)、Class Library(ArcGlobe)。

(2) Engine。Engine 包括 Windows Application、Console Application、Class Library (General)、MapControl Application、GlobeControl Application。

#### 1.6.2.2 ArcGIS 项目向导

选择一个项目模板后，新建项目向导（project wizard）就自动打开了，该向导可帮助您完成添加引用和设置产品许可（图 1-23）。

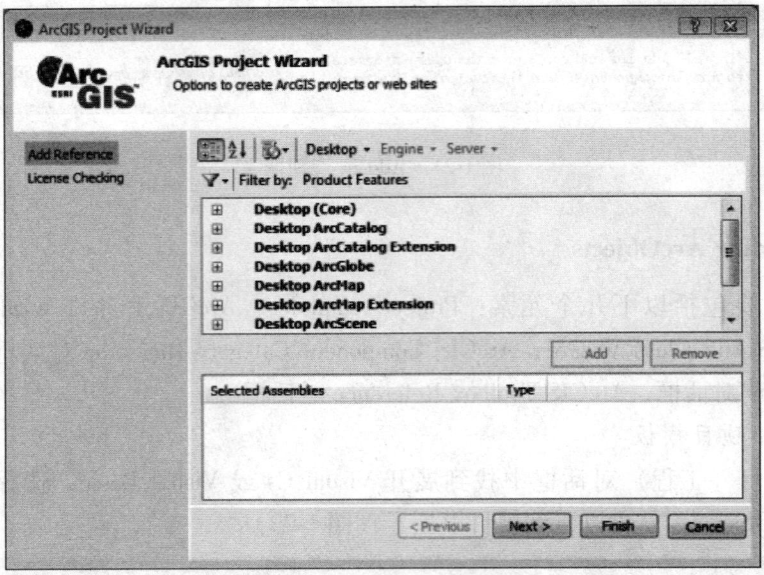


图 1-23 ArcGIS 项目向导

#### 1.6.2.3 类模板

在解决方案视图中右键单击一个项目，选择添加新项，选择 ArcGIS 下的 Extending ArcObjects，则可看到 ArcGIS 提供的类模板（图 1-24）。

可用的类模板（item template）:

(1) ArcGIS(common)。ArcGIS 包括 ArcGIS Class、Base Command、Base Tool、Base Menu、Base Toolbar。

(2) Desktop。Desktop 包括 Context Menu、Dockable Window、Application Extension、Just-In-Time(JIT)Extension、Property Page。

(3) Engine。Engine 包括 Context Menu。

如果您选择的是 Base Command 或 Base Tool 等，则会出现一个添加新项的向导（图 1-25)，其中可以选择要创建哪一种命令或工具。

#### 1.6.2.4 ArcGIS Add Class Wizard

当添加一个新的 ArcGIS 类时，ArcGIS Class 向导可帮助您对该类进行一些基本的设

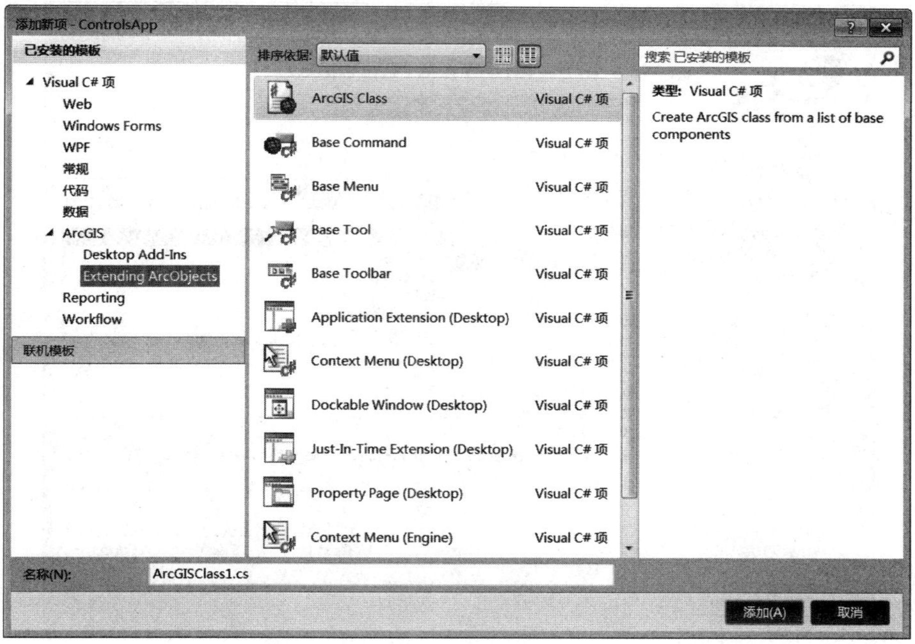


图 1-24 Extending ArcObjects 类模板

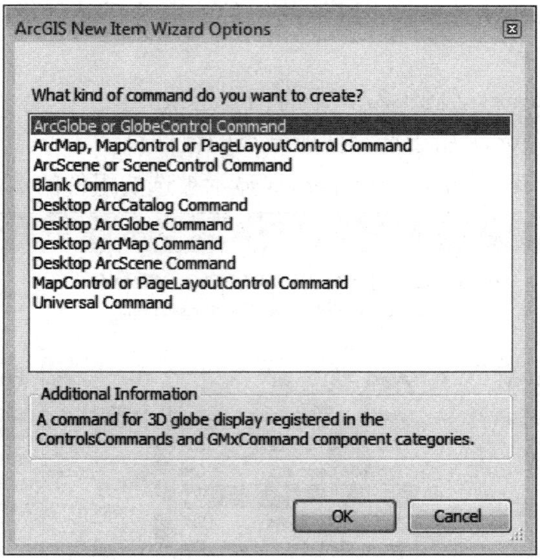


图 1-25 Extending ArcObjects 类模板向导

置，设置后相关的代码则自动地添加到类中。设置类目中有三个内容：Base Implementation、Component Category 和 Optional Interfaces。

（1）Base Implementation（图 1-26）下有两个可用选项：

1）Customization Group 使用产品和功能区来组织 ArcObjects 的定制，从定制组的下拉列表中选择某个产品，在右边的下拉列表中选择某个功能区，则可在基本组件列表中选择

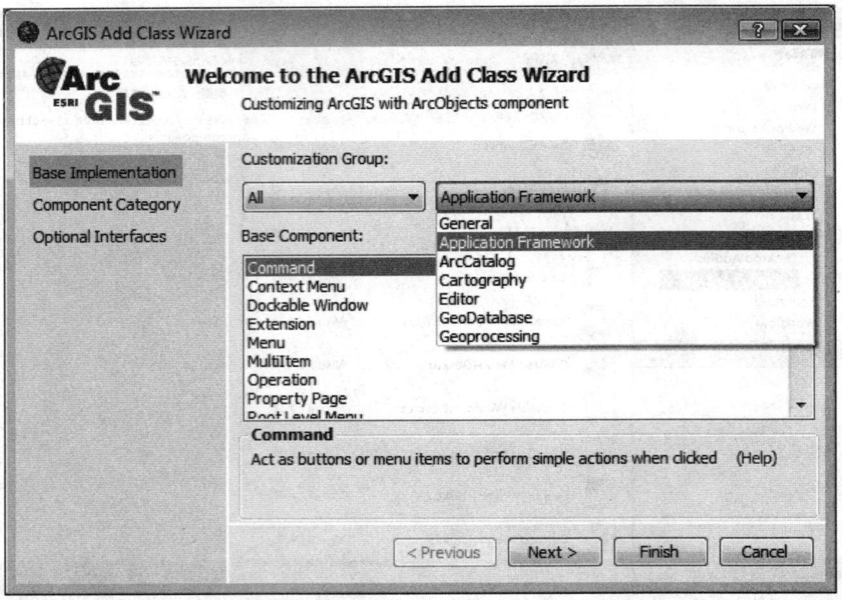


图 1-26 ArcGIS Add Class 向导之 Base Implementation

相应的类型。

2）Base Component 用来选择可供继承的组件，当选择某种类型时，向导的底部有相关的描述。

（2）Component Category（图 1-27）下有两个选项：

1）Categories。Categories 用于选择注册该类的组件目录。

2）Category properties。Category properties 显示被选的组件的信息。

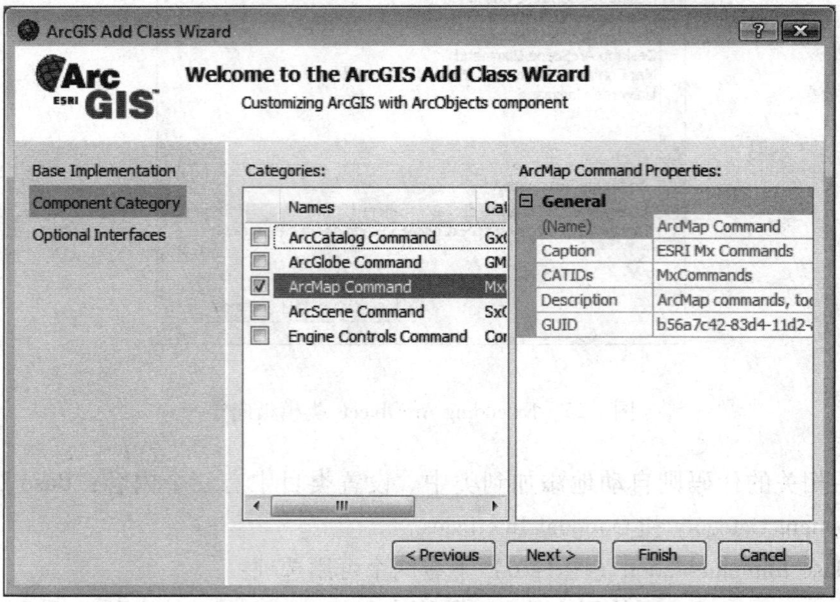


图 1-27 ArcGIS Add Class 向导之 Component Category

（3）Optional Interfaces（图 1-28）下有两个选项：

1）Available optional interfaces。Available optional interfaces 显示可被继承的接口，有些组件类型下该选项可能为空。

2）Selected interfaces。Selected interfaces 显示已选的可被继承接口。

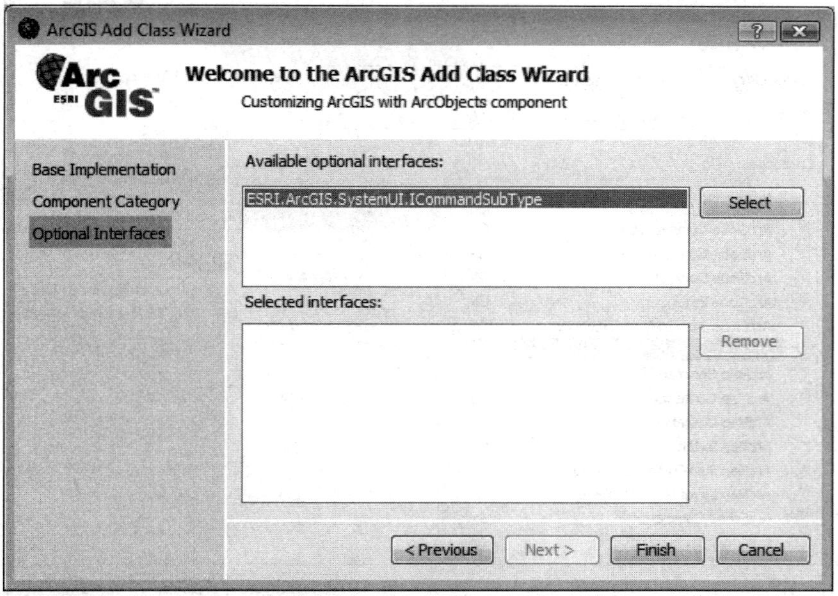


图 1-28　ArcGIS Add Class 向导之 Optional Interfaces

### 1.6.3　ArcGIS Component Category Registrar 对话框

ArcGIS 扩展需要注册到组件类目中，使用 ArcGIS Component Category Registrar 可以帮助您自动添加相应的组件注册函数。

在 VS. NET 开发环境中，点击“项目”菜单下的“Add Component Category”打开 ArcGIS 组件类目注册对话框（图 1-29）。

以下是对组件类目注册的描述：

（1）Current Project：当前项目名称。

（2）Register for COM Interop：仅在类库项目中可用，将类库注册为 COM。

（3）Class：选择要注册的类（下拉列表中只有暴露为 COM 的类）。

（4）Categories：组件类目，需要注册到哪个目录下，则选中该目录前的复选框。

（5）Names：组件类目的名称。

（6）Category IDs：ESRI. ArcGIS. ADF. CATIDs 命名空间下负责将类注册到相应组件类目的类。

（7）More Component Categories：默认情况下只列出一些常用类目，点击“More Component Categorires”则可打开选择组件类目对话框，其中的目录被分组，且可以改变或重置。

（8）Category Properties：显示所选类目的属性。

（9）Custom Category Propertie：注册某些组件类目时可能要对其属性进行更进一步设置，如将 ArcCatalog Command Bar 设置为 Premier Toolbar。

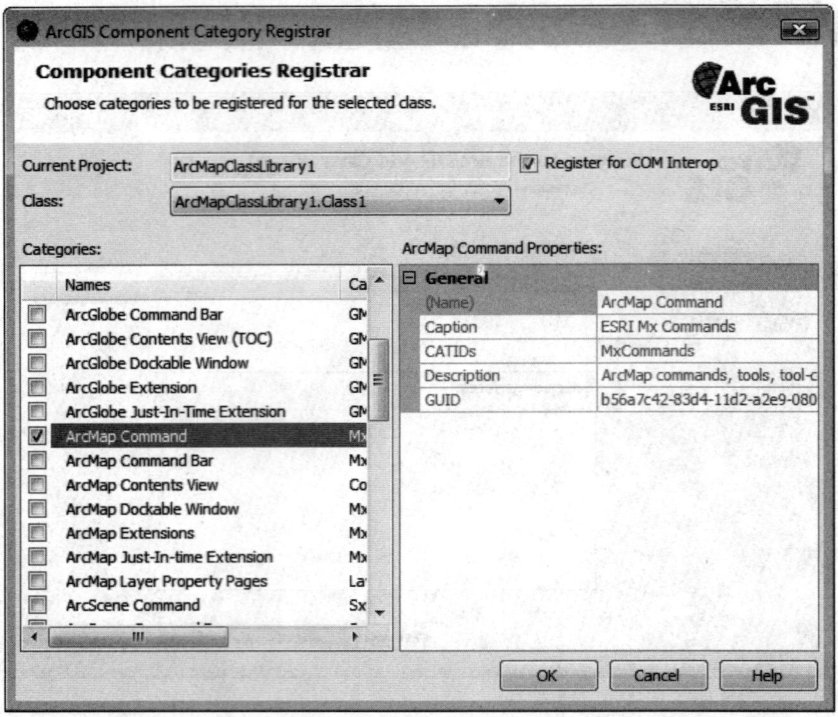


图 1-29 ArcGIS 组件类目注册对话框

### 1.6.4 ArcGIS License Initializers 对话框

从 ArcGIS 9.2 开始，独立的应用程序在使用 ArcObjects 组件前都要求显式地将适当的 ArcGIS 产品许可进行初始化，可以使用 ArcGIS 许可初始化对话框来生成和添加初始化代码。

如果安装了 .NET 的 ArcObjects SDK，则使用 ArcGIS Engine Developer Kit 许可来授权，在编写 Windows 应用程序时，则可使用 LicenseControl 来初始化应用程序。

在 VS .NET 开发环境中，点击“项目”菜单下的“Add ArcGIS License Checking”打开 ArcGIS 许可初始化对话框（图 1-30）。

以下是对该对话框的一些描述：

（1）Startup Object：显示当前项目启动类型的只读字段，显示了许可初始化代码应该添加到哪里。

（2）Products：显示初始化应用程序的 ArcGIS 产品。

（3）Extensions：选择 ArcGIS 产品后，显示相应的扩展。

（4）Shut down this application if any selected license(s) is not available：如果任何已选择的许可都不可用，则关闭应用程序。

（5）同样可以使用该对话框对许可进行更新和删除。

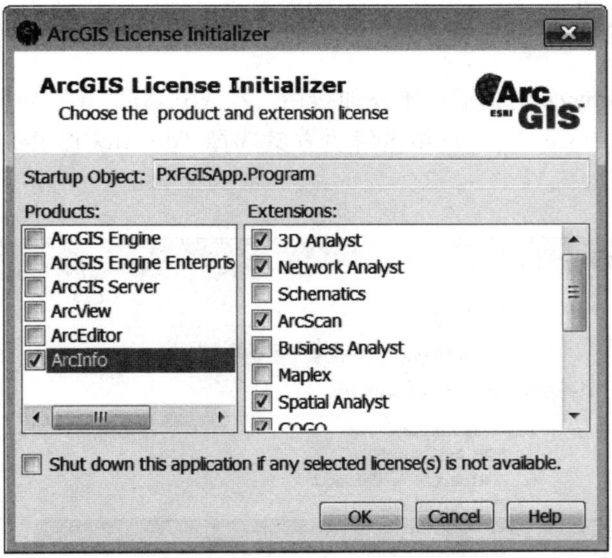


图 1-30　ArcGIS 许可初始化对话框

### 1.6.5　ArcGIS Toolbox Reference 对话框

使用工具箱引用对话框可以创建自定义 ArcGIS 工具箱程序集，其中一个类代表工具箱中一个地理处理工具。这些类可用于设置和运行地理处理工具。

在 VS . NET 开发环境中，选择项目菜单下的 “ArcGIS Toolbox Reference” 打开该对话框（图 1-31）。

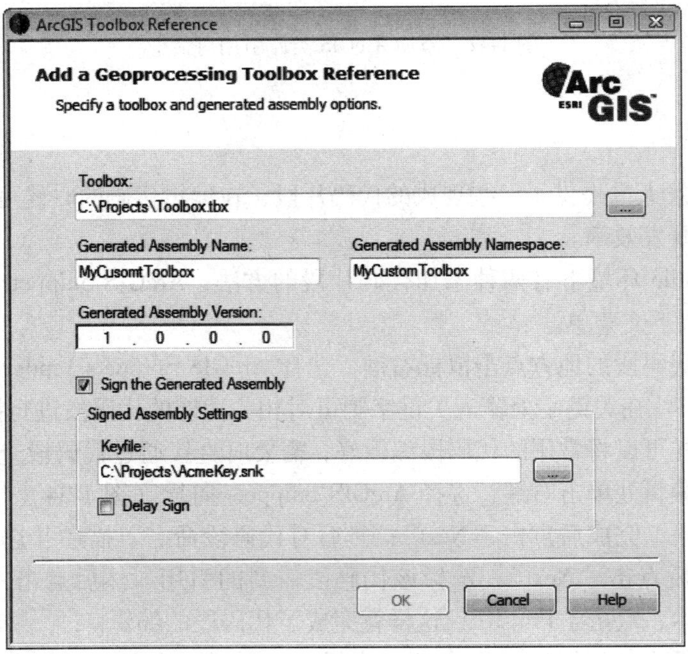


图 1-31　ArcGIS 工具箱引用对话框

### 1.6.6 Add ArcGIS Reference 对话框

Add ArcGIS Reference 对话框用于添加引用。在 VS .NET 开发环境中，点击项目菜单下的 Add ArcGIS Reference 或右键单击解决方案选择 Add ArcGIS Reference 打开该对话框（图 1-32）。

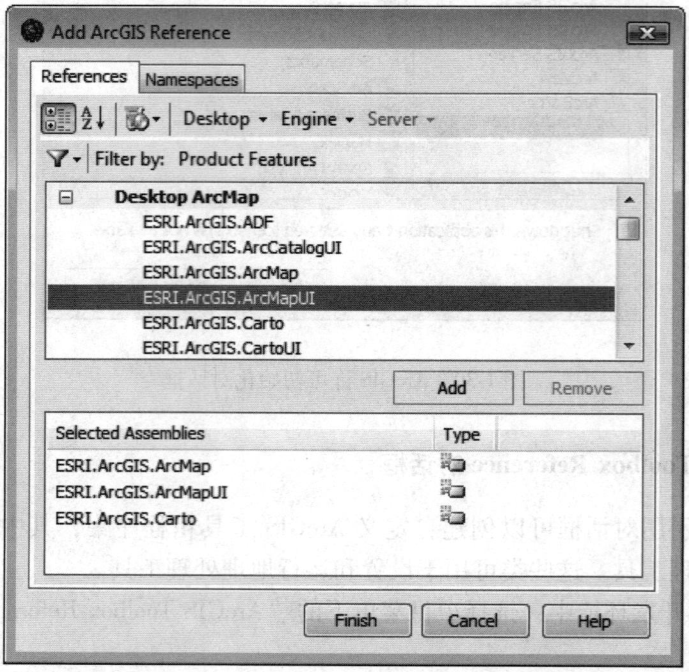


图 1-32 添加 ArcGIS 类库引用对话框

### 1.6.7 代码片段

ArcGIS 为开发人员提供了一些现成的代码片段，在编辑代码的时候可以直接插入代码片段，以便提高开发效率。

在 Visual Studio 环境下有两种添加代码片段的方法：ArcGIS Snippets Finder 对话框和“插入代码段”上下文菜单。

在需要插入代码段的地方点击鼠标右键，选择 ArcGIS Snippets Finder 打开查找代码段对话框（图 1-33）。在关键字处输入关键字则可对相关功能的代码段进行搜索。

开发人员同样可以将常用的代码段编辑好，需要时直接通过代码段查找器查找然后插入即可。在代码编辑处单击右键，选择 ArcGIS Snippets 向导（图 1-34）。在文本编辑框中编辑需要的代码段，完成后点击“Next”；然后对代码段命名、描述并选择代码段类型以及输出目录，然后点击“Next”；选择该代码段需要的引用。然后点击“Next”；选择产品、扩展以及版本，点击“Finish”，这样就完成了代码段的编辑。

如果通过“插入代码段”上下文菜单来插入代码段，则单击鼠标右键，选择“插入代码段”选择相应目录，找到想要的代码段即可（图 1-35）。

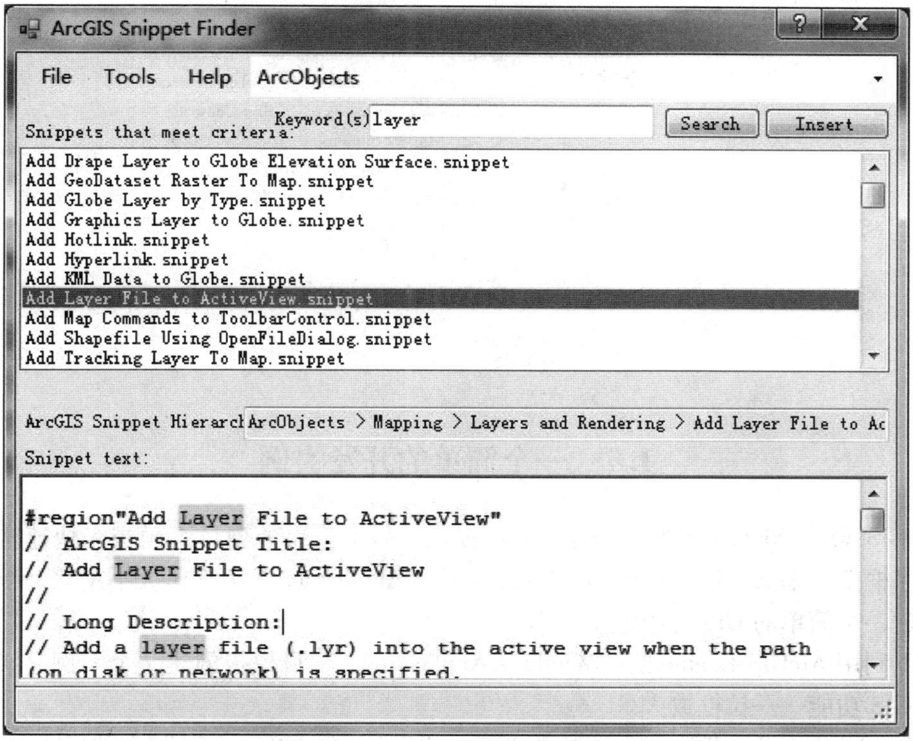


图 1-33　查找代码段对话框

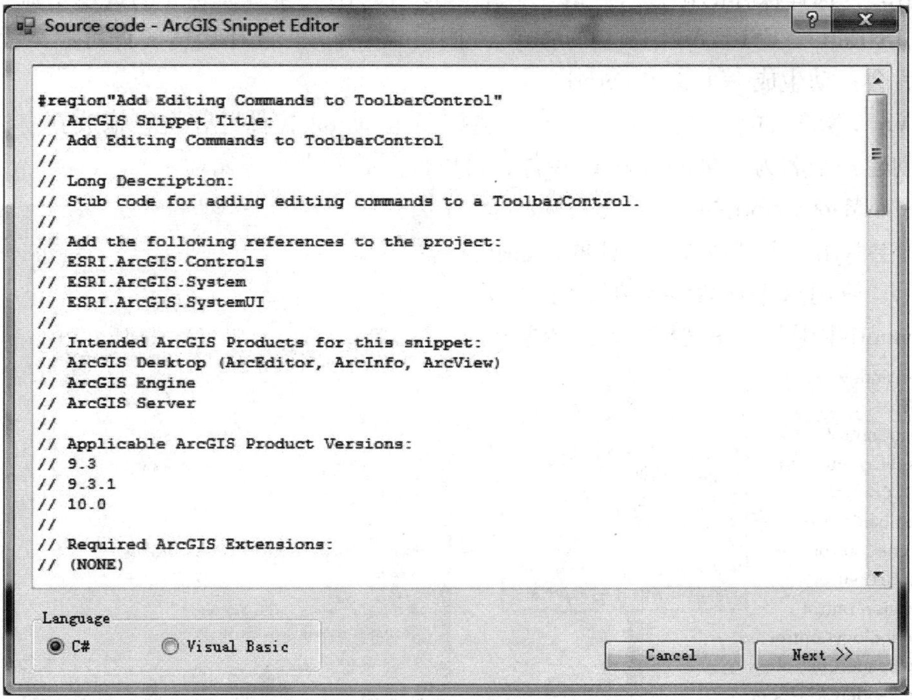


图 1-34　ArcGIS Snippets Editor 向导

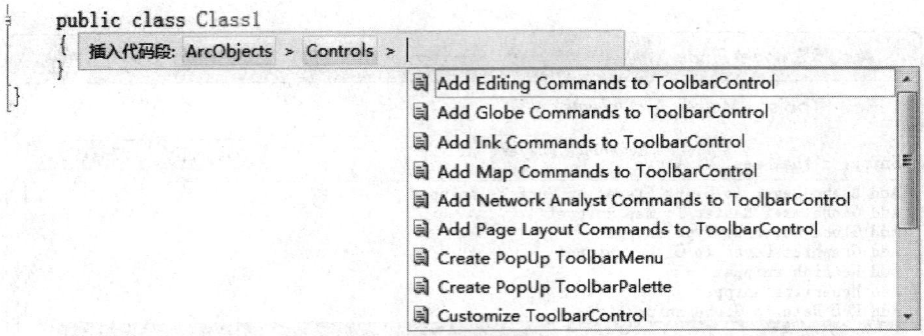


图 1-35 插入代码段

## 1.7 一个简单的开发实例

ArcGIS VS .NET 集成框架为开发人员提供了多个工程（项目）模板来快速构建独立应用程序框架，如 ArcGIS Engine 的“MapControl Application”工程模板不用写一行代码就可以构建一个简单的 GIS 应用程序。

以下利用 ArcGIS Engine 的“Windows Application”项目模板创建一个实例，实现一个简单的 GIS 功能——拉框放大。

打开 Visual Studio 开发环境，点击“新建项目”，在“Visual C#”中选择 ArcGIS—Extending ArcObjects 的“Windows Application（Engine）”，如图 1-22 所示。键入项目名称 ControlsApp，选择保存的位置后点击“确定”按钮，在工程模板向导的提示下添加对 ESRI. ArcGIS. Carto、ESRI. ArcGIS. Geometry 两个库的引用，并选择合适的许可。工程模板向导完成后会自动生成一个窗体 Form1。

从 VS .NET 的工具箱（图 1-36）上选择 MapControl 控件，并将它拖放到窗体 Form1 上，将创建一个名为 axMapControl1 控件，可以设置它的大小等属性。

选中 axMapControl1 控件，点击右键选择“属性”，会弹出一个“属性”对话框，如图 1-37 所示。使用这个属性对话框，可以向 axMapControl1 中引入地图文档文件或者单独

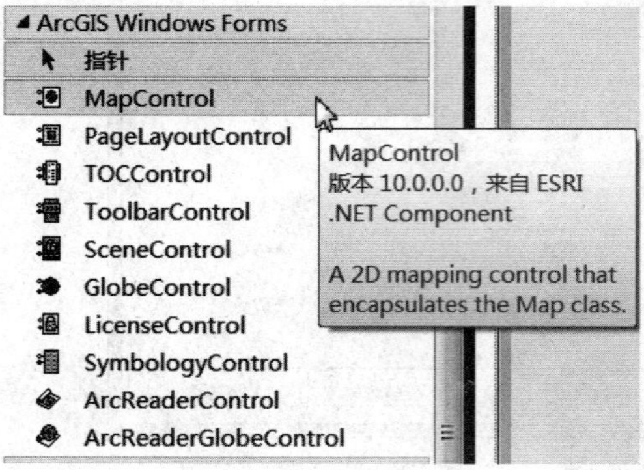


图 1-36 工具箱上的 ArcObjects 控件

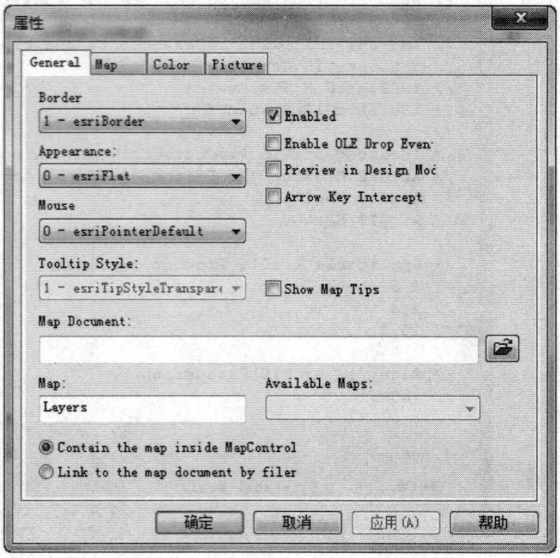


图 1-37 控件属性对话框

的shape文件、图层、要素类等，它提供了一种快速导入数据的方法。当然，开发者完全可以通过编程的方式导入地理数据，使用代码方法的灵活性更高。本例中，通过打开“Map Document”的按钮，引入一个已经存在的MXD文件。

通过这个属性对话框，还可以设置控件的外观，如边框类型、外观、鼠标样式，也可以在颜色和图片属性页中设置地图的颜色属性和添加背景图片。

打开Form1的代码区，在代码区最上端键入下面两行：

```
using ESRI.ArcGIS.Carto;
using ESRI.ArcGIS.Geometry;
```

这样就可以在这个窗体中使用这两个名称空间中定义的类、接口的方法和属性了。

在类Form1的变量声明部分，声明两个全局变量pMap和pActiveView：

```
public partial class Form1:System.Windows.Forms.Form
  { IMap pMap;  IActiveView pActiveView;
    … }
```

在Form1的Load事件处理方法中键入如下代码：

```
private void Form1_Load(object sender,System.EventArgs e)
  { pMap = axMapControl1.Map;//获取控件中的地图
    pActiveView = pMap as IActiveView;  //QI
    pActiveView.Extent = axMapControl1.FullExtent;//显示全局视图
    pActiveView.Refresh();//设置后刷新地图
  }
```

在axMapControl1的MouseDown事件处理方法中键入如下代码：

```
private void axMapControl1_OnMouseDown(object sender,ESRI.ArcGIS.MapControl.IMapControlEvents2_On-
MouseDownEvent e)
  { axMapControl1.MousePointer = ESRI.ArcGIS.SystemUI.esriControlsMousePointer.esriPointerCrosshair;
    //设置鼠标样式为Crosshair
    IEnvelope  pEnv = axMapControl1.TrackRectangle();//通过TrackRectangle方法获得一个Envelope
    类型对象
    pActiveView.Extent = pEnv;//将地图的视图范围设置为新范围对象pEnv
    pActiveView.Refresh();//设置后刷新地图
  }
```

编译程序，在窗体出现后使用鼠标在控件上拉一个矩形框，会发现显示范围随着鼠标拖曳的范围变化而变化了。

这样就完成了一个简单的独立ArcObjects程序开发例子。在整个过程中ArcObjects程序员不需要打开ArcMap程序，生成的程序外观完全是程序员自己设定的。通过这个简单的例子，读者可以对ArcObjects开发独立程序的方式有个简单的了解和认识。

本章主要阐述了在C# .NET环境下，使用ArcObjects开发GIS应用工程项目的相关基础知识，是学习本书后续内容的基础。

# 2 ArcGIS 应用程序框架

所有的 ArcGIS 桌面应用程序共享一个相似的应用程序框架结构。因此，定制或扩展 ArcMap 的方法，与定制或扩展其他 ArcGIS 桌面应用程序（如 ArcGlobe 或 ArcCatalog）没有什么不同，尽管它们使用的 ArcObjects 组件不一样。

本章主要阐述 ArcGIS 桌面应用程序框架组件以及如何创建自定义的框架组件来扩展 ArcGIS 桌面应用程序。ArcGIS 桌面应用程序框架组件主要包括：

（1）Application 与 Document。

（2）Commands 及 command bars。

1）Commands：最简单的命令，是放在工具条上的一个按钮，也可以放在菜单里。

2）Tools：与命令类似，但需要与用户交互以完成一个操作。

3）Tool palettes：工具面板，其上放置相关工具。

4）Subtyped commands，ToolControls 和 MultiItems：一些命令项，创建后可嵌入到 ArcGIS 桌面框架中。

5）Toolbars：命令、工具、菜单等的容器。

6）Menus：菜单。

7）Context menus：上下文菜单，通常在用户右击鼠标时出现。

（3）Extensions。

1）标准扩展：应用程序启动时就加载。

2）即时（just-in-time）扩展：在需要时加载。

（4）Custom windows。

1）Dockable windows：可停靠窗口，可以处于浮动状态，也可停靠在主窗口上。

2）Property pages：属性页，不写代码而以用户与对象交互的方式来改变对象的一些属性。

3）Contents views：内容视图，也被称为 TOC 视图，用以操作图层、数据组及其他在主显示窗口中的元素。

## 2.1 Application 对象

Application 对象是 ArcMap 和 ArcCatalog 等的核心对象，这个对象代表应用程序本身，通过这个对象可以访问系统中的其他对象。每一个运行的 ArcGIS 桌面应用程序都是一个 Application 的对象实例，Application 管理应用程序的启动和关闭、加载扩展模块等。

Application 对象包括如下几个重要的对象：

（1）DataWindow。DataWindow 负责管理数据窗口；

（2）Extension。Extension 负责管理所有的应用程序扩展对象，读者自己编写的应用程序扩展组件要在 ArcMap 里面使用也是它管理的；

（3）AppDisplay。AppDisplay 负责管理地理数据的图形显示对象；

（4）Document。Document 应用程序中的文档对象，负责管理地理数据和元素（element）对象，是 ArcObjects 编程中最常用的对象之一；

（5）StatusBar。StatusBar 可以用于改变应用程序的状态条；

（6）Templates。Templates 是 Application 启动后必须使用的文档模板对象。

启动 ArcGIS 桌面应用程序的时候，系统会自动产生一个 Application 对象；它支持很多接口来管理众多的属性和方法，以完成不同类型的应用。

### 2.1.1 IApplication 接口

Application 类是在 Framework 库中定义的，它是应用程序的一个抽象类。IApplication 是 Application 对象的主要接口，它定义了 ArcGIS 中所有应用程序的一般功能。这个接口管理应用程序的 Document 对象、应用程序扩展(extensions)、状态条(StatusBar)、模板(Templates)、当前工具等，这个接口还提供了几个方法，用于打开、保存和打印文档，锁定或解锁应用程序的用户定制，显示应用程序中的对话框，关闭应用程序等。

在 C#环境下，可以通过表 2-1 中的方法获得 Application 对象。

如：*IApplication m_application = hook as IApplication*；

**表 2-1 各种扩展对象获取 Application 对象方法及参数**

| Implementation | Reference | Method and parameter |
|---|---|---|
| Command, Tool, and ToolControl | IApplication | ICommand. OnCreate( ) hook parameter |
| MultiItem command | IApplication | IMultiItem. OnPopup( ) hook parameter |
| Extension | IApplication | IExtension. Startup( ) initializationData parameter |
| Dockable window | IApplication | IDockableWindowDef. OnCreate( ) hook parameter |

### 2.1.2 IMxApplication3 接口

IMxApplication3 是 ArcMap 程序特有的接口，用于管理 SelectionEnvironment、Display、Paper 和 Print 等对象，这些对象和地图的显示、打印输出有关。

SelectionEnvironment 是用于设置系统中被选择元素或要素属性的对象，它可以改变选择集的样式。下面是一个改变 SelectionEnvironment 的例子（C#环境下）：

```
ISelectionEnvironment pSelEnv = new SelectionEnvironmentClass( );
//改变选择集颜色
IRgbColor pColor = new RgbColorClass( );
pColor = getRGB(255,0,0);
pSelEnv. DefaultColor = pColor;

public IColor getRGB(int  yourRed,  int  yourGreen,  int  yourBlue)
  { IRgbColor pRGB = new RgbColorClass( );
    pRGB. Red = yourRed;
    pRGB. Green = yourGreen;
```

```
    pRGB. Blue = yourBlue;
    pRGB. UseWindowsDithering = true;
    return pRGB;  }
```

CopyToClipboard( )方法用于拷贝应用程序当前视图到内存的剪贴板中，然后可以粘贴到其他应用程序（如 Word）中。

### 2.1.3 IWindowPosition 接口

任何有可视化窗体的类都实现了 IWindowPosition 接口，如 DockableWindow、CommandBar 和各种 Application 类。Application 作为一个有窗体的类当然也不例外，这个接口定义了 Application 的尺寸和位置，如 width 和 height 确定了窗体的大小，而 left 和 top 规定了窗体的左上角距离屏幕的左上角之间的距离。

这个接口还定义了一个属性 state，它用于确定程序窗口的形式，如 esriWSNormal(正常模式)、esriWSMaximize(最大化模式)、esriWSMinimize(最小化模式)和 esriWSFloating(浮动模式)四种。

下面代码是使应用程序窗口最小化：

```
public void MinimizeApplicationWindow( IApplication application)
    {  IWindowPosition windowPos = application as IWindowPosition;
       windowPos. State = esriWindowState. esriWSMinimize;  }
```

这个接口的方法也可以移动窗体和动态改变窗体的大小。

## 2.2 Document 对象

ArcGIS 有多种文档对象，ArcMap 中的文档称为 MxDocument 对象，ArcCatalog 程序中的文档是 GxDocument，在 ArcScene 中称为 SxDocument，ArcGlobe 中的文档为 GMxDocument。这些文档都实现了 IDocument 接口，这个接口提供了文档相关的以下 7 个只读属性：

（1）Accelerators：文档中定义的加速键表；

（2）CommandBars：文档中定义的命令条的集合；

（3）ID：文档 ID；

（4）Parent：打开这个文档的 Application 对象；

（5）Title：文档标题；

（6）Type：文档类型；

（7）VBProject：文档的 VB 项目。

使用 IApplication. Document 属性可以获得对应用程序中的文档的引用。在程序中一次只能有一个文档对象存在，它在数据存储和显示中扮演了一个关键的角色，并且保存了许多非常重要的对象：一个或者多个 Map、一个 PageLayout、一个 TOCView、StyleGallery 和 DataGraphs 等。

### 2.2.1 IMxDocument 接口

IMxDocument 是 MxDocument 最主要的接口，用于管理文档的活动地图(FocusMap)、页面布局(PageLayout)、活动视图(ActiveView)、内容视图(ContentsView)、内容表中选择的项(SelectedItem)及选择的图层(SelectedLayer)和鼠标右键点击的项(ContextItem)、操作栈(OperationStack)、缺省颜色(DefaultColor)、缺省字体(DefaultTextFont)等。

IMxDocument 接口还定义了以下四个方法:

(1) AddLayer。AddLayer 向当前活动地图中添加一个图层;

(2) CanInsertObject。CanInsertObject 检测文档是否允许插入其他应用程序中的对象,如 Excel 电子表格、dwg 图等;

(3) InsertObject。InsertObject 显示插入对象对话框（图 2-1)，由用户选择要插入 MxDocument 文档中的对象并插入。

(4) UpdateContents。UpdateContents 刷新当前内容表视图，该方法其实是对 IContentsView. Refresh 方法的快捷访问，可以通过 IMxDocument. CurrentContentsView 获得当前的内容视图。

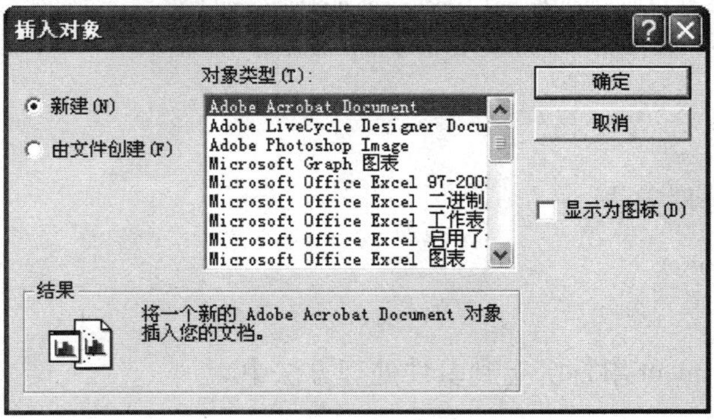


图 2-1 插入对象对话框

在 C#环境下，如果获得了应用程序对象 m_application，则可以通过以下代码获得相应的文档对象:

```
m_application = hook as IApplication;
IDocument document = m_application. Document;
IMxDocument mapDocument = document as IMxDocument;
```

如果通过某种途径先获得了文档对象 mapDocument(IMxDocument),则可以通过如下代码获得其应用程序对象 m_application(Iapplication):

```
IDocument document = mapDocument as IDocument;
IApplication m_application = document. Parent;
```

IDocumentDefaultSymbols 接口是文档缺省符号设置接口，用于设置缺省颜色、符号。

### 2.2.2 IDocumentEvents 文档事件接口

IDocumentEvents 是 MxDocument 对象的事件接口，使用这个接口可以监听与地图文档对象有关的事件，包括 ActiveViewChanged、BeforeCloseDocument、CloseDocument、MapsChanged、NewDocument、OnContextMenu 和 OpenDocument 七个事件。

在 C#环境下，可以通过以下步骤来监听文档事件：

（1）从应用程序获取地图文档，需要添加引用 ESRI. ArcGIS. Framework。

```
using ESRI. ArcGIS. Framework;
…
IApplication app = hook as IApplication;
IDocument appDocument = app. Document;
```

（2）声明一个 IDocumentEvents_Event 变量，需要添加引用 ESRI. ArcGIS. ArcMapUI。

```
using ESRI. ArcGIS. Framework;
using ESRI. ArcGIS. ArcMapUI;
public class howToClass
  { private IDocumentEvents_Event m_docEvents = null;
    private void SetUpDocumentEvent(IDocument myDocument)
      { m_docEvents = myDocument as IDocumentEvents_Event;
          … }
  }
```

（3）实现事件处理方法。

```
void OnNewDocument()
  { … }
```

（4）将 NewDocument 事件绑定到事件处理方法中。

```
m_docEvents. NewDocument + = new
IDocumentEvents_NewDocumentEventHandler(OnNewDocument);
```

## 2.3 命令与命令条

### 2.3.1 命令与命令条概述

ArcObjects 提供了三类命令：

（1）单击命令（Command）：仅实现 ICommand 接口。用户单击事件会导致对 ICommand. OnClick 方法的调用，并立即执行某种动作。单击命令可以驻留在工具条或菜单上。

（2）工具（Tool）：实现了 ICommand 接口和 ITool 接口，工具的执行需要用户与地图显示进行交互。

（3）工具控件（ToolControl）：实现了 ICommand 接口和 IToolControl 接口，如 ArcMap 中标准工具条上显示比例尺的控件，与下拉列表框类似。

命令条（CommandBars）是所有对文档可用的工具条的集合，使用 IDocument. CommandBars 属性可以获得文档中的所有命令条。ICommandBars 接口是 CommandBars 类的默认接口。它允许程序员设置 CommandBar 的属性，也可以让程序员新建（Create）、查找（Find）和隐藏（HideAllToolbars）命令条。LargeIcons 可以设定是否使用大图标；

ShowToolTip 用于设置是否显示工具提示；Create 方法可以快速新建一个空白的工具条、菜单或者快捷菜单。使用这个方法需要输入的参数有 CommandBar 的名称和类型。ArcObjects 定义的 CommandBar 类型有三种，即：esriCmdBarTypeToolbar（工具条）、esdCmdBarType-Menu（菜单）和 esriCmdBarTypeShortcutMenu（快捷菜单）。

CommandBar 类默认实现 ICommandBar 接口，它可以添加一个 Command、Menu 或 Macro 到命令条上。程序员可以通过 Item 属性得到 commandbar 中的每一个条目（Item），使用 Find 方法可以查找 commandbar 中某个命令项，使用 Popup 方法可以弹出菜单或快捷菜单类型的命令条，IsVisible 方法返回命令条是否可见。

使用 Dock 方法可以显示或者隐藏 CommandBar，并且可以将它放在程序窗体的某个位置上或者处于浮动状态。

下面的代码是创建一个 ToolBar，在其上添加两个命令，并将该工具条停靠在标准工具条的下方。

```
public override void OnClick()
  { IDocument doc = m_application.Document;
    //获得文档的 CommandBars
    ICommandBars  pCmdBars = doc.CommandBars;
    //创建一个新的工具栏
    ICommandBar pnewBar = pCmdBars.Create("MyToolbar",esriCmdBarType.esriCmdBarTypeToolbar);
    //添加 ArcMap 中两个已经存在的命令到新工具条上
    object Missing = Type.Missing;
    UID pUid = new UIDClass();
    pUid.Value = "esriArcMapUI.AddDataCommand";
    pnewBar.Add(pUid,ref Missing);
    pUid = new UIDClass();
    pUid.Value = "esriArcMapUI.FullExtentCommand";
    pnewBar.Add(pUid,ref Missing);
    //将创建的工具条停靠在标准工具条下
    pUid = new UIDClass();
    pUid.Value = "esriArcMapUI.StandardToolBar";
    ICommandBar pCmdBar = pCmdBars.Find(pUid,false,false) as ICommandBar;
    pnewBar.Dock(esriDockFlags.esriDockBottom,pCmdBar);  }
```

CommandItem 代表出现在 CommandBar 上的任何对象，如一个 Button、Menu 和 Tool 等。ICommandItem 接口是这个对象的默认接口，这个接口定义的方法可以获取或者设置 CommandItem 的属性，如设置标题、命令按钮图像、提示信息、显示样式和进行编组等。这个接口也定义了方法执行、删除、刷新和重置这些 CommandItem。

使用 ICommandBars.Find、ICommandBar.Find 或 ICommandBar.Item 都可以得到某个特定 CommandItem 的引用。

下面代码是查找并执行一个命令：

```
public void FindAndExecuteCommand(IApplication application,System.String commandName)
  { ICommandBars commandBars = application.Document.CommandBars;
```

```
    ESRI.ArcGIS.esriSystem.UID uid = new ESRI.ArcGIS.esriSystem.UIDClass();
    uid.Value = commandName;// Example:"esriFramework.HelpContentsCommand" or "{D74B2F25-AC90-11D2-87F8-0000F8751720}"
    ICommandItem commandItem = commandBars.Find(uid,false,false);
    if(commandItem != null) commandItem.Execute(); }
```

下面代码是从某工具条上查找给定名称的某个命令项：

```
public ICommandItem GetCommandOnToolbar (IApplication application, System.String toolbarName, System.String commandName)
{   ICommandBars commandBars = application.Document.CommandBars;
    ESRI.ArcGIS.esriSystem.UID barID = new ESRI.ArcGIS.esriSystem.UIDClass();
    barID.Value = toolbarName;// Example:"esriArcMapUI.StandardToolBar"
    ICommandItem barItem = commandBars.Find(barID,false,false);
    if(barItem != null && barItem.Type == esriCommandTypes.esriCmdTypeToolbar)
      {   ICommandBar commandBar = (ICommandBar)barItem;
          UID commandID = new UIDClass();
          commandID.Value = commandName;// Example:"esriArcMapUI.AddDataCommand"
          return commandBar.Find(commandID,false);   }
    else   return null;  }
```

### 2.3.2 自定义命令和工具

#### 2.3.2.1 自定义命令和工具的实现方式

ArcGIS 提供了以下四种方式来自定义命令和工具：

(1) 使用 Add-in 方式；

(2) 直接实现接口；

(3) 继承基类；

(4) ArcGIS 项模板（推荐使用）。

A 使用 Add-in 方式

从 ArcGIS 10 开始，使用自定义的命令、工具对 ArcGIS 桌面应用程序进行扩展，新增了 Add-in 方式。

如果新建 Add-in 项目，在 Add-in 项目模板中点选 Button 和 Tool，并设置相关属性，完成该项目模板后在相关类中添加代码即可；如果在已有的 Add-in 项目添加新的命令和工具，则使用 Add-in component 类模板分别添加 Button、Tool 类到已有的 Add-in 项目中。

B 直接实现接口

用户可以通过实现 ICommand 接口来定制命令。由用户自己定义命令的外观、状态、行为，自己注册到 COM 组件类目里。工具与命令类似，只是要实现 ICommand 及 ITool 两个接口，在定义的时候要考虑光标、鼠标事件等。在编程过程中，必须实现接口的所有成员。

ArcGIS VS 集成框架中的 ArcGIS Class item template 生成的类就是直接实现接口所有成员。

C 继承基类

一般情况下，所有的命令对象都要实现 ICommand 接口的所有成员，所有的工具对象都要实现 ICommand 和 ITool 两个接口的所有成员。为了简化自定义命令和工具的开发，ArcObjects 提供了两个抽象基类，即 BaseCommand、BaseTool。这两个类是抽象类，这意味着虽然它们包含一些实现代码，但自身不能直接被实例化而只能通过被其他类继承使用。这两个基类都是在 ESRI. ArcGIS. ADF. Local 程序集中定义的，属于 ESRI. ArcGIS. ADF. BaseClasses 命名空间。

这两个基类为 ICommand 和 ITool 每个成员提供了缺省的实现，这样简化了创建自定义命令和工具的过程。开发者不用为每个成员提供实现代码，只需重写（覆盖）自定义命令或工具所需要的成员。如 ICommand. OnCreate，该成员在初始的类中必须被重写。

BaseCommand 和 BaseTool 有重载的构造函数，使得用户可以快速地通过构造函数参数设置命令和工具的许多属性，例如 Name 和 Category。

重载的 BaseCommand 构造函数有下面的签名：

```
public BaseCommand(
System.Drawing.Bitmap bitmap,
string caption,
string category,
int helpContextId,
string helpFile,
string message,
string name,
string toolTip);
```

重载的 BaseTool 构造函数有下面的签名：

```
public BaseTool(
System.Drawing.Bitmap bitmap,
string caption,
string category,
System.Windows.Forms.Cursor cursor,
int helpContextId,
string helpFile,
string message,
string name,
string toolTip);
```

当编写一个新类时，可以使用这些参数化的构造函数，设置命令、工具的属性。例如，下面显示了称作 PanTool 的新类继承了 BaseTool 类，就是这样做的。

```
public PanTool():base(null,"Pan","My Custom Tools",System.Windows.Forms.Cursors.Cross,0,"",
"Pans the map.","PanTool","Pan")
  { … }
```

作为使用参数化构造函数的备选方案，可以直接设置基类的成员。基类暴露其内部成员变量给继承类，每个属性一个，这样可以在继承类中直接访问它们。例如，代替使用重载的构造函数设置 Caption 属性，可以在继承类的构造函数中设置基类中声明的 m_caption 类成员变量。

```
public PanTool( )
{ base. m _ bitmap = new System. Drawing. Bitmap ( GetType ( ) . Assembly. GetManifestResourceStream
( "Namespace. Pan. bmp" ) ) ;
    base. m_cursor = System. Windows. Forms. Cursors. Cross;
    base. m_category = "My Custom Tools" ;
    base. m_caption = "Pan" ;
    base. m_message = "Pans the map. " ;
    base. m_name = "PanTool" ;
    base. m_toolTip = "Pan" ;   }
```

当创建继承一个基类的自定义命令和工具时，只需重写所需的成员。当重写类中的一个成员时，会执行用户提供给该成员实现的代码，而不会执行从基类继承而来的缺省实现代码。例如，在 BaseCommand 中 OnClick 方法没有任何的实现代码，同样的在缺省情况下 OnClick 不会做任何事。这样对于一个工具来说是合适的，但是可能对于一个命令来说不适合。

ArcGIS VS 集成框架中的 ArcGIS Base Command 及 Base Tool item templates 就是通过继承基类来创建自定义命令和工具的。

D　使用 ArcGIS 项模板

自定义命令和工具的第四种方式是使用 ArcGIS 提供的项模板（ArcGIS Item templates），ArcGIS VS .NET 集成框架提供了多个项模板，方便 ArcGIS 开发人员快速搭建 GIS 应用框架，这种方式是 ESRI 官方推荐的创建命令、工具等的方式。使用项模板有如下几个优势：

（1）不需要一一实现 Bitmap、Caption、Category、Name、Message 及 Tooltip 等属性，只需在构造函数里设置即可，具体的实现由 BaseCommand 及 BaseTool 来完成。

（2）为项目添加了一些必要的文件，如位图文件、光标文件等。

（3）重写了 OnCreate 方法，该方法向 ArcGIS Engine 控件（如 MapControl）或 ArcGIS 桌面程序（如 ArcMap）传递一个句柄或“hook”。项模板处理了 hook 对象并设置了命令和工具的初始状态。

（4）如果是在桌面应用程序上运行的命令，IApplication 接口类型的变量自动生成用以访问应用程序对象。

（5）HookHelper 对象用来保留 hook，它实现了 IHookHelper 接口，该接口能够返回 ActiveView、PageLayout 及 Map 对象，不管传递回来的 hook 是什么类型（ArcMap、ArcCatalog 应用程序或 MapControl、PageLayoutControl）。

（6）GlobeHookHelper 对象用于保留 hook，它实现了 IGlobeHookHelper 接口，该接口能够返回 Camera、Globe、GlobeDisplay 和 ActiveViewer 对象，不管传递回来的 hook 是什么类型（ArcGlobe 应用程序或 GlobeControl）。

（7）SceneHookHelper 对象用于保留 hook，它实现了 ISceneHookHelper 接口，该接口

能够返回SceneViewer、Scene、SceneGraph和Camera对象，不管传递回来的hook是什么类型（ArcScene应用程序或SceneControl）。

（8）所有用户定制的命令和工具都必须暴露为COM。项模板提供了COM相关的属性和GUID用以将.NET类暴露为COM。

（9）将.NET类自动注册和注销到COM组件类目，所有的注册和注销函数都将自动生成。

#### 2.3.2.2 自定义命令开发实例

A 自定义命令之一：缩放视图到选定图层范围

定制一个命令，以实现将当前视图放大到选定图层的范围。

a 新建类库项目（create a new class library）

（1）打开Visual Studio。

（2）点击文件，新建→项目。

（3）展开Visual C#，选择ArcGIS下的Extending ArcObjects。

（4）在右边选择Class Library（ArcMap）模板。

（5）将项目命名为CommandInheritingBaseCommand并选择要保存的路径。

（6）点击确定，进入新建项目向导。

b 添加对ArcObjects类库的引用

在使用ESRI提供的.NET对象库之前，必须将必需的ESRI对象库（其实是COM对象的.NET运行时可调用包装类组成的.NET程序集）引用到当前项目中。ESRI对象库在安装开发包时已安装，默认的安装路径为：ArcGIS安装根目录\DeveloperKit10.0\DotNet。

（1）利用项目向导，添加必需的ESRI对象库。

（2）我们是定制一个在桌面应用程序上运行的命令，所以向导只显示了与桌面相关的引用。展开Desktop ArcMap，双击ESRI.ArcGIS.ADF.Local、ESRI.ArcGIS.ArcMapUI、ESRI.ArcGIS.Carto、ESRI.ArcGIS.Framework、ESRI.ArcGIS.Geometry、ESRI.ArcGIS.System和ESRI.ArcGIS.SystemUI类库，添加对它们的引用。

（3）点击“Finish”，一个新的项目就已经建好了。

（4）还需要添加System.Drawing的引用（Bitmap位于该类库中），在解决方案资源管理器里，右键点击该项目选择“添加引用”，弹出添加引用对话框，在该对话框中点击.NET选项卡，选择System.Drawing，然后点击确定。

c 新建ZoomToLayer命令

下一步将要通过ArcGIS项模板来添加一个命令。

（1）在解决方案资源管理窗口里，右键点击项目→点击添加→新建项。

（2）在弹出的添加新项对话框中，点击ArcGIS→Extending ArcObjects，在右边的框中选择Base Command。将命令命名为ZoomToLayer.cs，点击添加。

（3）在弹出的ArcGIS New Item Wizard Options对话框中，选择Desktop ArcMap Command，点击OK。

d 在构造函数中设置命令的属性

打开ZoomToLayer.cs文件，找到构造函数所在的位置，根据需要修改相关属性值。

```
public ZoomToLayer()
    { base.m_category = "CustomSamples";
    base.m_caption = "ZoomToLayerC#";
    base.m_message = "ZoomToLayerM";
    base.m_toolTip = "ZoomToLayerT";
    base.m_name = "ZoomToLayerN";
    try
      { string bitmapResourceName = GetType().Name + ".bmp";
        base.m_bitmap = new Bitmap(GetType(),bitmapResourceName); }
     catch(Exception ex)
       { MessageBox.Show(ex.Message + " Invalid Bitmap!"); }
    }
```

e 为命令添加功能代码

可以使用 ArcGIS Visual Studio 集成框架里的 ArcGIS Snippets 工具来方便快捷地添加功能代码，ArcGIS Snippets 是一些 ArcObject 可重用的代码块，可以直接使用。

（1）在需要插入代码的地方点击鼠标右键，打开 ArcGIS Snippets Finder，在 Keywords 中输入关键词“zoom”，点击 Search，找到“Zoom to Active Layer in TOC snippet”，点击 Insert。或在需要插入代码的地方点击鼠标右键→插入代码段→ArcObjects→Mapping→Zoom to Active Layer in TOC 直接插入所需的代码段。

以下代码就被添加进来了：

```
#region "Zoom to Active Layer in TOC"
public void ZoomToActiveLayerInTOC(IMxDocument mxDocument)
    { if(mxDocument == null)return;
      IActiveView activeView = mxDocument.ActiveView;
      // Get the TOC
      IContentsView IContentsView = mxDocument.CurrentContentsView;
      // Get the selected layer
      System.Object selectedItem = IContentsView.SelectedItem;
      if(!(selectedItem is ILayer))return;
      ILayer layer = selectedItem as ILayer;
      // Zoom to the extent of the layer and refresh the map
      activeView.Extent = layer.AreaOfInterest;
      activeView.Refresh(); }
#endregion
```

（2）然后在 OnClick 方法中调用以上代码。

```
public override void OnClick()
  { IMxDocument   mxDocument = (IMxDocument)m_application.Document;
    ZoomToActiveLayerInTOC(mxDocument); }
```

f 编译项目

编译项目前，需要将命令类暴露为 COM 组件，由于我们使用 ArcGIS item template 创建命令，因此不需要手动注册了。

点击“生成”菜单，选择“生成解决方案”，即可编译解决方案。如果没有错误的话，项目就编译好了；有错的话，需要进一步调试程序代码。

g 在 ArcMap 中使用命令

（1）打开一个地图文档。

（2）点击 Customize 菜单，选择 Customize mode…，在弹出的 Customize 对话框中选择 Commands 选项卡，在 Categories 里找到 *CustomSamples*，在右边 Commands 下选择 *ZoomToLayer* C#命令，将它拖到 ArcMap 的工具条上，然后关闭 Customize 对话框。

（3）在 TOC 中选择一个图层，然后点击 ZoomToLayer 按钮，地图就会放大到该图层的视图范围。

其他功能的命令的建立都是类似的。比如，在 GIS 应用程序操作过程中，某个工具一旦使用，如果不使用下一个工具，它一直处于活动状态，这样总觉得不是很舒服，因此可以添加一个命令来清除 Application 上的当前活动工具。步骤和前面的例子是一样的，只需要在 OnClick 方法中修改其功能代码即可。

```
public override void OnClick( )  { m_application. CurrentTool = null; }
```

再如要生成一个清除当前地图中的选择要素的命令，则 OnClick 方法代码如下：

```
public override void OnClick( )
  { IMxDocument mxDocument = m_application. Document as IMxDocument;
    mxDocument. FocusMap. ClearSelection( );
    mxDocument. ActiveView. Refresh( ); }
```

B 自定义命令之二：放大当前视图 3 倍

自定义一个命令，实现放大当前视图 3 倍（ZoomIn3XCMD）的功能。

为了提高自定义命令或工具的通用性，这里使用了 HookHelper 对象及其 IHookHelper 接口，该接口能够返回 ActiveView、PageLayout 及 Map 对象，不管传递回来的 hook 是什么类型（ArcMap、ArcCatalog 应用程序或 MapControl、PageLayoutControl）。

主要程序代码如下：

```
public sealed class ZoomIn3XCMD:BaseCommand
  { private IHookHelper m_hookHelper = null;
    private ESRI. ArcGIS. Geometry. IEnvelope m_currentExtent = null;
    private IActiveView m_activeView = null;
    public ZoomIn3XCMD( )
      {
        … //设置命令的相关属性
      }
    public override void OnCreate( object hook)
      { if( hook == null) return;
        try
          { m_hookHelper = new HookHelperClass( );
```

```
                m_hookHelper. Hook = hook;
                if(m_hookHelper. ActiveView == null) m_hookHelper = null; }
        catch
            { m_hookHelper = null; }
        if(m_hookHelper == null) base. m_enabled = false;
        else
            {   base. m_enabled = true;
                m_activeView = m_hookHelper. ActiveView; }
        }
    public override void OnClick()
        {   if(m_activeView == null) return;
            m_currentExtent = m_activeView. Extent;
            m_currentExtent. Expand(1 / 3. 0,1 / 3. 0,true);//
            //m_avExtent. Expand(3. 0,3. 0,true);
            m_activeView. Extent = m_currentExtent;
            m_activeView. Refresh();    }
}
```

这里说的放大或缩小多少倍并不准确（但习惯这样叫），其实 IEnvelope. Expand 方法的含义如下：

```
public void Expand(double dx,double dy,bool asRatio);
```

当 Envelope 缩放时，如果 asRatio 为 FALSE，则 Envelope 范围按如下表达式变化：

$$XMin = XMin - dx$$
$$YMin = YMin - dy$$
$$XMax = XMax + dx$$
$$YMax = YMax + dy$$

当 asRatio 为 true，若将 Envelope 宽度增加 10%，则 dx = 1. 1；若将 Envelope 宽度减少 10%，则 dx = 0. 9；这时，Envelope 范围按以下表达式变化：

$$XMin = XMin - (dx - 1) * Width/2$$
$$YMin = YMin - (dy - 1) * Height/2$$
$$XMax = XMax + (dx - 1) * Width/2$$
$$YMax = YMax + (dy - 1) * Height/2$$

#### 2. 3. 2. 3 自定义工具开发实例

工具的执行需要鼠标与地图进行交互以完成某个特定功能，除了要重写 OnCreate()方法外，还要根据具体情况重写其他方法，如 OnClick()、OnMouseDown()、OnMouseMove()、OnMouseUp()等，还可以修改光标文件。

可以使用 BaseTool 类模板创建自定义的工具。以下代码实现了拉框放大功能，通过鼠标拉框，然后将当前视图放大到拉框的 3 倍。根据需要，鼠标事件仅重写了 *OnMouseDown* 事件。

```
public sealed class ZoomIn3XTool:BaseTool
```

```
{   private IHookHelper m_hookHelper = null;
    private ESRI.ArcGIS.Carto.IActiveView m_activeView = null;
    private ESRI.ArcGIS.Geometry.IEnvelope m_envelope = null;
    public ZoomIn3XTool()
      {
          …//设置工具的相关属性
      }
    public override void OnCreate(object hook)
      {   try
            {   m_hookHelper = new HookHelperClass();
                m_hookHelper.Hook = hook;
                if(m_hookHelper.ActiveView == null)
                m_hookHelper = null;   }
          catch       { m_hookHelper = null; }
          if(m_hookHelper == null)    base.m_enabled = false;
          else    base.m_enabled = true;
          m_activeView = m_hookHelper.ActiveView;   }
    public override void OnMouseDown(int Button,int Shift,int X,int Y)
      {   IRubberBand pRubberBand = new RubberEnvelopeClass();
          m_envelope = pRubberBand.TrackNew(m_activeView.ScreenDisplay,null) as IEnvelope;
          m_envelope.Expand(1 / 3.0,1 / 3.0,true);
          m_activeView.Extent = m_envelope;
          m_activeView.Refresh();   }
}
```

### 2.3.3 自定义工具条和菜单

命令条是指像按钮、工具及子菜单这样的命令项的容器，包括工具条、菜单和上下文菜单等。和工具与命令类似，命令条的创建方式有四种：使用 Add-in 方式、直接实现接口、继承基类和使用 ArcGIS 项模板。

ArcGIS 10 版本中可向任何菜单或工具条添加工具。

#### 2.3.3.1 使用 Add-in 方式

从 ArcGIS 10 开始，使用自定义的工具条、菜单对 ArcGIS 桌面应用程序进行扩展，新增了 Add-in 方式。使用 Add-in component 类模板在已有的 Add-in 项目中添加新的命令条，在该类模板向导中包含两种类型的 Add-ins：Add-in Components 和 Add-in Command Bars。先点击 Add-in Command Bars，再点击所需的命令条并设置相关属性。

#### 2.3.3.2 直接实现接口

要创建自定义的工具条，需要实现 IToolbarDef 接口。该接口用于设置自定义工具条的相关属性如标题、名字，并指定工具条上的命令项。

在开发 ArcGIS Engine 应用程序中，可以使用 IToolbarControl.AddToolbarDef 方法将自定义工具条插入到 ToolbarControl 中。

要创建自定义的菜单，需要实现 IMenuDef 接口。该接口与 IToolbarDef 定义相同(其成员都是 GetItemInfo、ItemCount、Caption 和 Name)，只不过一个用于创建菜单，另一个用于创建工具条。

在 ArcGIS 桌面中，如果要创建上下文菜单（右键菜单），需要实现 IMenuDef 和 IShortcutMenu 两个接口。IShortcutMenu 是一个指示器接口，仅用于向应用程序指明该菜单是右键菜单，该接口中并没有定义任何内容。如果要创建根菜单（出现在定制对话框 Menus 命令类目下的菜单，如图 2-2 所示），需要实现 IMenuDef 和 IRootLevelMenu 两个接口。IRootLevelMenu 也是一个指示器接口，仅用于向应用程序指明该菜单是根菜单，该接口中并没有定义任何内容。

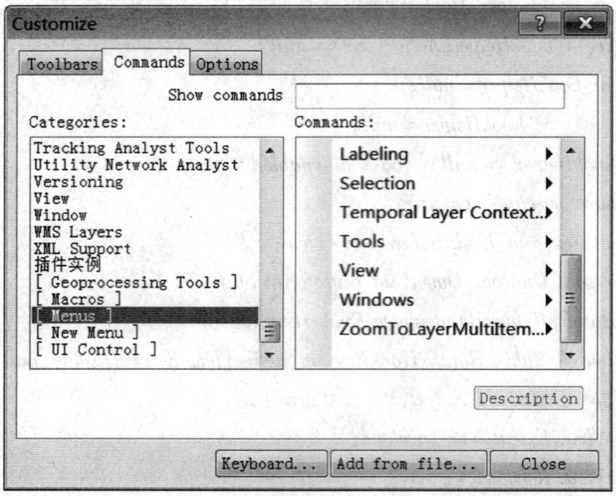


图 2-2　自定义根菜单在定制对话框中所在的命令类目

在开发 ArcGIS Engine 应用程序中，可以使用 IToolbarMenu 接口来定义菜单和上下文菜单。

#### 2.3.3.3　继承基类

BaseToolbar 和 BaseMenu 两个基类简化了自定义工具条和菜单的创建。作为直接实现 IToolbarDef 或 IMenuDef 接口的替代方案，可以继承这两个基类来创建自定义工具条和菜单。基类中重载的 AddItem 方法比实现 GetItemInfo 灵活得多，可以使用命令项的 ProgID、UID、CLSID、System. Guid 或 System. Type 将其添加到自定义工具条和菜单上。基类中的 BeginGroup 方法用于在命令项之间插入分隔符。自定义工具条、菜单的标题和名称可以通过设置受保护的成员或重写只读属性来实现。

以下代码实现了一个自定义的工具条。

```
public sealed class ArcFGISToolbar:BaseToolbar
  { public ArcFGISToolbar()
      { AddItem("ArcPXFGIS. ConvertCAD");      //自定义的命令
        AddItem("ArcPXFGIS. AddFeatureClass");   //自定义的命令
        BeginGroup();      //插入分隔符
```

```
        AddItem("esriArcMapUI.ZoomInTool");
        BeginGroup();     //插入分隔符
        AddItem("{FBF8C3FB-0480-11D2-8D21-080009EE4E51}",1);//undo command
        AddItem(new Guid("FBF8C3FB-0480-11D2-8D21-080009EE4E51"),2);//redo command
    }
    public override string Caption  {get{return"ArcFGISToolbar";}}
    public override string Name     {get{return"ArcFGISToolbar";}}
}
```

#### 2.3.3.4 使用 ArcGIS 项（类）模板

ArcGIS Visual Studio IDE 集成框架包含用于创建工具条、菜单和上下文菜单的项模板，使用这些模板创建命令条比直接实现接口更高效。使用这些模板有以下优势：

（1）不同类型的命令条的实现本质上是相同的；

（2）命令条的名称缺省与类名相同，当然可以通过重写属性修改；

（3）所有命令项的添加、分隔符的插入都是在命令条类的构造函数中完成；

（4）所有定制的命令条容易暴露给 COM 且有合适的组件类目注册函数。

### 2.3.4 创建子命令/子工具

一般情况下，一个类中只有一个命令或一个工具，通过实现 ICommandSubtype 接口，可以在一个类中创建多个命令或工具。这对创建一些功能类似的命令是很有用处的，因为这些命令可以共享很多相同的代码。表 2-2 列出了 ArcMap 中文件菜单的子命令。

**表 2-2 ArcMap 中文件菜单的子命令列表**

| Name | GUID(CLSID/ProgID) | Sub Type |
|---|---|---|
| File_New | {119591DB-0255-11D2-8D20-080009EE4E51}<br>esriArcMapUI.MxFileMenuItem | 1 |
| File_Open | | 2 |
| File_Save | | 3 |
| File_SaveAs | | 4 |
| File_SaveCopyAs | | 12 |
| File_PageSetup | | 5 |
| File_PrintPreview | | 6 |
| File_Print | | 7 |
| File_Properties | | 8 |
| File_Export | | 9 |
| File_Exit | | 10 |

因为要在一个类里表现多个命令，所以每个命令要通过一个子类型值（从 1 开始）与 CLSID 一起来识别。当往工具或菜单里添加这些命令项时，除了要指明 UID 外，还要指明其子类型值。

ICommandSubtype 接口定义了如下两个方法：

（1）GetCount。GetCount 是 CLSID 中定义的命令项数；

（2）SetSubType。SetSubType 设置子命令的属性，如名称、标题、位图等。

可以通过实现接口、继承基类及使用 ArcGIS 项模板三种方式来创建自定义的子命令、子工具，下面例子采用的是第三种方式：

（1）通过 ArcGIS 项模板添加一个命令，取名为 ZoomInCommands，默认继承了 Base Command类，再为其添加一个接口。

```
public sealed class ZoomInCommands:BaseCommand,ICommandSubType
```

（2）ICommandSubType 接口包含两个方法：GetCount 和 SetSubType。在 GetCount 方法返回所包含命令的数量，本例中有三个命令，所以返回3。

（3）ICommandSubType 最重要的一个方法就是 SetSubType。每个子命令都会产生一个不同的实例，子类型值是在实例化后设置的。每个实例的子类型对象都不一样，而且在整个实例的生命周期都存在。子类型值设置后被保存起来，然后传递给 SetSubType 方法，从而给定一个参数用以编写功能代码。

```
private int m_subtype;
…
public void SetSubType(int SubType)
    {  m_subtype = SubType;
       … }
```

（4）设置子命令的属性。

```
public ZoomInCommands()
    {  //设置公共属性
       base.m_category = "CustomSamples";
    }
…
public void SetSubType(int SubType)
    {  m_subtype = SubType;
       //Set up bitmap,caption,tooltip,etc.
       if(base.Bitmap == 0)//Load from project resource.
          {  switch(m_subtype)
               {  case 1:base.m_bitmap = Properties.Resources.ZoomOnce;break;
                  case 2:base.m_bitmap = Properties.Resources.ZoomTwice;break;
                  case 3:base.m_bitmap = Properties.Resources.ZoomThrice;break;  }
          }
       base.m_caption = string.Format("Fixed zoom in x{0}(C#)",m_subtype.ToString());
       base.m_name = string.Format("MyCommand_ZoomCommandx{0}CS",m_subtype);
       base.m_message = string.Format("Executing fixed zoom in {0} time(s)",m_subtype.ToString());
       base.m_toolTip = string.Format("Fixed Zoom in x{0}",m_subtype);
    }
```

说明：因为子命令的 SubType 值是在类的实例化(调用构造函数)后设置的,且每个子命令的属性也不相同,所以不能在类的构造函数设置子命令特有的属性，只能设置公共属性。

（5）在 OnClick 方法中添加代码，根据子类型值来完成不同的功能。

```
public override void OnClick( )
  { UID cmdUID = new UIDClass( );
    cmdUID. Value = "esriArcMapUI. ZoomInFixedCommand";
    ICommandBars docBars = m_application. Document. CommandBars;
    ICommandItem xoomCommand = docBars. Find( cmdUID,false,false);
    if( xoomCommand ! = null)
      { for( int i =0;i < m_subtype;i ++ )
         xoomCommand. Execute( );  }
  }
```

（6）如果是工具的话，还需要完成鼠标的 OnMouseDown 等事件。

（7）编译项目。

有关子命令/子工具的开发，读者可以参阅 ArcGIS 开发包中的 SubtypeCommandTool 实例。

### 2.3.5 创建动态菜单

通常情况下，一个菜单上驻留的命令是固定的。当程序运行前菜单上的命令不能确定或菜单上的命令需要根据系统运行状态进行修改时，可以使用动态菜单（MultiItem）。如很多应用程序 File 菜单下的最近使用过的文件菜单就是动态菜单。

MultiItem 与子命令或子工具不同，子命令或子工具上的条目数是固定的，MultiItem 是动态的。

一个动态菜单类实现多个命令功能。动态菜单实现 IMultiItem 接口，其行为就像多个相邻的菜单命令。程序运行期间，应用程序框架通知动态菜单的宿主菜单何时显示，以及每一子项如何显示。OnPopup 方法在其宿主菜单刚出现前被调用，并提供两个功能：提供 hook 参数和返回动态菜单的项数。OnPopup 方法被调用后，应用程序框架为动态菜单的每一子项创建一个命令项，并为每一子项设置相关属性 ItemBitmap、ItemCaption、ItemChecked 及 ItemEnabled；MultiItem 显示后，用户可以选择某一项，调用 OnItemClick 方法。

除了 IMultiIem 接口，您还可以实现可选接口 IMultiItemEx。动态菜单不需要实现 ICommand 接口，也不会加载到自定义对话框的命令列表，它只能出现在菜单中，因此在使用的时候需要把它加载到菜单中，即需要创建自定义菜单来驻留 MultiItem。

以下是创建一个 MultiItem 的步骤：

（1）在 ArcGIS 项模板里选择 ArcGIS Class，打开 ArcGIS 类添加向导，在 Customization Group 下右边的下拉框中选择 Application Framework，在 Base Component 下选择 MultiItem，点击 Next，进入组件类目选项，这里我们不需要选择，直接点击 Next，进入可选接口选项，将 Available optional interfaces 下的 ESRI. ArcGIS. SystemUI. IMultiItemEx 接口选上，点击 Select，然后点 Finish。

（2）将 Caption、HelpContextID、HelpFile、Message 及 Name 等属性设置好。

（3）在 OnPopup 方法中将 hook 参数传递给 ArcMap 或者 MapControl，并返回 MultiItem 的命令数量。

（4）在 get_ItemCaption、get_ItemEnabled、get_ItemBitmap、get_ItemChecked 中设置每项命令的属性。

（5）在 OnClick 方法中添加命令被点击后执行的代码。

（6）如果实现了 IMultiItemEx 接口，则可为每项命令设置 Message、HelpContextID 及 HelpFile 属性。

（7）编译完成后，将其加载到菜单就可以使用了。

以下代码实现 Zoom To Layer 动态菜单的功能，即根据当前 Map 对象中的图层，在该动态菜单中列出所有图层，当用户点击某个图层时，当前视图范围就缩放到该图层的全局范围。主要代码如下：

```
namespace ArcMapClassLibrary
{
    [Guid("A9E9E0E4-EC6D-407F-BDFC-3DF2C956E1F4")]
    [ClassInterface(ClassInterfaceType.None)]
    [ProgId("ArcMapClassLibrary.ZoomToLayerMultiItem")]
    public class ZoomToLayerMultiItem:ImultiItem,IMultiItemEx
        { private ESRI.ArcGIS.Controls.IHookHelper m_hookHelper;
          #region "IMultiItem Implementations"
          //Step 2
          public string Caption        { get {return "Layer Zoom";}}
          public string Name           { get {return "CSNETSamples_HowToMultiItem";}}
          public int HelpContextID     { get {return 0;}}
          public string HelpFile       { get {return "";}}
          public string Message        { get {return "MultiItem single message";}}
          //Step 3
          public int OnPopup(object hook)
            { m_hookHelper = new ESRI.ArcGIS.Controls.HookHelperClass();
              m_hookHelper.Hook = hook;
              return m_hookHelper.FocusMap.LayerCount; }
          //Step 4
          public string get_ItemCaption(int index)
            { ILayer layer = m_hookHelper.FocusMap.get_Layer(index);
              return "Zoom to " + layer.Name;   }
          public bool get_ItemEnabled(int index)
            { //Enable zoom in only when the layer is visible.
              ILayer layer = m_hookHelper.FocusMap.get_Layer(index);
              return layer.Visible;   }
          public int get_ItemBitmap(int index)
            { return 0;//Not implemented
            }
          public bool get_ItemChecked(int index)
            { return false; }
```

```
//Step 5
public void OnItemClick(int index)
  { //Get the layer and its spatial referenced extent.
    ILayer layer = m_hookHelper. FocusMap. get_Layer(index);
    IEnvelope env = layer. AreaOfInterest;
    //Zoom to the extent and refresh the view.
    IActiveView activeView = m_hookHelper. FocusMap as IActiveView;
    activeView. Extent = env;
    activeView. Refresh();  }
#endregion

//Step 6
#region "IMultiItemEx Implementations"
public string get_ItemMessage(int index)
  { ILayer layer = m_hookHelper. FocusMap. get_Layer(index);
    return "Zoom to " + layer. Name + "layer. ";  }
    public int get_ItemHelpContextID(int index)   { return 0; }
    public string get_ItemHelpFile(int index)      { return ""; }
    #endregion  }
}
```

动态菜单要能发挥作用，需要将其添加到一个宿主菜单上。以下代码是将刚才创建的 *ZoomToLayerMultiItem* 添加到一个根菜单上。

```
public sealed class RootMenuZoomToLayerMultiItem:BaseMenu,IRootLevelMenu
  { public RootMenuZoomToLayerMultiItem()
      { AddItem("ArcMapClassLibrary. ZoomToLayerMultiItem ");//ZoomToLayerMultiItem
        BeginGroup();//Separator
        AddItem("esriArcMapUI. ZoomInFixedCommand");  }
    public override string Caption   { get { return "Zoom to Layer MultiItem";} }
    public override string Name      { get { return "RootMenuZoomToLayerMultiItem";} }
  }
```

此外，对 ArcGIS 桌面的扩展，还可以使用 Add-in 方式创建自定义的动态菜单，读者自行实践，在此不再论述。

## 2.4 应用程序扩展

### 2.4.1 应用程序扩展概述

应用程序扩展(Extension)提供给开发者一个扩展 ArcGIS 核心功能的强大机制。一个 Extension（扩展对象）可以给 ArcGIS 新建一个工具条，也可以对应用程序发生的某些事件进行监听并做出响应，进行一些初始化工作。Extension 是由 Application 对象直接管理的。

应用程序扩展有两种类型：标准扩展(standard extension)和即时扩展(just-in-time extension)。两种扩展实现的接口都是 IExtension 和 IExtensionConfig （可选），任何实现了 IExtensionConfig 的扩展都将显示在扩展对话框中。它们的区别是启动的时机和注册的地方不同。

任何被注册到应用程序的标准扩展，会自动被应用程序载入或者卸载。例如一个被添加到 ESRI Mx Extensions Category 的扩展对象会在 ArcMap 启动的时候自动启动，在 ArcMap 关闭的时候自动关闭，用户对此不需要进行任何的干预操作。

标准扩展基本的启动顺序为：

（1）用户启动应用程序；

（2）Application 自动产生；

（3）文档对象创建；

（4）扩展对象被载入；

（5）如果 ArcMap 是通过双击一个文档文件打开的，这个时候文档将被载入。否则在新文档创建后，如果用户打开一个文档文件，则将载入这个文档；

（6）程序启动完毕。

标准扩展注册的组件类目包括：ESRI Gx extensions(ArcCatalog)、ESRI Mx extensions(ArcMap)、ESRI Sx extensions(ArcScene)、ESRI GMx extensions(ArcGlobe)。

为了提高应用程序在启动时候的性能，即时扩展被设计为仅当有请求时才被载入应用程序，而不是在应用程序启动的时候载入。当应用程序第一次调用 IApplication. FindExtensionByCLSID( )方法查找某个即时扩展时，这个即时扩展被创建，IExtension. Startup( )方法被调用。即时扩展注册的组件类目包括：ESRI Gx JIT extensions(ArcCatalog)、ESRI Mx JIT extensions(ArcMap)、ESRI Sx JIT extensions(ArcScene)、ESRI GMx JIT extensions(ArcGlobe)。

### 2.4.2 创建应用程序扩展

ArcGIS Visual Studio 集成框架为应用程序扩展的开发提供了两个项模板（Item Template）：Application Extension 模板和 Just In Time Extension 模板，两个模板的实现都一样，只是注册方法的内容不一样，即注册的组件类目不同。

以下代码利用应用程序扩展实现了改变 ArcMap 缺省的数据视图上下文菜单的功能。

```
public class ContextMenuExtension:IExtension,IExtensionConfig
    { …//注册代码省略
        private IApplication m_application;
        private IDocumentEvents_Event m_docEvents;
        private esriExtensionState m_enableState;
        #region "Add Event Wiring Document OnContextMenu"
        private void SetUpDocumentEvent(IDocument myDocument)
        { m_docEvents = myDocument as IDocumentEvents_Event;
          m_docEvents. OnContextMenu + = new
          IDocumentEvents_OnContextMenuEventHandler(OnContextMenuProcessing);  }
```

```
    #endregion
    public void OnContextMenuProcessing(int x,int y,out bool handled)
      { ICommandBar pContextMenu = m_application. Document. CommandBars. Create( "ZoomTo-
        LayerMultiItem Context Menu",esriCmdBarType. esriCmdBarTypeShortcutMenu);
        IMxDocument mxDocument = m_application. Document as IMxDocument;
        IActiveView activeView = mxDocument. ActiveView;
        UID dataviewCTM = new UIDClass();
        activeView. GetContextMenu(0,0,out dataviewCTM);
        object idx = Type. Missing;
        pContextMenu. Add(dataviewCTM,ref idx);
        UID uid = new UIDClass();
        uid. Value = "ArcMapClassLibrary. ZoomToLayerMultiItem";
        pContextMenu. Add(uid,ref idx);
        pContextMenu. Popup(0,0);
        handled = true;  }
    #region "IExtension Implementations"
    public string Name{ get { return "ContextMenuExtension"; } }
    public void Shutdown()    {  m_docEvents = null;  m_application = null;  }
    public void Startup(ref object initializationData)
      { m_application = initializationData as IApplication;
        IDocument document = m_application. Document;
        SetUpDocumentEvent(document);  }
    #endregion
}
```

如果以上代码实现的是即时应用程序扩展，它不会在应用程序启动时自动加载，需要编写一个命令或其他方式调用，下面是用一个命令类来加载即时扩展的主要代码：

```
public override void OnClick()
  { UID uid = new UIDClass();
    uid. Value = "ArcMapClassLibrary. ContextMenuExtension ";
    m_application. FindExtensionByCLSID(uid);//加载即时扩展
  }
```

此外，还可以通过 Add-in 方式来创建应用程序扩展。

### 2.4.3 查找应用程序扩展

#### 2.4.3.1 使用 IApplication 接口

获取应用程序扩展最直接的方法是使用 IApplication 的 FindExtensionByCLSID 或 FindExtensionByName 方法。下面的代码展示了如何获取 ArcMap Editor extension：

（1）使用 UID 查找 Editor 应用程序扩展：

```
private void GetEditorExtension(IApplication application)
  { UID extensionID = new UIDClass();
```

```
extensionID. Value = "esriEditor. Editor";//{F8842F20-BB23-11D0-802B-0000F8037368 }
IExtension editExtension = application. FindExtensionByCLSID(extensionID); }
```

（2）使用名称字符串查找 Editor 应用程序扩展：

```
private void GetEditorExtensionByName(IApplication application)
{ IExtension editExtension = application. FindExtensionByName("ESRI Object Editor"); }
```

与 FindExtensionByCLSID 方法不同的是：FindExtensionByName 仅返回已载入的应用程序扩展。在 ArcGIS 9. 0 之前，这两个方法同样有效，因为所有扩展都在应用程序启动时被载入。从 ArcGIS 9. 0 开始，引入了即时扩展。即时扩展，仅当 FindExtensionByCLSID 被调用的时候，才被载入应用程序。但使用 FindExtensionByName 方法不能载入即时扩展。

一个应用程序扩展被标记为载入仅当它的 Startup 方法被应用程序框架调用之后。ArcGIS 桌面应用程序带的很多扩展是即时扩展。

#### 2. 4. 3. 2 使用管理应用程序扩展接口

Application 对象实现了 IExtensionManager 和 IJITExtensionManager 接口，通过这两个接口的属性可以得到特定 Extension 的引用，或者计算有多少个 Extension 已经被程序装载。

以下代码展示了如何列出 ArcGIS 桌面应用程序中注册的所有扩展：

```
private void ExtensionList(IApplication application)
  { List<string> loadedExtensions = new List<string>();
    List<string> unloadedExtensions = new List<string>();
    //All extensions returned by extension manager have been loaded at startup.
    IExtensionManager regularExtManager = application as IExtensionManager;
    for(int i = 0;i < regularExtManager. ExtensionCount;i ++)
      { IExtension ext = regularExtManager. get_Extension(i);
        loadedExtensions. Add(ext. Name); }
    //Use IsLoaded to test if a JIT extension has already been loaded by request.
    IJITExtensionManager jitExtManager = application as IJITExtensionManager;
    for(int i = 0;i < jitExtManager. JITExtensionCount;i ++)
      { UID extID = jitExtManager. get_JITExtensionCLSID(i);
        if(jitExtManager. IsLoaded(extID))
          { IExtension ext = application. FindExtensionByCLSID(extID);
            loadedExtensions. Add(ext. Name); }
        else //Just show the extension ID.
          { unloadedExtensions. Add(extID. Value. ToString()); }
      }
    //输出应用程序扩展信息
    …
  }
```

#### 2. 4. 3. 3 获取可配置扩展的状态

实现了 IExtensionConfig 接口的应用程序扩展是可配置的，Extension Manager 对话框中会显示它们的状态、产品名称和描述，也可以通过编程来访问这些属性。以下代码演示了如何访问 State 属性：

```
IExtensionManager extManager = application as IExtensionManager;
for(int i =0;i < extManager. ExtensionCount;i ++ )
  {
    IExtension ext = extManager. get_Extension( i) ;
    if( ext is IExtensionConfig)
      { IExtensionConfig extConfig = ( IExtensionConfig) ext;
        if( extConfig. State == esriExtensionState. esriESEnabled)
        System. Diagnostics. Trace. . WriteLine( extConfig. ProductName + " is enabled") ;  }
  }
```

即时扩展也可以在扩展管理器对话框中出现，但是仍然处于未加载状态，如果要使用 IExtensionConfig 接口来判断是否可用，必须先加载该扩展。不过，使用 IJITExtensionManager 接口的 IsExtensionEnabled 方法可以在不被加载的情况下判断其是否可用。

```
IJITExtensionManager jitExtManager = application as IJITExtensionManager;
for( int i =0;i < jitExtManager. JITExtensionCount;i ++ )
  { UID extID =jitExtManager. get_JITExtensionCLSID( i) ;
    if(jitExtManager. IsExtensionEnabled( extID) )
      { Console. WriteLine( "Extension with clsid {0} is enabled" ,extID. Value) ; }
  }
```

## 2.5 定制窗口

### 2.5.1 属性页

ArcGIS 框架为开发者提供了属性页，目的是为了方便用户与对象的交互。属性页可让用户不需编写代码即可改变对象的属性，它允许将在线帮助文件链接到某些特殊对象，甚至可用于将对象标识为第三方对象。

#### 2.5.1.1 属性页与属性窗口

ArcGIS 桌面应用程序中有很多的属性窗口，如地图的属性窗口、图层的属性窗口、元素的属性窗口等。一般一个属性窗口包含了一个或者多个属性页，属性页上布置了一些控件，用以改变相应对象的属性或执行相关的命令，图 2-3 为 FillShapeElement 的属性窗口，其中包含 Symbol 和 Size and Position 两个属性页，用于设置填充元素相关属性，如填充颜色、外轮廓线宽度和颜色、大小和位置。

属性页注册在注册表中相关的组件类目中，如 ESRI Layer Property Pages、ESRI Element Property Pages. 打开 ArcGIS 组件类目管理器可以查看已经注册的属性页（图 2-4）。在程序运行过程中，属性窗口相关的属性页通过读取注册表中相应的组件类目动态生成。很多属性页共用一个属性窗口，在运行时，属性窗口将对属性页进行检测，只显示适用于指定对象的属性页，无关的属性页则不显示。

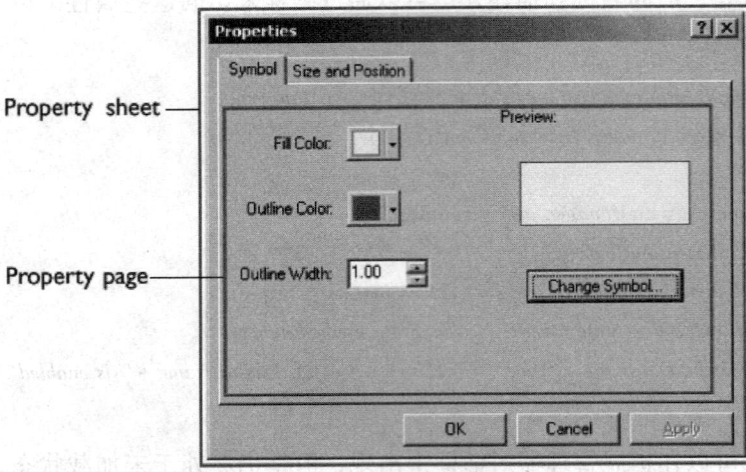


图 2-3 FillShapeElement 的属性窗口

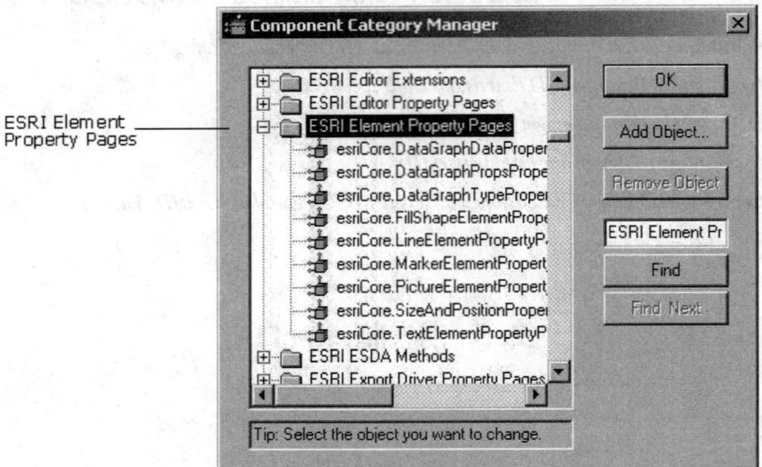


图 2-4 元素的属性页注册的组件类目

### 2.5.1.2 嵌入式属性页

在某些情况下，有多个属性页都适用某个给定的类，比如适用于 LineElement 的就有 Symbol、Size 及 Position 这些属性页，因此，属性窗口会把这些属性页都显示出来。然而，在某些情况下，属性页之间是相互排斥的。比如颜色选择属性窗口（图 2-5），在下拉框中选择某种颜色类型，以显示其对应的属性页。这种情况则要用到嵌入式属性页，其特点是可以嵌入到其他属性页中。

一般来说，在组件类目管理器中嵌入式属性页都是放在一个类目里的，比如 ESRI Color Property Pages，该类目下的所有属性页都是嵌入式属性页。

### 2.5.1.3 属性页接口

对于 .NET 开发人员来说，创建一个属性页主要用到了以下几个接口：

（1）IComPropertyPage。IComPropertyPage 包含了与微软定义的在 Windows 中提供与

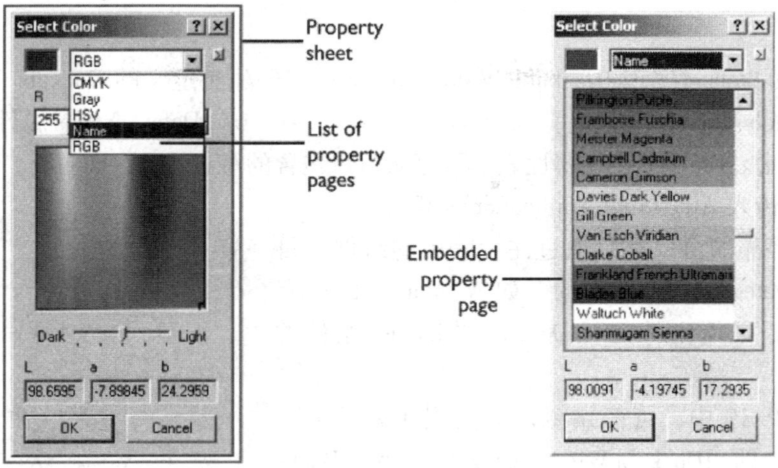


图 2-5 颜色选择嵌入式属性页

COM 实现的标准属性页接口类似的功能。目前该接口已被 IComPropertyPage2 所取代。

（2）IComPropertyPage2。IComPropertyPage2 扩展了 IComPropertyPage。

（3）IComEmbeddedPropertyPage。IComEmbeddedPropertyPage 为嵌入式属性页接口。

有关属性页与属性窗口的开发实例，请参阅 ArcGIS 开发包中的 DesktopPropertyPage 实例。

### 2.5.2 定制可停靠窗口

定制可停靠窗口（DockableWindow）是一种能够处于浮动状态或者停靠在主程序上的窗体，起到显示数据的辅助作用，它是一种无模式（modeless）的窗体。如 ArcMap 的 TOC 对象和 ArcCatalog 的 TreeView 都是一种 DockableWindow 对象。开发者可以使用 IDockableWindowManager. GetDockableWindow 方法，通过传入浮动窗体的 UID 属性来得到一个 DockableWindow 对象。

IDockableWindow 接口能查询一个浮动窗体的属性，如 Caption、ID 和名称等。也有方法返回这个窗体以及是否可见或者停靠在哪一个区域。

DockableWindow 类也实现了 IWindowPosition 接口用于改变浮动窗体在屏幕上的位置。注意，使用这个接口的任何属性和方法前，要保证它必须处于浮动状态。下面是一个移动 TOC 的代码例子：

```
public override void OnClick()
    { IDockableWindowManager pDocWinMgr = m_application as IDockableWindowManager;
      UID uid = new UIDClass();
      uid.Value = "{368131A0-F15F-11D3-A67E-0008C7DF97B9}";
      IDockableWindow pTOC = pDocWinMgr.GetDockableWindow(uid);
      IWindowPosition pWinPos = pTOC as IWindowPosition;
      if(pTOC.IsVisible())
        { pTOC.Dock(esriDockFlags.esriDockFloat);
```

*pWinPos. Move(100,100,120,320)*; }
}

程序员可以通过实现 IDockableWindowDef 接口来创建自定义的 DockableWindow 对象；IDockableWindowDef 接口定义了 Caption、ChildHWND、UserData、Name 属性和 OnCreate、OnDestroy 方法。ChildHWND 属性表示可停靠窗口包含的 Window 的 Handle。OnCreate 方法的 hook 参数传入 ArcGIS 的 Application 实例。

所有可停靠的窗口都是通过注册表中的组件类目(component category)来发现的，如 ArcMap 中的所有可停靠的窗口必须注册在 MxDockableWindows 组件类目中。

在 ArcGIS 10 中，可停靠窗口的实现还有两个可选的接口，即 IDockabeWindowImageDef 和 IDockableWindowInitialPlacement。前者用于定义可停靠窗口的影像（如图 2-6 中 Image 标注指向的影像图标）；后者建立该窗口的初始表现，包括窗口的高度、宽度和停靠位置，该接口仅在停靠窗口第一次显示时才访问。

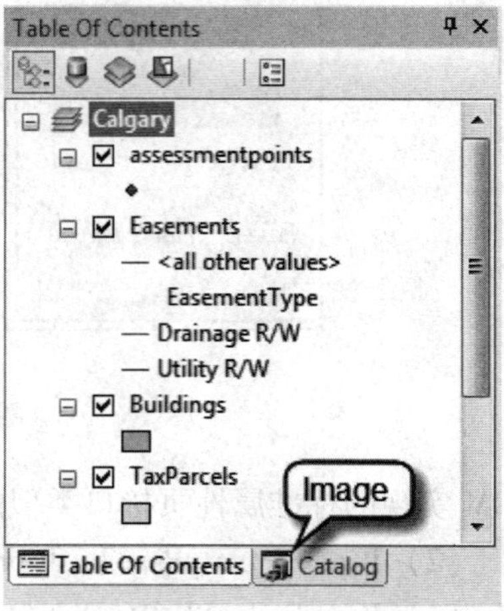


图 2-6　Image 可停靠的窗口影像图标

可以使用 Dockable Window（Desktop）项模板创建自定义的可停靠窗口，有关可停靠窗口的开发实例可参阅 ArcGIS 开发包中的 SimpleLogWindow、DockableWindowESRIWebSites、SelectionCOMSample 三个实例。

此外，还可以通过 Add-in 方式来创建自定义的可停靠窗口，详细查看 ArcGIS 开发包中的 SelectionAddInSample 实例和开发文档。

## 2.6　定制状态条

状态条（StatusBar）是 ArcGIS 应用程序中用于显示程序操作状态的区域（图 2-7），当用户按下某个按钮时，它都会显示相应的提示信息。StatusBar 是 Application 对象直接管理的，程序员可以通过 StatusBar 的定制改变状态条的外观。

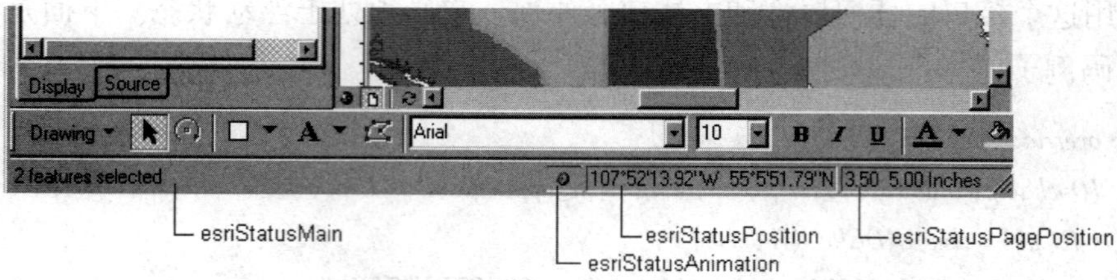


图 2-7　ArcGIS 桌面应用程序中的状态条

StatusBar 类实现了 IStatusBar 接口，该接口定义的属性和方法可以方便地改变 StatusBar 的外观。状态条一般被划分为几个区域，这些区域称为窗格（pane），用户可以通过

IStatusBar. Panes 属性来得到目前处于显示状态的任何一个窗格对象。

esriStatusBarPanes 参数定义了让哪个 panel 处于显示状态，ArcObjects 中可以使用多个 esriStatusBarPanes 值来确定状态条的样式，如 esriStatusBarPanes 值为 0 代表 MainPane，esriStatusBarPanes值为 1 代表 AnimationPane，esriStatusBarPanes 值为 2 代表 PositionPane，esriStatusBarPanes 值为 4 代表 PagePositionPane。通常程序使用的就是这四个 pane，因而状态条的 esriStatusBarPanes 缺省值是 0 + 1 + 2 + 4 = 7。

如果希望出现所有的 pane，可以设置这个值为 255。

```
IStatusBar pStatusBar = m_application. StatusBar;      pStatusBar. Panes = 255;
```

IStatusBar 接口的几个属性：

（1） Message 属性。IStatusBar 接口的 Message 属性是可以在状态条上显示提示字符信息，一般这个字符都是显示在状态条最左边的 MainPane 上。

（2） IStatusBar 接口的 ProgressBar 属性和 HideProgressBar、ShowProgressBar 和 StepProgressBar 都是用于控制状态条中的进度条对象。如果进度条会显示的话，它将出现在主状态条的窗格上。进度条对象是 StepProgressor，它实现了 IStepProgressor 接口。

下面是一个显示进度条例子代码：

```
public override void OnClick( )
  {  IStatusBar statusBar = m_application. StatusBar;
     IStepProgressor stepProgressor = statusBar. ProgressBar;
     stepProgressor. Position = 0;
     statusBar. ShowProgressBar( "" ,0 ,9000000 ,1 ,true) ;
     for( int   i = 0;i  <  9000000;i ++ )
        { statusBar. StepProgressBar( ) ; }
     statusBar. HideProgressBar( ) ;   }
```

除了显示进度条外，状态条上还可以出现动画进度条，通过 IStatusBar. AnimationProgressor 可以得到状态条上的动画进度条对象。关于这个对象的详细情况，可以参阅开发文档。

## 2.7 快 捷 键 表

为了方便用户快速操作程序，很多软件都提供了快捷键的功能，它是实际键盘按键和命令之间的一种映射，当用户按下与某个命令相关联的按键时，这个命令就将被执行；如 Ctrl + C 就是读者最熟悉的系统拷贝操作。

ArcMap 使用 AcceleratorTable 对象来保存这种双向的映射关系，用户通过 IDocument. Accelerators 可以得到保存在一个文档文件中的这个快捷键表对象。

AcceleratorTable 中保存着 Accelerator（快捷键）的列表，可以通过 IAcceleratorTable 接口定义的属性和方法获得或者添加一个快捷键对象。Accelerator 类实现了 IAccelerator 接口，使用此接口可以设置一个快捷键的属性。

以下代码实现了命令项与快捷键关联的通用方法。

```
public bool AssignShortcutKeyToCommand(IApplication m_app, System.Windows.Forms.Keys shortcutKey,
bool keyCtrl, bool keyAlt, bool keyShift, string commandName)
    {   System.Windows.Forms.Keys key = shortcutKey; // example:
        System.Windows.Forms.Keys.Z;
        IAcceleratorTable acceleratorTable = m_app.Document.Accelerators;
        IAccelerator accelerator = acceleratorTable.FindByKey((System.Int32)key, keyCtrl, keyAlt, keyShift);
        if(accelerator == null)
            {   UID uid = new UIDClass();
                uid.Value = commandName; // example: esriArcMapUI.AddDataCommand;
                bool isAssigned = acceleratorTable.Add(uid, (System.Int32)key, keyCtrl, keyAlt, keyShift);
                return isAssigned;   }
        return false;
    }
```

本章主要介绍了 ArcGIS 应用程序框架的主要组件及应用，重点阐述了自定义的命令及工具、工具条及菜单、子命令/子工具、动态菜单、应用程序扩展的开发方式及具体实现。这些自定义对象的开发也可应用到 ArcGIS Engine 的开发中。

# 3 使用 ArcObjects 控件编程

为了能够快速构建一个具有 GIS 功能的独立应用程序，ArcGIS Engine 为开发者提供了多个可视化的组件即控件，如 MapControl、PageLayoutControl、TOCControl、ToolbarControl、GlobeControl、SceneControl、SymbologyControl 和 LicenseControl，此外，还有一系列控件命令（control commands）。ArcGIS Engine 控件是高层次的开发组件，使得开发人员能够用 ArcGIS 的功能构建和扩展 Windows 应用程序，并提供图形用户界面（GUI）。控件命令是与 ArcGIS Engine 控件一起使用的命令、工具、菜单、面板（palettes）的集合。

在 Visual Studio . NET 中使用 ArcObjects，需要使用 ESRI Interop 程序集，这些程序集在托管的 . NET 代码和非托管的 COM 代码之间起了桥梁作用。对 ArcGIS 控件（COM ArcGIS Controls）成员的引用都要经过 ESRI Interop 程序集，然后到达实际的 COM 对象。同样，也从 COM 对象经过 ESRI Interop 程序集到达 . NET 应用程序。每个 ArcGIS 控件具有方法、属性与事件，它们能够被控件嵌入的容器（如 . NET 窗体）访问。每个控件对象及其功能可以与其他 ESRI ArcObjects 和自定义控件组合使用，创建用户化的客户应用程序。

ESRI Interop 程序集为 ArcGIS 控件提供了能够位于 . NET 窗体上的控件，这些控件名前缀为“Ax”，如 AxMapControl、AxPageLayoutControl、AxTOCControl 和 AxToolbarControl 等。

本章主要阐述 ArcGIS Engine 中的主要控件及其应用、命令控件命令的使用方式，以及在 WPF 程序中如何使用这些控件。

## 3.1 MapControl 控件

MapControl 对应 ArcMap 中的数据视图，它封装了 Map 对象，并提供了额外的属性、方法、事件用于：

（1）管理控件的外观、显示属性和地图属性；

（2）添加并管理控件中的数据层（data layers）；

（3）装载 Map 文档（mxd）到控件中；

（4）从其他应用程序拖放数据到控件中；

（5）使用鼠标拉绘几何形状并绘制到屏幕显示中。

在可视化环境中，可以通过控件的“属性”对话框设置控件的相关属性（右键点击控件→属性），如图 1-37 所示；也可以通过编程来设置。

MapControl 实现的主要接口有：IMapControlDefault、IMapControl2、IMapControl3、IMapControl4（new in 9.2）和事件接口 IMapControlEvents2。IMapControl2、IMapControl3 已被 IMapControl4 所取代。

ArcGIS 开发包中 MapControl 相关实例有：MapControlMapTips、MapControlGeoEvents、MapControlDrawText、MapControlCADViewer 等。

### 3.1.1 MapControl 主要接口

#### 3.1.1.1 IMapControlDefault 接口

IMapControlDefault 接口是地图控件缺省接口，多数开发环境自动使用这个接口定义的属性、方法。由于 MapControl 是一个自动化控件，当它被放到一个容器（如窗体上后），它会自动产生一个称为 axMapControl1 的对象，这个对象可以直接使用缺省接口定义的属性和方法。这个接口也代表了控件最新版本的接口，MapControl 当前最新版本接口为 IMapControl4。但在未来的版本中，可能变为 IMapControl5。在软件开发中，使用 IMapControlDefault 接口，能够保证总是访问最新版本的 MapControl。其他控件也有一个类似的接口，如 IPageLayoutControlDefault、ITOCControlDefault 等。当需要使用这个接口的时候，可以使用下面的代码：

```
IMapControlDefault   pMapControl = axMapControl1. Object as IMapControlDefault;
```

#### 3.1.1.2 IMapControl4 接口

IMapControl4 是任何一个与 MapControl 相关的任务的出发点，如设置控件外观，设置 Map 对象或控件的显示属性，添加或者管理图层、地图文档，在控件上绘制图形和返回 Geometry 等。

与 IMapControl2 相比，IMapControl3 接口增加了以下 8 个属性和 1 个方法：

（1）CustomProperty。CustomProperty 设置自定义控件属性。

（2）DocumentFilename。DocumentFilename 返回 MapControl 装入的地图文档的文件名。

（3）DocumentMap。DocumentMap 返回 MapControl 最后装入的地图（Map）名称。

（4）KeyIntercept。KeyIntercept 返回或设置 MapControl 拦截键盘按键信息，其取值为 esriKeyIntercept 类型，详见表 3-1。esriKeyIntercept 常数为一个拦截按键事件的选项，事件由控件容器处理，选项的值可以组合成为一个位屏蔽。

**表 3-1 esriKeyIntercept 可能取值**

| Constant | Value | Description |
|---|---|---|
| esriKeyInterceptNone | 0 | 不拦截任何按键 |
| esriKeyInterceptArrowKeys | 1 | 拦截键盘上的箭头键，通常由控件容器处理来切换焦点控件 |
| esriKeyInterceptAlt | 2 | 拦截键盘上的 Alt 键，通常由控件容器处理来切换焦点 |
| esriKeyInterceptTab | 4 | 拦截键盘上的 Tab 键，通常由控件容器处理来切换焦点控件 |
| esriKeyInterceptEnter | 8 | 拦截键盘上的 Enter 键，通常由控件容器处理来点击缺省按钮 |

（5）Object：返回潜在的 MapControl 控件，当在 VB .NET 或 C# .NET 中使用 IMapControl2 时，一定要使用 Object 属性或者使用指定容器的代码。因为对于 .NET，真正的控件是被包装于宿主对象里面的。

当使用 IMapControl2 接口时：

```
IMapControl2   pMapControl = axMapControl1. Object as IMapControl2;
```

或

```
pMapControl = axMapControl1. GetOcx() as IMapControl2;
```

当使用 IMapControl3 接口时：

```
IMapControl3  pMapControl = axMapControl1. Object as IMapControl3;
```

或

```
pMapControl = axMapControl1. GetOcx( ) as IMapControl3;
```

（6）ShowMapTips。ShowMapTips 确定是否显示地图的 Map Tips。

（7）TipDelay。TipDelay 设置 Map Tips 的延迟时间。

（8）TipStyle。TipStyle 设置 Map Tips 的显示样式。

（9）SuppressResizeDrawing( )方法。当控件尺寸发生变化时阻止数据实时重绘。

与 IMapControl3 相比，IMapControl4 增加了以下两个可读写属性：

（1）public bool AutoKeyboardScrolling {get; set;}。该属性确定是否使用键盘上的'Home'（keyCode 36）键、'End'（keyCode 35）键、'Page Down'（keyCode 34）键、'PageUp'（keyCode 33）键和箭头键（keyCode 37 ~40）来平移控件中的地图，缺省情况下该属性为true。绝大多数开发环境使用箭头键来切换窗体或容器中的焦点控件；在这些开发环境中，缺省情况下 MapControl 不会接收箭头键来平移地图的显示。为确保箭头键能够被 MapControl 接收并平移地图的显示，KeyIntercept 属性应设置为拦截箭头键（esriKeyInterceptArrowKeys），且 AutoKeyboardScrolling 设置为 true。

（2）public bool AutoMouseWheel {get; set;}。该属性确定鼠标滚轮是否用于缩放地图的显示；缺省情况下该属性为 true。

使用箭头键平移（panning）地图：

```
axMapControl1. KeyIntercept = (int)esriKeyIntercept. esriKeyInterceptArrowKeys;
axMapControl1. AutoKeyboardScrolling = true;
```

使用鼠标滚轮缩放地图：

```
axMapControl1. AutoMouseWheel = true;
```

#### 3.1.1.3 IMapControlEvents2 接口

IMapControlEvents 2 是 MapControl 的事件接口，它定义了 MapControl 能够处理的全部事件，包括 OnAfterDraw、OnAfterScreenDraw、OnBeforeScreenDraw、OnDoubleClick、OnExtentUpdated、OnFullExtentUpdated、OnKeyDown、OnKeyUp、OnMapReplaced、OnMouseDown、OnMouseMove、OnMouseUp、OnOleDrop、OnSelectionChanged、OnViewRefreshed，这些事件用户在建构独立应用程序过程中经常用到。如 OnExtentUpdated 是地图的 Extent 属性发生变化时触发的事件，OnAfterscreenDraw 是绘屏结束后触发的事件等。当地图的覆盖范围变化时，触发 OnFullExtentUpdated 事件，例如，往地图中新增加一个图层，其覆盖范围大于原图的范围。

在绝大多数开发环境中，没有必要手工编写代码进行事件的注册，而只需在控件的属性窗口中双击某事件自动进行事件与其处理方法的关联。

### 3.1.2 MapControl 控件与 MXD 文件

MapControl 控件可以“链接”或“包含”地图文档。

对于文档文件，MapControl 控件可以直接使用 LoadMxFile 方法载入。除此之外，可以使用 IMapDocument 接口定义的属性和方法来加载一个 MXD 文件。

下面是一个载入文档的例子：

```
private void LoadMapDocument()
  { System.Windows.Forms.OpenFileDialog openFileDialog2 = new OpenFileDialog();
    openFileDialog2.Title = "Open Map Document";
    openFileDialog2.Filter = "Map Documents(*.mxd)|*.mxd";
    openFileDialog2.ShowDialog();
    string sFilePath = openFileDialog2.FileName;
    if(axMapControl1.CheckMxFile(sFilePath))
      { axMapControl1.MousePointer = esriControlsMousePointer.esriPointerHourglass;
        axMapControl1.LoadMxFile(sFilePath,0,Type.Missing);
        axMapControl1.MousePointer = esriControlsMousePointer.esriPointerDefault; }
    else
      { MessageBox.Show(sFilePath + " is not a valid ArcMap document");
        return; }
  }
```

在上例中，首先使用.NET 框架类库提供的 OpenFileDialog 对话框找到要打开的 MXD 文档 sFilePath，然后利用 AxMapControl 提供的方法 CheckMxFile()检查 sFilePath 是否为合法的 MXD 文档，如果是，则调用 AxMapControl 提供的 LoadMxFile 方法打开该 MXD 文档，否则，显示有关信息。

在 ArcMap 中使用的地图文档对象为 MxDocument，其主要接口是 IMxDocument；在使用控件开发独立的应用程序中，使用的地图文档对象为 MapDocument，其主要接口是 IMapDocument，该接口定义了操作和管理文档对象的方法和属性。MapDocument 类能够封装地图文档文件，如 mxd、mxt 和 pmf 等，它也可以封装一个图层文件（*.lyr）。使用这个对象可以获取和更新一个文档的内容，设置文档文件的读、写属性，保存一个文档文件（*.mxd）。

下面的例子是打开、保存、另存为一个文档文件，详细代码如下：

```
IMapDocument   m_MapDocument = new MapDocumentClass();
private void LoadMapDoc()
  { OpenFileDialog openFileDialog2 = new OpenFileDialog();
    openFileDialog2.Title = "Open Map Document";
    openFileDialog2.Filter = "Map Documents(*.mxd)|*.mxd";
    openFileDialog2.ShowDialog();
    string sFilePath = openFileDialog2.FileName;
    If(m_MapDocument.IsMapDocument(sFilePath))
      { m_MapDocument.Open(sFilePath,"");
        axMapControl1.Map = m_MapDocument.get_Map(0);
        axMapControl1.Refresh(); }
  }
```

```
private void SaveDocument()
  { if(m_MapDocument.get_IsReadOnly(m_MapDocument.DocumentFilename) == true)
      { MessageBox.Show("This map document is read only!"); return; }
    m_MapDocument.Save(m_MapDocument.UsesRelativePaths,true);
    MessageBox.Show("Changes saved successfully!"); }

private void SaveAsDocument()
  { saveFileDialog1.Title = "Save Map Document As";
    saveFileDialog1.Filter = "Map Documents(*.mxd)|*.mxd";
    saveFileDialog1.ShowDialog();
    string sFilePath = saveFileDialog1.FileName;
    if(sFilePath == "")
      { return; }
    if(sFilePath == m_MapDocument.DocumentFilename)
      { //Save changes to the current document
        SaveDocument(); }
    else
      { //SaveAs a new document with relative paths
        m_MapDocument.SaveAs(sFilePath,true,true); }
  }
```

新建一个空的地图文档，并将其载入 MapControl 的代码如下：

```
private void mnuNew_Click(object sender,System.EventArgs e)
  { //IMap pMap = new MapClass();
    //axMapControl1.Map = pMap;
    MapDocument pMapDocument = new MapDocumentClass();
    string sFilePath = @"d:\temp\usa.mxd";
    pMapDocument.New(sFilePath);
    pMapDocument.Open(sFilePath,"");
    axMapControl1.Map = pMapDocument.get_Map(0); }
```

除此之外，MapControl 控件还可以使用 AddLayerFromFile 方法添加一个图层文件；使用 AddshapeFile 添加一个 Shape 文件；使用 AddLayer 快速添加一个图层、DeleteLayer 快速删除一个图层、MoveLayerTo 改变一个图层的位置（在内容表中的上下顺序）等。

### 3.1.3 鼠标与控件的交互

用鼠标和地图控件进行交互是最常用的操作，例如改变地图显示范围、移动地图，在控件上绘制几何图形等。

#### 3.1.3.1 使用鼠标拖曳确定地图显示的范围

下面的代码放在一个 MapControl 控件的 OnMouseDown 事件中，当用户在控件上拖曳一个矩形后，地图视图的显示范围变为刚才拖曳的矩形区域（即拉框放大）。

```
private void axMapControl1_OnMouseDown(object sender,ESRI.ArcGIS.MapControl.IMapControlEvents2_On-
MouseDownEvent e)
```

```
{ //改变地图控件显示范围为当前拖曳的区域
    axMapControl1. Extent = axMapControl1. TrackRectangle();
    //刷新地图
    axMapControl1. Refresh(esriViewDrawPhase. esriViewGeography,null,null);}
```

### 3.1.3.2 移动、旋转地图

在 MapControl 中有一种更简单便利的方法 pan( )来移动其中的地图，还可使用 Rotation 属性设置地图的旋转角度。

下面的方法使用在 MapControl 控件的 OnMoseDown 事件中：

```
axMapControl1. Pan();  //平移地图
axMapControl1. Rotation = 45;  //设置地图的旋转角度
```

### 3.1.3.3 在 MapControl 控件中绘制图形

MapControl 控件提供了直接在控件上绘制图形和文字的方法 DrawShape 和 DrawText，这两种绘制方法绘制的图形都是缓存（cache），而不能真正保存，一旦窗口重绘，这些图形就将消失。

下面示例首先在 axMapControl1 的 OnMouseDown 事件中，使用 TrackPolygon( )方法产生一多边形，然后使用绘制方法 DrawShape( )将这个多边形对象在 Map 视图上显示出来：

```
private void axMapControl1_OnMouseDown(object sender,IMapControlEvents2_OnMouseDownEvent e)
{ //产生拖曳多边形,并绘制
    IGeometry pGeom = axMapControl1. TrackPolygon();
    DrawMapShape(pGeom);
    //刷新地图
    //axMapControl1. Refresh(esriViewDrawPhase. esriViewGeography,null,null);
}
private void DrawMapShape(IGeometry pGeom)
{ IRgbColor pColor = new RgbColorClass();
    pColor. Red = 220;  pColor. Green = 112;    pColor. Blue = 60;
    //新建一个绘制图形的填充符号
    ISimpleFillSymbol  pFillsyl = new SimpleFillSymbolClass();
    pFillsyl. Color = pColor;
    object oFillsyl = pFillsyl;
    axMapControl1. DrawShape(pGeom,ref oFillsyl);  }
```

## 3.1.4 数据选择

在 MapControl 控件中用户可以很方便地使用 SelectByshape 方法来构造一个基于 Map 的选择集。

### 3.1.4.1 SelectByShape( )方法

这个方法是由 IMap 定义的，它可以选择控件中所有图层上处于选择范围内的要素，并将其设置为一个选择集，实现的代码如下：

```
private void axMapControl1_OnMouseDown(object sender,IMapControlEvents2_OnMouseDownEvent e)
```

```
{ // MousePointer 属性可以改变鼠标指针的样式
  axMapControl1.MousePointer = esriControlsMousePointer.esriPointerCrosshair;
  //产生拖曳多边形
  IGeometry pGeom = axMapControl1.TrackPolygon();
  axMapControl1.Map.SelectByShape(pGeom,null,false);
  axMapControl1.Refresh(esriViewDrawPhase.esriViewGeoSelection,null,null); }
```

#### 3.1.4.2 清除选择集的方法

使用 IMap. Clearselection 方法，可以清除地图的选择集。

```
axMapControl1.Map.Clearselection();
axMapControl1.ActiveView.Refresh();
```

### 3.1.5 实现鹰眼功能

在很多 GIS 应用程序中都可以看到鹰眼窗口，使用这种窗体可以让用户很直观地看到主视图中的地图范围在整个地图范围内的位置，如图 3-1 所示。下面的例子将讨论使用这个功能的简单思路。

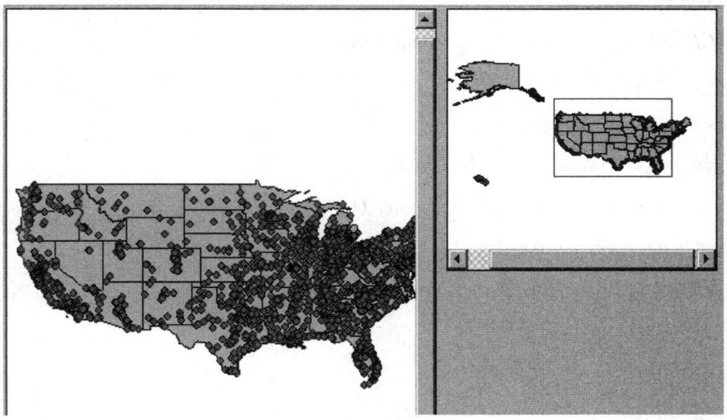

图 3-1 鹰眼窗口

这个例子中有两个 AxMapControl 控件：主控件 axMapControl1 和鹰眼控件 axMapControl2。要实现鹰眼功能，关键有两点，一是如何让两个控件显示的数据保持一致，另一点是如何绘制鹰眼控件中的显示方框。让两个控件的数据共享，可以在 axMapControl1 的 OnMapReplaced 事件中加入下列代码：

```
private void axMapControl1_OnMapReplaced(object sender,IMapControlEvents2_OnMapReplacedEvent e)
  { IMap pMap = axMapControl1.Map;
    for(int i =0;i< =pMap.LayerCount - 1;i ++ )
      { axMapControl2.Map.AddLayer(pMap.get_Layer(i)); }
  }
```

主窗体视图的范围发生变化后，会触发控件的 OnExtentUndated 事件，绘制方框的方法就在这个事件中进行：

```
private void axMapControl1_OnExtentUpdated(object sender,IMapControlEvents2_OnExtentUpdatedEvent e)
    { //得到新范围
    IEnvelope pEnv = e.newEnvelope as IEnvelope;
    IGraphicsContainer pGraphicsContainer = axMapControl2.Map as IGraphicsContainer;
    IActiveView pActiveView = pGraphicsContainer as IActiveView;
    //在绘制新的矩形框前,清除 Map 对象中的任何图形元素
    pGraphicsContainer.DeleteAllElements();
    IRectangleElement pRectangleEle = new RectangleElementClass();
    IElement pEle = pRectangleEle as IElement;
    pEle.Geometry = pEnv;
    IRgbColor pColor = new RgbColorClass();
    pColor.RGB = 255;   pColor.Transparency = 255;
    //产生一个线符号对象
    ILineSymbol pOutline = new SimpleLineSymbolClass();
    //设置线符号的属性
    pOutline.Width = 1;   pOutline.Color = pColor;
    //设置颜色属性
    pColor = new RgbColorClass();
    pColor.RGB = 255;   pColor.Transparency = 0;
    //设置填充符号的属性
    IFillSymbol pFillSymbol;
    pFillSymbol = new SimpleFillSymbolClass();
    pFillSymbol.Color = pColor;   pFillSymbol.Outline = pOutline;
    IFillShapeElement pFillshapeEle;
    pFillShapeEle = pEle as IFillShapeElement;
    pFillShapeEle.Symbol = pFillSymbol;
    pEle = pFillShapeEle  as IElement;
    pGraphicsContainer.AddElement(pEle,0);
    pActiveView.PartialRefresh(esriViewDrawPhase.esriViewGraphics,null,null);  }
```

在主视图中拖曳或移动地图的时候，用户可以看到在鹰眼视图中有一个红色的矩形框在实时变化追踪主视图的显示范围。

## 3.2 PageLayoutControl 控件

PageLayoutControl 对应于 ArcMap 中的布局视图（Layout View），它封装了 PageLayout 对象，提供了在布局视图中控制地图元素的属性和方法。

PageLayoutControl 控件用于制图，它可以方便地操作各种元素对象，以产生一幅精美的地图对象。与 MapControl 控件相似，PageLayoutControl 控件并不仅仅只是包含了一个 PageLayout 对象，它也拥有许多附加的事件、属性和方法。

页面布局（通常简称为布局）是在页面上编排和组织的地图元素的集合，旨在用于地图打印。布局中排布的常见地图元素包括一个或多个数据框（每个数据框都含有一组有序

的地图图层)、比例尺、指北针、地图标题、描述性文本和符号图例。

PageLayoutControl 控件同样实现了多个接口，如 IPageLayoutControlDefault、IPageLayoutControl 、IPageLayoutControl2 、IPageLayoutControl3 和 IPageLayoutControlEvents 等，这些接口定义了控件对象可以使用的属性、方法和事件。IPageLayoutControl 、IPageLayoutControl2 接口已被 IPageLayoutControl3 所取代。IPageLayoutControl3 中的属性和方法可以检查和载入 MXD 文件、实现添加元素和移动版式页面等，具体的方法和属性，读者可以查阅开发文档的相关条目。

ArcGIS 开发包中 PageLayoutControl 相关实例有：PageLayoutControlLoadMapDocument、PageLayoutControlCopyFocusMap、PageLayoutControlOverview、PageLayoutControlPageAppearance、PageLayoutControlPrintPreview、PageLayoutControlPrinting。

### 3.2.1 PageLayoutControl 操作 MXD 文件

在 AxPageLayoutControl 控件中对 MXD 文件的操作，与 MapControl 类似。下面是在 PageLayout 控件中打开一个 MXD 文件的方法，使用的同样是 MapDocument 对象。

```
private void OpenMapDocument()
  { IMapDocument m_MapDocument = new MapDocumentClass();
    OpenFileDialog  openFileDialog1 = new OpenFileDialog();
    openFileDialog1.Title = "Open Map Document";
    openFileDialog1.Filter = "Map Documents(*.mxd)|*.mxd";
    openFileDialog1.ShowDialog();
    string sFilePath = openFileDialog1.FileName;
    m_MapDocument.Open(sFilePath,"");
    axPageLayoutControl1.PageLayout = m_MapDocument.PageLayout;
    axPageLayoutControl1.Refresh();  }
```

### 3.2.2 PageLayout 与 MapControl 联动

在 ArcMap 中，数据视图和布局视图中的数据改变是实时互动的。在使用 ArcObjects 控件开发的独立程序中，由于 MapControl、PageLayoutControl 两个控件本身并不能自动实时互动，需要开发人员自己编程来实现两个控件的实时联动。

有关 MapControl、PageLayoutControl 实时互动的开发，请参阅 ArcGIS 开发包中 MapAndPageLayoutSynchApp 实例。

## 3.3 TOCControl 控件

### 3.3.1 TOCControl 控件概述

TOCControl（内容表控件或目录控件）要与一个“伙伴控件”协同工作。“伙伴控件”可以是 MapControl、PageLayoutControl、SceneControl 或 GlobeControl。“伙伴控件”可以在设计时通过 TOCControl 属性对话框设置或用 SetBuddyControl 方法通过编程设置。

TOCControl 用"伙伴控件"来显示其地图、图层和符号体系内容的一个交互树视图，并保持其内容与"伙伴控件"同步。例如，如果"伙伴控件"是一个 MapControl，而且从该 MapControl 中删除了一个图层，则该图层也会从 TOCControl 中删除。同样地，如果终端用户与 TOCControl 交互并取消了某个图层的 Visibility 复选框，则该图层在 MapControl 中不再可见。

TOCControl 的主要接口有：ITOCControl、ITOCControl2 和 ITOCControlEvents. ITOCControl 接口已被 ITOCControl2 所取代。

ArcGIS 开发包中 TOCControl 相关实例有：TOCControlContextMenu、TOCControlLayerDragDrop、TOCControlMetadataViewer。

#### 3.3.1.1 ITOCControl2 接口

ITOCControl2 接口是任何与 TOCControl 有关的任务的出发点，如设置控件的外观，设置伙伴控件，管理图层的可见性和标签的编辑。

在 C#. NET 环境中，当查询接口到 ITOCControl2 时，必须使用 Object 属性或者容器指定代码：

```
    ITOCControl2   pTOCControl = axTOCControl1. Object as ITOCControl2;
或  ITOCControl2   pTOCControl = axTOCControl1. GetOcx() as ITOCControl2;
```

ITOCControl 接口定义的主要属性、方法有：ActiveView、Buddy、HitTest、LabelEdit、LayerVisibilityEdit、SetActiveView、SetBuddyControl、Update。

其中，HitTest 方法用于获取用户在 TOCControl 中点击的相关信息，该方法解释如下：

*public void HitTest(int X, int Y, ref esriTOCControlItem ItemType, ref IBasicMap BasicMap, ref ILayer Layer, ref object Unk, ref object Data);*

ItemType：TOCControl 中项的类型，如 none、map、layer、heading 或 legend class。

BasicMap：IMap 对象。

Layer：ILayer 对象。

Unk：ILegendGroup（图例组，一个图层可以有多种符号化方案）对象。

Data：用户点击的图例组中某个图例的索引号（长整型）；联合使用图例组 Unk 和这个索引号，可以获得用户点击的图例（legend class）；如果这个索引号为 -1，表明用户点击的是图例中的标题头。

以下代码使用 HitTest 方法获取用户鼠标左键点击的图例信息，并弹出符号选择对话框让用户选择新的符号，从而实现图例符号的改变。

```
private void axTOCControl1_OnMouseDown(object sender, ITOCControlEvents_OnMouseDownEvent e)
{   IBasicMap map = new MapClass();        ILayer layer = new FeatureLayerClass();
    object other = new object();           object index = new object();
    esriTOCControlItem item = new esriTOCControlItem();
    //获取用户点击的信息
    axTOCControl1. HitTest(e. x, e. y, ref item, ref map, ref layer, ref other, ref index);
    if(e. button == 1)//判断用户是否按了鼠标左键
    {   if(layer == null) return;
        IFeatureLayer featureLayer = layer as IFeatureLayer;
```

```
        if(featureLayer == null) return;
        IGeoFeatureLayer geoFeatureLayer = (IGeoFeatureLayer)featureLayer;
        ILegendClass legendClass = new LegendClassClass();
        ISymbol symbol = null;
        if(other is ILegendGroup &&(int)index ! = -1)
           { legendClass = ((ILegendGroup)other). get_Class((int)index);
             symbol = legendClass. Symbol; }
        if(symbol == null)return;
        symbol = GetSymbolByControl(symbol);//弹出符号选择对话框让用户选择新的符号
        if(symbol == null)return;
        legendClass. Symbol = symbol;
        this. Activate();
        axMapControl1. ActiveView. ContentsChanged();
        axMapControl1. Refresh(esriViewDrawPhase. esriViewGeography,null,null);
        axTOCControl1. Update(); }
   }
private ISymbol GetSymbolByControl(ISymbol symbolType)
   { ISymbol symbol = null;
     IStyleGalleryItem styleGalleryItem = null;
     esriSymbologyStyleClass styleClass = esriSymbologyStyleClass. esriStyleClassMarkerSymbols;
     if(symbolType is IMarkerSymbol)
        { styleClass = esriSymbologyStyleClass. esriStyleClassMarkerSymbols; }
     if(symbolType is ILineSymbol)
        { styleClass = esriSymbologyStyleClass. esriStyleClassLineSymbols; }
     if(symbolType is IFillSymbol)
        { styleClass = esriSymbologyStyleClass. esriStyleClassFillSymbols; }
     GetSymbolByControlForm symbolForm = new GetSymbolByControlForm(styleClass);
     symbolForm. ShowDialog();
     styleGalleryItem = symbolForm. m_styleGalleryItem;
     if(styleGalleryItem == null)return null;
     symbol = styleGalleryItem. Item as ISymbol;
     symbolForm. Dispose();
     this. Activate();
     return symbol; }
```

说明：以上程序代码中的 *GetSymbolByControlForm* 是一个使用 *SymbologyControl* 的窗体，供用户选择所需的符号，详见 *SymbologyControl* 部分的相关内容。

与 ITOCControl 相比，ITOCControl2 多了以下一个属性和两个方法：

（1）public bool EnableLayerDragDrop {get; set;}：图层是否可以拖放，以改变图层的顺序。

（2）public void GetSelectedItem （ref esriTOCControlItem ItemType, ref IBasicMap BasicMap, ref ILayer Layer, ref object Unk, ref object Data）：返回 TOCControl 中被选择项。

（3）public void SelectItem （object Unk, object Data）：用于设置 TOCControl 中的选择

项，如：

```
//Selecting the focus map
axTOCControl1. SelectItem( axTOCControl1. ActiveView. FocusMap) ;
//Selecting a layer in the focus map
axTOCControl1. SelectItem( axTOCControl1. ActiveView. FocusMap. get_Layer(0)) ;
//To select an item within a LegendGroup
ILayer layer = axTOCControl1. ActiveView. FocusMap. get_Layer(0) ;
ILegendInfo legendInfo = (ILegendInfo) layer;
ILegendGroup legendGroup = legendInfo. get_LegendGroup(0) ;
//Select a heading
axTOCControl1. SelectItem( legendGroup) ;
//Select a legend class
axTOCControl1. SelectItem( legendGroup,2) ;
```

#### 3.3.1.2 ITOCControlEvents

ITOCControlEvents 是 TOCControl 的事件接口，它定义了 TOCControl 能够处理的全部事件，如 OnMouseDown、OnMouseMove、OnMouseUp、OnDoubleClick、OnBeginLabelEdit、OnEndLabelEdit、OnKeyDown、OnKeyUp，这些事件用户在构建独立程序过程中经常用到。如 OnBeginLabelEdit、OnEndLabelEdit 分别为当 TOCControl 中的标签（label，可以是地图、图层或图例）开始编辑、结束编辑时触发，这两个事件参数 e 都有一个名为 *canEdit* 的成员参数，将这个参数设置为 true 或 false 来控制标签是否可编辑，下列代码说明了在这两个事件处理方法中如何使用这个参数。

```
private void axTOCControl1_OnBeginLabelEdit( object sender,
ITOCControlEvents_OnBeginLabelEditEvent e)
    {   IBasicMap map = null;          ILayer layer = null;
        object other = null;           object index = null;
        esriTOCControlItem item = esriTOCControlItem. esriTOCControlItemNone;
        m_TOCControl. HitTest( e. x, e. y, ref item, ref map, ref layer, ref other, ref index);  //已在其他地方(如窗体的 Load 事件中)声明为 ITOCControl 类型的变量,并已实例化
        //Only layer items can have their labels edited
        if( item ! = esriTOCControlItem. esriTOCControlItemLayer)
            { e. canEdit = false; }
    }
private void axTOCControl1_OnEndLabelEdit( object sender, ITOCControlEvents_OnEndLabelEditEvent e)
    {   //Prevent empty labels
        if( e. newLabel. Trim( ) == "")
            { e. canEdit = false; }
    }
```

### 3.3.2 应用开发实例：TOCControl 右键菜单功能开发

在 ArcMap 中，“Table of Contents” 中为地图对象、图层对象提供了丰富右键菜单功

能，而 TOCControl 控件并没有提供右键菜单功能。要实现右键菜单功能，需要开发人员自己编程实现。

在这个开发实例中，针对 TOCControl 中的地图对象、图层对象实现了相应右键菜单功能，如图 3-2 所示。要实现这样的功能，首先要在主窗体的 Load 事件中定义地图右键菜单、图层右键菜单；然后在 TOCControl 控件的 MouseDown 事件中根据右键点击的对象，弹出相应的右键菜单。

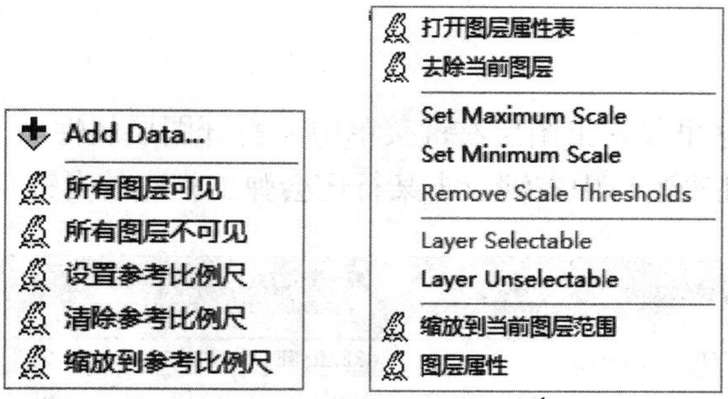


a　　　　　　　　b

图 3-2　TOCControl 右键功能

a—地图右键菜单；b—图层右键菜单

程序框架如下：

```
IToolbarMenu m_TocLayerMenu = new ToolbarMenuClass( ) ;
IToolbarMenu m_TocMapMenu = new ToolbarMenuClass( ) ;
//主窗体的 Load 事件
private void MainForm_Load( object sender,EventArgs e)
   { //TOCControl 图层右键菜单
     m_TocLayerMenu. AddItem ( new OpenAttributeTableCmd ( ) ,0 ,0 ,false , esriCommandStyles. esriCom-
     mandStyleIconAndText) ;
     …
     m_TocLayerMenu. SetHook( axMapControl1 ) ;
     //TOCControl 地图右键菜单
     m_TocMapMenu. AddItem( new ControlsAddDataCommandClass ( ) ,0 , - 1 ,false , esriCommandStyles.
     esriCommandStyleIconAndText) ;
     …
     m_TocMapMenu. SetHook( axMapControl1 ) ;   }
//TOCControl 的 MouseDown 事件
private void axTOCControl1_OnMouseDown( object sender,ITOCControlEvents_OnMouseDownEvent e)
   { …
     axTOCControl1. HitTest( e. x,e. y,ref item,ref map,ref layer,ref other,ref index) ;
     if( e. button == 1)
       {
          …//左键实现修改图例符号的功能
       }
```

```
if(e.button==2)
  { if(item == esriTOCControlItem.esriTOCControlItemMap)
      { m_mapControl.CustomProperty = map;  //保存点击的地图对象,以备后用
        m_TocMapMenu.PopupMenu(e.x,e.y,axTOCControl1.hWnd); }
    else if(layer is IFeatureLayer)
      { m_mapControl.CustomProperty = layer;//保存点击的图层对象,以备后用
        m_TocLayerMenu.PopupMenu(e.x,e.y,axTOCControl1.hWnd); }
      }
}
```

由于篇幅限制，这里仅列出图层右键菜单中“打开图层属性表”的实现，其运行效果如图 3-3 所示，在属性表窗口中右键点击某行还会弹出相应的右键菜单。

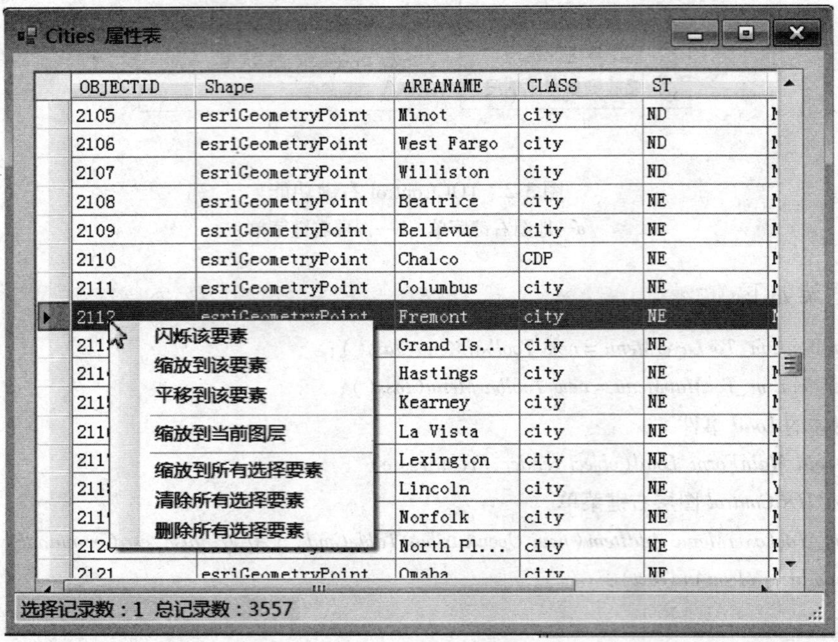


图 3-3 “打开图层属性表”运行效果

实现思路如下：在内容表右键点击图层的“打开图层属性表”菜单，调用 OpenAttributeTableCmd 命令，该命令再打开图层的属性表（LayerAttributes 窗体）。

```
public override void OnClick()
  { IMap map = null;
    if(m_hookHelper.Hook is IMapControl3)
      { m_mapcontrol = m_hookHelper.Hook as IMapControl3;
        //取出之前保存在地图控件中的图层对象
        currentLayer = m_mapcontrol.CustomProperty as IFeatureLayer;
        if(currentLayer == null) return;
        map = m_mapcontrol.Map; }
    if(map == null) return;
```

```
SpatialQuery.LayerAttributes layerAttributeTable = new SpatialQuery.LayerAttributes(map,currentLayer);
layerAttributeTable.Show(m_hookHelper as System.Windows.Forms.IWin32Window);   }
```

LayerAttributes 窗体中主要放置了一个 DataGridView 控件，用于以表格形式显示图层的数据源对应的属性表。这里的关键是如何根据图层的数据源来构建 DataGridView 中所需要的数据集，这里用到了 .NET 框架类库中的 DataSet、DataTable 类。主要代码如下：

```
namespace SpatialQuery
  {
    public partial class LayerAttributes:Form
      {  IFeatureLayer currentLayer = null;
         IMap m_map = null;
         IActiveView m_activeView = null;
         const string m_dataSetName = "m_layerDataSet";
         const string m_dataSourceName = "GeoDataSource";
         DataSet m_layerDataSet = new DataSet(m_dataSetName);
         int currentRow = 0;//鼠标点击位置所在的行
         int x,y;   //鼠标点击的位置
         string strOBJECTID = null;
         public LayerAttributes(IMap map,IFeatureLayer featureLayer)
           {  InitializeComponent();
              m_map = map;
              m_activeView = map as IActiveView;
              currentLayer = featureLayer;   }
         private void AttributesForm_Load(object sender,EventArgs e)
           {  this.Text = currentLayer.Name + "   属性表";
              FindOIDField();
              if(strOBJECTID == null)return;
              int rowCount = ConstructDataSet(currentLayer);
              dataGridView1.DataSource = m_layerDataSet;
              dataGridView1.DataMember = currentLayer.Name;
              toolStripStatusLabel1.Text = "选择记录数:0";
              toolStripStatusLabel2.Text = "总记录数:" + currentLayer.FeatureClass.FeatureCount(null).
              ToString();   }
         private int ConstructDataSet(IFeatureLayer pFeatLyr)
           {  ILayerFields pFeatlyrFields = pFeatLyr as ILayerFields;
              IFeatureClass pFeatCls = pFeatLyr.FeatureClass;
              int rows = 0;
              if(m_layerDataSet.Tables[pFeatLyr.Name] == null)
                {  DataTable pTable = new DataTable(pFeatLyr.Name);
                   DataColumn pTableCol;
                   for(int i = 0;i < = pFeatlyrFields.FieldCount - 1;i ++)
                     {  pTableCol = new DataColumn(pFeatlyrFields.get_Field(i).AliasName);
                        pTable.Columns.Add(pTableCol);
```

```
                    pTableCol = null; }
                IFeatureCursor features = pFeatLyr.Search(null,false);
                IFeature feature = features.NextFeature();
                while(feature != null)
                    { DataRow pTableRow = pTable.NewRow ();
                    for (int i = 0; i < = pFeatlyrFields.FieldCount - 1; i ++)
                        { //pTableRow [i] = feature.get_ Value (i);
                        if (pFeatlyrFields.FindField (pFeatCls.ShapeFieldName) == i)
                            { pTableRow [i] = pFeatCls.ShapeType; }
                        else
                            { pTableRow [i] = feature.get_ Value (i); }
                        }
                    pTable.Rows.Add (pTableRow);
                    feature = features.NextFeature (); }
                rows = pTable.Rows.Count;
                m_ layerDataSet.Tables.Add (pTable);
                System.Runtime.InteropServices.Marshal.ReleaseComObject (features); }
            return rows; }
        }
    }
```

TOCControl 右键菜单功能的详细实现，请参阅随书附带的光盘。

## 3.4 ToolbarControl 及相关对象

### 3.4.1 ToolbarControl 控件

ToolbarControl（工具条控件）要与一个“伙伴控件”协同工作。“伙伴控件”可以是一个 MapControl、PagcLayoutControl、SceneControl 或 GlobeControl。“伙伴控件”可以在设计时通过 ToolbarControl 属性对话框设置或在驻留 ToolbarControl 的容器被显示时用 SetBuddyControl 方法通过编程设置。ToolbarControl 可以驻留操作其“伙伴控件”的命令、工具和菜单等。

ToolbarControl 的每个“伙伴控件”都实现了 IToolbarBuddy 接口。这个接口用于设置“伙伴控件”的 CurrentTool 属性。例如，设想驻留了一个“ZoomIn”工具并有一个 MapControl 作为其“伙伴控件”的 ToolbarControl，当最终用户单击该 ToolbarControl 上的“ZoomIn”工具时，该工具就会成为 MapControl 的 CurrentTool。“ZoomIn”工具的实现会查询 ToolbarControl 以访问其“伙伴控件”（MapControl）并取回该 MapControl；然后该 MapControl 提供实现拉框放大的功能。

ToolbarControl 及相关对象可以提供类似于 ArcGIS Desktop 应用程序框架那样的框架组件。用 ToolbarControl 构建应用程序时，开发人员可以使用这些框架组件。

ToolbarControl 使用钩子（hook）来联系命令对象和它的伙伴控件，并提供属性、方法、事件，用于管理控件的外观，设置伙伴控件，添加、删除命令项，设置当前工具，定制工具。

ToolbarControl 主要接口有：IToolbarControl、IToolbarControl2、IToolbarControlDefault、IToolbarControlEvents。IToolbarControl 接口已被 IToolbarControl2 所取代。

#### 3.4.1.1 IToolbarControl2 接口

IToolbarControl2 接口是任何与 ToolbarControl 有关的任务的出发点，如设置控件的外观，设置伙伴控件，添加或去除命令、工具、菜单，定制 ToolbarControl 的内容。

IToolbarControl 接口提供的主要属性：Buddy、CommandPool、CurrentTool、Customize、CustomProperty、Enabled、Object、OperationStack、ToolTips、TextAlignment、UpdateInterval 等。

IToolbarControl 接口提供的主要方法：AddItem、AddMenuItem、AddToolbarDef、Find、GetItem、GetItemRect、HitTest、MoveItem、Remove、RemoveAll、SetBuddyControl、Update 等。

与 IToolbarControl 相比，IToolbarControl2 增加了以下属性和方法：

```
public bool AlignLeft {get;set;}
public uint BackColor {get;set;}
public uint FadeColor {get;set;}
public esriToolbarFillDirection FillDirection {get;set;}
public int IconSize {get;set;}
public void LoadItems(IStream pStream);
public esriToolbarOrientation Orientation {get;set;}
public void SaveItems(IStream pStream);
public bool ShowHiddenItems {get;set;}
public bool ThemedDrawing {get;set;}
public bool Transparent {get;set;}
```

#### 3.4.1.2 IToolbarControlEvents 接口

IToolbarControlEvents 是一个事件接口，它定义了 ToolbarControl 能够处理的全部事件，如 OnDoubleClick、OnItemClick、OnKeyDown、OnKeyUp、OnMouseDown、OnMouseMove、OnMouseUp。

### 3.4.2 ToolbarControl 上的命令

当一个命令对象驻留在 ToolbarControl 后，将调用 ICommand. OnCreate()，该方法传递一个 hook 参数给应用程序。

命令的实现测试是否支持 hook 对象，如果不支持该 hook 对象，那么该命令无效；如果支持该 hook 对象，命令将存储该 hook 对象，以便以后使用。例如，打开地图文档命令设计为仅用于 MapControl 的，该 MapControl 作为 hook 参数被传递给 OnCreate()，该命令保存该 hook 参数以便后面使用。如果 ToolbarControl 作为 hook 参数被传递给 OnCreate 事件，该命令将检测该 ToolbarControl 的伙伴控件的类型，如果该伙伴控件为一 GlobeControl，而该命令是为 MapControl 设计的，那么这时该命令无效。

驻留在 ToolbarControl 上的命令项，当用户点击时，将调用该命令的 ICommand. OnClick()方法。依据命令项的类型，命令将使用 hook 参数访问来自于伙伴控件的对象，执行相应的功能。有以下三种类型的命令项：

（1）简单命令（Command）：当用户点击时，将调用该命令的 ICommand. OnClick( )方法，执行相应的功能。

（2）工具（Tool）：需要用户与伙伴控件交互，才能完成需要的功能。当用户点击 ToolbarControl 上的某一工具时，该工具就成为该 ToolbarControl 的 CurrentTool，ToolbarControl 并将其设置为伙伴控件 CurrentTool，并将接收来自于伙伴控件的鼠标、键盘事件。

（3）工具控件（ToolControl）：类似于下拉列表框，驻留在 ToolbarControl 上的一个小窗口，由 IToolControl. hWnd 提供窗口句柄。只能向 ToolbarControl 添加特定工具控件的一个实例。

程序设计时，可以通过 ToolbarControl 的属性对话框将命令项添加到 ToolbarControl 上。也可以通过编程将命令项添加到 ToolbarControl 上，使用 IToolbarControl. AddItem 方法有三种方式将命令项添加到 ToolbarControl 上：

（1）使用 UID 对象（使用 GUID）；

（2）使用 progID；

（3）使用现有命令的一个实例。

AddItem 方法的语法如下：

```
public int AddItem(
object item,
int SubType,
int index,
bool beginGroup,
int GroupSpacing,
esriCommandStyles Style);
```

*esriCommandStyles* 的取值为：*esriCommandStyleTextOnly*、*esriCommandStyleIconOnly*、*esriCommandStyleIconAndText*、*esriCommandStyleMenuBar*。

（1）使用 UID 对象（使用 GUID）。

```
UID uID = new UIDClass( );
uID. Value = "esriControls. ControlsMapFullExtentCommand";
axToolbarControl1. AddItem(uID, -1, -1,false,0,esriCommandStyles. esriCommandStyleIconOnly);
```

（2）使用 progID。

```
string progID = " esriControls. ControlsMapFullExtentCommand";
axToolbarControl1. AddItem(progID, -1, -1,false,0,esriCommandStyles. esriCommandStyleIconOnly);
```

（3）使用现有命令的一个实例。

```
ICommand command = new ControlsMapFullExtentCommandClass( );
axToolbarControl1. AddItem(command, -1, -1,false,0,esriCommandStyles. esriCommandStyleIconOnly);
```

### 3.4.3 ToolbarItem 对象

ToolbarItem 就是驻留在 ToolbarControl 或菜单上的单个 Command、Tool、ToolControl 或

菜单。ToolbarItem 是一个不可创建的对象。引用不可创建的对象必须通过其他对象获得，可以使用 IToolbarControl. GetItem 方法获得 ToolbarItem。

ToolbarItem 的主要接口有：IToolbarItem，该接口的属性决定工具条命令项的外观。例如，工具条命令项是否在其左侧有一条垂直线表示是否开始一个命令组（Group），及命令项的样式是否有一个位图、标题或两者都有。Command 和 Menu 属性返回工具条命令项代表的实际命令或菜单。

### 3.4.4 更新命令

默认情况下，ToolbarControl 每半秒钟自动更新其自身一次，以确保驻留在 ToolbarControl 上的每个工具条命令项的外观与其底层命令的 Enabled、Bitmap 和 Caption 等属性同步。修改 ToolbarControl 的 UpdateInterval 属性可以更改更新的频率。UpdateInterval 为 0 会停止任何自动发生的更新，开发人员必须编程调用 Update 方法以刷新每个工具条命令项的状态。

在应用程序中首次调用 Update 方法时，ToolbarControl 会检测每个工具条命令项的 ICommand. OnCreate 方法是否已经被调用过。如果还没有调用过该方法，则该 ToolbarControl 作为“钩子（hook）”被自动传递给 ICommand. OnCreate 方法。

### 3.4.5 ToolbarMenu 对象

工具条菜单（ToolbarMenu）提供了菜单项的实现，其上可以驻留命令（Command）、工具（Tool）、工具控件（ToolControl）、动态菜单（MultiItem）和工具条面板（ToolbarPalette）。ArcGIS 10 版本之前，ToolbarMenu 上只能驻留单击命令，不能驻留其他对象。

工具条菜单本身可以驻留在 ToolbarControl 上，或作为“子菜单”驻留在另一个工具条菜单上，或者作为右键单击“弹出式菜单”出现。

ToolbarMenu 的主要接口有：IToolbarMenu、IToolbarMenu2，IToolbarMenu 已被 IToolbarMenu2 所取代。

IToolbarMenu2 定义的属性有：AlignLeft、Bitmap、Caption、CommandPool、Count、Customize、Hook、IconSize、MouseIcon、MousePointer。

IToolbarMenu2 定义的方法有：AddItem、AddMultiItem、AddSubMenu、Find、GetItem、GetMenuDef、MoveItem、PopupMenu、Remove、RemoveAll、SetHook。

ToolbarMenu 的构建有两种方式：

（1）先实现 IMenuDef，创建菜单对象，假设为 MenuDefA；再实例化一个 ToolbarMenu 对象，假设为 ToolbarMenuA；然后使用 IToolbarMenu2. AddItem 方法，将 MenuDefA 对象添加到 ToolbarMenuA 对象；最后，使用 IToolbarControl. AddItem 或 IToolbarControl. AddMenuItem 方法将 ToolbarMenuA 添加到工具条控件上。

（2）使用 IToolbarMenu2 接口中的属性、方法将已有的命令添加到 ToolbarMenu 对象上来构建菜单；ToolbarMenu 上的子菜单又可以是另一个 ToolbarMenu 的实例。

### 3.4.6 ToolbarPalette 对象

ToolbarPalette（工具条面板）提供了面板项的实现，其上可以驻留命令和工具，但不能驻留 ToolControl、ToolbarMenu 以及 MultiItem 对象。ToolbarPalette 可以驻留在 ToolbarControl 上或作为弹出面板出现。

IToolbarPalette 是 ToolbarPalette 的主要接口。该接口定义的属性有：ActiveItem、AlignLeft、Caption、CommandPool、Count、Customize、Hook、IconSize、MouseIcon、MousePointer、ThemedDrawing、ToolTips；定义的方法有：AddItem、Find、GetItem、MoveItem、PopupPalette、Remove、RemoveAll、SetHook。

ToolbarPalette 的构建有两种方式：

（1）先实现 IPaletteDef，创建面板对象，假设为 PaletteDefA；再实例化一个 ToolbarPalette 对象，假设为 ToolbarPaletteA；然后使用 IToolbarPalette. AddItem 方法，将 PaletteDefA 对象添加到 ToolbarPaletteA 对象；最后，使用 IToolbarControl. AddItem 方法将 ToolbarPaletteA 添加到工具条控件上。

（2）使用 IToolbarPalette 接口中的属性、方法将已有的命令、工具添加到 ToolbarPalette 对象上来构建面板。

以下代码展示了如何创建和应用 ToolbarPalette：

```
//Create a ToolbarPalette
IToolbarPalette m_ToolbarPalette = new ToolbarPaletteClass( );
//Add new items to the ToolbarPalette
m_ToolbarPalette. AddItem( "esriControls. ControlsSelectTool" ,0, -1);
m_ToolbarPalette. AddItem( "esriControls. ControlsNewCircleTool" ,0, -1);
m_ToolbarPalette. AddItem( "esriControls. ControlsNewCurveTool" ,0, -1);
m_ToolbarPalette. AddItem( "esriControls. ControlsNewEllipseTool" ,0, -1);
m_ToolbarPalette. AddItem( "esriControls. ControlsNewLineTool" ,0, -1);
m_ToolbarPalette. AddItem( "esriControls. ControlsNewPolygonTool" ,0,-1);
m_ToolbarPalette. AddItem( "esriControls. ControlsNewRectangleTool" ,0, -1);
m_ToolbarPalette. AddItem( "esriControls. ControlsNewFreeHandTool" ,0, -1);
//Add the ToolbarPalette to the ToolbarControl
axToolbarControl1. AddItem(m_ToolbarPalette,0, -1,true,0,esriCommandStyles. esriCommandStyleIconAndText);
```

### 3.4.7 CommandPool 对象

每个 ToolbarControl、ToolbarMenu 和 ToolbarPalette 都有一个命令池（CommandPool），用于管理其使用的命令对象集。一般来说，开发人员不会与命令池进行交互。当通过 ToolbarControl 属性页或编程将命令添加到 ToolbarControl 中时，该命令自动添加到命令池中。命令对象要么作为唯一识别该命令的一个 UID 对象（使用 GUID），要么作为命令对象的一个现有例程被添加到命令池中。

如果命令对象的一个现有实例被添加，并且该命令没有一个 UID，则命令池中可以有同一命令的多个实例存在。如果提供了一个 UID 对象，命令池可以确定该命令是否已经存在于命令池中，而且如果存在的话就可以重用该命令之前的实例。命令池通过追踪是否已经调用过命令的 OnCreate 方法来完成这个工作。如果已经调用过 OnCreate 方法，则将重用该命令并增加其使用次数（UsageCount）。

例如，如果向某个ToolbarControl中添加两次“ZoomIn”工具并提供UID，则当ToolbarControl上的一个“ZoomIn”工具被选择并显示“按下（pressed）”时，另一个“ZoomIn”工具也会显示“按下（pressed）”状态，因为它们使用同一个命令对象。当应用程序包含多个ToolbarControl或工具条菜单时，开发人员应确保每个ToolbarControl和工具条菜单使用相同的命令池，以保证在应用程序中只创建了命令的一个实例。

### 3.4.8 操作栈

ToolbarControl有一个操作栈（OperationStack），用于管理“撤销（undo）”和“重做（redo）”功能。由每个工具条命令项的底层命令将操作添加到操作栈中，以便可以根据需要将操作前滚或后滚。例如，由于误操作，删除了某个地理要素，可以点击ToolbarControl上的“undo”命令，撤销该操作。

命令是否可以利用操作栈取决于该命令的实现。典型情况下，开发人员为应用程序创建一个单个的控件操作栈（ControlsOperationStack），并将其设置给每个ToolbarControl。撤销和重做命令可以添加到使用了操作栈的ToolbarControl上。

活动视图（ActiveView）中的范围变化（extent changes）是保存在IActiveView.ExtentStack中，而不是在OperationStack中。

### 3.4.9 ToolbarControl的定制

ToolbarControl有一个Customize属性，可以设置该属性以使ToolbarControl处于定制模式。这可改变ToolbarControl的行为，并允许最终用户重新安排、删除和添加命令项以及改变这些命令项的外观。

（1）用鼠标左键选择ToolbarControl上的命令项，拖动选中的命令项到一个新的位置，或者拖动并将选中的命令项拖到ToolbarControl外以删除该命令项。

（2）用鼠标右键选择ToolbarControl上的命令项并显示定制菜单。定制菜单可用于删除命令项或改变命令项的样式（位图、标题或两者）以及分组工具条命令项。

当ToolbarControl处于定制模式时（当IToolbarControl.Customize为true时），开发人员可以编程启动非模态定制对话框（CustomizeDialog）。CustomizeDialog列出了所有的控件命令以及任何自定义命令、工具集和菜单等。CustomizeDialog允许程序运行时将命令、工具集和菜单添加到ToolbarControl上。

CustomizeDialog的主要接口为：ICustomizeDialog和事件接口ICustomizeDialogEvents。

ICustomizeDialog接口的属性有：DialogTitle、IsDialogActive、DoubleClickDestination、CommandsCategory、MenusCategory、ToolbarsCategory、ShowAddFromFile。该接口的方法有：StartDialog、CloseDialog、SetDoubleClickDestination。

ICustomizeDialogEvents接口成员：OnCloseDialog、OnStartDialog。

以下介绍一个开发实例：在自己开发的应用程序中，如何让最终用户在运行时实现命令、工具、菜单的定制功能？

首先声明一个ICustomizeDialog类型的全局变量m_CustomizeDialog，并实例化，代码如下：

```
private ICustomizeDialog m_CustomizeDialog = new CustomizeDialogClass( );
```

接着，声明如下两个事件变量：

```
private ICustomizeDialogEvents_OnStartDialogEventHandler startDialogE;
private ICustomizeDialogEvents_OnCloseDialogEventHandler closeDialogE;
```

创建一个名为 CreateCustomizeDialog 的方法，在该方法中添加代码，对两个事件变量和定制对话框进行有关设置：

```
private void CreateCustomizeDialog( )
{ // Set the customize dialog box events.
    startDialogE = new ICustomizeDialogEvents_OnStartDialogEventHandler( OnStartDialog) ;
    ( (ICustomizeDialogEvents_Event) m_CustomizeDialog). OnStartDialog + = startDialogE;
    closeDialogE = new ICustomizeDialogEvents_OnCloseDialogEventHandler( OnCloseDialog) ;
    ( (ICustomizeDialogEvents_Event) m_CustomizeDialog). OnCloseDialog + = closeDialogE;
    // Set the title.
    m_CustomizeDialog. DialogTitle = " Customize ToolbarControl Items" ;
    // Set the ToolbarControl that new items will be added to.
    m_CustomizeDialog. SetDoubleClickDestination( axToolbarControl1) ; }
```

在应用程序的主窗体 MainForm 的 Load 事件中调用 CreateCustomizeDialog 方法：

```
private void MainForm_Load( object sender, System. EventArgs e)
{
    //…
    CreateCustomizeDialog( ) ;
    //…
}
```

向主窗体 MainForm 中添加一个复选框并将其命名为 chkCustomize，标题为“Customize”。在复选框 chkCustomize 的 CheckedChanged 事件处理方法中添加如下代码：

```
private void chkCustomize_CheckedChanged( object sender, System. EventArgs e)
{ // Show or hide the Customize dialog box.
    if( chkCustomize. Checked == false)
        { m_CustomizeDialog. CloseDialog( ) ; }
    else
        { m_CustomizeDialog. StartDialog( axToolbarControl1. hWnd) ; }
}
```

添加下面的 OnStartDialog 和 OnCloseDialog 事件处理器，在打开或关闭定制对话框时会触发这两种方法。

```
private void OnStartDialog( )
{   axToolbarControl1. Customize = true;
    //其他工具条控件的定制属性设置
    … }
```

```
private void OnCloseDialog()
  { axToolbarControl1.Customize = false;
    …
    chkCustomize.Checked = false;  }
```

按以上步骤就能实现 ToolbarControl 的定制。

## 3.5 控件命令

ESRI.ArcGIS.Controls 类库中除了 ArcGIS Engine 控件外，还提供了大量的命令、工具条及工具、工具控件、工具条面板和菜单，ArcObjects 程序员在自己的 GIS 应用开发中可以直接使用这些对象。使用这些对象有两种方式：一是通过 ToolbarControl 控件使用；二是不通过 ToolbarControl 控件使用。

开发人员也可以通过创建自己的自定义命令、工具和菜单来扩展 ArcObjects 提供的命令集。HookHelper、GlobeHookHelper 和 SceneHookHelper 对象可用于简化这种开发。

### 3.5.1 与 ToolbarControl 一起使用

通过 ToolbarControl 控件使用 Control Commands 有三个途径：

（1）在程序设计阶段，通过 ToolbarControl 控件的属性页添加。

（2）在程序代码中，使用 AddItem、AddMenuItem 或 AddToolbarDef 方法将要用到的 Control Commands 的实例对象添加到 ToolbarControl 控件中，命令可以使用 AddItem 或 AddSubMenu 方法添加到 ToolbarMenu 上。

（3）最终用户可以通过 Customize 对话框进行设置（当 ToolbarControl 控件的 Customize 设置为 true 时有效）。

### 3.5.2 独立使用

虽然建立带有 ToolbarControl 的应用程序可以快速构建类似于 ArcGIS Desktop 应用程序框架，但有的时候应用程序可能并不需要 ToolbarControl，如：

（1）ToolbarControl 的可视化外观可能不符合应用程序的需要。

（2）为 ToolbarControl 创建命令的开销并不需要。

（3）应用程序中已经有一个现有的应用程序框架。

（4）ToolbarControl 及其驻留的命令不易于跨多个“伙伴控件”使用。

在这些情况下，开发人员需要通过编程创建命令实例，并将 MapControl、PageLayoutControl、SceneControl 或 GlobeControl 等传递给 ICommand.OnCreate 方法，来和控件一起使用控件命令。开发人员负责调用 ICommand.OnCreate 方法，并在适当的时候调用 ICommand.OnClick 方法，还可读取命令的属性。

直接使用控件命令的步骤：

（1）通过编程创建命令的一个新实例，并将单个 ArcGIS 控件传递给 OnCreate 方法。

（2）使用 CommandPool 对象管理应用程序中的命令。CommandPool 支持基于命令的“钩子（hook）”属性调用各个命令的 OnCreate 方法。

（3）如果命令只实现了 ICommand 接口，开发人员可以在适当的时候调用 OnClick 方法以执行特定行为。如果命令为实现了 ICommand 接口和 ITool 接口的工具，开发人员必须将该工具设置为 ArcGIS 控件中的 CurrentTool。ArcGIS 控件会将任何键盘和鼠标事件传送给该工具。

（4）命令的 Enabled、Caption 和 Bitmap 属性可以被读写到开发环境提供的命令按钮的属性中，以建立应用程序的用户界面。

例如：

```
ICommand cmd = new Symbology. UniqueValueRenderer( ) ;
cmd. OnCreate( axMapControl1. GetOcx( ) ) ;
if( cmd. Enabled) cmd. OnClick( ) ;

ICommand pCommand = new ControlsSelectFeaturesToolClass( ) ;
pCommand. OnCreate( axMapControl1. Object) ;
axMapControl1. CurrentTool = pCommand as ITool;

BaseTool    tool = new SelectAdjacentFeatures( ) ;
tool. OnCreate( axMapControl1. Object) ;
axMapControl1. CurrentTool = tool;
```

虽然这种建立应用程序的方式需要开发人员编写更多的程序代码，但具有更大的灵活性。

## 3.6　应用开发实例

在 ToolbarControl 上，不仅可以驻留命令和工具，还可以驻留菜单条。这个实例的功能是在 ToolbarControl 上以菜单条的方式驻留地图符号化的命令，实现地图符号化功能，如图 3-4 所示。

在该实例中，将地图符号化的 8 个命令类和实现 IMenuDef 接口的类 SymbologyMenu 组织在一个项目 Symbology 中。

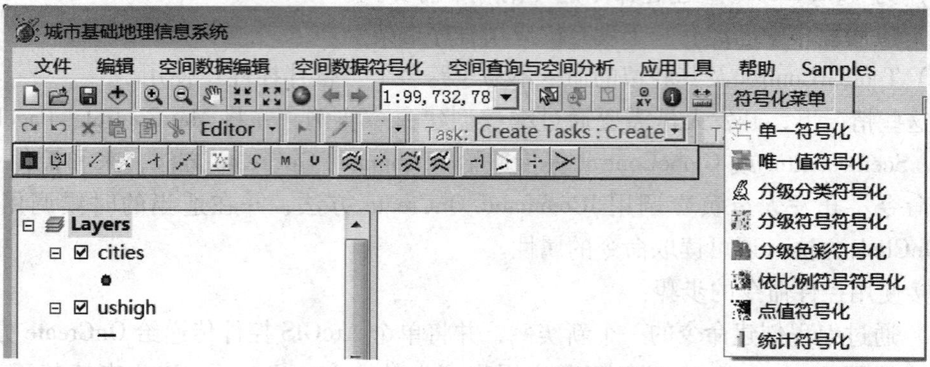


图 3-4　在 ToolbarControl 上实现菜单功能

```
public class SymbologyMenu:IMenuDef
  { public SymbologyMenu(){ }
    public void GetItemInfo(int pos,IItemDef itemDef)
      { switch(pos)
          { case 0:  itemDef.ID = "Symbology. SingleSymbolCmd";  break;
            case 1:  itemDef.ID = "Symbology. UniqueValuesSymbolCmd";  break;
            case 2:  itemDef.ID = "Symbology. ClassBreaksRendererSymbolCmd";  break;
            case 3:  itemDef.ID = "Symbology. GraduatedSymbolsCmd";  break;
            case 4:  itemDef.ID = "Symbology. GraduatedColorSymbolsCmd";  break;
            case 5:  itemDef.ID = "Symbology. ProportionalSymbolsCmd";  break;
            case 6:  itemDef.ID = "Symbology. DotDensitySymbolsCmd";  break;
            case 7:  itemDef.ID = "Symbology. StatisticsSymbolsCmd";  break;  }
      }
    public string Caption   {get { return "SymbologyMenu"; }}
    public int ItemCount    {get { return 8; }}
    public string Name      {get { return "SymbologyMenu"; }}
  }
```

要在 ToolbarControl 控件上使用这个菜单，需要在 MainForm 的 Load 事件中加入以下代码：

```
IMenuDef  symMenuDef = new Symbology. SymbologyMenu();
IToolbarMenu2 symToolbarMenu = new ToolbarMenuClass();
symToolbarMenu. AddItem(symMenuDef);
symToolbarMenu. Caption = "符号化菜单";
basicToolbarControl. AddItem(symToolbarMenu, -1, -1,true, -1,
esriCommandStyles. esriCommandStyleTextOnly);
```

如果要在 axMapControl1 中用这个菜单作为上下文菜单，首先需要在类（这里为 MainForm）的变量声明部分声明一个 IToolbarMenu2 类型的变量 m_ToolbarMenu：

```
private IToolbarMenu2  m_ToolbarMenu = new ToolbarMenuClass();
```

然后，需要在 MainForm 的 Load 事件中加入以下代码，在 m_ToolbarMenu 中添加菜单项，并设置其 Hook：

```
m_ToolbarMenu. AddItem(symMenuDef, -1, -1, false, esriCommandStyles. esriCommandStyleMenuBar);
//Set the Toolbarmenu's hook
m_ToolbarMenu. SetHook(axToolbarControl1);
```

最后，在 axMapControl1 的 OnMouseDown 事件中加入以下代码：

```
if(e. button == 2)
  { //Popup the menu
    m_ToolbarMenu. PopupMenu(e. x,e. y,axMapControl1. hWnd);  }
```

这样就实现了 axMapControl1 控件的右键菜单功能。

除了在 ArcObjects 控件上使用菜单外，我们还可以使用 VS　.NET 提供的菜单功能，如图 3-5 所示。

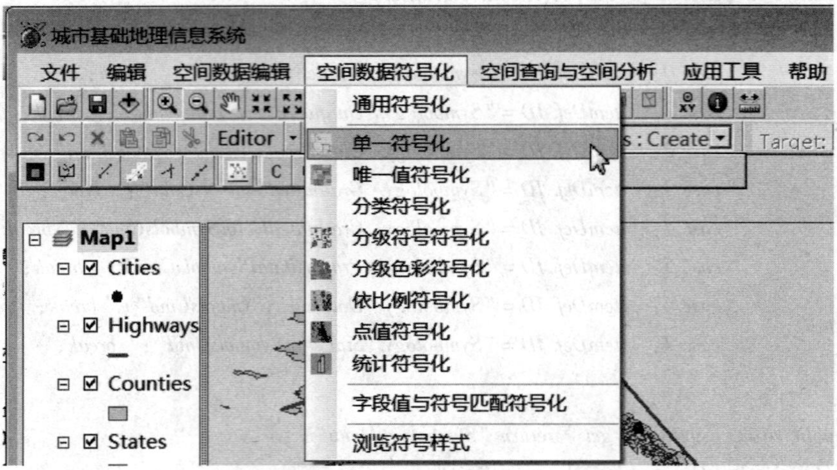


图 3-5　使用 VS　.NET 提供的菜单类实现菜单功能

在上面的实例中，我们将实现的地图符号化命令以菜单的形式放置在 ToolbarControl 上，同样，可以将这些功能放置在 VS　.NET 提供的菜单（System. Windows. Forms. MenuStrip）上，例如，要实现上面的 *UniqueValuesSymbolCmd* 类的功能，只需添加一个菜单项如 menuUniqueValues，然后在它的 Click 事件中编写如下代码即可：

```
private void menuUniqueValues_Click(object sender,EventArgs e)
  {  ICommand command = new Symbology. UniqueValuesSymbolCmd();
     command. OnCreate(axMapControl1. Object);
     if(command. Enabled)command. OnClick();    }
```

符号化功能的详细实现，请参阅本书第 6 章及随书附带的光盘中的相关内容。

## 3.7　在 WPF 程序中使用 ArcGIS Engine 控件

### 3.7.1　WPF 简介

WPF(Windows presentation foundation)是微软为 .NET 而设计的新一代图形显示系统，它构建于 DirectX 之上，提供硬件加速功能，用于生成能带给用户震撼视觉体验的 Windows 客户端应用程序。WPF 的核心是一个与分辨率无关并且基于向量的呈现引擎，旨在利用现代图形硬件的优势。WPF 通过一整套应用程序开发功能扩展了这个核心，这些功能包括 XAML(extensible application markup language)、控件、数据绑定、布局、2D 和 3D 图形、动画、样式、模板、文档、媒体、文本和版式。WPF 包含在 Microsoft　.NET Framework 中，使您能够生成融入了 .NET Framework 类库的其他元素的应用程序。

WPF 使用一种新的 XAML 语言来开发界面，这将把界面开发以及后台逻辑很好地分开，降低了耦合度，使用户界面设计师与程序开发者能更好地合作，降低维护和更新的成本。

### 3.7.2 如何在 WPF 中使用 ArcGIS Engine 控件

要把 ArcGIS Engine 的 Windows Forms 控件集成到 WPF 环境里去，有两个选项：

（1）在 WPF 应用程序中添加一个 Windows Form，然后在此 Form 上添加使用 ArcGIS Engine 控件。

（2）将 ArcGIS Engine 控件直接加到 WPF 窗体中。

#### 3.7.2.1 WPF 窗体与 Windows Form 分开使用

进入 VS .NET 开发环境，在 WPF 项目中添加一个 Windows Form（假设为 WinForm），然后将 ArcGIS Engine 控件添加到该窗体中，然后在 WPF 窗体中添加一命令按钮，打开 WinForm，如图 3-6 所示。这种方式下，WPF 窗体与 ArcGIS Engine 控件还是相对独立的。

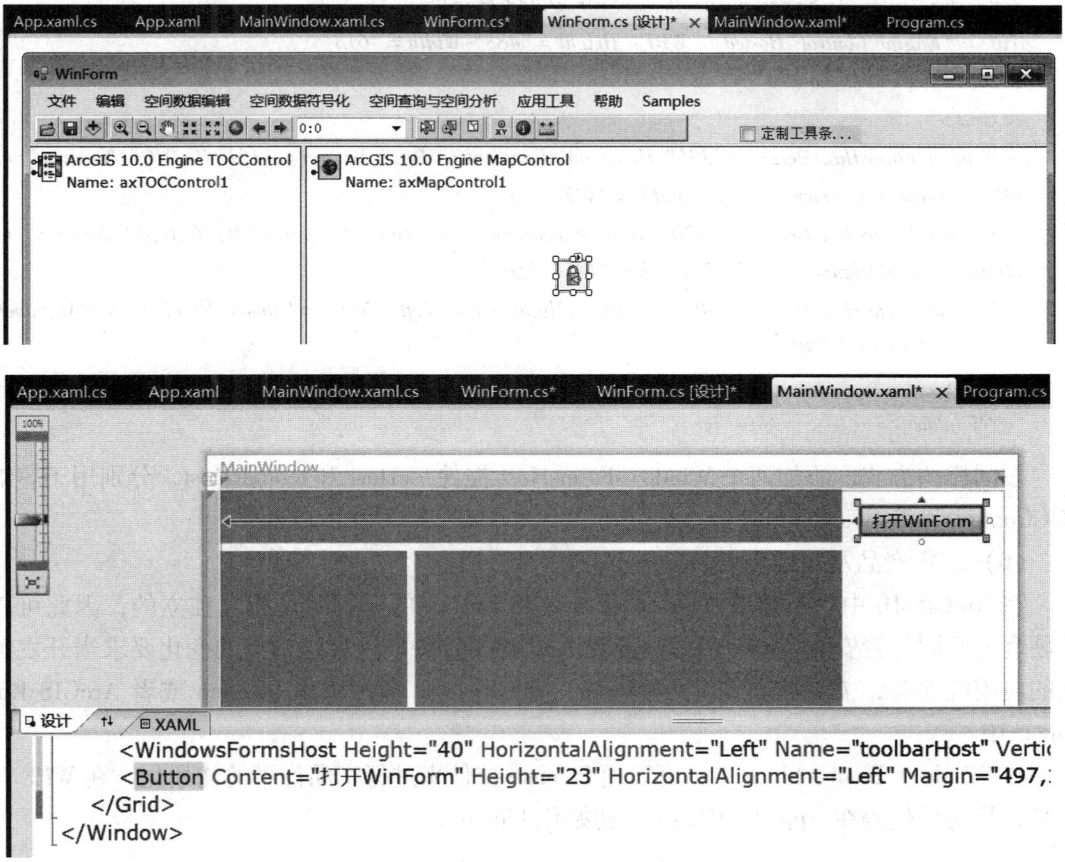


图 3-6 在 WPF 窗体中通过一命令按钮打开传统的 Windows 窗体

#### 3.7.2.2 在 WPF 窗体中添加 ArcGIS Engine 控件

WindowsFormsHost 控件提供了一个容器，可以容纳 Windows Forms 控件，由此就可以达到一个在 WPF 窗体中添加 Windows Forms 控件的目的。这种方式下，WPF 元素和 ArcGIS Engine 控件就可以方便地互相访问、互相操作。

这种方式下的实现步骤如下：

（1）启动 Visual Studio。

（2）新建项目里选 WPF 应用程序，命名为 EngineControlsInWPF。

（3）添加引用 ESRI. ArcGIS. AxControls、ESRI. ArcGIS. System、ESRI. ArcGIS. Version，其中 ESRI. ArcGIS. Version 为 ArcGIS 新增的程序集，它提供了绑定运行时的 API，它的 RuntimeManager 类可用于列举目前所安装的 ArcGIS 产品以及其安装目录。

（4）将 WindowsFormsHost 控件拖入窗体。

（5）将窗体的标题改为“Engine Controls Hosted in WPF”，将 WindowsFormsHost 控件的 Name 属性设为“mapHost”（用于容纳 MapControl），添加一个 Windows Load 事件，取其默认名 Window_Loaded。

```
<Window x:Class="EngineControlsInWPF.MainWindow"
xmlns="http://schemas.microsoft.com/winfx/2006/xaml/presentation"
xmlns:x="http://schemas.microsoft.com/winfx/2006/xaml"
Title="Engine Controls Hosted in WPF" Height="488" Width="618"
Loaded="Window_Loaded">
 <Grid>
 <WindowsFormsHost Height="391" HorizontalAlignment="Left" Margin="151,46,0,0" Name="mapHost" VerticalAlignment="Top" Width="447" />
 <WindowsFormsHost Height="320" HorizontalAlignment="Left" Margin="0,46,0,0" Name="tocHost" VerticalAlignment="Top" Width="145" />
 <WindowsFormsHost Height="40" HorizontalAlignment="Left" Name="toolbarHost" VerticalAlignment="Top" Width="598" />
 </Grid>
 </Window>
```

按同样的方式，添加两个 WindowsFormsHost 控件 tocHost 和 toolbarHost，分别用于容纳 TOCControl 和 ToolbarControl。

（6）绑定产品及初始化 license。

在 ArcGIS 10 中，ArcGIS Desktop 和 ArcGIS Engine 的运行时是相互独立的，因此可以在硬盘的不同位置安装 ArcGIS Desktop 和 ArcGIS Engine。这种结构上的变化要求当开发独立的应用程序时，需要将其绑定到特定的 ArcGIS 产品（ArcGIS Desktop 或者 ArcGIS Engine）中。

在 Windwos From 的开发中，可以用 License 控件来进行产品许可的初始化。在 WPF 开发中，只能用代码在 App. XAML. cs 中初始化 License。

```
public partial class App:Application
  { protected override void OnStartup(StartupEventArgs e)
      { base.OnStartup(e);
        //绑定到 Engine
        ESRI.ArcGIS.RuntimeManager.Bind(ESRI.ArcGIS.ProductCode.Engine);
        InitializeEngineLicense(); }
    private void InitializeEngineLicense()
      { AoInitialize aoi = new AoInitializeClass();
        //Additional license choices can be included here.
```

```
        esriLicenseProductCode productCode = esriLicenseProductCode. esriLicenseProductCodeEngine;
        if( aoi. IsProductCodeAvailable( productCode) == esriLicenseStatus. esriLicenseAvailable)
          { aoi. Initialize( productCode); }
      }
  }
```

(7) 定义 Engine Controls，并建立其与 WindowsFormsHost 控件的联系。

```
namespace EngineControlsInWPF
  { public partial class MainWindow: Window
      {
        AxMapControl mapcontrol = null;
        AxTOCControl tocControl = null;
        AxToolbarControl toolbarControl = null;
        public MainWindow( )
          { InitializeComponent( );
            CreateEngineControls( ); }
        private void CreateEngineControls( )
          { mapcontrol = new AxMapControl( );
            mapHost. Child = mapcontrol;
            tocControl = new AxTOCControl( );
            tocHost. Child = tocControl;
            toolbarControl = new AxToolbarControl( );
            toolbarHost. Child = toolbarControl; }
      }
  }
```

(8) 为控件添加事件。

```
private void SetpEvents( )
  { mapcontrol. OnMouseDown + = new
    IMapControlEvents2_Ax_OnMouseDownEventHandler( mapcontrol_OnMouseDown);
    mapcontrol. OnMouseMove + = new
    IMapControlEvents2_Ax_OnMouseMoveEventHandler( mapcontrol_OnMouseMove);
  }
void mapcontrol_OnMouseMove( object sender, IMapControlEvents2_OnMouseMoveEvent e)
  { //可以在主窗体中加一 TextBlock 控件用于显示鼠标移动时的 X、Y 坐标
    …
  }
void mapcontrol_OnMouseDown( object sender, IMapControlEvents2_OnMouseDownEvent e)
  { IEnvelope extent = mapcontrol. TrackRectangle( );
    mapcontrol. Extent = extent;
    mapcontrol. Refresh( );
  }
```

（9）编写窗体加载事件代码。

```
private void Window_Loaded(object sender,RoutedEventArgs e)
  { tocControl.SetBuddyControl(mapcontrol);
    toolbarControl.SetBuddyControl(mapcontrol);
    SetpEvents();
    mapcontrol.LoadMxFile(@"e:\usa\usastates_FGDB.mxd");
    ToolbarAddItems(); }
private void ToolbarAddItems()
    { toolbarControl.AddItem(new ControlsOpenDocCommandClass(), -1, -1,false, -1,esriCommandStyles.esriCommandStyleIconOnly);
      toolbarControl.AddItem(new ControlsSaveAsDocCommandClass(), -1, -1,false, -1, esriCommandStyles.esriCommandStyleIconOnly);
      toolbarControl.AddItem(new ControlsAddDataCommandClass(), -1, -1,false, -1,esriCommandStyles.esriCommandStyleIconOnly);
      toolbarControl.AddItem("esriControls.ControlsMapNavigationToolbar");
      toolbarControl.AddItem("esriControls.ControlsMapIdentifyTool");  }
```

（10）运行程序。

### 3.7.3 在 WPF 中使用 ArcGIS Engine 控件的局限

由于 ArcGIS Engine 控件是 Windows Forms 控件，因此在 WPF 应用程序中使用 ArcGIS Engine 控件前，应先考虑以下几点局限：

（1）ArcGIS Engine License Control 不能在 WPF 窗体中使用，必须用编程的方式将 ArcGIS Engine license 初始化；

（2）ArcGIS Engine 控件的属性和事件不能通过 XAML 来访问，而必须通过代码来访问；

（3）ArcGIS Engine 控件没有独立的属性，且只支持单向数据绑定，只能将控件属性绑定到 WPF 元素，反过来则不行；

（4）ArcGIS Engine 控件和 WPF 是单独提交的，这样一来，WPF 宿主容器里所有与显示有关的属性如 Transform、Clip 以及 Opacity 对控件不起作用。

> 本章主要介绍了 ArcGIS Engine 控件及控件命令，并通过实例阐述了如何使用控件及相关组件开发独立的 GIS 应用程序。

# 4 几何对象与空间参考

地理要素及图形元素的表达，都离不开几何对象和空间参考。本章主要介绍 ArcObjects 中丰富的几何对象、空间参考及相关内容，具体内容包括：几何对象概述、使用几何对象、空间参考。

## 4.1 几何对象概述

### 4.1.1 几何对象模型简介

几何对象是 ArcObjects 中使用最为广泛的对象集之一，用户在新建、删除、编辑和进行地理分析的时候，就是在处理一个包含几何形体的矢量对象；除了显示要素外，在空间选择、要素着色制作专题图、标注编辑等很多过程中也需要几何对象参与。

几何对象用于表达要素（Feature）或图形元素（Graphic Element）的几何形状。ArcGIS 的几何对象被分为两个层次：

（1）高级几何对象。高级几何对象用于定义要素的几何形状。高级几何对象包括以下类型：

1）Point。Point 具有 X、Y 坐标值，以及可选的属性，如高程（Z 值）、测量值（M）和 ID 号。

2）Multipoint。Multipoint 是无序点的群集，它用于表示具有相同属性设置的同一组点。

3）Polyline。Polyline 是一个有序路径（Path）的集合，这些路径既可以是连续的，也可以是离散的。

4）Polygon。Polygon 是环（Ring）的集合，环是一种封闭的路径。Polygon 可以由一个或者多个环组成，甚至环内套环，形成岛环的情况，但是内外环之间不能重叠。

5）MultiPatch。MultiPatch 用于描述三维几何形体表面。

（2）构件几何对象。构件几何对象用于构建高级几何对象。构件几何对象（或称几何构件）包括：路径（Path）、环（Ring）、线段（Segment）、三角形带（TriangleStrip）、三角形扇（TriangleFan）及三角形，用于构建多段线（polyline）、多边形（polygon）和多面（MultiPatch）。多段线包含路径，多边形包含环，多面包含三角形带、三角形扇、三角形和环。路径和环是由线段相连的顶点序列。线段是参数化的函数，用于定义连接顶点的几何形状。

此外，Arc Objects 几何模型中还包括两个几何对象：Envelope 和 GeometryBag。

Envelope 用于描述其他几何对象的空间范围，它是一个矩形（仅考虑 X、Y 坐标时）。它覆盖了几何对象的最小坐标和最大坐标、Z 值和 M 值的变化范围。

GeometryBag 是任何类型的几何体对象的集合，实际上 GeometryBag 是一个可以容纳任何类型几何对象的容器，可以同时容纳多种不同类型的几何对象。

一个几何对象的每个顶点，除了有 X、Y 坐标值外，还可以有其他可选属性，如 Z 值、M 值和 ID，要使这些可选的属性有效，需要分别使用 IZAware、IMAware 和 IPointIDAware 接口进行相关设置。以下代码展示了使顶点的 Z 值有效（对 Z 值感知）：

```
IPoint pnt = new PointClass( ) as IPoint;
pnt. PutCoords(1,1);
IZAware zAware = pnt as IZAware;
zAware. ZAware = true;
pnt. Z = 11. 1;
```

Geometry 类是所有几何形体对象的父类，它是一个抽象类。IGeometry 接口定义了所有的几何对象都拥有的属性或方法，如 IGeometry. Dimension 可以查询几何形体对象的维度；IGeometry. Envelope 可以返回几何对象的最小外包矩形；IGeometry. GeometryType 则可以返回用于对象的几何类型。

在几何对象模型中，很多对象都是组件类，这意味着程序员可以直接创建一个几何形体对象。当开发者使用 new 关键字创建一个几何对象后，这个 Geometry 其实是空的，它需要添加具体的信息，如新建一个 Point 对象后，如果不设置它的 X、Y 坐标，这个点是无法明确显示的。用户可以使用 IGeometry. IsEmpty 来查看这个对象是否为空。IGeometry. SetEmpty 方法可以将一个几何对象设置为空，而仅仅保留它的空间参考属性。IGeometry. Project 方法用于将该几何对象投影到新的空间参考系。

Multipoint、Polyline、Polygon 和 MultiPatch 几何对象在它们的几何形状上都有约束条件，如多边形的内部必须明确定义，且必须与之外部分开。当几何对象上的所有约束条件都满足时，我们说这个几何对象是简单的几何对象；当有一个约束条件未满足或不知道这个约束条件是否满足时，我们说这个几何对象是非简单（non-simple）的几何对象。ITopologicalOperator、IPolygon2 ~ IPolygon4 和 IPolyline2 ~ IPolyline5 接口中提供了检测和强化几何对象简单性的操作。

几何对象，特别是线段类型，有一套丰富的方法用于定义它们的空间位置。例如，IConstructCircularArc 接口中有不同的方法定义圆弧线段。典型情况下，名字中包含“construct”的接口或方法使用多个输入参数来完全定义目标几何对象。

高级几何对象支持经典的集合运算来产生新的几何对象，这些集合运算包括集合的并（union）、交（intersection）、差（difference）和对称差分（symmetric difference，也即异或运算）。这些操作定义在 ITopologicalOperator 接口中，且通常情况下这些运算一次操作两个几何对象，但其中的 ConstructUnion 运算可作用于两个以上的几何对象。高级几何对象还支持 IRelationalOperator 接口，其中定义了用于检测两个几何对象之间的空间关系方法，如检测两个几何对象是否相离（disjoint）、是否相接（touch）、是否包含（contain）等，这些方法返回布尔类型的值。

### 4.1.2 线段的类型

Polyline 是路径（path）对象的有序集合，Polygon 是环（ring）对象的有序集合。路径和环是由线段（segment）相连的顶点序列。线段是由一个起始点、一个终止点以及定义两点之间的曲线的函数组成的几何对象。

Segment 对象是一个抽象类，也是 Curve 的一个子类，它从 Curve 类继承了最基本的属性和方法，如 FromPoint 和 ToPoint 确定了所有曲线的起始点和终止点。一个 Segment 对象可能有 Z 值、M 值或 ID 值。

ISegment 是 Segment 对象的主要接口，它提供加密（densify）线段、分割线段、获取线段的曲率等方法。Segment 对象还支持 ISegmentM、ISegmentZ 和 ISegmentlD 三个接口，通过它们可以分别获得和设置 Segment 对象的 M 值、Z 值和 ID 号。

Ring、Path、Polyline 和 Polygon 等都可以由 Segment 对象集合来创建，其中的 Ring 和 Path 类支持 ISegmentCollection 接口，而 Polyline 和 Polygon 则支持 IGeometryCollection。通过 ISegmentCollection 接口定义的 AddSegment、RemoveSegment、AddSegmentCollection 和 SegmentCount 等方法可以将一个 Segment 集合变成复杂度更高的几何对象。

线段的类型包括：Line（直线）、CircularArc（圆弧）、EllipticArc（椭圆弧）和 BezierCurve（贝塞尔曲线）四种类型（图 4-1）。

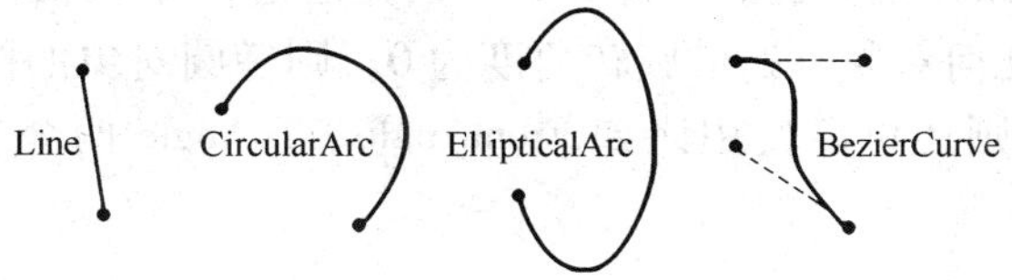


图 4-1 线段类型

4.1.2.1 Line 对象

Line 是最简单的线段，它是由起始点和终止点决定的一条直线段，它是一维几何对象。Line 通常用于构造 Polyline、Polygon、Ring 和 Path 对象等。

4.1.2.2 CircularArc 对象

CircularArc 对象是一个圆弧，它是圆的一部分，如果使用 CircularArc 来表示一个整圆，则它的 CentralAngle 为 $2\pi$，且其起始点和终止点的位置是同一个点。在几何对象中，CircularArc 是 EllipticArc 的特例。

CircularArc 的主要属性如图 4-2 所示。

ICircularArc 是 CircularArc 的主要接口，通过该接口，可以获得它的 FromAngle、ToAn-

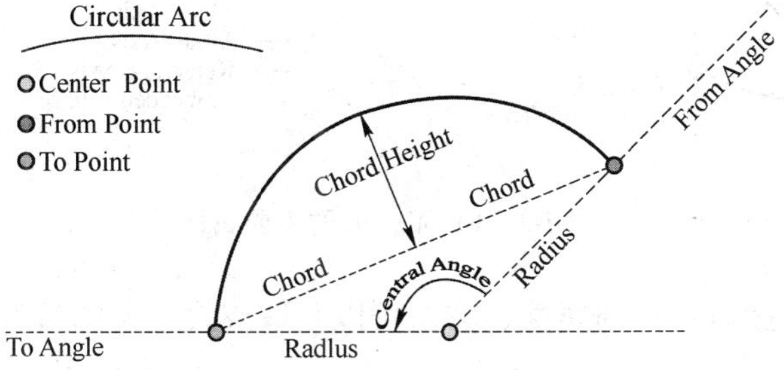


图 4-2 CircularArc 的主要属性

gle、CentralAngle、CenterPoint、ChordHeight 和 Radius 属性。ICircularArc 接口也有几个属性用于检查圆弧对象的特征，如：

(1) IsLine。如果为真，则圆弧的 Radius 为无限大。

(2) IsPoint。如果为真，则 Radius 为 0。

(3) IsCounterClockwise。如果为真，则 CentralAngle 为正值。

(4) IsMinor。如果为真，则 CentralAngle 小于半圆。

对于一个存在的 CircularArc 对象，可以使用 Complement 方法来将它本身进行封闭，即产生一个圆对象，圆弧对象的形状是新返回的圆对象的一部分。

由于 CircularArc 是一个组件类，ICircularArc 接口除了直接使用 FromAngle、ToAngle、Radius 和 IsCounterClockwise 属性设置一个圆弧的属性外，还可以使用 PutCoords、PutCoordsByAngle 等方法来设置，在 ArcObjects 中推荐使用 PutCoords 方法，因为它可以最精确地确定一个圆弧的位置和形状。

IConstructCircularArc2 接口提供了 30 多种构造方法来产生一个 CircularArc 对象。

#### 4.1.2.3 EllipticArc 对象

EllipticArc（椭圆弧）是椭圆的一部分，椭圆是通过一个长轴、一个短轴，中心点和旋转角度值来确定的几何对象，如果旋转角度为 0，则椭圆对象的两个轴分别与 X、Y 轴重合。EllipticArc 对象则还可以使用诸如 FromAngle、ToAngle 两个参数来确定，如图 4-3 所示。

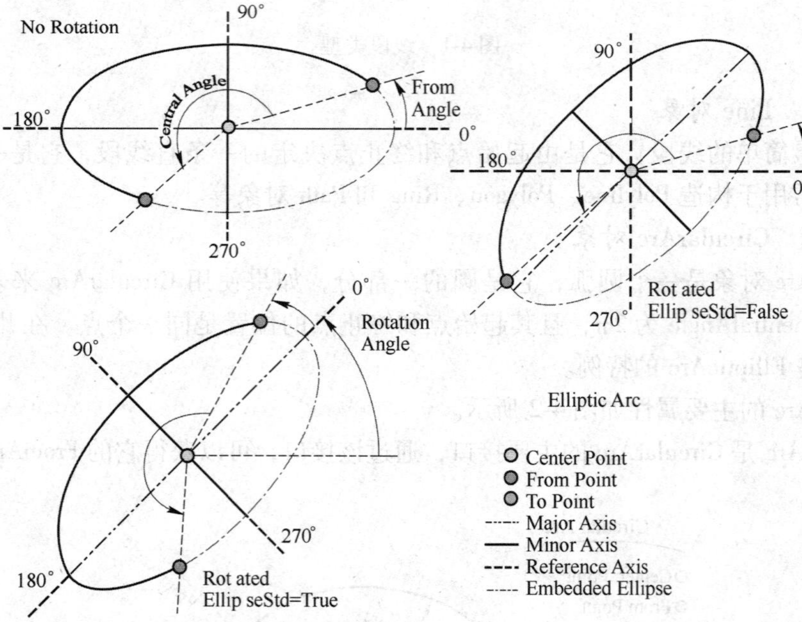


图 4-3 EllipticArc 的主要属性

使用 IEllipticArc 接口定义的属性、方法可以获取或设置椭圆弧的相关属性。

EllipticArc 对象还实现了 IConstructEllipticArc 接口，它提供了 ConstructEnvelope、ConstructQuarterEllipse、ConstructTwoPointsEnvelope、ConstructUpToFivePoints 四个方法来构建椭

圆弧，如图 4-4 所示。

#### 4.1.2.4　BezierCurve 对象

贝塞尔曲线（BezierCurve）是由四个控制点定义的，且贝塞尔曲线与控制点 0 和控制点 1 构成的线段、控制点 2 和控制点 3 构成的线段相切，这四个控制点产生了一条平滑的曲线，如图 4-5 所示。

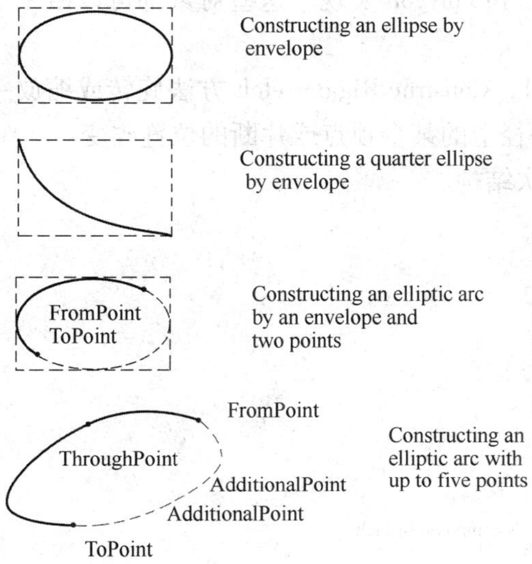


图 4-4　IConstructEllipticArc 定义的构造方法

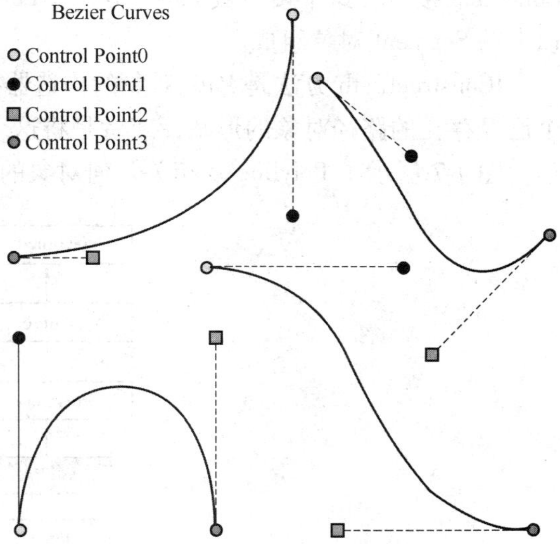


图 4-5　BezierCurve 对象的属性

IBezierCurve 接口定义了用于设置和查询曲线属性的方法，IBezierCurve. PutCoord 方法可以用于改变一个已经存在的贝塞尔曲线，这个方法通过一次改变一个控制点来实现；除了 IBezierCurve 接口定义的方法生成贝塞尔曲线外，还可以使用 IConstructBezierCurve 接口定义的高级方法来实现这个目的。尽管如此，仍然推荐使用 IBezierCurve. PutCoords 方法来产生一个贝塞尔曲线。

### 4.1.3　Polyline 对象

Polyline（多段线）对象是相连或不相连的路径对象的有序集合（图 4-6），它可以分别是单个路径、多个不相连的路径和多个相连路径的集合。Polylines 可以拥有 Z、M 和 ID 值。Polyline 对象的 IPointCollection 接口包含了定义该对象的所有顶点，IGeometryCollection 接口可以获取 polyline 中的 paths，ISegmentCollection 接口可以获取 polyline 中的 segments。

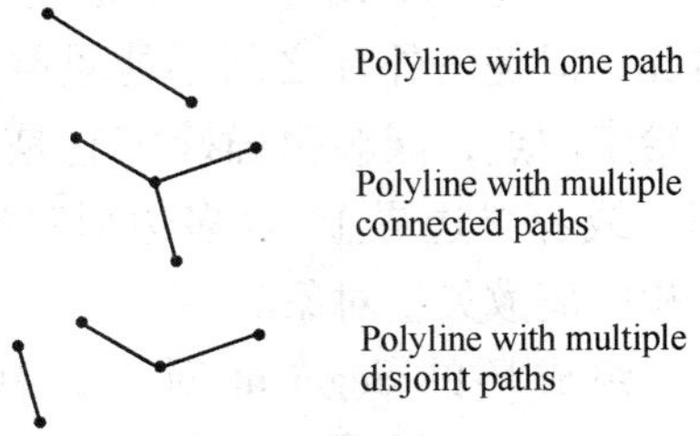


图 4-6　Polyline 是相连或不相连的路径对象的有序集合

路径（Path）是连续的 Segment 对象的集合，除了路径的第一个和最后一个 Segment 外，每一个 Segment 的起始点都是前一个 Segment 的终止点，即路径对象中的 Segment 不能出现分离的情况。路径可以是任意数目的 Line、CircularArc、EllipticArc 和 BezierCurve 的组合。一个或多个路径对象组成一个 Polyline 对象。

IPath 是 Path 对象的主要接口，它定义了设置一个路径对象的多个方法。IPath. Generalizes 方法可以抽象化一个平滑的路径对象，即可以将一个平滑的曲线变成为几条相连的线段；IPath. Smooth 方法则相反，它可以将一个非平滑的路径对象平滑化。IPath. SmoothLocal 方法与 Smooth 方法稍微有些不同，它可以只将某个 Segment 连接点处平滑化，而非如后者一样平滑整条路径对象。

一个路径对象的形状可以通过添加新的 Segment 来改变，这个过程需要使用 ISegment-Collection 接口，这个接口被 Path、Ring、Polyline 和 Polygon 实现，这些对象都可以由一个以上的 Segment 对象组成。

IConstructPath 方法是 Path 对象的构造器接口，ConstructRigidStretch 方法旋转或缩放一个已经存在的路径对象的形状，或者是将这个路径上的某个顶点或片断的位置改变。

图 4-7 展示了 Polyline 及相关几何对象的层次结构。

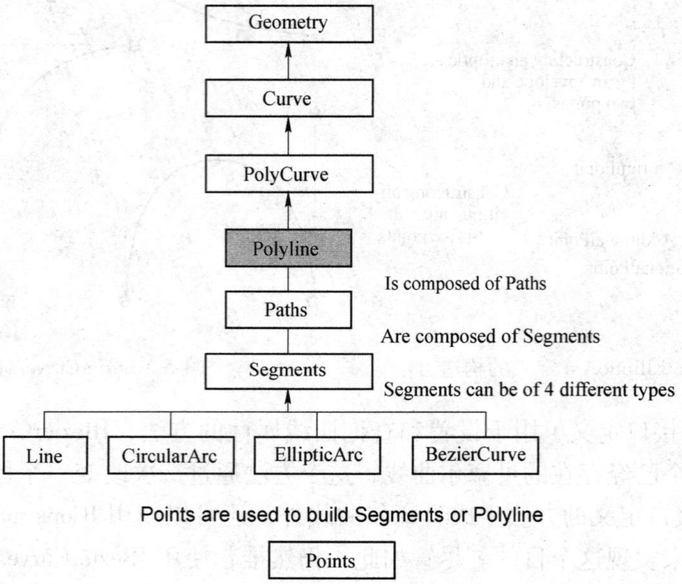


图 4-7　Polyline 及相关几何对象层次结构

### 4.1.4　Polygon 对象

Polygon（多边形）对象是一个有序环（ring）对象的集合，环是一种闭合的路径。这些环可以是一个或者多个，且环内可以套环，形成岛环的情况，但是内外环之间不能重叠，如图 4-8 所示。对于一个给定的点，能够明确确定它是在多边形“内部”、“外部”或者“边界上”。多边形对象通常可以用于描述具有面积的离散矢量对象。

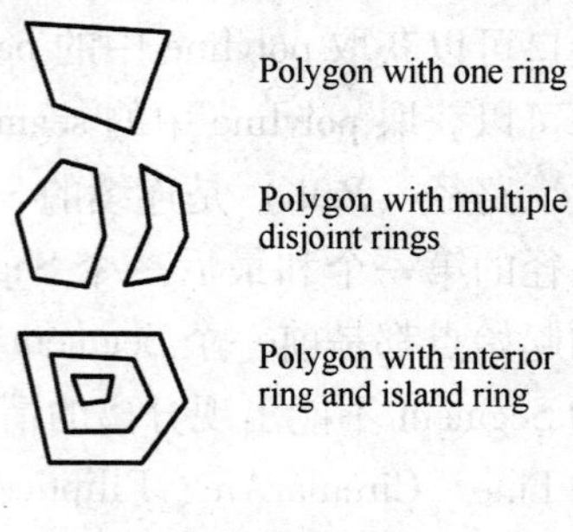


图 4-8　Polygon 是一个有序环对象的集合

组成环的 Segment 对象是有序的，环对象也实现了 IPath 接口。环必须是封闭的路径，因此它具有以下几个关键特征：

（1）它包含一系列首尾相连的同方向的 Segment 对象。

（2）它是封闭的，即起始点与终止点是同一个点。

（3）它不能自相交。

IRing 接口为 Ring 所实现，它定义了多个处理环对象的方法。如 IRing. Close 方法首先检测其起点和终点是否是同一个点，如果是，不作任何处理；否则将添加一条线段到这个开放的环对象上，以连接这个环的起始点和终止点。

Polygon 可以拥有 Z、M 和 ID 值。每一个环由一个或多个线段（Segment）组成，Polygon 或 Ring 对象的 IPointCollection 接口可以访问定义该对象的所有顶点，IGeometryCollection 接口可以访问组成 polygon 中的 rings，ISegmentCollection 接口可以获取 polygon 中的 segments。图 4-9 展示了 Polygon 及相关几何对象的层次结构。

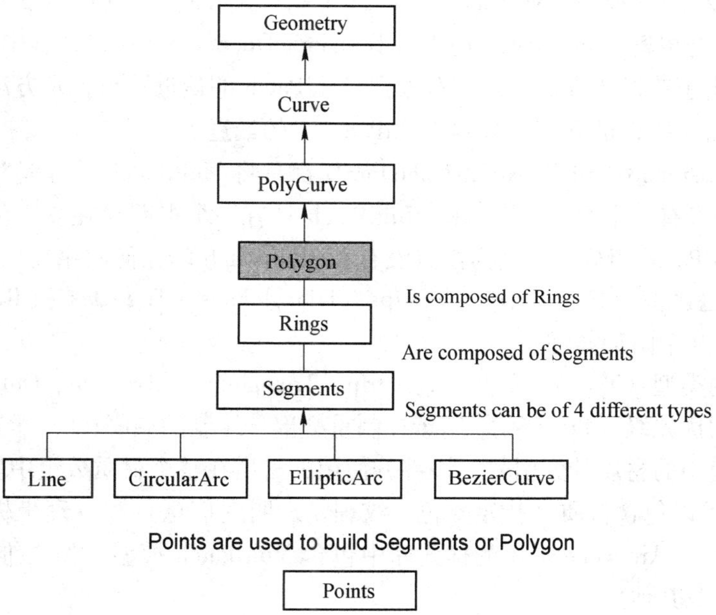


图 4-9 Polygon 及相关几何对象层次结构

在几何对象模型中，封闭的几何对象有三种，即 Envelope、Ring 和 Polygon，因此它们拥有一个别的几何对象没有的特征，即面积，因此这三个对象都实现了 IArea 接口来获取与面积有关的信息。IArea. Area 可以返回一个具有封闭特性几何对象的面积，这些对象都是 2 维或 2. 5 维的。IArea. Centroid 可以返回这些几何形体的质心；IArea. LabelPoint 可以返回这些几何对象的标注点。质心和标注点可以在一个位置，也可能在不同的地方，这是因为一个几何对象的质心不一定在它身上，但是标注点肯定是在几何对象内。IArea. QueryCentroid 和 QueryLabelPoint 方法也可以分别返回 2 维或 2. 5 维几何对象的质心和标注点。

### 4.1.5 MultiPatch 对象

MultiPatch 描述具有多个带纹理表面的三维几何对象，三维几何对象还可以存储顶点法线（vertex normal）、顶点 ID、顶点的 M 值及基于部分的属性（part-level attributes）。

可以通过导入多种不同文件格式（3D Studio Max 的 .3ds 文件，OpenFlight 的 .flt 文件，Sketchup 的 .skp 文件，VRML 的 .wrl 文件）的数据来创建 MultiPatch。

还可以通过编程以多种不同的方式来创建 MultiPatch。

（1）不带纹理、法线和部分属性的 MultiPatch 可以与构建多边形相似的方式来定义：创建部分（parts），然后创建 MultiPatch，再使用 MultiPatch 的 IGeometryCollection 接口将创建的部分添加到 MultiPatch 中。

（2）带纹理、法线和部分属性的 MultiPatch 需要使用 GeneralMultiPatchCreator（需要 3D Analyst 许可）来创建。可以使用 IGeneralMultiPatchInfo 接口来获得已经存在的 MultiPatch 的法线和材质信息。

MultiPatch 支持 IRelationalOperator3D 接口（9.3 新增的），其中提供了 Disjoint3D 方法，用于判断是否相离。MultiPatch 还支持 IProximityOperator3D 接口，其中提供了方法 ReturnDistance3D 用于获得从查询的几何对象到 MultiPatch 的最近距离，及方法 ReturnNearestPoint3D 用于获得从查询的几何对象到 MultiPatch 上的最近点。

IRelationalOperator3D 和 IProximityOperator3D 都是将 MultiPatch 看作是没有内部的表面的集合，所以如果有一个立方体形状的 MultiPatch 且有一个点明显在立方体内部，这个点被视为与该 MultiPatch 相分离，因为该点没有和 MultiPatch 的任何面相交。

MultiPatch 包含多个部分：TriangleStrips、TriangleFans、Triangles 和 Rings。MultiPatch 中的每一部分有几个附加属性：

（1）部分的类型（Type），如 TriangleStrip、TriangleFan、Triangle、Outer Ring 等；

（2）部分的优先级（Priority），用于控制重叠部分绘制的顺序；

（3）部分使用的材质的索引号，该部分使用的材质在整个材质数组中的序号。

MultiPatch 可以包含材质（指定颜色、纹理、透明度信息）和纹理坐标（指定每部分上面纹理的放置）。ArcScene 提供的样式库中包含 MultiPatch 模型，如三维的建筑物、树、车辆、街道设施及其他主题。

## 4.2 使用几何对象

### 4.2.1 使用 GeometryEnvironment 对象

GeometryEnvironment 是一个单实例对象（singleton object），所以多次调用 new GeometryEnvironmentClass( )时，并不是每次都创建一个新的对象，而是返回对已经存在的 GeometryEnvironment 对象的引用；也就是说，只有第一次调用 new 时，才创建一个新的 GeometryEnvironment 对象；以后调用 new 时，不会创建新的 GeometryEnvironment 对象，而仅是返回第一次调用 new 时创建的对象的引用。

GeometryEnvironment 提供了根据不同的输入创建几何对象的方法，及设置或获取全局变量（用于控制创建几何对象的行为）。GeometryEnvironment 还提供了原本定义在其他几何对象上的方法的 Java 和 .NET 的友好版本（参阅 IGeometryBridge、IGeometryBridge2 接口）。

GeometryEnvironmentClass 实现了 IGeometryBridge 和 IGeometryBridge2 接口，主要是为

了绕过 COM 对象在 Java 和 .NET 环境中的限制。在 Java 和 .NET 环境中，不可能直接调用某些接口上定义的某些方法，因为某些接口的实现使用了 C 语言样式的数组；在 Java 和 .NET 支持的语言中，不支持 C 语言样式的数组，只有安全数组才允许在这些语言中使用。

表 4-1 列出了在 Java 和 .NET 语言中不能使用的方法，但可以使用 IGeometryBridge 或 IGeometryBridge2 中的替代方法。

**表 4-1 Java 和 .NET 语言中不能直接使用的方法**

| Interfaces and methods | IGeometryBridge or IGeometryBridge2 |
| --- | --- |
| IPointCollection. AddPoints | AddPoints |
| IPointCollection. QueryPoints | QueryPoints |
| IPointCollection. InsertPoints | InsertPoints |
| IPointCollection2. GetPoints | GetPoints |
| IPointCollection. ReplacePoints | ReplacePoints |
| IPointCollection. SetPoints | SetPoints |
| IPointCollection4. QueryWKSPointZs | QueryWKSPointZs |
| IPointCollection4. InsertWKSPointZs | InsertWKSPointZs |
| IPointCollection4. AddWKSPointZs | AddWKSPointZs |
| IPointCollection4. AddWKSPoints | AddWKSPoints |
| IPointCollection4. InsertWKSPoints | InsertWKSPoints |
| IPointCollection4. QueryWKSPoints | QueryWKSPoints |
| IPointCollection4. SetWKSPoints | SetWKSPoints |
| IPolycurve2. SplitAtDistances | SplitAtDistances |
| ISegmentCollection. AddSegments | AddSegments |
| ISegmentCollection. InsertSegments | InsertSegments |
| ISegmentCollection. QuerySegments | QuerySegments |
| ISegmentCollection. ReplaceSegments | ReplaceSegments |
| ISegmentCollection. SetSegments | SetSegments |
| ITopologicalOperator2. ConstructBuffers | ConstructBuffers |
| IMultipatch. QueryBeginningRings | QueryBeginningRings |
| IMultipatch. QueryFollowingRings | QueryFollowingRings |
| IGeometryCollection. AddGeometries | AddGeometries |
| IGeometryCollection. InsertGeometries | InsertGeometries |
| IGeometryCollection. QueryGeometries | QueryGeometries |
| IGeometryCollection. SetGeometries | SetGeometries |
| ISegment. Densify | Densify |
| ISegment. SplitDivideLength | SplitDivideLength |

### 4.2.2　创建 Multipoint 对象

可以使用以下四种方法之一来创建 Multipoint 对象：

（1）使用点构建 Multipoint。

```
public void CreateMultipointByWKSPoints( )
   { int length =10;      WKSPoint[ ] pointArray = new WKSPoint[ length];
   for( int i =0;i < length;i ++ )
        { pointArray[ i]. X = i * 10;
          pointArray[ i]. Y = i * 10; }
   IPointCollection4 pointCollection = new MultipointClass( );
   //add points to pointCollection
   IGeometryBridge2 geometryBridge = new GeometryEnvironmentClass( );
   geometryBridge. AddWKSPoints( pointCollection,ref pointArray); }
```

说明：任何几何对象都可以看作是点的集合，所以都可以使用点集来构建各种几何对象。IPointCollection4 接口中的 AddWKSPoints 方法，不能在 C# .NET 中使用，而需要使用 IGeometryBridge2 中的替代方法 AddWKSPoints；WKSPoint 是 ArcObjects 中定义的结构类型（structure），其语法为：

```
public WKSPoint { double  X,  double  Y }
```

（2）使用已有的几何对象创建 Multipoint。

```
public void CreateMultipointFromExistingGeometry( IPolyline pPoly)
   { ITopologicalOperator2 pTopoOp2 = pPoly as ITopologicalOperator2;
   pTopoOp2. IsKnownSimple_2 = false;
   pTopoOp2. Simplify( );  //先对已有的多段线进行简化处理
   IPolygon pBufferedPoly = pTopoOp2. Buffer( 5) as IPolygon;
   IPointCollection pPointCollPoly = pBufferedPoly as IPointCollection;
   IGeometry pMultipoint = new MultipointClass( );
   pMultipoint. SpatialReference = pPoly. SpatialReference;
   IPointCollection pPointCollMultipoint = pMultipoint as IPointCollection;
   pPointCollMultipoint. AddPointCollection( pPointCollPoly); }
```

说明：以上程序代码先对已有的多段线 pPoly 进行简化处理，然后对该多段线创建 5 个单位的缓冲区多边形，最后以该缓冲区多边形的边界上的顶点集合创建 Multipoint。

（3）根据多段线的顶点创建 Multipoint。

```
private void TransformPoint( IPolyline polyline)
   { IPointCollection polylinePoints = polyline as IPointCollection;
   IGeometry multipoint = new MultipointClass( );
   multipoint. SpatialReference = polyline. SpatialReference;
   IPointCollection multipointPoints = multipoint as IPointCollection;
   multipointPoints. AddPointCollection( polylinePoints);
   ITransform2D transformee = multipoint as ITransform2D;
```

```
    IAffineTransformation2D affineTransformation = new AffineTransformation2DClass();
    affineTransformation.Move(5,0);
    transformee.Transform(esriTransformDirection.esriTransformForward,affineTransformation);
    affineTransformation.Move(0,5);
    transformee.Transform(esriTransformDirection.esriTransformForward,affineTransformation); }
```

说明：以上程序代码先获得多段线的顶点集合，然后将其作为点集创建 Multipoint，再对 Multipoint 作两次平移变换。

（4）使用 ConstructIntersectionEx 方法创建 Multipoint。

```
private void ConstructIntersectionEx1(ILine line0,ILine line1,String title)
  { IConstructMultipoint constructMultipoint = new MultipointClass();
    double param0;          double param1;          int bits;
    constructMultipoint.ConstructIntersectionEx(line0 as ISegment,esriSegmentExtension.esriExtendEmbedded,line1 as ISegment,esriSegmentExtension.esriExtendEmbedded,out param0,out param1,out bits);
    ... }
```

说明：Multipoint 实现的 IConstructMultipoint 接口中的 ConstructIntersectionEx 方法，可根据两线段的交点来创建 Multipoint，该方法的语法如下：

```
public void ConstructIntersectionEx(ISegment segment1, esriSegmentExtension extension1, ISegment segment2, esriSegmentExtension extension2, ref double params1, ref double params2, ref int tangentBits);
```

线段的延伸方式由枚举常量 esriSegmentExtension 定义，其取值见表 4-2。延伸方式的含义如图 4-10 所示，两线段延伸的交点情况如图 4-11 所示。

**表 4-2　枚举常量 esriSegmentExtension**

| Constant | Value | Constant | Value |
|---|---|---|---|
| esriNoExtension | 0 | esriExtendTangents | 5 |
| esriExtendTangentAtFrom | 1 | esriExtendEmbedded | 10 |
| esriExtendEmbeddedAtFrom | 2 | esriExtendAtFrom | 3 |
| esriExtendTangentAtTo | 4 | esriExtendAtTo | 12 |
| esriExtendEmbeddedAtTo | 8 | | |

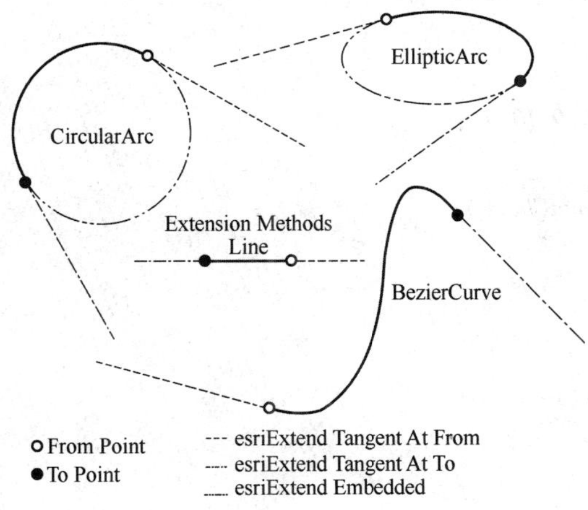


图 4-10　线段延伸方式示意图

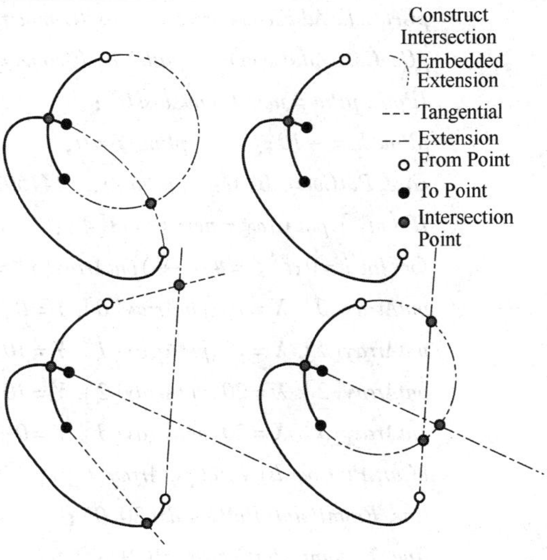


图 4-11　两线段延伸的交点情况

### 4.2.3 创建 Polyline 对象

可以使用以下四种方法之一来创建 Polyline 对象：

（1）使用点（points）构建 Polyline。

```
public void CreatePolylineByPoints( )
  { int length = 10;
    WKSPoint[ ] pointArray = new WKSPoint[length];
    for(int i = 0;i < length;i ++ )
       { pointArray[i]. X = i * 10;    pointArray[i]. Y = i * 10; }
    IPointCollection4 pointCollection = new PolylineClass( );
    IGeometryBridge2 geometryBridge = new GeometryEnvironmentClass( );
    geometryBridge. SetWKSPoints(pointCollection,ref pointArray);  }
```

说明：通过点集来构建 Polyline，与构建其他几何对象类似。

（2）使用线段构建 Polyline。

```
public void CreatePolylineBySegments( )
  { IPolyline pSegPoly = new PolylineClass( );
    ICircularArc cArc = new CircularArcClass( );
    IBezierCurve bCur = new BezierCurveClass( );
    ILine line = new LineClass( );
    ISegmentCollection path1 = new PathClass( );
    ISegmentCollection path2 = new PathClass( );
    object obj = Type. Missing;
    path1. AddSegment(cArc as ISegment,ref obj,ref obj);
    path2. AddSegment(bCur as ISegment,ref obj,ref obj);
    path2. AddSegment(line as ISegment,ref obj,ref obj);
    IGeometryCollection pGeoColl = pSegPoly as IGeometryCollection;
    pGeoColl. AddGeometry(path1 as IGeometry,ref obj,ref obj);
    pGeoColl. AddGeometry(path2 as IGeometry,ref obj,ref obj);
    IPoint pPnt = new PointClass( );
    pPnt. X = -10;          pPnt. Y = 0;
    cArc. PutCoordsByAngle(pPnt,0,3. 14159265358979,10. 0);
    IPoint[ ] pntArray = new IPoint[4];
    for(int i = 0;i < =4;i ++ )pntArray[i] = new PointClass( );
    pntArray[0]. X = 10;pntArray[0]. Y = 0;
    pntArray[1]. X = 10;pntArray[1]. Y = 10;
    pntArray[2]. X = 20;pntArray[2]. Y = 10;
    pntArray[3]. X = 20;pntArray[3]. Y = 0;
    bCur. PutCoords(4,ref pntArray[0]);
    line. FromPoint. PutCoords(20,0);
    line. ToPoint. PutCoords(30,0);
    pGeoColl. GeometriesChanged( );   }
```

说明：根据 Polyline 构成原则（由线段构建路径，再由路径构建 Polyline）来创建 Polyline，并按照先搭建框架，然后填充数据的原则创建几何对象。

（3）根据已有的几何对象创建 Polyline。

```
public void CreatePolylineFromExistingGeometries(IPolygon pPolygon1,IPolygon pPolygon2)
  { ITopologicalOperator2 pTopoOp2 = pPolygon1 as ITopologicalOperator2;
    pTopoOp2.IsKnownSimple_2 = false;
    pTopoOp2.Simplify();
    IPolyline pPoly = pTopoOp2.Intersect(pPolygon2, esriGeometryDimension.esriGeometry1Dimension) as
    IPolyline; }
```

说明：利用两个多边形的交集来创建 Polyline，交集维数指定为一维，即线对象。

（4）创建多部分的 Polyline。根据已有的线对象创建一个多部分线对象（图 4-12）。要求：创建的多部分线对象的每一线段与已有线对象垂直，且位于已有线段的中点处，长度为已有线段的 1/3。

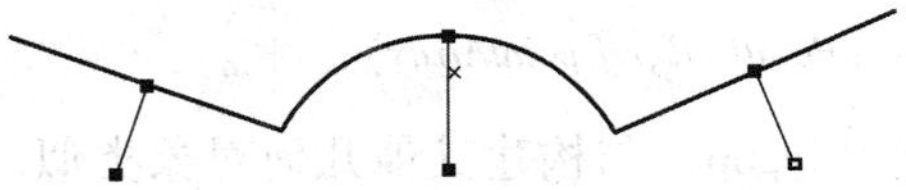

图 4-12　根据已有的线对象创建一个多部分线对象

```
public IPolyline ConstructMultiPartPolyline(IPolyline inputPolyline)
  { IGeometry outGeometry = new PolylineClass();
    outGeometry.SpatialReference = inputPolyline.SpatialReference;
    IGeometryCollection geometryCollection = outGeometry as IGeometryCollection;
    ISegmentCollection segmentCollection = inputPolyline as ISegmentCollection;
    IEnumSegment segments = segmentCollection.EnumSegments;
    ISegment currentSegment;
    int partIndex = 0;  int segmentIndex = 0;
    segments.Next(out currentSegment,ref partIndex,ref segmentIndex);
    while(currentSegment ! = null)
      { ILine normal = new LineClass();
        currentSegment.QueryNormal(esriSegmentExtension.esriNoExtension, 0.5, true, currentSeg-
        ment.Length / 3,normal);
        ISegmentCollection newPath = new PathClass();
        object missing = Type.Missing;
        newPath.AddSegment(normal as ISegment,ref missing,ref missing);
        geometryCollection.AddGeometry(newPath as IGeometry,ref missing,ref missing);
        segments.Next(out currentSegment,ref partIndex,ref segmentIndex); }
    return geometryCollection as IPolyline; }
```

说明：程序的核心部分是遍历已有 Polyline 的每一线段，然后使用 ICurve. QueryNormal 方法来获得每一线段法线，由这些法线构建新的 Polyline。QueryNormal 方法的语法如下：

```
public void QueryNormal(esriSegmentExtension extension, double DistanceAlongCurve, bool asRatio, Double Length, ILine normal);
```

### 4.2.4 创建 Polygon 对象

可以使用以下四种方法之一来创建 Polygon 对象：

(1) 使用点（points）构建 Polygon。

```
public void CreatePolygonByPoints()
  { int length = 10;
    WKSPoint[] pointArray = new WKSPoint[length];
    for(int i = 0;i < length;i ++)
      { pointArray[i].X = i * 10;        pointArray[i].Y = i * 10; }
    IGeometryBridge2 pGeoBrg = new GeometryEnvironmentClass();
    IPointCollection4 pPointColl = new PolygonClass();
    //add points to pointCollection
    pGeoBrg.SetWKSPoints(pPointColl,ref pointArray);   }
```

说明：通过点集来构建 Polygon，与构建其他几何对象类似。

(2) 使用线段构建 Polygon。

```
public void CreatePolygonBySegments()
  { IPolygon pSegPoly = new PolygonClass();
    ICircularArc cArc = new CircularArcClass();
    IBezierCurve bCur = new BezierCurveClass();
    ISegmentCollection ring1 = new RingClass();
    ISegmentCollection ring2 = new RingClass();
    object obj = Type.Missing;
    ring1.AddSegment(cArc as ISegment,ref obj,ref obj);
    ring2.AddSegment(bCur as ISegment,ref obj,ref obj);
    IGeometryCollection pGeoColl = pSegPoly as IGeometryCollection;
    pGeoColl.AddGeometry(ring1 as IGeometry,ref obj,ref obj);
    pGeoColl.AddGeometry(ring2 as IGeometry,ref obj,ref obj);
    IPoint pPnt = new PointClass();
    pPnt.X = -10;          pPnt.Y = 0;
    cArc.PutCoordsByAngle(pPnt,0,2 * 3.14159265358979,10.0);
    IPoint[] pntArray = new IPoint[4];
    for(int i = 0;i < =4;i ++)pntArray[i] = new PointClass();
    pntArray[0].X = 10;pntArray[0].Y = 0;
    pntArray[1].X = 10;pntArray[1].Y = 10;
    pntArray[2].X = 20;pntArray[2].Y = 10;
    pntArray[3].X = 20;pntArray[3].Y = 0;
    bCur.PutCoords(4,ref pntArray[0]);
    pGeoColl.GeometriesChanged();   }
```

说明：根据 Polygon 构成原则（由线段构建环，再由环构建 Polygon）来创建 Polygon，并按照先搭建框架，然后填充数据的原则创建几何对象。

（3）根据已有的几何对象创建 Polygon。

```
public void CreatePolygonFromExistingGeometries(IPolygon pPolygon1,IPolygon pPolygon2)
  { ITopologicalOperator2 pTopoOp2 = pPolygon1 as ITopologicalOperator2;
    pTopoOp2. IsKnownSimple_2 = false;
    pTopoOp2. Simplify();
    IPolygon pPoly = pTopoOp2. Union(pPolygon2) as IPolygon;  }
```

说明：利用两个多边形的并集来创建 Polygon。

（4）通过合并多个多边形来创建 Polygon。

```
private IPolygon GeometryBag_Example(IFeatureClass  featureClass)
  { // featureClass 为多边形要素类
    if(featureClass == null) return null;
    IGeoDataset geoDataset = featureClass as IGeoDataset;
    IGeometry geometryBag = new GeometryBagClass();
    geometryBag. SpatialReference = geoDataset. SpatialReference;
    IFeatureCursor featureCursor = featureClass. Search(null,false);
    IGeometryCollection geometryCollection = geometryBag as IGeometryCollection;
    IFeature currentFeature = featureCursor. NextFeature();
    while(currentFeature ! = null)
      { object missing = Type. Missing;
        geometryCollection. AddGeometry(currentFeature. Shape,ref missing,ref missing);
        currentFeature = featureCursor. NextFeature();  }
    ITopologicalOperator unionedPolygon = new PolygonClass();
    unionedPolygon. ConstructUnion(geometryBag as IEnumGeometry);
    return unionedPolygon as IPolygon;  }
```

说明：通过合并一个多边形要素类中每个要素的多边形来创建一个新的多边形。

### 4.2.5 创建 Multipatch

以下代码展示了如何使用三角形条（TriangleStrip）构建 MultiPatch 几何对象，该三角形条类似于一个竖直的多边形，大小为 300(宽) × 100(高)。

```
public IMultiPatch CreateMultipatch()
  { //准备几何材质列表
    IGeometryMaterial texture = new GeometryMaterialClass();
    texture. TextureImage = "C:\\Temp\\MyImage. bmp";
    IGeometryMaterialList materialList = new GeometryMaterialListClass();
    materialList. AddMaterial(texture);
    //创建 multipatch
    IGeneralMultiPatchCreator multiPatchCreator = new GeneralMultiPatchCreatorClass();
    multiPatchCreator. Init(4,1,false,false,false,4,materialList);
```

```
//设置multipatch的组成部分
multiPatchCreator.SetPatchType(0,esriPatchType.esriPatchTypeTriangleStrip);
multiPatchCreator.SetMaterialIndex(0,0);
multiPatchCreator.SetPatchPointIndex(0,0);
multiPatchCreator.SetPatchTexturePointIndex(0,0);
//设置真实坐标点
WKSPointZ upperLeft = new WKSPointZ();
WKSPointZ lowerLeft = new WKSPointZ();
WKSPointZ upperRight = new WKSPointZ();
WKSPointZ lowerRight = new WKSPointZ();
upperLeft.X = 0;          upperLeft.Y = 0;          upperLeft.Z = 0;
upperRight.X = 300;       upperRight.Y = 0;         upperRight.Z = 0;
lowerLeft.X = 0;          lowerLeft.Y = 0;          lowerLeft.Z = -100;
lowerRight.X = 300;       lowerRight.Y = 0;         lowerRight.Z = -100;
multiPatchCreator.SetWKSPointZ(0,ref upperRight);
multiPatchCreator.SetWKSPointZ(1,ref lowerRight);
multiPatchCreator.SetWKSPointZ(2,ref upperLeft);
multiPatchCreator.SetWKSPointZ(3,ref lowerLeft);
//设置纹理坐标点
WKSPoint textureUpperLeft = new WKSPoint();
WKSPoint textureLowerLeft = new WKSPoint();
WKSPoint textureUpperRight = new WKSPoint();
WKSPoint textureLowerRight = new WKSPoint();
textureUpperLeft.X = 0;     textureUpperLeft.Y = 0;
textureUpperRight.X = 1;    textureUpperRight.Y = 0;
textureLowerLeft.X = 0;     textureLowerLeft.Y = 1;
textureLowerRight.X = 1;    textureLowerRight.Y = 1;
multiPatchCreator.SetTextureWKSPoint(0,ref textureUpperRight);
multiPatchCreator.SetTextureWKSPoint(1,ref textureLowerRight);
multiPatchCreator.SetTextureWKSPoint(2,ref textureUpperLeft);
multiPatchCreator.SetTextureWKSPoint(3,ref textureLowerLeft);
IMultiPatch multiPatch = multiPatchCreator.CreateMultiPatch() as IMultiPatch;
return multiPatch;  }
```

### 4.2.6 几何集合对象

GeometryBag是不同类型的几何对象（支持IGeometry的任何几何对象）的集合。某一特定接口中的操作要作用于GeometryBag上，要求GeometryBags中的所有几何对象必须支持该接口，否则会出错；如要对GeometryBag中的所有元素执行ITopologicalOperator中的Buffer操作，则GeometryBag中只能放入支持ITopologicalOperator的几何对象。

当往GeometryBag添加新的几何对象时，新的几何对象将获得GeometryBag的空间参考。如果GeometryBag的空间参考为空，则新的几何对象将丢失空间参考。

IGeometryCollection接口提供了访问多部分几何对象（Polygon、Polyline、Multipoint、

MultiPatch、Triangle、TriangleStrip、TriangleFan 和 GeometryBag）中某一部分的属性、方法。

（1）对于 Multipoint、Triangle、TriangleFan 和 TriangleStrip，其几何对象的某一部分为 Point。

（2）对于 Polyline，其几何对象的某一部分为 Path。

（3）对于 Polygon，其几何对象的某一部分为 Ring。

（4）对于 MultiPatch，其几何对象的某一部分为 Triangle、TriangleFan、TriangleStrip 或 Ring。

（5）对于 GeometryBag，其几何对象的某一部分为任一 IGeometry 对象。实际上，GeometryBag 是一个容纳任何类型几何对象的容器。

IGeometryCollection 可用于访问、操作、添加、插入、去除和设置复合几何对象的某一特定组成部分。如果使用的开发语言不支持 C 语言样式的数组，则需要使用 IGeometryBridge/IGeometryBridge2，如 IGeometryCollection 中的 AddGeometries、InsertGeometries、QueryGeometries 和 SetGeometries 方法，在 .NET 开发环境中，需要使用 IGeometryBridge/IGeometryBridge2 中相应的替代方法。

ISegmentCollection 接口被 Path、Ring、Polyline 和 Polygon 四个类所实现，因此它们都可以被称作是 Segment 集合对象，使用这个接口可以处理 Segment 集合对象中的每一个组成元素——Segment 对象。

IPointCollection ~ IPointCollection5 接口被多个几何对象类所实现，这些对象都可以由点集构成，如 Mulipoint、Path、Ring、Polyline、Polygon、TriangleFan、TriangleStrip 和 MultiPatch 等，它们都可以称为 PointCollection 对象。PointCollection 对象可以使用 IPointCollection ~ IPointCollection5 接口定义的方法获取、添加、查询、移除点集中的某个顶点。

### 4.2.7 修改几何对象

#### 4.2.7.1 修改多段线（或多边形）上的某个顶点（或某个线段）

要修改几何对象的某个顶点（或某个线段），首先要获得该几何对象上要修改的这部分。这里需要使用 IHitTest. HitTest 方法，该方法可以获得用户点击的几何对象的相关信息。ArcObjects 的几何对象模型中，高级几何对象实现了 IHitTest 接口。HitTest 方法的语法如下：

```
public bool IHitTest.HitTest(
IPoint QueryPoint,
double searchRadius,
esriGeometryHitPartType geometryPart,
IPoint hitPoint,
ref double hitDistance,
ref int hitPartIndex,
ref int hitSegmentIndex,
ref bool bRightSide);
```

HitTest 方法返回的线段索引号（hitSegmentIndex）有不同的含义，这取决于 geometryPart 参数的取值（esriGeometryHitPartType）。hitSegmentIndex 返回值具体如下：

（1）geometryPart 取值为 esriGeometryPartVertex 时，hitSegmentIndex 返回的是顶点的索引号；

（2）geometryPart 取值为 esriGeometryPartBoundary，esriGeometryPartMidpoint 和 esriGeometryPartEndpoint 时，hitSegmentIndex 返回的是线段的索引号；

（3）geometryPart 取值为 esriGeometryPartCentroid 时，hitPartIndex 和 hitSegmentIndex 总是返回 0。

HitTest 方法中 brightside 参数，表明输入点是否在要修改的几何对象的右边。

以下程序代码展示了如何修改几何对象(Polyline 或 Polygon)上的某个顶点,要获取几何对象上的某个顶点,HitTest 方法 geometryPart 参数的取值设为 esriGeometryHitPartType. esriGeometryPartVertex,类似地,要获取几何对象上的某个线段,该参数的值应设为 esriGeometryHitPartType. esriGeometryPartBoundary。读者可自行完成修改几何对象（Polyline 或 Polygon）上的某个线段的代码。

```
public IPointCollection4 modify1Vertex(IGeometryCollection mPoly,IPoint m_activePoint,Double searchRadius,Double offsetX,Double offsetY)
  { IPoint queryPoint = m_activePoint;  //如鼠标点击位置
    IPoint hitPoint = new PointClass();
    Double hitDistance = 0;Int32 hitPartIndex = 0;
    Int32 hitSegmentIndex = 0;
    Boolean rightSide = false;
    IHitTest hitTest = (IHitTest)mPoly;
    Boolean foundGeometry = hitTest. HitTest(queryPoint,searchRadius,esriGeometryHitPartType. esriGeometryPartVertex,hitPoint,ref hitDistance,ref hitPartIndex,ref hitSegmentIndex,ref rightSide);
    if(foundGeometry == true)
      { IGeometry geometry = mPoly. get_Geometry(hitPartIndex);
        IPointCollection4 pointCollection = (IPointCollection4)geometry;
        IPoint transformPoint = pointCollection. get_Point(hitSegmentIndex);
        ITransform2D transform2D = (ITransform2D)transformPoint;
        transform2D. Move(offsetX,offsetY);
        pointCollection. UpdatePoint(hitSegmentIndex,transformPoint);
        return pointCollection;  }
    return null;  }
```

#### 4.2.7.2 为多段线上的顶点添加 ID

以下程序代码展示了如何为线或多边形要素类的每个要素几何形状的顶点添加 ID 属性值。

```
public void AddPointIDs(IFeatureClass featureClass)
  { IFeatureCursor featureCursor = featureClass. Search(null,true);
    IFeature currentFeature = featureCursor. NextFeature();
    while(currentFeature ! = null)
```

```
{ IPointIDAware pointIDAware = currentFeature.Shape as IPointIDAware;
  pointIDAware.PointIDAware = true;
  ISegmentCollection segmentCollection = pointIDAware as ISegmentCollection;
  IEnumSegment segmentEnumeration = segmentCollection.EnumSegments;
  ISegment currentSegment;      int partIndex = 0;     int segmentIndex = 0;
  segmentEnumeration.Next(out currentSegment,ref partIndex,ref segmentIndex);
  while(currentSegment != null)
     { ISegmentID segmentID = currentSegment as ISegmentID;
       segmentID.SetIDs(segmentIndex,segmentIndex + 1);
       segmentEnumeration.Next(out currentSegment,ref partIndex,ref segmentIndex); }
  currentFeature.Shape = pointIDAware as IGeometry;
  currentFeature.Store();
  currentFeature = featureCursor.NextFeature(); }
}
```

## 4.2.8 几何对象的简化处理

一个几何对象的简化（simplify）处理会改变该几何对象，使得其定义拓扑上与其几何类型相一致（如线不能自相交，多边形不能自重叠）。简化处理开始之前首先检测 ITopologicalOperator. IsKnownSimple 属性，如果该属性为 true，简化操作将中止；如果该属性为 false，简化操作将检测几何对象的一致性，并在需要时更新几何对象。

ITopologicalOperator 中的方法仅适用于高级几何对象，如 Point，Multipoint，Polyline 及 Polygon；几何构件（Line，Circular arc，Elliptic arc，Bezier curve，Paths，Rings）要使用这些方法，必须将它们包装成高级几何对象类型。

### 4.2.8.1 点的简化

点的简化不作任何处理，点对其坐标值没有任何约束。

### 4.2.8.2 多点的简化

对于多点，简化处理将 X，Y，Z 及 M 坐标捕捉到其空间参考系的格网点上，并删除完全相同的点。两个完全相同的点，不仅其 X，Y 相同（捕捉后），而且其感知的属性也完全相同，如两个点都对 Z 值感知（z-aware），它们的 Z 坐标也必须相同。

### 4.2.8.3 多段线的简化

多段线的简化有两种类型：平面的（planar）和非平面的（nonplanar）。

缺省情况下，对 M 值不感知的多段线使用平面的简化方式，即所有重叠的线段简化为单个线段，且在交点处分割线段，为相连的线段序列创建输出路径。输入线段的方向尽可能保留，但路径内部的线段必要的时候需重定向。

对 M 值感知的多段线使用非平面的简化方式，即重叠的、自相交的线段保留，但长度为 0 的线段删除；线段的定向需要调整，使得线段 I 的终点与线段 I + 1 的起点一致；不相连的线段将创建新的路径；共享公共端点的现有的路径将合并。简化示意图如图 4-13 所示。

### 4.2.8.4 多边形的简化

多边形的简化首先识别多边形的内部和外部，然后修改多边形的结构使其与上述识别结果一致。识别多边形内部和外部的默认方法如下：

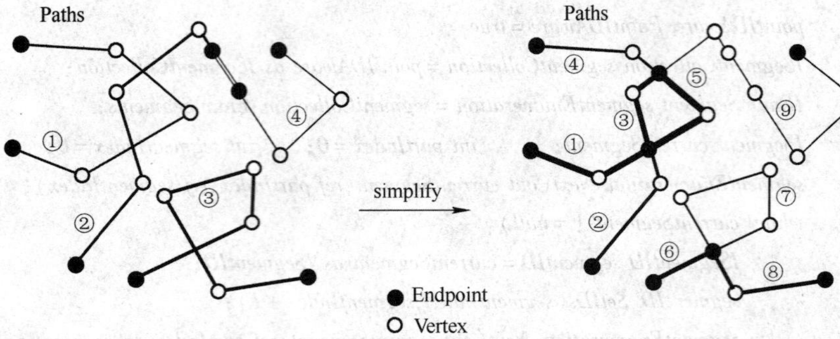


图 4-13 多段线简化处理示意图

（1）删除所有的悬挂线段序列。

（2）识别最大的合法的环,并将它们添加到多边形的输出版本中,然后从工作版本中删除。

（3）重复（2）中的工作。如果这种方法删除过多的线段，则可以考虑使用 IPolygon4. SimplifyEx( )方法，并将 XOR 参数设置为 true 进行简化处理。简化处理结果中，不能存在重叠的环，也不能存在自相交的现象；并且，对于任意一个点，能够明确地确定它在多边形的内部、外部或边界上。简化示意图如图 4-14、图 4-15 所示。

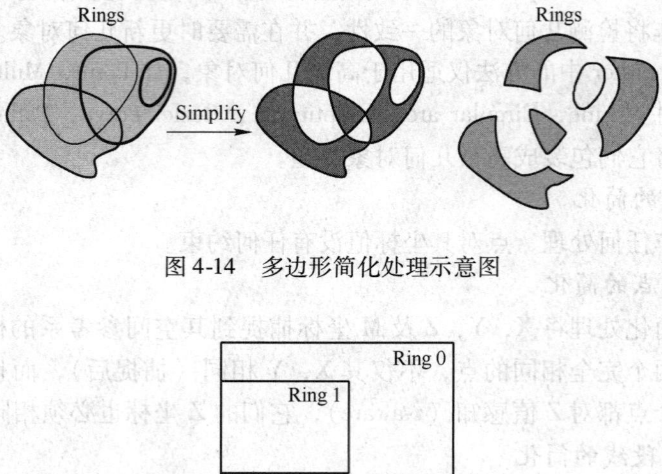


图 4-14 多边形简化处理示意图

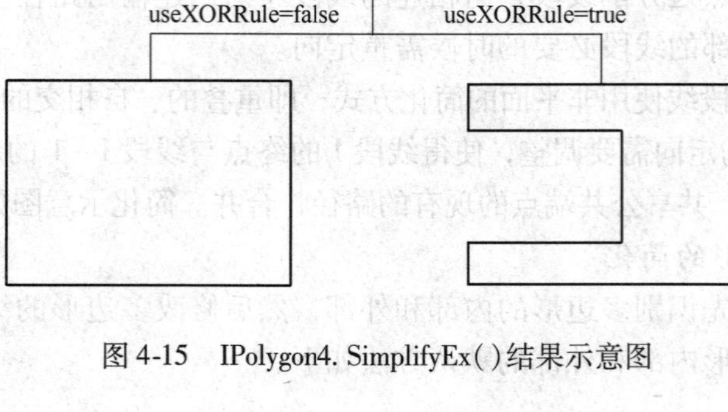


图 4-15 IPolygon4. SimplifyEx( )结果示意图

# 4.3 空间参考

## 4.3.1 空间参考概述

空间参考（Spatial Reference）是GIS数据的骨骼框架，能够将空间数据定位到相应的位置，为地图中的每一点提供准确的坐标。Geodatabase中新建一个要素数据集或一个单独的要素类都必须设置它们的空间参考。空间参考的属性包括：坐标系（地理坐标系、投影坐标系、垂直坐标系）、分辨率与空间域、容差。

坐标系是一个二维或三维的参照系，用于确定地球上点的位置。地理坐标系是使用某种三维球面来定义点的位置的一种坐标系，点的位置由经度（longitude）、纬度（latitude）定义；投影坐标系是使用二维平面定义点的位置的一种坐标系，它是基于某种地理坐标系使用某种地图投影而得到的平面坐标系。垂直坐标系用于定位高度或深度，它定义了高程或深度的度量原点及度量的方向。

分辨率是指坐标值的精细程度，即小数点后的有效位数。分辨率的单位与坐标系的单位相同。分辨率包括XY分辨率、Z值分辨率和M值分辨率。一旦设定了分辨率，就相当于在XY平面内建立了一个以分辨率为单位的坐标网格，所有坐标点只能捕捉到格网点上。分辨率的值选择要恰当，选择低的分辨率会导致几何信息损失，选择高分辨率则会使原始坐标值放大过多，浪费了存储空间，而使得数据库存储效率下降，性能降低。一般情况下，分辨率设置为0.0001m，或者以数据集坐标系单位进行计算的等效值。例如，如果要素类以英尺为单位进行存储，则默认精度为0.0003281ft（0.003937in）；如果坐标以经纬度表示，则默认的X、Y分辨率为0.000000001。通常情况下，分辨率至少应小于数据精度的1/10，如数据的精度为毫米，分辨率可取0.0001m（0.1mm），对于许多应用程序是合适的。

空间域是指一个要素类中，X、Y、Z和M坐标的允许取值范围。一般来说，定位地理位置只需要X和Y坐标，可选的Z或M坐标是用来存储高程值或里程值（高程值可用于3D分析，里程值可用于线性参考，动态分段）。空间域控制了要素的坐标值在ArcGIS中是如何存储与处理的。

Geodatabase 9.1及以前版本使用32个二进制位来存储整型数值，其中1个bit用于存储符号，另外31个bit用于存储数值。如果Geodatabase空间域的最小值为0，那么最大值为$2^{31}-1$，即2 147 483 647。由于空间域可以使用的最大值为21亿整数，因此空间域是有一个范围边界的。

使用的分辨率高，空间域会变小；使用毫米比厘米的分辨率高，但21亿毫米定义的范围比21亿厘米定义的范围小得多。当用户将要素添加到空间域范围外时，会出现一个错误“坐标系统或精度超出了范围”。在这种情况下，需要改变分辨率换取更大的空间域范围。

Geodatabase 9.2开始，使用54个bit来存储整型数值（其中1个bit用于存储符号，另外53个bit用于存储数值），所以，对于给定的分辨率，空间域的范围大大扩大，或给定空间域的范围，分辨率大大提高。（这时的空间参考成为高精度的空间参考，以前的称为低精度的空间参考。）如果空间域的最小值为0，分辨率为1，则空间域的最大值为9007199254740991即$2^{53}-1$；如果分辨率为0.0001，则空间域的最大值为900719925474.0991。对于以前的版本，如果空间域的最小值为0，分辨率为0.0001，则空间域的最大值为214748.3647，这个值对很多坐标系来说，太小。

X、Y容差用于在聚集操作中设置坐标之间的最小距离，如拓扑验证、缓冲区生成和多边形叠加等编辑操作。

要素处理操作是受XY容差影响的，它决定了在这些操作中所有要素坐标的最小距离。它也定义了在聚集操作中一个坐标在X或Y方向（或者两者）可以移动的距离。缺省的容差为分辨率的10倍。

当坐标点在X方向、Y方向的距离在XY容差范围内时，这些坐标点被认为是坐标一致，在聚集操作中它们会捕捉到同一个点上。一般情况下，低精度的点向高精度的点移动，或按距离的加权平均，计算出新聚集点的位置。距离的加权平均是基于坐标的精度等级。坐标点之间允许移动的最大距离为XY容差的$\sqrt{2}$倍。

### 4.3.2　使用SpatialReferenceEnvironment对象

ArcObjects包含大量的预定义的空间参考系以及空间参考系的构建块（building blocks）。每个预定义的对象由一个工厂代码识别（a factory code）。工厂代码由esriSR开头的枚举集合定义，一般使用枚举宏（enumeration macro）而不是整数值来生成预定义的对象。如西安80地理坐标系由esriSRGeoCS3Type.esriSRGeoCS_Xian1980定义，其整数值为4610。

SpatialReferenceEnvironment实现的主要接口为ISpatialReferenceFactory ~ ISpatialReferenceFactory3，这些接口提供的方法使用FactoryCode来创建预定义的地理坐标系（GeographicCoordinateSystem）、投影坐标系（ProjectedCoordinateSystem）、垂直坐标系（VerticalCoordinateSystem）及其他各种空间参考对象。当需要使用垂直坐标系时，应使用ISpatialReferenceFactory3接口中的方法（从ArcGIS 10开始，ISpatialReferenceFactory3已经取代ISpatialReferenceFactory和ISpatialReferenceFactory2）。这些接口提供了三种类型的方法：

（1）返回单个对象的方法。

（2）返回同类对象集合的方法。

（3）基于PRJ文件或PRJ字符串表达来导入/导出空间参考对象的方法。

地理坐标系（GeographicCoordinateSystem，GCS）的组成部分包括坐标系的名称、角度度量单位、本初子午线（prime meridian）及基于某种椭球体的大地基准（datum）。使用ISpatialReferenceFactory ~ ISpatialReferenceFactory3中的CreateGeographicCoordinateSystem方法可以创建一个预定义的地理坐标系。ArcObjects中支持的GCS由esriSRGeoCSType、esriSRGeoCS2Type和esriSRGeoCS3 Type三个枚举常量列出。

使用ISpatialReference3接口可以访问、设置空间参考的相关属性。

SpatialReferenceEnvironment是单实例对象，建议使用静态类Activator实例化。以下代码创建预定义的西安80地理坐标系。

```
private void CreateGeographicCoordinateSystem()
{ Type t = Type.GetTypeFromProgID("esriGeometry.SpatialReferenceEnvironment");
  System.Object obj = Activator.CreateInstance(t);
  ISpatialReferenceFactory srFact = obj as ISpatialReferenceFactory;
  IGeographicCoordinateSystem geographicCS = srFact.CreateGeographicCoordinateSystem((int) esriSR-
  GeoCS3Type.esriSRGeoCS_Xian1980); }
```

通过 IGeographicCoordinateSystem2 接口提供的属性、方法可以访问、创建地理坐标系的相关对象。尽管绝大多数开发人员无须创建自定义的地理坐标系，但 IGeographicCoordinateSystemEdit 还是提供了 Define()及 DefineEx()方法，用于自定义地理坐标系。以下代码实现了自定义一个地理坐标系。

```
private IGeographicCoordinateSystem CreateCustomGeoCS()
{ Type t = Type.GetTypeFromProgID("esriGeometry.SpatialReferenceEnvironment");
  System.Object obj = Activator.CreateInstance(t);
  ISpatialReferenceFactory3 srFact = obj as ISpatialReferenceFactory3;
  IDatum datum = srFact.CreateDatum((int)esriSRDatum3Type.esriSRDatum_Xian1980);
  IPrimeMeridian primeMeridian = srFact.CreatePrimeMeridian((int)esriSRPrimeMType.esriSRPrimeM_
  Greenwich);
  IUnit unit = srFact.CreateUnit((int)esriSRUnitType.esriSRUnit_Degree);
  IGeographicCoordinateSystemEdit geocsEdit = new GeographicCoordinateSystemClass();
  object name = "UserDefined Geographic Coordinate System";
  object alias = "UserDefined GCS";
  object abbreviation = "UserDefined";
  object remarks = "User Defined Geographic CS based on Xian1980";
  object usage = "Suitable for the China";
  object datumObject = datum as object;
  object primeMeridianObject = primeMeridian as object;
  object unitObject = unit as object;
  geocsEdit.Define(ref name,ref alias,ref abbreviation,ref remarks,ref usage,ref datumObject,ref prime-
  MeridianObject,ref unitObject);
  IGeographicCoordinateSystem userDefinedGeoCS = geocsEdit as IGeographicCoordinateSystem;
  return userDefinedGeoCS; }
```

投影坐标系(ProjectedCoordinateSystem,PCS)的组成部分包括坐标系的名称、投影（projection)、东平移(False_Easting)、北平移(False_Northing)、中央子午线(Central_Meridian)、缩放因子(Scale_Factor)、纬度原点(Latitude_Of_Origin)、线性单位(Linear Unit)和地理坐标系(GCS)。使用 ISpatialReferenceFactory ~ ISpatialReferenceFactory3 中的 CreateProjectedCoordinateSystem 可以创建预定义的投影坐标系,ArcObjects 中支持的 PCS 由 esriSRProjCSType、esriSRProjCS2Type、esriSRProjCS3Type 和 esriSRProjCS4Type 四个枚举常量列出。

通过 IProjectedCoordinateSystem5 接口提供的属性、方法可以访问投影坐标系相关对象。IProjectedCoordinateSystemEdit 接口中包含了 Define()，用于定义定制的投影坐标系。

以下代码是根据一个坐标系定义文件创建预定义的投影坐标系。

```
private IProjectedCoordinateSystem LoadProjectedCoordinateSystem()
{   Type factoryType = Type.GetTypeFromProgID("esriGeometry.SpatialReferenceEnvironment");
    System.Object obj = Activator.CreateInstance(factoryType);
    ISpatialReferenceFactory srFact = obj as ISpatialReferenceFactory;
    IProjectedCoordinateSystem projCS = srFact.CreateESRISpatialReferenceFromPRJFile(@"C:\Program
    Files\ArcGIS\Desktop10.0\Coordinate Systems\Projected Coordinate Systems\Gauss Kruger\Xian 1980\
    Xian 1980 3 Degree GK Zone 38.prj") as IProjectedCoordinateSystem;
    return projCS;  }
```

垂直坐标系（VCS：VerticalCoordinateSystem）定义了高程或深度的度量原点，其组成部分包括坐标系的名称、基准（Vdatum）、垂直偏移(Vertical_Shift)、方向（Direction，即向上为正，还是向下为正）和单位（Unit）。使用 ISpatialReferenceFactory3.CreateVerticalCoordinateSystem 方法可以创建某个预定义的垂直坐标系，使用 CreatePredefinedVerticalCoordinateSystems 方法可以返回所有预定义的垂直坐标系。ArcObjects 中支持的 VCS 由 esriSRVerticalCSType 枚举常量列出，支持的垂直基准由 esriSRVerticalDatumType 枚举常量列出。

通过 IVerticalCoordinateSystem 接口提供的属性、方法可以访问垂直坐标系相关对象。使用 IVerticalCoordinateSystemEdit 接口可以创建定制的垂直坐标系。

以下代码创建预定义的垂直坐标系——1985 国家高程基准，需要使用*ISpatialReferenceFactory3* 接口。

```
private void CreateVerticalReferenceSystem()
{   Type t = Type.GetTypeFromProgID("esriGeometry.SpatialReferenceEnvironment");
    System.Object obj = Activator.CreateInstance(t);
    ISpatialReferenceFactory3 srFact = obj as ISpatialReferenceFactory3;
    IVerticalCoordinateSystem verticalCoordinateSystem = srFact.CreateVerticalCoordinateSystem((int)es-
    riSRVerticalCSType.esriSRVertCS_YellowSea1985);   }
```

### 4.3.3 高精度与低精度空间参考

Geodatabase 9.1 及以前版本使用 32 个 bit 来存储整型数值；其中一个 bit 位用于存储符号，另外 31 个 bit 用于存储数值。Geodatabase 9.2 开始，使用 54 个 bit 来存储整型数值，所以，对于给定的分辨率，空间域的范围大大扩大，或给定空间域的范围，分辨率大大提高。这时的空间参考成为高精度的空间参考，以前的称为低精度的空间参考。

Geodatabase 中的每个要素数据集或独立的要素类都有一个坐标格网，所有坐标点只能捕捉到格网点上，格网的范围也即 X、Y 空间域，格网单元的间距也即 X、Y 分辨率。Z 值和 M 值也有空间域、分辨率。如果要使用 Geodatabase 9.1 及以前版本中空间数据，则需要在低精度空间参考、高精度空间参考之间转换。

以下代码展示了如何根据已有的低精度的空间参考构建高精度的空间参考。

```
private void LowHighConversion_Example(IFeatureClass pre92FeatureClass)
{   //要素类 pre92FeatureClass 使用的是低精度的空间参考
    IGeoDataset pre92GeoDataset = pre92FeatureClass as IGeoDataset;
```

```
ISpatialReference pre92SR = pre92GeoDataset.SpatialReference;
double falseX;double falseY;double xyUnits;
pre92SR.GetFalseOriginAndUnits(out falseX,out falseY,out xyUnits);
MessageBox.Show("低精度坐标格网定义:\n" + "false x:" + falseX + ",false y:" + falseY + ",XY Unit:" + xyUnits);
Type factoryType = Type.GetTypeFromProgID("esriGeometry.SpatialReferenceEnvironment");
System.Object obj = Activator.CreateInstance(factoryType);
ISpatialReferenceFactory3 srFact = obj as ISpatialReferenceFactory3;
ISpatialReference sr92 = srFact.ConstructHighPrecisionSpatialReference(pre92SR, -1, -1, -1);
sr92.GetFalseOriginAndUnits(out falseX,out falseY,out xyUnits);
MessageBox.Show("高精度坐标格网定义:\n" + "false x:" + falseX + ",false y:" + falseY + ",XY Unit:" + xyUnits); }
```

以下代码展示了构建低精度或高精度空间参考，并设置缺省的分辨率和容差值。

```
private void ConstructCoordinateSystem(bool highPrecision)
{ Type t = Type.GetTypeFromProgID("esriGeometry.SpatialReferenceEnvironment");
  System.Object obj = Activator.CreateInstance(t);
  ISpatialReferenceFactory3 srFactory = obj as ISpatialReferenceFactory3;
  ISpatialReference3 sr = srFactory.CreateESRISpatialReferenceFromPRJFile("C:\\Program Files\\ArcGIS\\Desktop10.0\\Coordinate Systems\\Geographic Coordinate Systems\\World\\WGS 1984.prj") as ISpatialReference3;
  IControlPrecision2 controlPrecision = sr as IControlPrecision2;
  controlPrecision.IsHighPrecision = highPrecision;
  ISpatialReferenceResolution srResolution = sr as ISpatialReferenceResolution;
  ISpatialReferenceTolerance srTolerance = sr as ISpatialReferenceTolerance;
  srResolution.ConstructFromHorizon();
  srResolution.SetDefaultXYResolution();
  srTolerance.SetDefaultXYTolerance();
  double xMin;double xMax;
  double yMin;double yMax;
  sr.GetDomain(out xMin,out xMax,out yMin,out yMax);
  MessageBox.Show("Domain :" + xMin + "," + xMax + "," + yMin + "," + yMax); }
```

### 4.3.4 地理变换

地理变换是一种数学运算，它将点的坐标从一个地理坐标系变换到另一个地理坐标系，也可以逆变换。地理变换包含名称、两个地理坐标系（源、目标地理坐标系）、变换的方法或类型、方法所需的任何参数，每一种变换的方法或类型都是一个类。ArcObjects 提供了以下类型的变换：AbridgedMolodenskyTransformation、CoordinateFrameTransformation、GeocentricTranslation、HARNTransformation、LongitudeRotationTransformation、MolodenskyBadekasTransformation、MolodenskyTransformation、NADCONTransformation、NTv2Transformation、PositionVectorTransformation。

地理变换类上的接口允许设置变换所需的参数。高精度参考网络（HARN）、北美基准转换（NADCON）以及国家地理变换版本 2（NTv2）是基于网格的地理变换，它们使用磁盘上的文件来计算数据的平移；使用 IGridTransformation 接口访问磁盘上的信息，使用 IGeoTransformation 接口设置源和目标空间参考。IGeometry2 中的 ProjectEx( )方法有一个 esriTransformDirection 类型的参数，当地理变换的方向为源空间参考到目标空间参考时，将该参数设置为 esriTransformForward；当地理变换的方向为反方向时，将该参数设置为 esriTransformReverse。

要访问预定义的地理变换，可以使用 ISpatialReferenceFactory 中的 CreateGeoTransformation ( )方法。预定义的地理变换由 esriSRGeoTransformationType，esriSRGeoTransformation2Type，及 esriSRGeoTransformation3Type 枚举类型定义。

CompositeGeoTransformation 是多步骤的地理变换。地理变换中，当需要使用中间过渡地理坐标系时，使用 ICompositeGeoTransformation 接口。例如，北京 54 坐标系与西安 80 坐标系之间不能直接转换，但可以通过中间过渡地理坐标系 WGS84 间接转换。

以下代码创建了两个坐标系间的地理变换：

```
private IGeoTransformation CreateGeoTransformation( )
    { Type factoryType = Type. GetTypeFromProgID( "esriGeometry. SpatialReferenceEnvironment" ) ;
      System. Object obj = Activator. CreateInstance( factoryType) ;
      ISpatialReferenceFactory2 pSRF = obj as ISpatialReferenceFactory2 ;
      IProjectedCoordinateSystem2 pPCSin = ( IProjectedCoordinateSystem2 ) pSRF. CreateProjectedCoordinate-
      System( ( int ) esriSRProjCSType. esriSRProjCS_Abidjan1987UTM_30N) ;
      IProjectedCoordinateSystem2 pPCSout = ( IProjectedCoordinateSystem2 ) pSRF. CreateProjectedCoordi-
      nateSystem( ( int ) esriSRProjCSType. esriSRProjCS_WGS1984UTM_30N) ;
      IGeographicCoordinateSystem2 pGCSfrom = ( IGeographicCoordinateSystem2 ) pPCSin. GeographicCoor-
      dinateSystem;
      IGeographicCoordinateSystem2 pGCSto = ( IGeographicCoordinateSystem2 ) pPCSout. GeographicCoordi-
      nateSystem;
      ICoordinateFrameTransformation pCFT = new CoordinateFrameTransformationClass( ) ;
      pCFT. PutParameters( 1. 234 , -2. 345 ,658. 3 ,4. 3829 , -2. 48591 ,2. 18943 ,2. 48585) ;
      pCFT. PutSpatialReferences( pGCSfrom ,pGCSto) ;
      pCFT. Name = "Custom GeoTran" ;
      return pCFT as IGeoTransformation;  }
```

以下代码实现了将一个矩形从 WGS84 地理坐标系投影到 NAD1927UTM_19N 投影坐标系的转换。

```
public void GeometryProject( )
    { Type t = Type. GetTypeFromProgID( "esriGeometry. SpatialReferenceEnvironment" ) ;
      System. Object obj = Activator. CreateInstance( t) ;
      ISpatialReferenceFactory3 srFact = obj as ISpatialReferenceFactory3 ;
      ISpatialReference sr = srFact. CreateGeographicCoordinateSystem( ( int ) esriSRGeoCSType. esriSRGeoCS_
      WGS1984) ;
      sr. SetFalseOriginAndUnits( -80. 0000000232831 ,39. 9999999767169 ,42949672. 9) ;
      IEnvelope envelope = new EnvelopeClass( ) ;
```

```
envelope.PutCoords( -68.6076204314651,49.6186709634653, -68.5531907607304,
49.6530789785679);
envelope.SpatialReference = sr;
ISpatialReference pcs = srFact.CreateProjectedCoordinateSystem((int)esriSRProjCSType. esriSRProjCS_
NAD1927UTM_19N);
pcs.SetDomain(500000,600000,5300000,5600000);
IGeometry geometry = envelope as IGeometry;
geometry.Project(pcs as ISpatialReference); }
```

此外，还可以使用 IGeometry2. ProjectEx 方法实现功能更强大的几何形状的投影变换，ProjectEx 语法如下：

```
public void ProjectEx(ISpatialReference newReferenceSystem,esriTransformDirection direction,IGeoTransformation geoTransformation, bool bAngularDensify,double maxSegmentLength,double maxDeviation);
```

本章主要介绍了 ArcObjects 中的几何对象、空间参考，以及在开发过程中如何使用几何对象和空间参考，此外还介绍了在 GIS 开发过程中如何使用地理变换。

# 5 地图及相关对象

本章介绍地图及地图布局相关对象，主要包括：地图（Map）对象、图层（Layer）对象、地图的显示（Map Display）、页面布局（PageLayout）及相关对象、图形元素（Graphic Element）与框架元素（Frame Element）、地图格网（MapGrid）、地图的附属对象（MapSurround）、地图的输出等。

## 5.1 Map 对象

地图（Map）对象是显示和操作地图数据的容器。地图对象上能显示的图形有两类：地理数据和元素。Map 对象有双重身份：一方面是数据的管理容器，可以加载地理数据和图形元素，扮演了数据管理器的角色；另一方面它又可以让用户看到这些数据，即扮演了数据显示的角色。当加载数据到 Map 对象的时候，Map 对象是数据的管理者；当改变视图范围、刷新地图的时候它是数据的显示者。

地理数据包括矢量类型的要素数据、栅格数据、Tin 数据等，这些数据保存在 Geodatabase 或数据文件如 Shapefile 中，它们是 GIS 分析制图的数据源。

元素分为两类：图形元素和框架元素。图形元素可以显示出来，而框架元素充当了“容器”的角色。在 ArcMap 中可以使用“Draw”工具在 Map 上直接绘制矩形、圆形、文本等对象，在布局视图上也可以给地图添加指北针、图例、比例尺等图形对象，这些都是图形元素。

地图对象中的所有图层共享相同的空间参考。第一个载入的图层的空间参考被自动地设置为地图对象的空间参考。新载入的图层，如果它们的空间参考与地图的空间参考不同，会被投影到地图的空间参考。

ArcMap 中的 Map 对象是由文档对象（MxDocument）控制的。

Map 对象的主要接口有：IMap、IGraphicsContainer、IActiveView、IActiveViewEvents、IMapBookmark 和 ITableCollection 等。

### 5.1.1 IMap 接口

IMap 接口是有关地图操作任务的起点，它主要用于管理 Map 对象中的图层对象、要素选择集、MapSurround 对象、标注引擎和空间参考等对象。

Map 对象可以显示地理数据，而这些地理数据都是通过某个图层引入到地图对象中的，因此可以认为 Map 对象是一个存放图层对象的容器。

IMap 接口中定义的属性、方法大致可以分为以下几类：

（1）管理图层的属性、方法：AddLayer、DeleteLayer、AddLayers、ClearLayers、MoveLayer、Layer、LayerCount、Layers、ActiveGraphicsLayer、BasicGraphicsLayer。

（2）管理 MapSurround 的属性、方法：AddMapSurround、ClearMapSurrounds、CreateMapSurround、DeleteMapSurround、MapSurround、MapSurroundCount。

（3）管理地图选择集的属性、方法：SelectByShape、SelectFeature、ClearSelection、FeatureSelection、SelectionCount、DelayEvents。

```
public ISelection FeatureSelection {get;set;}
```

ArcObjects 中有两种选择集，即要素选择集（Feature Selections）和元素选择集（Element Selections），并使用两个不同的对象来表达这两种不同的选择集，且都实现了 ISelection 接口。在返回值的时候，前者使用 IEnumFeature，后者常常使用 IEnumElement，它们都是枚举对象。每一个 PageLayout 对象和 Map 对象都有自己的选择集对象。差别是前者只有元素选择集，而后者却拥有元素选择集和要素选择集两种。IMap. FeatureSelection 属性返回 ISelection 类型的对象,但可通过接口查询访问 IEnumFeature 接口,且通常也是这么做的。但是,如果通过 IActiveView. Selection 属性获得选择集，这个选择集不是元素选择集就是要素选择集，这取决于哪个处于活动状态。使用 IMap. FeatureSelection 属性可以确保获得对要素选择集的引用。每个要素图层都有一个 ISelectionSet，但 IEnumFeature 是将地图对象中的所有要素图层作为一个整体来操作，不能通过 IEnumFeature 遍历属于单个要素图层中的要素。

在批量选择要素时，DelayEvents 方法非常有用。

```
public void DelayEvents(bool delay);
```

当 DelayEvents 设置为 true 时，不会触发 IActiveViewEvents. SelectionChanged 事件，这一方法典型情况下用于地图选择集改变时。当 DelayEvents 设置为 false 时，向地图选择集中每添加或移出一个要素，都会触发一次 IActiveViewEvents. SelectionChanged 事件；相反，将 DelayEvents 设置为 true 时，当整个选择操作完成时仅触发一次该事件，以提高系统性能。

（4）地图的基本属性：Name、Description、MapScale、ReferenceScale、MapUnits、DistanceUnits、SpatialReference、SpatialReferenceLocked、AreaOfInterest、Expanded、IsFramed.

（5）设置地图图层要素显示、绘制的范围：ClipGeometry、ClipBorder。可以通过设置 ClipGeometry 属性，来控制地图图层上的要素显示、绘制的范围；在 ClipGeometry 之外的要素均不显示出来。

（6）管理地图页面大小：SetPageSize、GetPageSize。

（7）管理注记、符号绘制：AnnotationEngine、Barriers、UseSymbolLevels。

（8）其他三个方法：ComputeDistance、RecalcFullExtent、DelayDrawing。

#### 5.1.1.1 Map 对象的获取

可以通过以下方式获得对地图对象的引用：

（1）通过 MapDocument 获得 Map 对象。

```
IMapDocument pMapDocument = new MapDocumentClass
pMapDocument.Open(path,null);
IMap pMap = pMapDocument.get_Map(i);
```

（2）通过 MxDocument 获得 Map 对象。

```
m_application = hook as IApplication;
IDocument document = m_application. Document;
IMxDocument mapDocument = document as IMxDocument;
IMap map = mapDocument. FocusMap;
```

（3）通过 MapControl 获得 Map 对象。

```
IMap pMap = axMapControl1. Map;
IActiveView pActiveView = pMap as IActiveView;
或 pActiveView = axMapControl1. ActiveView;
```

（4）通过 PageLayoutControl 获得 Map 对象。

```
IActiveView pActiveView = axPageLayoutControl1. PageLayout as IActiveView;
或  pActiveView = axPageLayoutControl1. ActiveView;
pMap = pActiveView. FocusMap;
```

（5）在命令、工具类中获得 Map 对象。

```
IHookHelper m_hookHelper = null;
IMap m_Map;
IActiveView m_ActiveView;
public override void OnCreate( object hook)
    {   if( hook == null)      return;
        m_hookHelper = new HookHelperClass( );
        m_hookHelper. Hook = hook;
        m_Map = m_hookHelper. FocusMap;
        m_ActiveView = m_hookHelper. ActiveView; }
```

### 5. 1. 1. 2　地图的要素选择集

使用地图对象时，要素选择集可以是基于地图层面的，也可以是基于图层层面的。使用 IMap. SelectByShape 方法，可以构造基于地图的要素选择集。

```
private void SelectFeaturesPolygon( IMap pMap,IPolygon pPolygon)
    {   ISelectionEnvironment pSelectionEnvironment = new SelectionEnvironmentClass( );
        pSelectionEnvironment. CombinationMethod = esriSelectionResultEnum. esriSelectionResultNew;
        pMap. SelectByShape( pPolygon,pSelectionEnvironment,false);   }
```

使用 IMap. FeatureSelection 属性可以遍历基于地图的要素选择集。

```
IEnumFeature selectedFeatures = m_map. FeatureSelection as IEnumFeature;
selectedFeatures. Reset( );
IFeature selectedFeature = selectedFeatures. Next( );
…
```

使用 IMap. ClearSelection 方法，可以清除地图的要素选择集。

```
private void ClearMapSelection( IMap pMap)
```

```
{ pMap.ClearSelection(); }
```

### 5.1.2 IGraphicsContainer 接口

IGraphicsContainer 用于管理 Map 中的元素对象，该接口中的 AddElement 方法用于将一个元素放入 Map 对象中；DeleteElement 方法用于删除 Map 对象中的一个给定的元素；UpdateElement 用于更新图形元素；LocateElements 方法是使用一个点来选择元素，它需要传入一个点对象和一个容差值，Map 对象会将所有处于点容差周围的元素选择到。LocateElementsByEnvelope 方法与 SelectByShape 方法类同，是使用鼠标拖曳一个矩形区域，从而选择到这个区域内所有的元素。

下面是一个添加元素的例子：

```
IGraphicsContainer pGraphicsContainer = pMap as IGraphicsContainer;
//定义一个 line 类型的 Element
ILineElement pLineEle = new LineElementClass();
//设置这个 Element 的符号对象
pLineEle.Symbol = pSymbol;
IElement pEle = pLineEle as IElement;
//设置元素的几何形体对象属性
pEle.Geometry = pGeo;
//将元素添加到 Map 对象中
pGraphicsContainer.AddElement(pEle,0);
pActiveView.PartialRefresh(esriViewDrawPhase.esriViewGraphics,null,null);
```

### 5.1.3 IActiveView 接口

IActiveView 接口定义了 Map 对象的数据显示功能。使用这个接口的方法可以改变视图的范围，可以得到 ScreenDisplay 对象的指针，可以显示或隐藏标尺和滚动条，也可以刷新视图。在 ArcObjects 中，PageLayout、Map、Globe 和 Scene 实现了这个接口。

在 ArcMap 中，IMxDocument.ActiveView 属性拥有当前活动视图对象的引用。如果处于布局视图状态，那么该属性返回的 IActiveView 对象是指向 PageLayout 对象的；如果处于数据视图状态，那么该属性返回当前使用的 Map 对象的引用。

IActiveView.Extent 属性返回 Map 对象当前视图的范围，它是一个 Envelope 对象；FullExtent 属性则可以返回视图的全图范围，因此要显示整幅地图的代码为：

```
//将地图的当前范围设置为全图范围
pActiveView.Extent = pActiveView.FullExtent;
pActiveView.Refresh();
```

IActiveView.ScreenDisplay 属性指向当前视图的 ScreenDisplay 对象。每一个视图对象都有一个 ScreenDisplay 对象用于控制视图的图形绘制。使用这个属性会得到一个与当前正在使用的视图相关的 ScreenDisplay 对象。ScreenDisplay 可以拥有任意数量的缓存（cache）。缓存是一个设备相关的位图，它保存在内存中，如果 Map 对象关闭，那与之关联的缓存将全部被释放。缓存是非常有用的，GIS 中的图形常常需要重绘，如果重绘的图形来自缓存而不是数据库，那速度会快得多。一般地，Map 产生三种类型的缓存：与所有图层相关的缓存、注记（Annotation）和图形元素缓存、要素选择集缓存。如果添加一个图层到 Map 对象中，会触发重绘事件，其图形的重新绘制顺序是地理数据、选择集和标注。当一个图层的 Cached 属性为 true 时，这个图层将可以产生自己的缓存。

IActiveView. PartialRefresh 方法可以让视图对象使用不同的方式来局部刷新以重绘地图。esriViewDrawPhase 定义了对活动视图的哪些内容进行刷新，其取值有：esriViewNone、esriViewBackground、esriViewGeography、esriViewGeoSelection、esriViewGraphics、esriViewGraphicSelection、esriViewForeground。在 MapControl 控件中做要素选择集后需要重绘时，可以使用这个方法：

```
pActiveView. PartialRefresh(esriViewDrawPhase. esriViewGeoSelection,null,null)
```

一个视图对象可以同时进行两种重绘状态的刷新操作，如：

```
pActiveView. PartialRefresh ( esriViewDrawPhase. esriViewGeography + esriViewDrawPhase. esriViewGeoSelec-
tion,null,null)
```

IActiveView 接口还定义了 Refresh 方法，它会强制重绘视图，但是这种方法效率比较低。在可能的情况下，用户都应该使用 PartialRefresh 方法进行 Map 视图的绘制工作。

在使用 MapControl 控件编程时，可通过以下方式获得活动视图：

```
IMap pMap = axMapControl1. Map;
IActiveView pActiveView = pMap as IActiveView;
或  IActiveView pActiveView = axMapControl1. ActiveView;
```

在使用 PageLayoutControl 控件编程时，可通过以下方式获得活动视图：

```
IActiveView pActiveView = axPageLayoutControl1. PageLayout as IActiveView;
或  IActiveView pActiveView = axPageLayoutControl1. ActiveView;
```

### 5.1.4 IActiveViewEvents 接口

IActiveViewEvents 接口让 Map 对象可以监听与活动视图（ActiveView）相关的事件并做出相应的响应。该接口定义的事件包括：AfterDraw、AfterItemDraw、ContentsChanged、ContentsCleared、FocusMapChanged、ItemAdded、ItemDeleted、ItemReordered、SelectionChanged、SpatialReferenceChanged、ViewRefreshed。

在 ArcObjects 中，许多组件类实现了 IActiveViewEvents 接口，不同的组件类触发的事件也有所不同。如 Map 对象不会触发 FocusMapChanged 事件，但 PageLayout 对象触发该事件；当从 Map 对象中去除一个图层时，Map 对象会触发 ItemDeleted 事件，当从 PageLayout 对象中删除元素如地图框架或图形元素时，PageLayout 对象也会触发 ItemDeleted 事件。

AfterDraw、AfterItemDraw 事件的语法如下：

```
public event AfterDrawEventHandler AfterDraw
public delegate void AfterDrawEventHandler(IDisplay Display, esriViewDrawPhase phase);
public event AfterItemDrawEventHandler AfterItemDraw
public delegate void AfterItemDrawEventHandler(short Index, IDisplay Display, esriDrawPhase phase);
```

仅当 IViewManager. VerboseEvents 属性设置为 true 时，AfterItemDraw 事件才会被触发；缺省情况下，该属性为 false。

### 5.1.5 IMapBookmarks 接口

IMapBookmarks 用于管理 Map 中的空间书签对象。使用该接口可以得到一个已经存在的空间书签，也可以添加和删除空间书签等操作；一旦获得某个空间书签，可以将当前的地图范围保存在一个书签中。该接口定义的属性、方法如下：

```
public void AddBookmark(ISpatialBookmark bookmark);
public IEnumSpatialBookmark  Bookmarks {get;}
public void RemoveAllBookmarks();
public void RemoveBookmark(ISpatialBookmark  bookmark);
```

有两种类型的空间书签（实现了 ISpatialBookmark 接口的类）：

（1）AOIBookmark。AOIBookmark 用感兴趣的区域定义空间书签。

（2）FeatureBookmark。FeatureBookmark 用选择要素的空间覆盖范围定义书签。

### 5.1.6 ITableCollection 接口

地图对象中除了可以添加地理数据外，还能够添加纯属性表。在很多情况下加入属性表是为了和要素类等对象进行关联或连接。

使用 ITableCollection 接口可以管理 Map 中的纯属性表；该接口中的 AddTable 方法可以将一个 Table 对象添加进 Map 对象；Table 属性可以依据表的标识号获得特定的属性表，这个操作类似获得图层一样，如：

```
ITableCollection  pTableCol = pMap as ITableCollection;
ITable  pTable = pTableCol.get_Table(0);
```

ITableCollection. RemoveAllTables 方法可以删除地图中的所有属性表，RemoveTable 可以依据表的标识号删除某个属性表，TableCount 则可以返回地图对象中所有的属性表的数目。

## 5.2 图层对象

### 5.2.1 图层概述

Map 对象可以装载地理数据，这些数据是以图层的形式组织到地图对象中的。Layer 对象本身没有保存地理数据，而仅仅是获得了数据的引用而已，是用于管理数据源的链接；此外图层中还保存着符号化信息（注记要素类、制图表现除外）。在 ArcObjects 中，地理数据始终是保存在 Geodatabase 或者地理数据文件中的。但也有一些图层没有引用地理数据，如图层组（GroupLayer）包含其他图层，复合图形图层（CompositeGraphicsLayer）存储图形元素。

ArcGIS 中也可以在一个要素类上新建一个图层文件，即 lyr 文件，这个文件也是仅仅获取了地理数据的存储位置而已，而没有拥有数据。

Map 对象中显示地图需要设置空间参考（SpatialReference），当第一个图层添加到 Map 中时，Map 对象的空间参考属性就自动设置为这个图层的空间参考，后面加入的图层无论是否已经含有空间参考都将使用 Map 对象已经设置的空间参考。

ArcObjects 提供了几十种类型的图层，主要的图层类型如下：

（1）BasemapLayer：底图图层。

（2）CadAnnotationLayer：CAD 的注记图层。

（3）CadastralFabricLayer：宗地结构图层。

（4）CadastralFabricSubLayer：宗地结构图层子图层。

（5）CadFeatureLayer：CAD 要素图层。

（6）CadLayer：CAD 图层。

（7）CompositeGraphicsLayer：复合图形图层，是图形图层的集合。

（8）CoverageAnnotationLayer：Coverage 的注记图层。

（9）DimensionLayer：Geodatabase 的尺寸标注要素图层。

（10）FDOGraphicsLayer：Geodatabase 的注记要素图层（annotation features）。

（11）FDOGraphicsSublayer：Geodatabase 的注记要素子图层。

（12）FeatureLayer：要素图层，显示矢量类型的离散的地理要素。

（13）GdbRasterCatalogLayer：Geodatabase 的栅格目录图层。

（14）GraphicsSubLayer：CompositeGraphicsLayer 中的子图层。

（15）GroupLayer：图层组，图层的集合。

（16）MosaicLayer：显示镶嵌数据集的图层。

（17）NALayer（esriNetworkAnalyst）：网络分析图层。

（18）NetworkLayer：显示网络数据集的图层。

（19）RasterBasemapLayer：栅格底图图层。

（20）RasterLayer：栅格图层。

（21）TemporalFeatureLayer：用于跟踪分析的临时要素图层。

（22）TerrainLayer：显示地形数据集的图层。

（23）TinLayer：显示 TIN 的图层。

（24）TopologyLayer：拓扑图层，用于显示 Geodatabase 中的拓扑相关信息。

所有图层都实现了 ILayer 接口，该接口定义了所有图层的公共属性和方法，如 Name 属性用于设置或获得图层名字；MaximumScale 和 MinimumScale 用于显示或设置图层可以出现的最大和最小比例尺，在该范围之外，图层上的数据不显示；ShowTips 属性用于指示当鼠标放在图层中某个要素上的时候，是否会出现提示信息；TipText 属性用于确定图层提示信息；SpatialReference 属性用于设置图层的空间参考；AreaOfInterest 属性用于获取图层的覆盖范围；Cached 用于管理图层是否拥有自己的缓存；Valid 属性用于管理图层是否有效；Visible 用于管理图层的可见性；SupportedDrawPhases 属性用于获取图层支持哪些层面的绘制（esriDPGeography：1；esriDPAnnotation：2；esriDPSelection：4）；如果 SupportedDrawPhases = 3，则图层支持地理要素和注记两方面的绘制。

ILayer 已被 ILayer2 所取代；ILayer2 新增了可写的 AreaOfInterest 属性和只读的 ScaleRangeReadOnly 属性，前者用于设置图层的覆盖范围；后者用于获取 MinimumScale、MaximumScale 是否只读，有些图层不支持可写的 MinimumScale、MaximumScale 属性。

以下代码将地图对象的所有图层设为可见：

```
private void TurnAllLayersOn(IMap m_map)
  { ILayer layer = null;
    for(int i = 0;i < m_map. LayerCount;i ++ )
      { layer = m_map. get_Layer(i);
        layer. Visible = true;  //如果要将图层设置为不可见,将该属性设置为 false
      }
  }
```

### 5.2.2 要素图层

要素数据是 GIS 中最常使用的数据类型之一，它可以用于表示离散矢量对象的信息，在地图中使用要素图层（FeatureLayer）来承载要素数据。要素图层实现的主要接口有：IFeatureLayer2、IGeoFeaturelayer、IGeoDataset、IFeatureSelection、IFeatureLayerDefinition、ILayerFields 和 IIdentify。

#### 5.2.2.1 IFeatureLayer 接口

IFeatureLayer 接口用于管理要素图层的数据源，即要素类（Featureclass）。IFeatureLayer. DataSourceType 属性返回要素图层的数据源的类型，FeatureLayer 的数据源类型有：Personal Geodatabase、SDE、Shapefile、ArcInfo or PC ArcInfo Coverage（annotation）、ArcInfo or PC ArcInfo Coverage（point）、ArcInfo or PC ArcInfo Coverage（line）、ArcInfo or PC ArcInfo Coverage（polygon）、Edge、CAD（annotation）、CAD（point）、CAD（line）、CAD（polygon）。

IFeatureLayer. FeatureClass 属性返回要素图层使用的要素类，通过该属性可以使用图层的数据源。如果需要对要素图层进行查询，可以使用 IFeatureLayer. search 方法，它将返回一个 IFeatureCursor 类型的对象。Search 方法语法如下：

```
public IFeatureCursor Search(IQueryFilter  queryFilter,  bool  recycling);
```

该方法有两个参数，一个是过滤器，它是一个 IQueryFilter 类型的对象；另一个参数是布尔值 Recycling，用于说明返回的要素游标是否循环使用。该方法不能用在连接（join）字段上，如果一个要素图层与其他图层或属性表有任何形式的关联关系，则需要使用 IGeoFeatureLayer. SearchDisplayFeatures 方法。

以下代码实现了要素图层满足条件的要素查找，并对满足条件的要素进行闪烁。

```
private void searchFeatures(string  sqlfilter,  IFeatureLayer  pFeatureLayer)
  { IFeatureLayer pFeatLyr = pFeatureLayer;
    IQueryFilter pFilter = new QueryFilterClass();
    pFilter. WhereClause = sqlfilter;
    IFeatureCursor pFeatCursor = pFeatLyr. Search(pFilter,true);
    IFeature pFeat = pFeatCursor. NextFeature();
    while(pFeat ! = null)
      { pFeat = pFeatCursor. NextFeature();
```

```
        if(pFeat ! = null)
            { ISimpleFillSymbol   pFillsyl = new SimpleFillSymbolClass( ) ;
              pFillsyl. Color = getRGBColor(220,100,50) ;
              object oFillsyl = pFillsyl;
              IPolygon pPolygon = pFeat. Shape as IPolygon;
              //使用 FlashShape 来使要素闪烁
              axMapControl1. FlashShape(pPolygon,15,20,pFillsyl) ;
              //为了使被选择的要素显示出来,使用一个 Polygon 来显示
              axMapControl1. DrawShape(pPolygon,ref oFillsyl) ;  }
        }
    }
```

IFeatureLayer. DisplayField 属性用于显示地图图层提示；Selectable 属性用于图层上的要素是否可以被选择；ScaleSymbols 属性用于管理图层要素符号化的符号是否随比例尺的缩放而缩放。

以下代码实现了将地图对象中的多边形要素图层上的要素设置为可以被选择：

```
private void SetPolylineLayerSelectable(IMap m_map)
    { ILayer layer = null;
      for(int i = 0;i < m_map. LayerCount;i ++ )
        { layer = m_map. get_Layer(i) ;
          if(layer is IFeatureLayer)
            { IFeatureLayer featureLayer = (IFeatureLayer) layer;
              if(featureLayer. FeatureClass. ShapeType == esriGeometryType. esriGeometryPolygon)
                { featureLayer. Selectable = true; }
            }
        }
    }
```

IFeatureLayer 已被 IFeatureLayer2 所取代。IFeatureLayer2 新增了 ExpandRegionForSymbols 方法和 ShapeType 只读属性。前者用于扩展给定的几何形状以容纳图层符号；后者用于获取图层数据源对应的要素类的几何类型。

#### 5.2.2.2 IGeoFeaturelayer 接口

IGeoFeaturelayer 接口继承了 ILayer 和 IFeatureLayer 两个接口，用于控制要素图层中与地理相关的内容，例如要素的着色和标注等功能。

IGeoFeaturelayer 有一个 SearchDisplayFeature 方法，使用这个方法只显示符合查询要求的要素，这个方法经常在有关联关系的要素类使用。Renderer 属性用于设置图层的着色对象；DisplayAnnotation 属性可以设置要素图层是否出现标注，当它为 true 的时候，用户可以在这个要素图层上依据要素类的某个字段进行标注。

以下代码实现了要素图层的符号化。

```
private void Renderer( )
    { IGeoFeatureLayer pGeoFeatureL = (IGeoFeatureLayer) layer2Symbolize;
      IFeatureClass featureClass = pGeoFeatureL. FeatureClass;
```

```
//找出 rendererField 在字段中的编号
int lfieldNumber = featureClass. FindField(strRendererField);
IClassBreaksRenderer m_classBreaksRenderer = CreateClassBreaksRenderer(featureClass,strClassifyMeth-
od);// CreateClassBreaksRenderer 为自定义的方法
if(m_classBreaksRenderer == null) return;
pGeoFeatureL. Renderer = (IFeatureRenderer)m_classBreaksRenderer;m_activeView. PartialRefresh(esri-
ViewDrawPhase. esriViewGeography,null,m_activeView. Extent);  }
```

#### 5.2.2.3 IGeoDataset 接口

IGeoDataset 接口仅有两个属性，它们用于管理地理要素集。

IGeoDataset. Extent 可以返回当前数据集的范围，是一个 IEnvelope 类型的对象。

IGeoDataset. SpatialReference 属性则可以让用户获得这个数据集的空间参考。

ArcObjects 中，所有的图层和数据集实现了该接口。

#### 5.2.2.4 IFeatureSelection 接口

IFeatureSelection 接口负责管理一个图层中的要素选择集。该接口的 Add 方法可以把本图层上的一个要素添加到图层的选择集中；SelectFeatures 方法则可以使用一个过滤器把符合条件的要素放入图层的选择集中；Clear 方法用于清除图层的要素选择集。

IFeatureLayerSelectionEvents. FeatureLayerSelectionChanged 事件当选择集变化的时候触发；ILayerEvents. VisibilityChanged 事件当图层的可视性变化时触发。

在要素图层中 SelectFeatures（IFeatureSelection）和 Search（IFeatureLayer）要素的区别：要素图层的 Search 方法返回的是 IFeatureCursor 对象，它仅仅是一个指向要素的指针；而如果使用 IFeatureSelection. SelectFeatures 方法，则符合条件的要素会被标记为“被选择的要素集”，这个选择集是一个 ISelectionSet 对象（ISelectionSet 已被 ISelectionSet2 所取代），可以用 SelectionSet 属性返回，如：

```
private ISelectionSet SelectLayerFeatures(IFeatureLayer pFeatureLayer,string WhereClause)
  {  IFeatureSelection pFeatureSelection = pFeatureLayer as IFeatureSelection;
     if(pFeatureSelection == null) return   null;
     IQueryFilter pQueryFilter = new QueryFilterClass();
     pQueryFilter. WhereClause = WhereClause;
     pFeatureSelection. SelectFeatures(pQueryFilter,esriSelectionResultEnum. esriSelectionResultNew,false);
     ISelectionSet   pSelectionSet = pFeatureSelection.  SelectionSet
     return   pSelectionSet;  }
```

清除要素图层的选择集的代码为：

```
private void ClearLayerSelection(IFeatureLayer pFeatureLayer)
  {  IFeatureSelection pFeatureSelection = pFeatureLayer as IFeatureSelection;
     if(pFeatureSelection == null) return;
     pFeatureSelection. Clear();  }
```

#### 5.2.2.5 IFeatureLayerDefinition 接口

IFeatureLayerDefinition 接口定义了 CreateSelectionLayer 方法，可以将一个图层选择集中的要素转换为一个单独的要素图层。该方法有四个参数：LayerName 定义了新图层的名称；

如果希望使用当前图层的要素选择集，需要将 useCurrentSelection 设置为 true；joinTableNames 是一个可能与当前图层连接的表的名称，使用这个方法同样也可以将连接表的数据放入新的图层中去；DefinitionExpression 可以用于设定一个选择过滤，将要素选择集中符合条件的要素放入新的图层。

以下代码首先对要素图层进行满足一定条件的要素选择，然后对图层的要素选择集进一步进行过滤，并创建新的要素图层，且将新图层加入地图对象中。

```
private void CreateSelectionLayer(string sqlfilter,string defExpr,IFeatureLayer pFeatLyr)
  { IMap pMap = axMapControl1.Map;
    IActiveView pActiveView = pMap as IActiveView;
    IQueryFilter pQueryFilter = new QueryFilterClass();
    pQueryFilter.WhereClause = sqlfilter;
    IFeatureSelection pFeatSel = pFeatLyr as IFeatureSelection;
    pFeatSel.SelectFeatures(pQueryFilter,esriSelectionResultEnum.esriSelectionResultNew,false);
    IFeatureLayerDefinition pFeatLyrDef = pFeatLyr as IFeatureLayerDefinition;
    pFeatLyrDef.DefinitionExpression = defExpr;//如:"pop1999 > 1000000";
    //产生新的图层
    IFeatureLayer pnewfeat = pFeatLyrDef.CreateSelectionLayer("new" +pFeatLyr.Name,true,"","");
    pFeatSel.Clear();
    pMap.AddLayer(pnewfeat);
    pActiveView.PartialRefresh(esriViewDrawPhase.esriViewGeography,null,null);  }
```

IFeatureLayerDefinition 已被 IFeatureLayerDefinition2 所取代，在新接口中新增加了 SearchOrder 属性，用于设置是空间查询优先，还是属性查询优先。

#### 5.2.2.6 ILayerFields 接口

尽管要素图层的数据是保存在要素类中，获得要素类的字段需要从要素类着手，但是 ArcObjects 也提供了 ILayerFields 接口，可以直接获取一个要素图层的要素类字段结构。

关于要素类的字段集，可以参考第 7 章的内容。

#### 5.2.2.7 IIdentify 接口

IIdentify 接口只定义了 Identify 方法：

```
public IArray Identify(IGeometry pGeom);
```

许多类实现了 IIdentify 接口。对于地图图层的 IIdentify 接口，Identify( )方法返回 FeatureIdentifyObject 类型的对象数组。对于 FeatureIdentifyObject，可以查询到 IIdentifyObj 接口，以获得已识别要素的更多信息。IIdentifyObj 接口返回窗口句柄、图层及要素的名称，Flash 方法对已识别要素进行闪烁，PopUpmenu 方法弹出上下文菜单。

以下代码使用了 IIdentify、IArray、IFeatureIdentifyObj 和 IIdentifyObj 对象，以识别地图控件中的要素。

```
private void axMapControl1_OnMouseDown(object sender,IMapControlEvents2_OnMouseDownEvent e)
  { IFeatureIdentifyObj  pFeatIdObj;        IIdentifyObj  pIdObj;
    IMap pMap = axMapControl1.Map;
    IIdentify pIdentify = pMap.get_Layer(1)as IIdentify;
```

```
IPoint pPoint = new PointClass( );
pPoint. PutCoords( e. mapX, e. mapY) ;
pPoint. SpatialReference = pMap. SpatialReference;
//使用点对象来选择要素
IArray pIDArray = pIdentify. Identify( pPoint) ;
//获得 FeatureIdentifyObject 对象
if( pIDArray ! = null)
  { pFeatIdObj = pIDArray. get_Element( 0) as IFeatureIdentifyObj;
    pIdObj = pFeatIdObj as IIdentifyObj;
    //让被选择的要素闪烁
    pIdObj. Flash( axMapControl1. ActiveView. ScreenDisplay) ;
    MessageBox. Show( "Layer:" + pIdObj. Layer. Name + System. Environment. NewLine + "Feature:"
     + pIdObj. Name) ;  }
 else   MessageBox. Show( "没有要素被识别!") ;  }
```

IIdentify 已被 IIdentify2 所取代。

此外，可以使用 ILayerEffects 接口来管理一个图层的透明度、对比度和亮度。

### 5.2.3 通过地图文档访问地图和图层

MxDocument 是 ArcMap 中使用的地图文档，这使得 MxDocument 成为 ArcMap 定制的核心。使用 IMxDocument. FocusMap 属性可以获得 ArcMap 中地图文档的焦点地图（当前使用的地图对象）；使用 IMxDocument. Maps 属性可以获得当前地图文档中的所有地图，然后可以使用 IMaps2. get_Item（int Index）遍历各地图对象。

在使用 ArcGIS Engine 开发时，不能使用 MxDocument 类；需要使用 MapDocument 类。使用 IMapDocument. Open 方法可以打开一个 MXD 文档；使用 IMapDocument. get_Map（int mapIndex）可以获得打开的 MXD 文档中的某个地图对象。

获得了地图对象后，可以通过以下方法获取地图对象中所有图层：

```
private IEnumLayer GetLayers( IMap m_map)
  { UID uid = new UIDClass( );
    //uid. Value = "{40A9E885-5533-11d0-98BE-00805F7CED21}";// IFeatureLayer
    uid. Value = "{E156D7E5-22AF-11D3-9F99-00C04F6BC78E}";  // IGeoFeatureLayer
    //uid. Value = "{6CA416B1-E160-11D2-9F4E-00C04F6BC78E}";  // IDataLayer
    if( m_map. LayerCount ! = 0)
      { IEnumLayer layers = m_map. get_Layers( uid, true) ;
        return layers;  }
   return null;  }
```

另外，使用 IMap. get_Layer（int Index）可以获得地图对象中的某个特定图层。

### 5.2.4 向地图中加入 CAD 文件

Map 对象可以载入多种格式的地理和非地理数据，其中也包括 DWG 文件。在 Map 对象看来，DWG 文件有两种不同形式：一是要素图层，保存的是矢量数据，使用与 Featurelayer 一样的方法来管理；二是看做栅格图像，可以作为地图背景使用，采用 CadLayer 对象来管理。

当一个 DWG 文件被看做是要素图层的时候，一个 DWG 文件表现为一要素数据集，包含四种类型的要素类，即点、线、多边形和标注。这种区分并不是按照 DWG 文件本身的图层来划分的，而是简单地考虑 DWG 文件中的几何形体对象的类型；如果一个 DWG 文件中有多个线图层，那么它们将会无区别地合并在一个线要素图层中。点、线和多边形作为要素数据时，可以使用 FeatureLayer 对象，但 CAD 文件中的文字标注需要使用一个专门的标注图层 CadAnnotationLayer。

#### 5.2.4.1 CAD 文件作为要素数据集处理

CAD 文件作为要素数据被读取的时候，使用的方法和 IFeaturelayer 是一样的，需要注意的是它是作为一个要素数据集的形式而存在的。一个 DWG 文件在 Map 看来是一个要素数据集，其中的类简单分为点、线、面和文字标注四种类型，其中文字标注需要使用标注图层而不是要素图层。

下面的方法是把 CAD 文件当作要素数据集来获取，然后加入 Map 对象中。

```
private void AddCADFeatures()
{ IWorkspaceFactory   cadWorkspaceFact = new CadWorkspaceFactoryClass();
  IFeatureWorkspace   workspace = cadWorkspaceFact.OpenFromFile(@"C:\arcgis\ArcTutor\Editor\
  ExerciseData\EditingCAD",0) as IFeatureWorkspace;
  IFeatureDataset   featDataset = workspace.OpenFeatureDataset("PARCELS.DWG");
  //featClassContainer 可以管理 featDataset 中的每个要素类
  IFeatureClassContainer   featClassContainer = featDataset as IFeatureClassContainer;
  IFeatureClass featClass;    IFeatureLayer featLayer;   int i;
  //对 CAD 文件中的要素集进行遍历处理
  for(i = 0;i <= featClassContainer.ClassCount - 1;i++)
    { featClass = featClassContainer.get_Class(i);
      if(featClass.FeatureType == esriFeatureType.esriFTCoverageAnnotation)
        { //标注类型,必须设置为标注图层
          featLayer = new CadAnnotationLayerClass(); }
      else
        { //点线面类型
          featLayer = new FeatureLayerClass();
        }
      featLayer.Name = featClass.AliasName;
      featLayer.FeatureClass = featClass;
      axMapControl1.AddLayer(featLayer,0); }
}
```

#### 5.2.4.2 CAD 文件作为栅格数据处理

CadLayer 是将一个 CAD 数据当作栅格类型而使用的数据图层，它可以作为地图的背景而显示，但是不能做地理分析。这个对象实现了 ICadLayer 和 ICadDrawingLayers 两个接口，它们定义了将 CAD 文件作为栅格数据处理的属性、方法。

下面的代码是将一个 CAD 文件作为栅格类型添加到地图对象中去：

```
private void AddCADLayer( )
{ //使用专门的 workspacefactory 用于打开一个 CAD 文件所在的工作空间
  IWorkspaceFactory cadWorkspaceFact = new CadWorkspaceFactoryClass( );
  IWorkspace workspace = cadWorkspaceFact. OpenFromFile(@"C:\arcgis\ArcTutor\Editor\ExerciseData
  \EditingCAD",0);
  ICadDrawingWorkspace cadWorkspace = workspace as ICadDrawingWorkspace;
  //打开 CAD 文件
  ICadDrawingDataset cadDataset = cadWorkspace. OpenCadDrawingDataset("PARCELS. DWG");
  //定义一个 CAD 图层
  ICadLayer cadLayer = new CadLayerClass( );
  cadLayer. CadDrawingDataset = cadDataset;
  axMapControl1. AddLayer(cadLayer,0); }
```

### 5.2.5 TINLayer

TIN（不规则三角网）用于表达连续的表面，地表高程或者温度梯度都可以使用 TIN 来表示。TIN 由相邻的、不重叠的三角形组成，其组成元素包括结点、边线和三角形。在构建 TIN 过程中，可以使用点、线（如断裂线、山脊线、山谷线等）、面（如水域等）要素；点用于构建三角形，线和多边形的边界用于强制作为三角形的边。

TIN 数据集可在 ArcMap、ArcScene 中用于表面分析（surface analysis）。

TinLayer 用于显示 TIN 数据集，其显示方式有以下 11 种：

（1）用相同符号显示 TIN 等高线（displaying TIN contours with the same symbol）。

（2）按高程显示 TIN 表面（displaying TIN faces by elevation）。

（3）按坡向显示 TIN 表面（displaying TIN faces by aspect）。

（4）按坡度显示 TIN 表面（displaying TIN faces by slope）。

（5）按标记值显示 TIN 表面（displaying TIN faces by tag value）。

（6）使用相同的符号显示 TIN 表面（displaying TIN faces with the same symbol）。

（7）使用相同的符号显示 TIN 边（displaying TIN edges with the same symbol）。

（8）使用唯一符号显示分组的 TIN 边（displaying TIN edges grouped with a unique symbol，即不同类型的边，用不同的符号显示）。

（9）按高程显示 TIN 结点（displaying TIN nodes by elevation）。

（10）按标记值显示 TIN 结点（displaying TIN nodes by tag value）。

（11）使用相同的符号显示 TIN 结点（displaying TIN nodes with the same symbol）。

TinLayer 实现的主要接口为 ITinLayer（继承自 ILayer），该接口定义了 TIN 如何在图层上显示的方法和属性。ITinLayer. Dataset 属性用于管理 TinLayer 的数据源，即 TIN 数据集；ITinLayer. DisplayField 是 TinLayer 的主要显示字段；ITinLayer. AddRenderer 方法可以加入一个着色对象；ClearRenderers 可以清除图层中所有的着色对象，而 GetRenderer 可以用一个索引值获得某个着色对象。在一幅 TIN 图中，有多种着色方法，ITinLayer. RendererCount 则可以返回这些着色对象的数目。

ITinLayer 已被 ITinLayer2 所取代；ITinLayer2 新增了一个可读写的 ZFactor，用于管理 TIN 的 Z 缩放因子。

### 5.2.6 底图图层

在维持良好性能的同时将桌面地图设计为高质量显示始终是人们的主要目标。提升显示性能的途径之一是使用底图图层。底图图层是 ArcGIS 10 中新增的一项功能。

底图图层（BasemapLayer）是一种特殊的图层组（GroupLayer），用于可视化以及漫游时存储参考图层，比如影像图，街道以及地块。BasemapLayer 使用优化的绘制逻辑并且提供了连续绘制的方案，以使地图漫游变得更简单。底图显示性能非常强大。由于底图图层相对稳定，不常发生变化，因此其显示只需计算一次，然后便可以多次重复使用。首次以特定的地图比例访问某个区域时，会对底图图层的显示进行计算；以后再以此地图比例访问该区域时，可调出该显示。BasemapLayer 是用高性能的多线程绘制引擎绘制的，因此在提供地图显示和响应速度方面的效果是非常显著的。

如果图层位于底图图层中，则无法对图层属性进行修改。仅常规和缓存（如果适用）选项卡中显示的属性可进行修改。如果正在使用底图图层，则无法对其中的内容执行数据更新操作。如果需要编辑数据或更新图层，只需将该地图图层拖出底图即可。然后可再将更新后的图层拖回到底图图层中。

使用 BasempaLayer 类可以通过编程方式创建底图图层。BasemapLayer 实现了 IGroupLayer 接口，因此它的很多行为与 GroupLayer 对象是一样的。在创建底图图层时，首先需要设计底图图层。识别出地图显示中相对稳定部分的图层，还要考虑使用按比例绘制。这就需要在进行地图设计时考虑在每种地图比例下将如何描绘地图。地图设计好后，接下来的任务就是把图层加入到 BasemapLayer 对象中。

BasempaLayer 实现的另一主要接口是 IBasemapLayer，用于管理底图图层及其缓存。

BasemapSubLayer 有选择性地暴露了图层的行为，以便执行一些通用任务，如识别（identify）图层上的要素。使用 IBasemapSubLayer. Layer 属性可以访问底图图层中的子图层；有些数据源、图层类型和符号化属性与底图图层的绘制引擎不兼容；当通过编程将图层添加到底图图层时，使用 IBasemapSubLayer. GetConversionStatus 属性来确认该操作是成功了还是失败了。

RasterBasemapLayer 是一种特殊类型的 BasemapLayer，是为了提高显示性能，是对单个栅格图层的包装。

BasemapLayer 背后的缓存机制联合使用了内存缓存和磁盘缓存；为了不消耗过多的内存，应尽可能使用少量的底图图层。

以下代码演示了如何创建底图图层，然后添加一个已有的图层到该底图图层，再将该底图图层添加到地图对象中。

```
private void CreateBasemapLayerAndAddLayerToIt(IMap map,ILayer layer)
    { IBasemapLayer basemapLayer = new BasemapLayerClass();
      IGroupLayer basemapGroupLayer = basemapLayer as IGroupLayer;
      basemapGroupLayer.Add(layer);
      basemapGroupLayer.Name = "Basemap Content";
```

```
map.AddLayer((ILayer)basemapLayer); }
```

以下代码演示了如何访问一个底图图层的子图层：

```
private void UpdateBasemapSublayerAndNotify(IBasemapLayer basemapLayer,IMap map)
{ ICompositeLayer basemapCompositeLayer = basemapLayer as ICompositeLayer;
IBasemapSubLayer basemapSubLayer = basemapCompositeLayer.get_Layer(0) as IBasemapSubLayer;
ILayer innerLyer = basemapSubLayer.Layer;
IFeatureLayer featureLayer = innerLayer as IFeatureLayer;
//对子图层属性进行修改
…
//对子图层属性进行修改后,要进行更新,创建新的显示缓存
basemapLayer.NotifyLayerChanged(basemapSubLayer as ILayer, esriLayerEventHint.esriLayerEventHintProperties, null);
IActiveView activeView = map as IActiveView;
activeView.PartialRefresh(esriViewDrawPhase.esriViewGeography,basemapLayer as object,null); }
```

### 5.2.7 GraphicsLayer

在 ArcObjects 中，有三种对象可以保存图形元素（graphic elements）：Map、PageLayout 和 FDOGraphicsLayer。Map 和 PageLayout 将图形元素保存在地图文档中；FDOGraphics layer 是注记要素（annotation feature class）图层，它将图形元素保存在数据库中。

在 ArcMap 中，图形元素通过图形图层（graphics layer）进行管理。Map 对象使用 CompositeGraphicsLayer 来管理所有的图形图层。CompositeGraphicsLayer 是图形图层的集合，它实现了 ICompositeGraphicsLayer 接口，该接口提供了用于创建、查找、删除图形图层的方法。

CompositeGraphicsLayer 不仅仅是图形图层的集合，它本身也是一个图形图层，有自己的图形元素容器，可以存储图形元素，这个图形元素容器称为“基本图形图层（BasicGraphicsLayer）”，这个图层不能从 CompositeGraphicsLayer 中删除，可以通过 IMap.BasicGraphicsLayer 直接获得这个图层，IMap.ActiveGraphicsLayer 获得当前处于活动状态的图形图层，缺省情况下基本图形图层为活动图层。

CompositeGraphicsLayer 还实现了 ICompositeLayer 接口，该接口有 Count 和 Layer 两个只读属性。Count 没有包含基本图形图层，Layer 属性不能用于访问基本图形图层。

CompositeGraphicsLayer 和 GraphicsLayer，与 FeatureLayer、GroupLayer 和 FDOGraphicsLayer 不一样，不是真实的图层，不能通过 IMap.Layers 属性访问，也不包括在 IMap.LayerCount 中。

此外，图形图层还实现了 IGraphicsContainer 接口，用于管理图层内部的图形元素。

## 5.3 地图显示

显示对象（display objects）负责将地理要素或元素的几何形状等绘制到输出设备（屏幕、打印机或输出文件）中。有两类标准的显示对象：

（1）ScreenDisplay。ScreenDisplay 是对普通的应用程序窗体的抽象，它实现了滚屏和后台存储功能。

（2）SimpleDisplay。SimpleDisplay 是对其他的使用 Windows 设备上下文（Windows device context）着色的设备的抽象，这些设备包括打印机、元文件（metafiles）、位图（bitmaps）和次要窗体（如对话框、警示框）。

### 5.3.1　ScreenDisplay 对象

每一个视图都有一个 ScreenDisplay 对象，用于控制视图中的图形绘制。ScreenDisplay 是一个与窗体相联系的显示设备，除了管理窗体屏幕的显示属性外，它也管理了发生在显示背后的对象和行为，如缓存和视图屏幕变化等。

对于 Map 或 PageLayout 对象，可以通过 IActiveView. ScreenDisplay 属性获得 ScreenDisplay 对象。

```
IActiveView    pActiveView = axMapControl1. ActiveView;
IScreenDisplay    screenDisplay = pActiveView. ScreenDisplay;
```

每一个 Display 对象都拥有一个 DisplayTransformation 对象，用于设备单位和地图单位的转换，这个对象可以通过 IDisplay. DisplayTransformation 属性得到。每一个 DisplayTransformation 都与一个 Map 相关，它拥有地图的空间参考属性。使用 MapControl 控件编程时，使用这个对象的机会比较少，其原因在于控件的鼠标事件的参数中可以直接得到鼠标在地图上的坐标单位。如 e. MapX 和 e. MapY 可以返回鼠标在控件上的坐标，而 e. x、e. y 则返回鼠标在屏幕设备上的坐标，两个坐标可以通过 DisplayTransformation 进行转换。

ScreenDisplay 类主要实现了 IScreenDisplay3 接口，该接口继承了 IDisplay、IScreenDisplay2 接口。IScreenDisplay3. AddCache 方法可以将一个新的 cache（缓存对象）放进 ScreenDisplay 对象中，而 IScreenDisplay3. CacheCount 则返回 Cache 的数目。DrawPoint、DrawPolyline、DrawPolygon 和 DrawRectangle 是在地图控件中经常用于绘制几何对象的方法，除此以外还有一个 DrawText 可以用于在视图上绘制字符对象，所有的这些 Draw 方法在使用前都必须先使用 StartDrawing 方法，在绘制结束后需要使用 FinishDrawing 方法。使用这些 Draw 方法都需要传给要绘制的几何对象。这些 Draw 方法绘制的对象不能持久化，当使用 Refresh 后就不存在了。

下面是一个使用 DrawPolyline 方法绘制 polyline 的例子，使用工具类实现：

```
public override void OnMouseDown(int Button,int Shift,int X,int Y)
{   m_activeView = m_hookHelper. ActiveView;
    m_map = m_hookHelper. FocusMap;
    IScreenDisplay screenDisplay = m_activeView. ScreenDisplay;
    ISimpleLineSymbol lineSymbol = new SimpleLineSymbolClass();
    IRgbColor rgbColor = new RgbColorClass();rgbColor. Red = 255;
    lineSymbol. Color = rgbColor;
    IRubberBand rubberLine = new RubberLineClass();
    IPolyline pLine = (IPolyline)rubberLine. TrackNew(screenDisplay,(ISymbol)lineSymbol);
    screenDisplay. StartDrawing(screenDisplay. hDC,(short)esriScreenCache. esriNoScreenCache);
```

```
screenDisplay. SetSymbol( (ISymbol) lineSymbol) ;
screenDisplay. DrawPolyline( pLine) ;
screenDisplay. FinishDrawing( ) ; }
```

使用 PanStart、PanMoveto 和 PanStop 方法，可以平移地图的显示。使用 RotateStart、RotateMoveto 和 RotateStop 方法，可以旋转地图的显示；另外使用 TrackRotate 方法，可以实现地图显示的交互式旋转，其 OnMouseDown 事件处理代码如下：

```
public override void OnMouseDown( int Button, int Shift, int X, int Y)
  { pActiveView = m_hookHelper. ActiveView;
    pMap = m_hookHelper. FocusMap;
    IScreenDisplay screenDisplay = pActiveView. ScreenDisplay;
    screenDisplay. TrackRotate( ) ; }
```

如果使用 RotateStart、RotateMoveto 和 RotateStop 方法，需要用到三个鼠标事件：MouseDown、MouseMove 和 MouseUp，其实现代码如下：

```
public class RotateScreenDisplay: BaseTool
  { private IHookHelper m_HookHelper = new HookHelperClass( ) ;
    IMap  pMap;  IActiveView  pActiveView;
    private IPoint m_Point = new PointClass( ) ;
    public RotateScreenDisplay( )
      { //设置工具的相关属性
        … }
    public override void OnCreate( object hook)
      { m_HookHelper. Hook = hook; }
    public override void OnMouseDown( int Button, int Shift, int X, int Y)
      { pActiveView = m_HookHelper. ActiveView;
        pMap = m_HookHelper. FocusMap;
        IPoint point = new PointClass( ) ;
        point = pActiveView. ScreenDisplay. DisplayTransformation. ToMapPoint( X, Y) ;
        //Set the coordinates of the center of the current extent
        m_Point. X = pActiveView. Extent. XMin + (pActiveView. Extent. Width / 2) ;
        m_Point. Y = pActiveView. Extent. YMin + (pActiveView. Extent. Height / 2) ;
        //Start rotating the display
        pActiveView. ScreenDisplay. RotateStart( point, m_Point) ; }
    public override void OnMouseMove( int Button, int Shift, int X, int Y)
      { IPoint point = new PointClass( ) ;
        //Set the coordinates of current mouse location
        point = pActiveView. ScreenDisplay. DisplayTransformation. ToMapPoint( X, Y) ;
        //Rotate the display based upon the current mouse location
        pActiveView. ScreenDisplay. RotateMoveTo( point) ;
        //Draw the rotated display
        pActiveView. ScreenDisplay. RotateTimer( ) ; }
    public override void OnMouseUp( int Button, int Shift, int X, int Y)
```

```
    { //Get rotation angle
      double dRotationAngle = pActiveView.ScreenDisplay.RotateStop( );
      pActiveView.ScreenDisplay.DisplayTransformation.Rotation = dRotationAngle;
      pActiveView.PartialRefresh(esriViewDrawPhase.esriViewGeography,null,null);  }
}
```

ScreenDisplay 对象的功能非常强大，在 ArcObjects 中的任何窗体需要绘制图形时，都不可避免地使用到这个对象。在使用 MapControl 控件编程的时候，读者经常会使用 FlashShape 方法来闪烁要素，下面的代码使用 IScreenDisplay3 的 DrawPoint、DrawPolyline、DrawPolygon 等方法实现了自己的要素闪烁功能。

下面的 FlashGeometry 方法，需要输入三个参数，第一个是需要闪烁的要素几何属性，第二个参数是闪烁的次数，第三个参数是闪烁的时间间隔（系统线程休眠的时间）。该方法在本书的开发实例中多次用到。

```
private void FlashGeometry(IGeometry geometry,int flashCount,int interval)
  { IScreenDisplay display = m_activeView.ScreenDisplay;
    ISymbol symbol = CreateSimpleSymbol(geometry.GeometryType);
    display.StartDrawing(0,(short)esriScreenCache.esriNoScreenCache);
    display.SetSymbol(symbol);
    for(int i = 0;i < flashCount;i ++ )
      { switch(geometry.GeometryType)
          { case ESRI.ArcGIS.Geometry.esriGeometryType.esriGeometryPoint:
              display.DrawPoint(geometry);
              break;
            case ESRI.ArcGIS.Geometry.esriGeometryType.esriGeometryMultipoint:
              display.DrawMultipoint(geometry);
              break;
            case ESRI.ArcGIS.Geometry.esriGeometryType.esriGeometryPolyline:
              display.DrawPolyline(geometry);
              break;
            case ESRI.ArcGIS.Geometry.esriGeometryType.esriGeometryPolygon:
              display.DrawPolygon(geometry);
              break;
            default:
            break;  }
        System.Threading.Thread.Sleep(interval);  }
    display.FinishDrawing( );  }

private ISymbol CreateSimpleSymbol(esriGeometryType   geometryType)
  { ISymbol symbol = null;
    switch(geometryType)
      { case ESRI.ArcGIS.Geometry.esriGeometryType.esriGeometryPoint:
        case ESRI.ArcGIS.Geometry.esriGeometryType.esriGeometryMultipoint:
          ISimpleMarkerSymbol markerSymbol = new SimpleMarkerSymbolClass( );
```

```
            markerSymbol.Color = getRGB(255,128,128);
            markerSymbol.Size = 8;
            symbol = markerSymbol as ISymbol;
            break;
          case ESRI.ArcGIS.Geometry.esriGeometryType.esriGeometryPolyline:
            ISimpleLineSymbol lineSymbol = new SimpleLineSymbolClass();
            lineSymbol.Color = getRGB(255,128,128);
            lineSymbol.Width = 4;
            symbol = lineSymbol as ISymbol;
            break;
          case ESRI.ArcGIS.Geometry.esriGeometryType.esriGeometryPolygon:
            ISimpleFillSymbol fillSymbol = new SimpleFillSymbolClass();
            fillSymbol.Color = getRGB(255,128,128);
            symbol = fillSymbol as ISymbol;
            break;
          default:
          break;  }
      symbol.ROP2 = esriRasterOpCode.esriROPNotXOrPen;
      return symbol;  }
```

### 5.3.2 显示缓存

屏幕显示可以使用显示缓存（display caching，device-dependent bitmaps）来加速，以提高显示性能。Map 和 PageLayout 都实现了缓存。最简单的情况下，Map 为所有的图层创建一个缓存；如果 Map 中有注记或图形元素，再创建另外一个缓存；如果 Map 中有要素选择集，再创建第三个缓存。除了这些缓存外，单个的图层也可以有私有缓存；一旦一个图层有了私有缓存，那么位于它之上、之下的图层分别组织到不同的缓存。

IDisplay.StartDrawing()有两个参数：hDc 和 cacheID；hDc 参数指定绘制的目标设备，通常为一显示对象、打印机或位图（bitmap）；cacheID 参数指定绘制使用的缓存，绝大多数情况下，应当使用 esriNoScreenCache.

当使用 esriNoScreenCache 时，显示的活动缓存设置为 0，并直接绘制到设备上。当不想直接绘制到屏幕上时，可以指定一个用于绘制的缓存（bitmap），最终将缓存中的位图拷贝到屏幕。当屏幕重绘时，首先检测缓存脏与否，不需重新从草图绘制，而仅需简单重绘位图，从而节省绘制时间。

#### 5.3.2.1 缓存图层

如果一个图层要使用自己的缓存，可以将图层的 cached 属性设置为 true；图层的缓存会一直使用，直到图层的数据变化，并调用 IScreenDisplay.Invalidate()使该缓存无效。

```
private void EnableLayerCaches(IMap m_map)
  {  IActiveView activeView = m_map.ActiveView;
    for(int i = 0;i <= m_map.LayerCount - 1;i ++)
      {  //chkCustomCaches is the check box on a form
```

```
        m_map.get_Layer(i).Cached = (chkCustomCaches.Value == 1 ? true:false);   }
    …
    activeView.Deactivate();
    activeView.Activate(activeView.ScreenDisplay.hWnd);
    activeView.Refresh();  }
```

#### 5.3.2.2 使用多个缓存

一些应用程序（如 ArcMap）可能需要多个显示缓存。步骤如下：

（1）使用 IScreenDisplay.AddCache()添加一新缓存：

```
private short m_lCacheID = m_screenDisplay.AddCache();
```

（2）使用 StartDrawing()方法指定绘制要使用的缓存；

（3）使用 IScreenDisplay.Invalidate()方法，使某一缓存无效；

（4）使用 DrawCache()方法，从指定缓存中进行绘制。

```
public void DrawCache(int hDC,short index,ref tagRECT deviceRect,ref tagRECT cacheRect);
```

### 5.3.3 显示事件

#### 5.3.3.1 绘制顺序

（1）地图（Map，数据视图）的绘制顺序（drawing order）。表 5-1 列出了地图数据自下而上的绘制顺序，上面的数据绘制在其下面的数据之上，即最下面的项先绘，最上面的项最后绘。

**表 5-1 地图数据的绘制顺序**

| Object | Phase | Cache |
|---|---|---|
| Graphic selection | esriViewForeground | none |
| Clip border | esriViewForeground | none |
| Feature selection | esriViewGeoSelection | selection |
| Auto labels | esriViewGraphics | annotation |
| Graphics | esriViewGraphics | annotation |
| Layer annotation | esriViewGraphics | annotation |
| Layers | esriViewGeography | layer or layers |
| Background | esriViewBackground | bottom layer |

（2）页面布局（PageLayout）的绘制顺序。表 5-2 列出了页面布局数据自下而上的绘制顺序，上面的数据绘制在其下面的数据之上，即最下面的项先绘，最上面的项最后绘。

表 5-2 页面布局数据的绘制顺序

| Object | Phase | Cache |
|---|---|---|
| Snap guides | esriViewForeground | none |
| Selection | esriViewGraphicSelection | selection |
| Elements | esriViewGraphics | element |
| Snap grid | esriViewBackground | element |
| Print margins | esriViewBackground | element |
| Paper | esriViewBackground | element |

#### 5.3.3.2 绘制事件

以下的 IActiveViewEvents 事件可用于添加定制的绘制到应用程序中：

（1） AfterDraw （display，esriViewBackground）；

（2） AfterDraw （display，esriViewGeography）；

（3） AfterDraw （display，esriViewGeoSelection）；

（4） AfterDraw （display，esriViewGraphics）；

（5） AfterDraw （display，esriViewGraphicSelection）；

（6） AfterDraw （display，esriViewForeground）；

（7） AfterItemDraw （Index，display，esriDPGeography）；

（8） AfterItemDraw （Index，display，esriDPAnnotation）；

（9） AfterItemDraw （Index，display，esriDPSelection）。

活动视图的每一层面绘制后都会触发 AfterDraw 事件，但并不是所有的视图都会触发所有的事件。另外，如果视图是部分刷新，使用缓存绘制的层面不会触发 AfterDraw 事件。例如，刷新选择集时，所有图层都使用缓存进行绘制，那么，这时不会触发 AfterDraw （esriViewGeography） 事件；但有个例外，如果绘制的层面是 esriViewForeground，视图的每次绘制都会触发 AfterDraw 事件，无论使用缓存地图的任何内容，AfterDraw （esriViewForeground） 事件都会被触发。

使用 IViewManager. VerboseEvents 属性，使 AfterItemDraw 事件有效。每个地理要素或图形元素显示后，都触发 AfterItemDraw 事件，会严重影响绘制性能。通常情况下只使用 AfterDraw 事件。IViewManager. VerboseEvents = false 时，不会触发 AfterItemDraw 事件，绘制效率大大提高。

#### 5.3.3.3 事件与显示缓存

表 5-3、表 5-4 展示了当 AfterDraw 事件触发时，使用的活动上下文句柄（HDC）。

表 5-3 Map 绘制时的 AfterDraw 事件与 HDC

| Event | Active HDC | Event | Active HDC |
|---|---|---|---|
| esriViewForeground | window | esriViewGeography | top layer cache |
| esriViewGraphics | annotation cache | esriViewBackground | bottom layer cache |
| esriViewGeoSelection | selection cache | | |

表 5-4 PageLayout 绘制时的 AfterDraw 事件与 HDC

| Event | Active HDC | Event | Active HDC |
|---|---|---|---|
| esriViewForeground | window | esriViewGraphics | element cache |
| esriViewGraphicSelection | selection cache | esriViewBackground | element cache |

## 5.3.4 动态显示

### 5.3.4.1 动态显示原理

ArcGIS Engine 支持动态显示（dynamic display）技术，它能够在亚秒级刷新速度的情况下移动大量的显示对象、动画，也能更新位置、方向、尺寸、状态和属性信息等，而且这些信息需要在不被中断的情况下快速更新，如图 5-1 所示。动态显示增强了动态地图（dynamic map）的综合显示能力，而且它能在动态绘制显示过程中平滑地支持放大、缩小、旋转、移动等操作。这种技术只在 ArcGIS Engine 中被支持，它以牺牲地图质量为代价，来确保地图的动态快速显示。需要高质量制图的状况下不推荐使用。

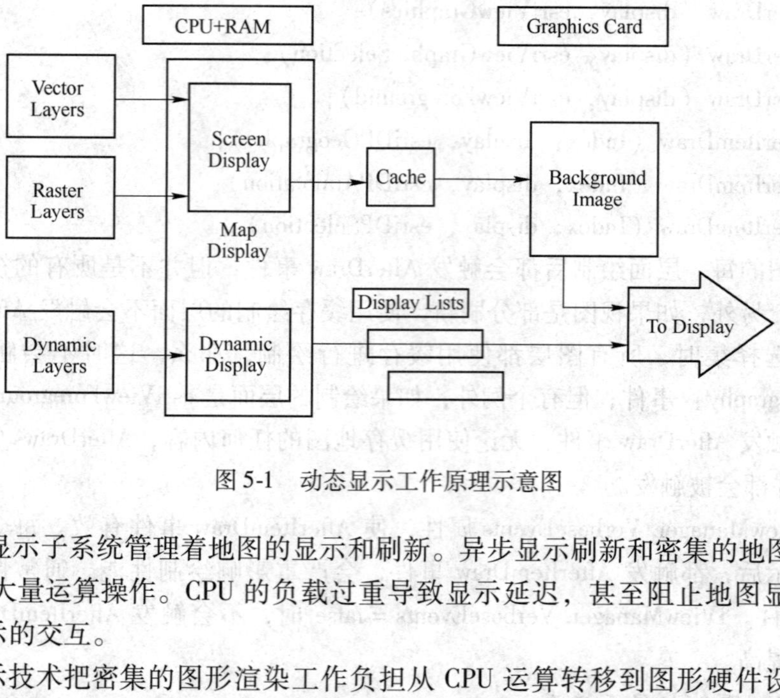


图 5-1 动态显示工作原理示意图

ArcGIS 显示子系统管理着地图的显示和刷新。异步显示刷新和密集的地图渲染操作能导致 CPU 的大量运算操作。CPU 的负载过重导致显示延迟，甚至阻止地图显示刷新和用户对地图显示的交互。

动态显示技术把密集的图形渲染工作负担从 CPU 运算转移到图形硬件设备上，从而大大提升显示性能。动态显示技术提供了一种同步刷新机制，能够让大量的移动对象得以快速的刷新。

### 5.3.4.2 动态显示的主要接口

IDynamicMap：该接口主要用于控制动态显示，用于控制动态显示的可用或不可用；控制动态地图的全局属性。在 maps 和 dynamic maps 之间有一对一的关系。

IDynamicLayer：结合 ILayer 和 IGeoDataset 接口，IDynamicLayer 提供了在动态模式下，通过实现自定义图层（custom layers）来绘制动态内容的机制。

IDynamicScreenDisplay：该接口控制是否启用动态显示。

IDynaimcGlyph：该接口管理动态显示所需点、线、文本类型的字符资源。

IDynaimcGlyphFactory：该接口用来管理动态字符（dynamic glyph），可以通过使用IDynamicGlyphFactory 接口来获取、新建和删除动态字符。

IDynaimcGlyphFactory2：与 IdynaimcGlyphFactory 相比，新增了根据位图（bitmap）创建动态字符的功能。

IDynamicSymbolProperties：可以设置选中的符号的各种属性，例如颜色、比例、转向和字符。

IDynamicSymbolProperties2：与 IDynamicSymbolProperties 相比，提供了更多的属性控制，如页边距、行间距、字符间距、水平及垂直对齐方式等。

IDynamicDisplay：提供了一种机制在地图上绘制不同的地理几何对象；此外，还提供了访问动态字符工厂的属性。在地图上绘制地理几何对象，需要同时使用动态显示和动态符号属性。使用动态符号属性来设置动态符号，然后使用动态显示来绘制形状。

IDynamicDrawScreen：该接口提供了使用屏幕坐标在 Map 上绘制地理几何对象、文本的方法。

IDynamicCompoundMarker：用于绘制点状符号，其周围可以带有 1 到 10 个属性。IDynamicCompoundMarker2 提供了可以绘制按阵列排列的点状符号的方法。

IDynamicCacheLayerManager：用于在非动态图层上预生成缓存，使已有缓存的区域无效，这样允许用户不用新建缓存就可以更新潜在的缓存，并控制缓存的绘制属性。IDynamicCacheLayerManager 允许您连接到已存在缓存的指定图层、从磁盘删除缓存结构等。

#### 5.3.4.3　如何使用动态显示技术

动态显示技术主要有以下两方面的应用：

（1）使用动态显示技术启用动态地图。使用地图对象的 IDynamicMap 接口可以启用或停用动态地图（Dynamic map）。以下代码启用动态地图：

```
IDynamicMap dynamicMap = m_hookHelper. FocusMap as IDynamicMap;
if( !dynamicMap. DynamicMapEnabled) dynamicMap. DynamicMapEnabled = true;
```

一旦地图对象的 DynamicMapEnabled 设置为 true 后，地图的缩放（包括连续缩放 continuous zoom and pan）、漫游（roam）、旋转（rotate data frame）等操作，显示效果明显不一样，几乎看不到刷新的滞后。

（2）使用动态显示技术绘制符号。动态显示技术除了上面的启用动态地图应用之外，还可以在动态模式下绘制符号，有两种绘制方法：

1）实现 IDynaimcLayer 接口中的 DrawDynamicLayer 方法。

2）监听动态显示的两个事件：

```
IDynamicMapEvents. BeforeDynamicDraw;
IDynamicMapEvents. AfterDynamicDraw;
```

动态模式下绘制时，有两个绘制选项：使用 ArcObjects 动态显示 API 和直接使用 OpenGL API。

（1）使用 ArcObjects 动态显示 API。通过实现 IDynaimcLayer 接口中的 DrawDynamic-

Layer 方法，来绘制符号。开发人员可以通过继承 ArcObjects 中的 BaseDynamicLayer 基类来创建自定义的动态图层，但需要重写基类中的 DrawDynamicLayer 方法。

```
public override void DrawDynamicLayer(esriDynamicDrawPhase DynamicDrawPhase, IDisplay Display, IDynamicDisplay DynamicDisplay)
{ //使用 IDynamicSymbolProperties2 设置绘制的符号
  …
  DynamicDisplay.DrawMarker(m_point);// m_point 为已实例化的点几何对象
  … }
```

另外，还可以通过监听 IDynamicMapEvents. AfterDynamicDraw 事件，来绘制符号。

```
public void OnAfterDynamicDraw(esriDynamicMapDrawPhase dynamicMapDrawPhase, IDisplay Display, IDynamicDisplay dynamicDisplay)
{ //使用 IDynamicSymbolProperties2 设置绘制的符号
  …
  DynamicDisplay.DrawMarker(m_point);
  … }
```

有关动态显示技术的开发，请参阅 ArcGIS 开发包中以下实例：Dynamic display layer、Dynamic cache layer manager controller、Dynamic display—tracking dynamic object、Dynamic biking、Dynamic logo、Dynamic display animated zoom。

（2）直接使用 OpenGL API。有关使用 OpenGL API 的开发，请参阅 ArcGIS 开发包中的 RSSWeatherLayer3D、Dynamic display compass、Dynamic heads up display 实例及 OpenGL 的相关文档。

## 5.4 使用 GraphicTracker 管理移动对象

ArcGIS 10 新增了 ESRI. ArcGIS. EngineCore 类库，该类库提供的新的 GraphicTracker APIs允许 2D 和 3D 中在不闪烁的情况下跟踪动态移动对象，使开发人员可以轻松地添加、移除和连贯地移动图形，而且支持自动刷新。GraphicTracker 执行的时候是最小化显示刷新的，并且当移动要素增加或者减少时是非常平滑的。除此之外，移动对象可以指定透明、高亮以及方向，甚至按照 Z 值漂浮。只有支持 IPoint、IPolyline 和 IPolygon 的几何对象才能添加到 GraphicTracker 中。在开发过程中可以添加多个 GraphicTracker 对象，但是使用时必须用一个 Map 或者 Globe 对象进行初始化，如：

```
IGraphicTracker graphicTracker = new GraphicTrackerClass();
graphicTracker.Initialize(axMapControl1.Map as IBasicMap);
```

GraphicTracker 中的图形对象是由一个符号对象（IGraphicTrackerSymbol）和一个几何对象（IPoint、IPolyline 或 IPolygon）组成的，所以要创建一个图形对象，需要先创建一个几何对象，然后再创建与之对应的符号对象。可以使用 IGraphicTracker 的 CreateSymbol 方法或者 CreateSymbolFromPath 方法。使用 Add 方法将创建好的几何与符号对象添加至 GraphicTracker 中，该方法返回一个 int 类型的对象，这个对象是刚刚添加的图形对象的一个引用，可以通过该引用来管理图形对象。

```
IGraphicTrackerSymbol myPointSymbol = IGraphicTracker. CreateSymbol(symbol,null);
int id = graphicTracker. Add(myPointGeometry,myPointSymbol);
```

使用 IGraphicTracker. Replace 可以替换图形对象的几何对象和/或符号对象：

```
IGraphicTrackerSymbol myPointSymbol2 = CreateSymbol(symbol2,null);
graphicTracker. Replace(id,myPointGeometry2,myPointSymbol2);
```

可以使用 IGraphicTracker. MoveTo 方法来移动图形对象。

每一个移动对象都可以分配一个文本标注以及文本符号。可以使用以下方法设置图形对象的文本符号和文本标签：

```
graphicTracker. SetTextSymbol(id,textSymbol);
graphicTracker. SetLabel(id,"my graphic's label");
…
//移除标签
graphicTracker. SetLabel(id,"");
```

以下的方法可以设置绘制的特性：

（1）*SetEvelationMode* 设置符号的高程模式；

（2）*SetOrientationMode* 设置方向模式；

（3）*SetPointOrientation* 设置点的 *pitch*、*roll* 和 *yaw* 值；

（4）*SetScaleMode* 设置符号的比例模式。

有关 GraphicTracker 的开发，请参阅 ArcGIS 开发包中的 GraphicTrackerMap、RSS-WeatherGraphicTracker 实例。

## 5.5 地图排版

PageLayout 对象对应于 ArcMap 的布局视图，在打开 ArcMap 的时候，文档对象会自动新建一个 PageLayout。文档对象可以通过 IMxDocument. PageLayout 来获得它的 PageLayout 对象，这个属性是可读写的，它意味着用户既可以新建一个 PageLayout，也可以获取文档中自动产生的 PageLayout。

为了更好地设计地图，PageLayout 会自动产生一些对象来帮助它进行地图的修饰：SnapGuides、SnapGrid、RulerSettings 和 Page。这些对象之间的关系如图 5-2 所示。

### 5.5.1 PageLayout 对象

PageLayout 对象是一个虚拟的页面，在其上放置和排列地理数据和地图元素，如地图框、地图标题、地图图例、地图比例尺等。PageLayout 主要用于地图的设计、打印与输出。PageLayout 对象对应于 ArcMap 的布局视图。

PageLayout 和 Map 两个对象非常相似，它们都是视图对象，可以显示地理信息；它们也都是图形容器，可以容纳图形元素（graphics elements）。它们虽然都是图形容器，但是

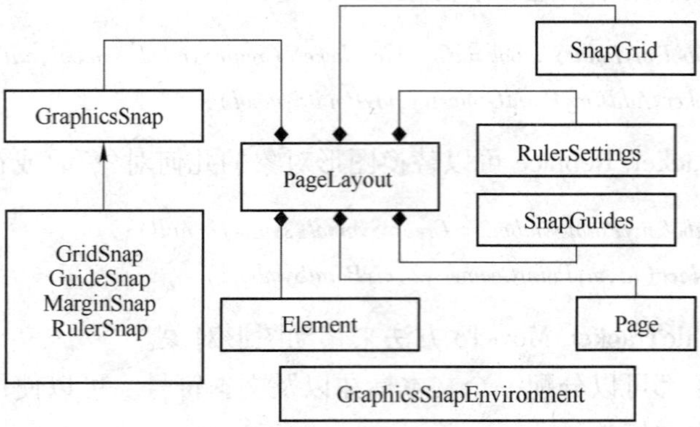


图 5-2 PageLayout 及相关对象结构关系

所能够保存的图形类型却是有差别的。PageLayout 除了保存图形元素外，还可以保存诸如 MapFrame 的框架元素（frame element）。

当使用地图文档时，PageLayout 对象通过 MapFrame 对象来管理文档中的地图对象；一个文档中的所有地图对象必须包含在 MapFrame 元素中，由 PageLayout 直接管理。

PageLayout 类主要实现了 IPageLayout3 接口，用于管理与页面布局相关的页面、打印机、标尺、捕捉格网、水平捕捉线和垂直捕捉线对象，同时还提供了页面缩放、地图框遍历等方法。

IPageLayout3 的 ZoomToWhole( ) 方法可以让 PageLayout 以最大尺寸显示；ZoomToPercent( ) 方法则可以按照输入的比例显示；ZoomToWidth( ) 方法可以让视图显示的范围匹配控件对象的宽度。

```
private void ZoomTo SomePercent( )
  {  IPageLayout3   pPageLayout = axPageLayoutControl1. PageLayout;
     //页面缩小到 10%
     pPageLayout. ZoomToPercent(10);  }
```

IPageLayout3 的 Page 属性用于管理 PageLayout 中的页面对象；RulerSettings、SnapGrid、HorizontalSnapGuides 和 VerticalSnapGuides 用于管理 PageLayout 上的标尺、捕捉格网、水平捕捉线和垂直捕捉线，这些对象有利于精确放置各种地图元素。

PageLayout 对象主要用于管理元素，因而它也实现了 IGraphicsContainer 这个接口，其使用方法和 Map 对象的一样。使用它们可以添加一个新元素，或者获取一个已经存在的元素对象，如一个版式页面上方的地图标题就是一种保存在它里面的文本元素。

PageLayout 还实现了 IGraphicsContainerSelect 接口，这个接口专门用于元素选择集的管理，如 IGraphicsContainerSelect. UnselectAllElements 可以清除图形元素选择集中所有的对象。

PageLayout 还实现了 IActiveView 和 IActiveViewEvents 接口，用于管理页面布局的视图及相关事件。

### 5.5.2 Page 对象

PageLayout 对象被创建后，会自动产生一个 Page 对象来管理布局视图的页面，通过 IPageLayout3. Page 可以得到它的引用。

Page 类的主要接口是 IPage，它除了用于管理 Page 的颜色、尺寸和方向等属性外，还可以管理其版式单位、边框类型和打印区域等属性。

使用 esriPageFormID 枚举值可以设置 Page 对象的尺寸，如果要改变 Page 的标准尺寸，可以将某个枚举值传给 IPage. FormID，这个方法比使用 IPage. PutCustomSize 来设置一个自定义的尺寸快得多。esriPageFormSameAsPrinter 是这个枚举值中重要的一项，在将它设置为 Page 的尺寸后，无论打印机的页面设置如何变化，版式页面的尺寸始终会和打印机保持一致。

IPage. Background 属性可以用于改变 Page 的背景样式；BackgroundColor 则可以改变背景的颜色；Border 属性用于设置 Page 的边框，而 Units 则可以获得 page 所使用的单位。

下面的方法是改变 Page 的背景颜色：

```
private void changePageColor( )
  { IPageLayout3 pPageLayout = axPageLayoutControl1. PageLayout;
    IPage pPage = pPageLayout. Page;
    IRgbColor   pRGBColor = new RgbColorClass( );
    pRGBColor. Red = 112;
    pRGBColor. Green = 200;
    pRGBColor. Blue = 102;
    pPage. BackgroundColor = pRGBColor;  }
```

Page 还实现了 IPageEvents 接口，用于管理页面的相关事件，如 PageColorChanged、PageMarginsChanged、PageSizeChanged 和 PageUnitsChanged 等。Page 对象会负责监听这些事件，并作出相应的反应；如当 Page 的单位发生变化后，布局视图需要更新它的转换参数、Snapgrid 以及 SnapGuides 等附属对象。

### 5.5.3 SnapGrid 对象

SnapGrid 是 PageLayout 上用于摆放元素而设置的辅助点，这些点有规则地呈网状排列，便于用户对齐元素。通过 IPageLayout3. SnapGrid 属性可方便地得到当前 PageLayout 使用的 SnapGrid 对象。

SnapGrid 类实现了 ISnapGrid 接口，用于设置 SnapGrid 的各种属性；如 HorizontalSpacing 和 VerticalSpacing 属性用于设置网点之间的水平距离和垂直距离，而 IsVisible 用于确定这些网点是否处于可见状态，Draw 方法用于将一个 SnapGrid 对象绘制在 Page 上。

下面是改变一个 SnapGrid 间距尺寸的例子：

```
public void SnapGrid( IActiveView activeView)
  { IPageLayout3 pageLayout = activeView as IPageLayout3;
    ISnapGrid snapGrid = pageLayout. SnapGrid;
    snapGrid. HorizontalSpacing = 10;
```

```
    snapGrid.VerticalSpacing = 20;
    snapGrid.IsVisible = true;
    activeView.Refresh(); }
```

可以使用 IGraphicSnapEnvironment 接口定义的属性、方法来管理图形元素的捕捉环境。

### 5.5.4 SnapGuides 对象

SnapGuides 是为了更好地放置地图元素而设计的辅助线。这个对象有两种类型：一种是水平辅助线，另一种是垂直辅助线。它们可以分别通过 IPageLayout3. HorizontalSnapGuides、IPageLayout3. VerticalSnapGuides 获得。每个 SnapGuides 都管理着一个 Guide 集合，即这种辅助线可以同时存在多条。

SnapGuides 类实现了 ISnapGuides 接口，它定义了管理 SnapGuide 的属性和方法；如 AreVisible 设定 SnapGuides 是否可见，GuideCount 可以返回一个 SnapGuides 对象中 Guide 的个数，而使用 Guide 可以按索引值得到某个具体的 Guide 对象。

AddGuide 方法可以将一个 Guide 放在指定位置上；RemoveAllGuides 和 RemoveGuide 方法分别可以清除所有的 Guide 和按照索引值清除某个 Guide。

下面是一个添加 Guide 的例子：

```
private void AddGuide(IActiveView activeView)
  { IPageLayout3 pageLayout = activeView as IPageLayout3;
    ISnapGuides pSnapGuides = pageLayout.HorizontalSnapGuides;
    pSnapGuides.AddGuide(4);
    pSnapGuides.AddGuide(8);
    pSnapGuides.AddGuide(12);
    pSnapGuides.AddGuide(16);
    pSnapGuides = pageLayout.VerticalSnapGuides;
    pSnapGuides.AddGuide(5);
    pSnapGuides.AddGuide(15);
    pSnapGuides.AddGuide(20);
    pSnapGuides.AddGuide(25);
    pSnapGuides.AreVisible = true;
    activeView.Refresh(); }
```

### 5.5.5 RulerSettings 对象

标尺对象也是为了辅助元素的放置而出现在 PageLayout 对象上方和左方的辅助尺，尽管 RulerSettings 也是可以直接创建的组件类，但它一般都是直接通过 IPageLayout3. RulerSettings 获得与当前 PageLayout 相关的标尺。

RulerSettings 实现了 IRulerSettings，它仅仅定义了一个属性，即 SmallestDivision 用于设置最小的区分值（页面尺寸单位）。

# 5.6 Element 对象

在一幅地图中，除了地理数据外，还可以拥有元素（element）。Element 是一个非常庞大复杂的对象集合，它主要分为两大部分：图形元素（graphic element）和框架元素（frame element）。

图形元素包括 GroupElement、MarkerElement、LineElement、TextElement、DataGraphElement、PictureElement 和 FillshapeElement 等对象，它们都是作为图形的形式而存在，在视图上是可见的。框架元素包括 FrameElement、MapFrame、MapSurroundFrame、OleFrame 和 TableFrame 等对象，它们都是作为不可见的容器而存在的。

在 Map 或 PageLayout 对象中可以通过 IGraphicsContainer 接口来管理这些元素，使用这个接口定义的方法可以添加、删除和更新单个的位于 Map 或 PageLayout 上的元素。使用 GroupElement 对象还可以将多个元素编组作为单个实体来给用户使用。

另外，图形元素还可以通过图形图层（graphics layer）进行管理。

IElement 是所有图形元素和框架元素类都实现的接口；这个接口可以让程序员管理元素的 Geometry 属性，它也定义了方法让用户查找元素和绘制元素。

## 5.6.1 图形元素

所有的图形元素（Graphics Element）类都实现了 IGraphicElement 接口，这个接口仅定义了一个 SpatialReference 属性，用于设置这些图形元素的空间参考。除此以外，图形元素还实现 ITransform2D 接口，这个接口定义的方法和属性可以让图形元素移动、旋转和缩放。

### 5.6.1.1 LineElement 和 MarkerElement 对象

LineElement 和 MarkerElement 是最简单的图形元素，它们在数据视图（data view）或者布局视图（layout view）上表现为线和点的形式。要将图形元素显示在视图上，一般的步骤是这样的：

（1）产生一个新的元素对象；

（2）确定元素显示时使用的 Symbol（符号）和 Geometry（几何形体对象）；

（3）使用 IGraphicsContainer. AddElement 把元素添加到视图中去；

（4）刷新视图，让添加的元素可以显示出来。

以 LineElement 为例，添加它到视图需要使用两个接口：IElement 和 ILineElement，前者用于确定线元素的 Geometry，后者用于确定 Symbol。需要注意的是能够使用的 Symbol 和 Geometry 不能混用，LineElement 元素只能使用用于修饰 LineElement 对象的符号，也只能使用 Polyline 作为其 Geometry。MarkerElement 也是一样，使用的是 Marker 类型的 Symbol 和点作为它的 Geometry。

下面的代码是如何添加一个 MarkerElement 到 Map 中去，用工具类实现，其主要代码如下：

```
public override void OnMouseDown(int Button,int Shift,int X,int Y)
    { pActiveView = m_hookHelper. ActiveView;
```

```
pMap = m_hookHelper. FocusMap;
IPoint pPt = pActiveView. ScreenDisplay. DisplayTransformation. ToMapPoint(X,Y);
IMarkerElement pMarkerElement = new MarkerElementClass();
ISimpleMarkerSymbol pMarkerSymbol = new SimpleMarkerSymbolClass();
pMarkerSymbol. Color = getRGB(11,200,145);
pMarkerSymbol. Size = 2;
pMarkerSymbol. Style = esriSimpleMarkerStyle. esriSMSDiamond;
IElement pElement = pMarkerElement as IElement;
pElement. Geometry = pPt;
pMarkerElement. Symbol = pMarkerSymbol;
IGraphicsContainer pGraphicsContainer = pMap as IGraphicsContainer;
pGraphicsContainer. AddElement(pMarkerElement as IElement,0);
pActiveView. PartialRefresh(esriViewDrawPhase. esriViewGraphics,null,null); }
```

MarkerElement 类支持 IMarkerElement 接口，这个接口的 Symbol 方法用于在新建一个 MarkerElement 对象时设置点符号（MarkerSymbol）。

#### 5.6.1.2 TextElement 对象

地图为了显示图形的附加信息，一般需要采用文字标注来完成。地图的标注主要有两种形式：一种是保存在地理数据库中以标注类的形式存在，另一种是使用文本元素（TextElement）。

TextElement 对象实现了 ITextElement 接口，这个接口定义了设置文字元素特征的属性，如 ScaleText（文字尺寸）、Text（字符）和 Symbol（文字的修饰符号）。需要注意的是 TextElement 的 Geometry 是一个点，即 Point 对象。

#### 5.6.1.3 DataGraphElement 对象

DataGraph 是一种基于地理数据而创建的图表，在 ArcMap 中载入地理数据后，可依据表或图层的数值数据产生一张图表。这样的图表就是 DataGraphElement 对象，可将其添加到页面布局上。

IDataGraphElement 接口仅仅被 DataGraphElement 对象所实现，它定义了两个属性，DataGraph 用于设定元素的数据图表对象，Map 为图表的父地图对象。

#### 5.6.1.4 GroupElement 对象

GroupElement 对象可以将多个元素编为一组，作为一个实体来使用。如果用户需要对多个元素进行相同的操作，如同时移动多个元素的时候，可以将它们编为一个组。GroupElement 是一个组件类，即用户可以新建一个单独的 GroupElement 对象用于处理元素。

GroupElement 类默认实现 IGroupElement3 接口，它定义了操作 GroupElement 的方法和属性。AddElement 方法可以将一个元素添加到 GroupElement 对象；而 ClearElements 可以清除 GroupElement 中所有的元素；DeleteElement 方法可以根据 GroupElement 中的某个元素的索引值删除这个元素；ReplaceElement 方法替换组中的某个元素。

#### 5.6.1.5 FillShapeElement 对象

FillshapeElement 是一个抽象类，它的子类有 CircleElement、EllipseElement、PolygonElement 和 RectangleElement。这些对象的共同特点是它们的 Geometry 属性都是一个二

维的封闭图形，在视图上分别表现为圆形元素、椭圆形元素、多边形元素和矩形元素。

IFillshapeElement 是所有 FillshapeElement 类都实现的接口，它定义了用于显示图形元素的 Symbol 属性，这个 Symbol 属性必须设置为 IFillsymbol 对象。

下面的代码是添加一个 PolygonElement 元素到 Map 对象中，用工具类实现，其主要代码如下：

```
public override void OnMouseDown(int Button,int Shift,int X,int Y)
    { pActiveView = m_hookHelper. ActiveView;
      pMap = m_hookHelper. FocusMap;
      IScreenDisplay pScreenDisplay = pActiveView. ScreenDisplay;
      IRubberBand pRubberPolygon = new RubberPolygonClass();
      ISimpleFillSymbol pFillSymbol = new SimpleFillSymbolClass();
      pFillSymbol. Color = getRGB(255,255,0);
      IPolygon pPolygon = pRubberPolygon. TrackNew(pScreenDisplay,(ISymbol)pFillSymbol)as IPolygon;
      pFillSymbol. Style = esriSimpleFillStyle. esriSFSDiagonalCross;
      pFillSymbol. Color = getRGB(0,255,255);
      IFillShapeElement pPolygonEle = new PolygonElementClass();
      pPolygonEle. Symbol = pFillSymbol;
      IElement pEle = pPolygonEle as IElement;
      pEle. Geometry = pPolygon;
      IGraphicsContainer pGraphicsContainer = pMap as IGraphicsContainer;
      pGraphicsContainer. AddElement(pEle,0);
      pActiveView. PartialRefresh(esriViewDrawPhase. esriViewGraphics,null,null); }
```

#### 5.6.1.6 PictureElement 对象

在制作地图时，可以向 PageLayout 中插入图片，这样的图片作为一种元素，即图片元素（PictureElement）。主要的图片元素有：BmpPictureElement、EmfPictureElement、GifPictureElement、Jp2PictureElement、JpgPictureElement、PictureElement、PngPictureElement 和 TifPictureElement。

所有的图片元素都实现了 IPictureElement4 接口，该接口用于管理和操作图片元素；如 Filter 属性是供 CFileDialog 使用的过滤器；MaintainAspectRatio 属性可以决定调整图片尺寸时是否保持其长宽比例；PictureAspectRatio 返回图片 X、Y 方向长度的比率，只有 MaintainAspectRatio 属性为 False 时，才可获得 PictureAspectRatio 的值；PictureDescription 可以添加图片的附加描述信息；SavePictureInDocument 属性则确定这张图片是否会被保存到地图文档中。ImportPictureFromFile 是这个接口定义的唯一的方法，用于从文件导入一张图片。

下面的代码演示如何在 PageLayout 控件中插入一张 bmp 图片：

```
public override void OnMouseDown(int Button,int Shift,int X,int Y)
    { pActiveView = m_hookHelper. ActiveView;
      pMap = m_hookHelper. FocusMap;
      IPageLayout pPageLayout = m_hookHelper. PageLayout;
      IGraphicsContainer pGraphicsContainer = pPageLayout as IGraphicsContainer;
```

```
IPictureElement4 pBmpPicEle = new BmpPictureElementClass( );
pBmpPicEle.ImportPictureFromFile(@"d:\temp\sim.bmp");
pBmpPicEle.MaintainAspectRatio = true;
IScreenDisplay pScreenDisplay = pActiveView.ScreenDisplay;
IRubberBand pRubberEnv = new RubberEnvelopeClass( );
ISimpleFillSymbol pFillSymbol = new SimpleFillSymbolClass( );
pFillSymbol.Color = getRGB(255,128,128);
IEnvelope pEnv = pRubberEnv.TrackNew(pScreenDisplay,(ISymbol)pFillSymbol) as IEnvelope;
IElement pEle = pBmpPicEle as IElement;
pEle.Geometry = pEnv;
pGraphicsContainer.AddElement(pEle,0);
pActiveView.PartialRefresh(esriViewDrawPhase.esriViewGraphics,null,null);  }
```

## 5.6.2 框架元素

框架元素（FrameElement）是一种包含其他地图元素的容器。所有的图片元素都属于框架元素，除此之外，还有两个主要的框架元素：MapFrame（地图框架）和地图附属物框架（MapSurroundFrame）。MapFrame 对象是 Map 的容器，它用于管理 Map 对象；而 MapSurroundFrame 对象则用于管理 MapSurround 对象，MapSurround 就是为了修饰地图而使用的比例尺、比例文本、指北针、图例等对象。每个 MapSurroundFrame 都是与一个 MapFrame 相联系的。如果一个 MapFrame 被删除了那么它其中所有的 MapSurroundFrame 对象也将被删除。

所有的框架元素类都实现了 IFrameElement 接口，这个接口定义了操作框架元素最一般的属性和方法；如 BackGround、Border 属性可以用于设置框架元素的背景和边框；Object 属性则可以返回这个框架对象的引用，由于系统并不能明确确定返回的类型，因而它的类型是 Object 类型。

### 5.6.2.1 MapFrame 对象

MapFrame 是由 PageLayout 控制的。使用 IGraphicsContainer.FindFrame 方法可以查找到某个特定对象的框架对象。

```
public IFrameElement FindFrame(object frameObject);
```

MapFrame 对象支持 IMapFrame 接口，使用该接口定义的属性和方法可以控制其中的 Map 对象；其 Map 属性可以获得这个地图框架内的地图对象，它是一个只读属性；MapBounds 属性则可以返回地图对象的范围，即一个 Envelope 对象；MapScale 属性管理地图显示的比例。CreateSurroundFrame 方法用于创建一个 MapSurroundFrame 对象。

MapFrame 对象还实现了 IMapGrids 接口，它可以用于管理地图框架中的地图格网（MapGrid）；如 AddMapGrid 用于添加一个 MapGrid 对象，ClearMapGrids 和 DeleteMapGrid 可以清除所有的 MapGrid 对象或者使用索引值删除地图框架对象中的某个 MapGrid。

### 5.6.2.2 MapSurroundFrame 对象

MapSurroundFrame 是一种用于管理 MapSurround 对象的框架元素。MapSurround 是指北针、比例尺和图例一类的对象，它们是一种“智能”的，会自动与某个地图对象关联，随着地图视图的变化而变化的对象。一个 MapSurround 对象与 MapFrame 是相关联的，当地图框架发生旋转的时候，指北针对象的方向也会发生变化。MapSurroundFrame 支持 MapFrameResized 事件，当地图的尺寸改变的时候，它会监听这个事件，并自动更新比例尺等对象。

IMapSurroundFrame 接口是 MapSurroundFrame 对象的默认接口，IMapSurroundFrame. MapFrame 属性可以得到与自身关联的 MapFrame 对象，而 IMapSurroundFrame. MapSurround 属性则可以得到它持有的 MapSurround 对象。

#### 5.6.2.3 TableFrame 对象

TableFrame 是一种可以容纳 Table 对象的框架元素。当用户在 ArcMap 打开一个要素图层的属性表，点击“Table Options”按钮，选择“Add Table to Layout”后，会在布局视图中发现一份数据表，这个 Table 对象就是由 TableFrame 对象来进行管理的，后者只能放置在布局视图中，而不能添加到 Map 对象中去。

ITableFrame 接口是 TableFrame 类实现的唯一接口，它提供了操作框架元素中表的属性和方法。ITableFrame. StartCol 和 StartRow 可以设置显示表时的列数和行数；而使用 ITableFrame. TableView 属性可以让程序员得到一个 ITabelView 对象去改变表视图的属性，诸如选择显示等。ITableFrame. Table 属性将会返回给用户一个与框架相关的 ITable 对象，它实际上是普通属性表或是要素类，也就是这个数据表的数据源对象。当然用户也可以使用 ITableFrame. TableProperty 属性获得 ITableProperty 对象，进行表属性的管理。

## 5.7 MapGrid 对象模型

一幅成品地图中总是会看到地图格网。在小比例尺地图中，经纬网可以指明某个区域在地球上的确切位置；在大比例地图中，也可以使用方格网将一块区域进行规则划分，它们是修饰一幅地图不可缺少的部分。

ArcObjects 中也提供了用于辅助显示地图的地图格网 MapGrids 对象，用于显示经纬网或者方格网。在本质上它就是 MapFrame 对象，必须出现在 PageLayout 视图而不是 Map 视图。一幅地理网格主要由 GridLine（格网线）、GridLabel（格网标注）和 GridBorder（格网边框）三部分组成。

### 5.7.1 MapGrid 对象

MapGrid 对象是布局视图中的一种参考线或点，它可以帮助用户快速地确定地图中要素的位置。MapGrid 对象由 MapGrids 来管理，一个 MapGrids 中可以存在多个 MapGrid 对象。

在布局视图中获得一个 MapGrid 的引用非常容易，使用 IGraphicsContainer. FindFrame 可以得到 PageLayout 对象的 MapFrame 对象，然后通过 QI 方法可以得到 IMapGrids 的引用，进而得到所需的 MapGird 对象，如下面的代码段：

```
private IMapGrid GetMapGrid(IActiveView pActiveView)
    {  IMap pMap = pActiveView.FocusMap;
       IGraphicsContainer pGraphicsContainer = pActiveView as IGraphicsContainer;
```

```
    IMapFrame pMapFrame = pGraphicsContainer.FindFrame(pMap) as IMapFrame;
    IMapGrids pMapGrids = pMapFrame as IMapGrids;
    IMapGrid pMapGrid = pMapGrids.get_MapGrid(0);
    return pMapGrid; }
```

MapGrid 是一个抽象类，它有四个子类：MeasuredGrid、Graticule、IndexGrid 和 CustomGridOverlay。

IMapGrid 是所有类型的地图格网类都实现的接口，它用于设置 MapGrid 对象的一般属性和方法；如 Border 属性，用于设置地图网格的边框；IMapGrid. LabelFormat 属性用于设置地图网格上的标签格式；IMapGrid. Linesymbol 则可以用于设置网线的样式。IMapGrid 接口还定义了多个设置 tick 对象的属性，所谓 tick，就是一个小记号点，如网线之间的交点、网线与边的交点等；SetSubTicksVisiblity 等方法可以按照用户的要求来确定这些点。

Graticule 是使用经纬线来划分地图格网对象，它实现了两个接口 IGraticule 和 IMeasuredGrid。由于 Graticule 对象是使用经纬网，因而需要设置空间参考属性。

IMeasuredGrid 接口定义了多个属性用于设置 Origin（原点），如 FixedOrigin 用于是否根据计算自动设置起点，Units 用于设置原点间隔的单位，XOrigin、YOrigin 用于设置 X 和 Y 方向上的起点，XIntervalSize、YIntervalSize 是确定 X、Y 方向上两线之间的间隔。

MeasuredGrid 也是使用经纬度作为地图网格来划分地图的，它与 Graticule 对象的不同之处在于它的空间参考属性可以和 MapFrame 对象一致，也可以不一致。它除了实现 IMeasureGrid 接口外，还实现了 IProjectedGrid 接口用于设置它的投影属性。

IndexGrid 是使用索引值的方式来划分地图的区域的对象，通常南北方向用“ABC”，而东西方向用“123”来表示，它适合小区域内地块的划分等。IndexGrid 类实现了 IIndexGrid 接口，IIndexGrid. XLabel 和 YLabel 属性分别用于设置网格 X、Y 轴上的标签。ColumnCount 和 RowCount 属性分别设置了 MapGrid 网格划分的列数和行数。

下面是一个 IndexGrid 的例子：

```
private IIndexGrid CreateIndexGrid()
{   IIndexGrid pIndexGrid = new IndexGridClass();
    pIndexGrid.ColumnCount = 10;
    pIndexGrid.RowCount = 10;
    for(int i = 0; i < pIndexGrid.ColumnCount; i ++)
        { pIndexGrid.set_XLabel(i, (i + 1).ToString()); }
    for(int i = 0; i < pIndexGrid.RowCount; i ++)
        { pIndexGrid.set_YLabel(i, i.ToString() + "A"); }
    return pIndexGrid; }
```

### 5.7.2 MapGridBorder 对象

地图格网是有边框的，边框有两种类型：SimpleMapGridBorder 和 CalibratedMapGridBorder。它们都实现了 IMapGridBorder 接口，其 DisplayName 属性可以得到边框的显示名，它们分别是“simple border”和“calibrated border”。

SimpleMapGridBorder 对象只是使用简单的直线来作为地图的边框，因而在 ISimpleMap-

GridBorder 接口中必须设置的是 LineSymbol 属性，它用于确定边框线的样式、宽度和颜色。

下面是一个简单地图网格边框的例子：

```
private ISimpleMapGridBorder CreateSimpleMapGridBorder()
  { //新建一个简单边框对象
    ISimpleMapGridBorder pSimpleMapGridBorder = new SimpleMapGridBorderClass();
    //设置简单边框的属性
    ISimpleLineSymbol pLineSymbol = new SimpleLineSymbolClass();
    pLineSymbol.Style = esriSimpleLineStyle.esriSLSSolid;
    pLineSymbol.Color = getRGB(255,255,0);
    pLineSymbol.Width = 2;
    pSimpleMapGridBorder.LineSymbol = pLineSymbol;
    return pSimpleMapGridBorder;  }
```

CalibratedMapGridBorder 是使用一种渐变线段的边框对象，该对象支持的接口是 ICalibratedMapGridBorder，它定义了边框的前景色、后景色、宽度，线段的间隔长度等属性。

### 5.7.3 MapGridLabel 对象

每一个地图格网都有标签，无论是使用经纬网还是公里网，都必须设置一些标识性字符，这些字符都需要使用到 MapGridLabel 对象。

IGridLabel 接口控制着所有 GridLabel 对象的一般属性。用户需要注意：并不是所有的标签都可以使用在某种格网上，表 5-5 列出了格网可以使用的标注类型。

**表 5-5　不同的地图格网可以使用的标注类型**

| Grid 类型 | 可以使用的 MapGridLabel | 显示的名称 |
|---|---|---|
| Graticule | DMSLabel | Degrees Minutes Seconds |
| MeasuredGrid | FormattedLabel | Formatted |
| | MixedFontLabel | Mixed Font |
| IndexGrid | ButtonTabStyle | Button Tabs |
| | RoundedTabStyle | Rounded Tabs |
| | ContinuousTabStyle | Continuous Tabs |
| | BackgroundTabStyle | Filled Background |

IGridLabel. LabelAlignment 属性可以设置格网标注在格网对象的四个边上的水平和垂直方向，它需要传入一个 esriGridAxisEnum 枚举类型值。

DMSGridLabel 对象的特点是其标注字符使用的是经纬度的单位，即度、分和秒，例如 110°10′10″；DMSGridLabel 类实现 IDMSGridLabel 接口用于管理经纬网标注对象的属性，如字体、标注类型等。

FormattedGridLabel 对象可以让标注上的字符格式化显示，它实现了 IFormattedGridLabel 接口。该接口的 Format 属性需要传入一个 INumberFormat 对象用于设定字符格式，如字符是否显示负号、小数点后设置多少位等。

MixedFontGridLabel 可以使用两种字体来设置一段标注文本，IMixedFontGridLabel. NumberOfDigits 属性可以确定两种字体是如何应用到标注字符上的，其中的 n 值可以让标签最后的 n 个字符设置为第二种字体和颜色，而剩下的字符使用第一种字体和颜色。MixedFontGridLabel 对象的主要颜色和字体使用 IGridLabel. Color 和 IGridLabel. Font 来设置，而第二种颜色和字体则由 IMixedFontGridLabel. SecondaryColor 和 IMixedFontGridLabel. SecondaryFont 确定。

### 5.7.4 MapGridFactory 对象

MapGridFactory 对象可以让程序员快速新建一个地图格网对象，这些新建的格网对象的属性被设置为缺省值。MapGridFactory 是一个抽象类，它唯一的接口是 IMapGridFactory，其中定义的 create 方法可以新建 MapGrid 对象。

MapGridFactory 的子类有 GraticuleFactory、IndexGridFactory、MeasuredGridFactory、CustomOverlayGridFactory 和 MgrsGridFactory 五种。它们没有自己的接口，全都实现了 IMapGridFactory。

下面是一个实际使用 MapGridFactory 对象产生一个地图格网的过程：

```
private void CreateMapGridByFactory(IActiveView pActiveView)
    { IGraphicsContainer pGraphicsContainer = pActiveView as IGraphicsContainer;
      IMap pMap = pActiveView. FocusMap;
      IMapFrame pMapFrame = pGraphicsContainer. FindFrame(pMap) as IMapFrame;
      IMapGrids pMapGrids = pMapFrame as IMapGrids;
      //使用 MeasuredGridFactory
      IMapGridFactory pMapGridFactory = new MeasuredGridFactoryClass();
      //产生个新的地图网格对象
      IMapGrid pMapGrid = pMapGridFactory. Create(pMapFrame);
      IMeasuredGrid pMeasuredGrid = pMapGrid as IMeasuredGrid;
      pMeasuredGrid. FixedOrigin = true;
      pMeasuredGrid. Units = pMap. MapUnits;
      pMeasuredGrid. XIntervalSize = 5;
      pMeasuredGrid. XOrigin = -180;
      pMeasuredGrid. YIntervalSize = 5;
      pMeasuredGrid. YOrigin = -90;
      //将地图网格添加到 mapgrids 中
      pMapGrids. AddMapGrid(pMapGrid);
      pActiveView. PartialRefresh(esriViewDrawPhase. esriViewBackground, null, null); }
```

## 5.8 MapSurround 对象

MapSurround 是与地图对象关联的用于修饰地图的辅助图形元素对象。它们的形状或数值会随着地图属性的变化而自动改变，如地图缩放后，ScaleBar（比例尺）对象将会自动调整比例，ScaleBarText（比例尺文本）也会相应改变它的比例值，即 MapSurround 类型对象会监听 Map 对象的行为而做出相应反应。

MapSurround 对象，也是一种图形元素，而且是被 MapSurroundFrame 管理的图形元素，它们与其他元素最大的不同在于其本身是与一个 Map 对象紧密相关的。当 Map 对象的方向、比例或其中的图层对象等变化时，不同类型的 MapSurround 对象依据自己的方法做出自动反应。

由于 MapSurround 与 Map 对象有直接的关联，因此可以使用 IMap. Mapsurround 来得到它，用户也可以通过 IMap. MapSurroundCount 属性获得 Map 对象所有 MapSurround 对象的数目。IMap 中的 AddMapSurround、ClearMapSurrounds、CreateMapSurround、DeleteMapSurround 方法可对 MapSurround 进行相应的操作。

所有的 MapSurround 对象都支持 IMapSurround 接口，它定义了 MapSurround 对象一般的属性和方法，如使用 Name 属性可以得到某个 MapSurround 的名称，FitToBounds 方法可以改变一个 MapSurround 对象的尺寸。

MapSurround 类也实现了 IMapSurroundEvents 接口，用于触发与 MapSurround 相关的事件，如 AfterDraw、BeforeDraw 等。

### 5.8.1 图例对象

图例（legend）是与 Map 对象中图层的着色操作（renderer）相关的对象，着色对象可以在地图上产生专题图。

图例可以看作是 LegendItem 的集合，一个 LegendItem 代表一个图层的符号化方案。每个 LegendItem 都有一个或者多个 LegendGroup（图例组），而这个数目则取决于地图有多少种着色方案。每个 LegendGroup 都有一个或者多个 LegendClass（着色类）对象，而每个 LegendClass 代表了一个使用自身的符号和标签制作的图例分类。在 ArcMap 中将一个要素图层进行基于多属性的着色操作后，用户会在 TOC 窗体内发现如图 5-3 中的图形。

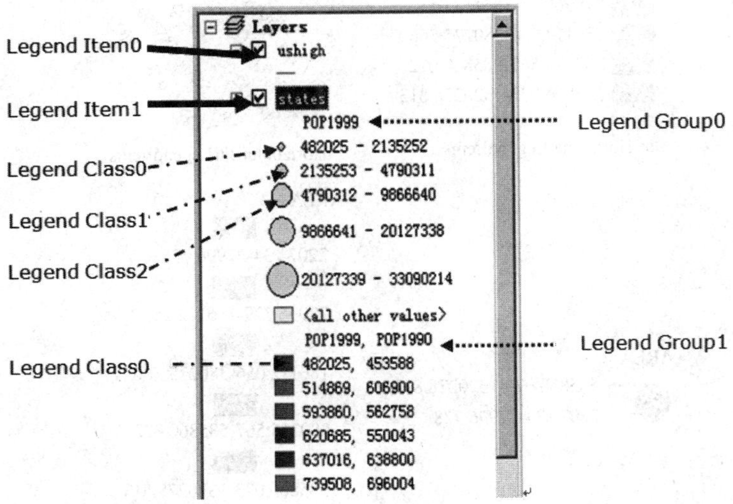


图 5-3 图例相关对象结构图

从 TOC 中可以看出，Map 中有两个要素图层——ushigh 和 states，与 Map 对象相关的图例项有两个，即上图中的 Legend Item0 和 Legend Item1，每个 Legend Item 都和一个图层相关联。ushigh 图层使用了一种符号化方案；states 使用了两种符号化方案，有两个 LegendGroup，其中第一个 Legend Group 内拥有 5 个 Legend Class 对象，第二个 Legend Group 内也有多个 Legend Class。这个图清楚地解释了图例各组成要素之间的关系。

Legend 类的主要接口是 ILegend，使用它可以修改 legend 的属性和获得它的组成对象，如 ILegend. Item 可以用于获得一个地图图例内的某个条目。当 ILegend. AutoAdd 为 true 时，Map 对象加入新图层后，与 Map 关联的图例对象将会自动添加一个条目，而 AutoReorder 属性则可以让 Legend 中条目的顺序和地图中的图层顺序一致；AutoVisibility 属性为 true 的时候，如果已将 ushigh 图层设置为不可见，那么图例中对应的 Item0 也将为不可见状态。ILegend 接口还定义了方法可以让程序员灵活地添加、删除其中的条目，如 AddItem、ClearItems 等。ILegend 已被 ILegend2 所取代。

一般情况下，图例中的描述字符都是在 Patch（Patch 指每个 Legend Class 前面的用于显示着色符号的小图片）的右边（图 5-4），如果想让它们处于左侧，可以使用 IReadingDirection. RightToLeft 进行设置。

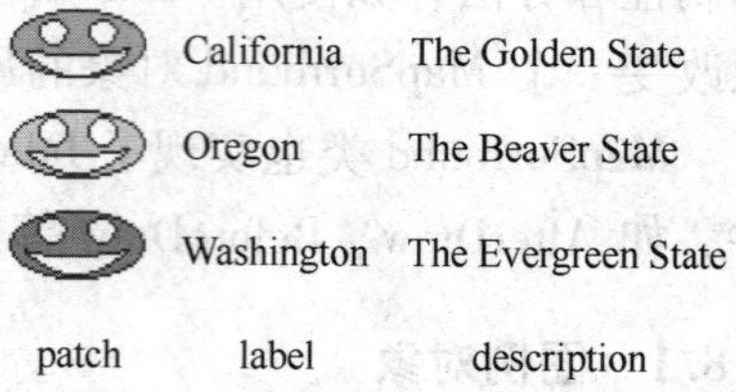


图 5-4 Legend Class 的组成

LegendItem 对象有多种类型，它本身是一个抽象类，拥有 HorizontalLegendItem、HorizontalBarLegendItem、NestedLegendItem 和 VerticalLegendItem 四个子类，关于这四个对象的不同表现形式如图 5-5 所示。LegendItem 对象默认实现 ILegendItem 接口，这个接口定义了所有 LegendItem 的一般属性，如是否显示标题、是否显示标签，是否出现图层名以及 LegendItem 的宽度和高度等。

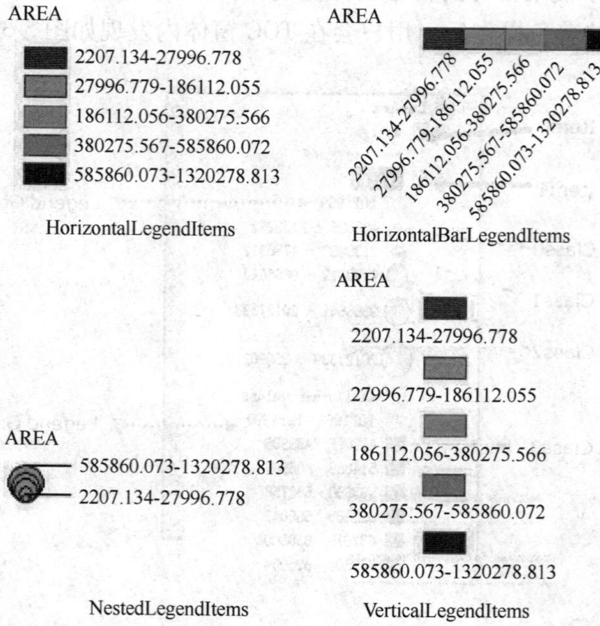


图 5-5 LegendItem 类型示意图

LegendItem 的四个子类都有各自相应的接口，如 HorizontalBarLegendItem 的接口为

IHorizontalBarLegendItem 等，使用这些接口可以方便地定制不同类型的图例条目。

LegendClassFormat 对象用于控制单个 LegendItem 的外观，如 DescriptionSymbol、LinePatch 和 Patch 的属性等。LegendFormat 对象用于控制一个 legend 的属性，特别是 legend 内不同部分的间隔大小。

Patch 是一个 Legend Class 中的帮助描述要素着色的图片，如上图中的绿色方框、线和橘色的圆，都是一种 patch，这个对象只有两种形式：AreaPatch 和 LinePatch。ArcObjects 使用 LegendClassFormat 和 LegendFormat 对象来管理一个图例项内的 Patch 对象。除了使用标准的 Patch 对象外，用户还可以使用 IPatch 接口定义的属性和方法来自己创建新的 patch 对象供图例对象使用。

有关图例的应用开发，请参阅 3.3.1.1 节中改变图例符号的实例。

### 5.8.2 指北针对象

MarkerNorthArrow 是一种用于指示地图空间方位的图形，它其实是 ESRI North 字库中的字符符号，字库中的任何一种字体符号都可以当作指北针使用。

MarkerNorthArrow 从抽象类 NorthArrow 继承而来，它是一个 MapSurround 对象。MarkerNorthArrow 对象的两个主要接口是 INorthArrow 和 IMarkerNorthArrow。

INorthArrow 接口可以设置指北针对象的一般属性，如颜色、尺寸和引用位置，所谓引用位置是一个 Point 对象，它是地图对象计算出来的指北点，当地图被旋转的时候，指北点会自动发生变化，指北针对象会一直指向这个点。

IMarkerNorthArrow 接口定义了一个属性 MarkerSymbol，它用于设置指北针的符号，在默认状态下这个符号属于 ESRI North 字体。

### 5.8.3 比例尺对象

ScaleBar 对象也是一种 MapSurround，它有多个子类，如 ScaleLine、SinglefillScaleBar 和 DoublefillScaleBar 等，这些类都实现了 IScaleBar 和 IScaleMarks 接口。

IScaleBar 接口可以管理一个比例尺对象的大部分属性，如比例尺颜色、高度，它也定义了管理比例尺对象上 Label 的属性，如 Labelsymbol、LabelPosition 等，它们分别用于设置比例尺中的标识字符符号和位置。

IScaleMarks 接口负责管理与一个比例尺相关的单个标记（mark）的属性，如高度、符号和位置等。

SinglefillScaleBar 是个抽象类，它的对象使用一种符号来显示比例尺。这个类实现的接口是 ISinglefillScaleBar，其子类为 SingleDivisionScaleBar，子类没有自己特殊的接口。

DoublefillscaleBar 是使用两种符号来交叉显示比例尺的，其接口是 IDoublefillScaleBar，使用它的 FillSymboll 和 FillSymbol2 属性可以设置 DoublefillScaleBar 中的两种符号。DoublefillScaleBar 有三个子类，即 AlternatingScaleBar、DoubleAlternatingScaleBar 和 HollowscaleBar。

ScaleLine 对象是使用步进线（stepped-line）来显示比例尺的，它本身是一个组件类，实现了 IScaleLine 接口。SteppedScaleLine 对象是 ScaleLine 的子类。

有关使用比例尺对象的开发实例，请参阅本书附带的光盘。

### 5.8.4 比例文本对象

比例尺能够用图形的方式显示出地图上的单位长度在现实世界的距离，但用户一般都希望在地图上能够获得一个明确的比例尺数值。ArcObjects 提供比例文本对象 ScaleText 就可以满足这个要求。ScaleText 对象在本质上是一个文本元素，但是它会随着相关地图的变化而改变比例尺数值。

ScaleText 类实现了 IScaleText 接口，它定义了文本的格式，如 symbol、style 等。用户也可以通过 text 只读属性来得到比例文本的字符值。

## 5.9 地图的输出

地图输出分为两种类型：一种是地图的打印输出，即调用与计算机连接的打印设备将地图打印在纸质媒介上；另一种是地图的转换输出，即将地理数据输出为不同格式的文件，如 JPEG、PDF、BMP 等。

ArcGIS 10 在 ESRI. ArcGIS. Carto 库中新添加 PrintandExport 类来简化打印和地图输出。当使用 PrintAndExport 类来打印和导出地图，输出的质量会自动由 Export 或者 Printer 对象的 ResampleRatio 属性中得到并且应用于当前视图。

PrintAndExport 类实现了 IPrintAndExport 接口，该接口中的 Export、ExportPages 方法分别用于输出指定的视图、页面，Print、PrintPages 方法分别用于打印指定的视图、页面，PrinterNames 属性返回所有可用的打印机的名称，PageCount 属性返回数据驱动页面数，PageRow 属性返回指定的数据驱动页面的行。

如果您的目标是使用最少的代码将 Map 或 PageLayout 的视图输出到一个文件，可以使用 PrintAndExport 类，这个类通常与输出类（如：ExportPNG、ExportPDF 等）一起使用产生图形输出文件。因为这时的图像重采样、输出影像的质量、可视范围的管理以及其他一些复杂的处理都是内部完成的，所以，这是输出地图的最容易的方法。

如果地图的输出需要更精细的控制，如需要计算 VisibleBounds、PixelBounds，或需要控制其他的输出及显示参数，那么不能使用 PrintAndExport 类，而需要开发人员自己编程实现更精细的控制。这时，可以使用 IExport 接口中 StartExporting、FinishExporting 方法以及 IActiveView 接口中的 Output 方法来实现。

在 ArcObjects 中，PrintAndExport 类也是生产基于数据驱动页面（data driven pages）输出的唯一可用机制。

### 5.9.1 地图的打印输出

地图的打印输出，除了使用 PrintAndExport 类外，还可以使用 Printer 相关的类。

#### 5.9.1.1 Printer 类

Printer 类是一个抽象类，它有 3 个子类：EmfPrinter、ArcPressPrinter 和 PsPrinter。EmfPrinter 对象是通过使用 EMF 数据格式作为打印驱动，PsPrinter 对象是使用 PostScript 作为驱动来打印输出地图，ArcPressPrinter 则是使用 ArcPressPrinterDriver 来输出地图。

IPrinter 接口定义了所有打印对象的一般方法和属性；如 IPrinter. Paper 属性用于初始

化与系统关联的缺省的打印机，它是一个 Paper 对象，用户可以产生一个独立的 Paper 对象去使用另一台打印机；IPrinter. PrintToFile 属性可以设置是否输出到一个文件；IPrinter. StartPrinting 方法用于返回一个打印设备的 hDC，以便 IActiveView. Output 对象可以使用它将地图输出到一个打印机设备上；IPrinter. FinishPrinting 则用于清除打印后的缓存对象。

A EmfPrinter 对象

EMF 即 Windows Enhanced Metafile。EmfPrinter 是使用 EMF 格式作为打印驱动的打印对象，它支持 IEmfPrinter 接口，不过这个接口没有任何的属性和方法，它仅仅是指明用户是否使用这个对象来进行打印工作。

B ArcPressPrinter 对象

ArcPressPrinter 是一种使用 ESRI ArcPress 打印驱动 ArcPressPrinterDriver 的打印对象。ArcPress 是 ArcGIS 应用程序中的一个可选的地图打印扩展模块。作为 ESRI 的栅格影像处理器（RIP），ArcPress 将标准的图形交换格式和内置的打印机语言表达成打印文件传递到工业标准的宽幅格式打印机上。

一幅 GIS 地图可能包括大量的矢量数据、复杂的符号和极大的影像，这使得在桌面打印机上打印地图是非常困难和耗时的。ArcPress 扩展模块的角色是在打印机上迅速地打印高质量的地图，并且不需要额外的内存或硬件。ArcPress 可以在不需要昂贵的硬件升级的情况下，将一台计算机变为一台打印处理器，使之能连续地打印。

C PsPrinter 对象

PsPrinter 对象是使用 PostScript 作为驱动的打印对象。PostScript 是一种与设备无关的打印机语言，即在定义图像时可以根本不考虑输出设备的特性（如打印机的分辨率、纸张大小等），而且它对文本和图形实行同样的处理过程，这给字体处理带来了极高的灵活性。

由于 PostScript 的设备无关特性，在输出到特定输出设备，如对分辨率、纸张大小、进纸盒进行选择时，PostScript 通过打印机描述（postscript printer description，PPD）文件来实行各种打印机的不同特性。PPD 文件主要提供以下与打印机有关的特定信息：默认/最高分辨率、是否支持半色调监控、用户设定的监控信息、页面大小定义、页面可打印区域、默认字体（通常为 Courier）和是否支持双面打印等。每一种不同的 PostScript 打印机分别对应有专门的 PPD 文件。通过 PS 驱动程序，各种不同的应用软件将各自的数据转换成 PostScript 格式。

PsDriver 用于设置 PostScript 的属性，包括颜色信息等，PsDriver 对象由 SpotPlate 对象组成，后者可以产生基于单独某种颜色的图形信息。

PsPrinter 对象使用 FontMapEnvironment 对象来设置打印过程中的字体信息。

#### 5.9.1.2 Paper 对象

Paper 对象是 Printer 对象要求的一个关键属性对象，它的属性和方法用于维持 Printer 对象使用的打印机和打印纸张之间的联系。Paper 对象可以通过 IPrinter. Paper 属性和一个打印机对象相关联。该对象实现了 IPaper 接口，Orientation 属性用于获取和设置打印的方向，1 表示横向打印，2 表示纵向打印；QueryPapersize 方法用于获得页面的尺寸。

下面的代码是产生一个 Paper 对象并将它关联到一个打印设备上：

```
IPaper pPaper = new PaperClass();
pPaper.PrinterName = @"\\gmlserver\HPPrinter";
IPsPrinter pPsPrinter = new PsPrinterClass();
IPrinter pPrinter = pPsPrinter as IPrinter;
pPrinter.Paper = pPaper;
```

#### 5.9.1.3 在控件中打印输出

IPageLayoutControl3 的 PrintPageLayout 方法用于打印控件中的布局视图。在打印前需要对控件的 Page 对象进行设置，如果控件中的页面 Page 无法与打印对象的 Paper 相匹配，则可使用 IPage 接口的 PageToPrinterMapping 来决定是否让页面和打印文本匹配，如果两个对象的页面尺寸不一致，是伸缩地图还是切割地图等。PageToPrinterMapping 属性由 esriPageToPrinterMapping 定义，它有 3 个取值：esriPageMappingCrop、esriPageMappingScale 和 esriPageMappingTile。

使用 PageLayoutControl 控件打印的例子如下：

```
private void PrintPageLayout()
{   IPrinter pPrinter = axPageLayoutControl1.Printer;
    IPaper pPaper = pPrinter.Paper;
    IPage pPage = axPageLayoutControl1.Page;
    //设置页面的尺寸,为 A4
    pPage.FormID = esriPageFormID.esriPageFormA4;
    //设置打印方向
    pPage.Orientation = 1;
    //设置匹配值
    pPage.PageToPrinterMapping = esriPageToPrinterMapping.esriPageMappingScale;
    if(pPaper.Orientation != pPage.Orientation)pPaper.Orientation = pPage.Orientation;
    axPageLayoutControl1.PrintPageLayout(1,1,0);   }
```

PrintPageLayout 方法有三个参数，StartPage，起始页；EndPage，终止页；OverLap 是页与页之间的重叠范围。

### 5.9.2 地图的转换输出

地图的转换输出，除了使用 PrintAndExport 类外，还可以使用 Export 相关的类。

Export 类是所有转换输出类的父类，它是一个抽象类，实现了 IExport 接口，用于定义转换输出对象的一般方法和属性，如 FileName 和 Resolution（分辨率）和 Filter 等。ArcObjects 的转换输出对象已经从 Exporter 变化为 Export，IExport 接口替代了以前的 IExporter 接口，ESRI 希望用户能够使用最新版本的转换输出对象。

IExport 接口应结合输出类一起使用，共有 10 个输出类，分为两大类：一类是基于影像的 ExportImage，另一类是基于矢量的 ExportVector。基于影像的输出类有：ExportBMP、ExportGIF、ExportJPEG、ExportPNG 和 ExportTIFF，它们都实现了 IExportImage 接口；基于矢量的输出类有：ExportAI（Adobe Illustrator）、ExportEMF、ExportPDF、ExportPS 和 ExportSVG（Scalable Vector Graphics），它们都实现了 IExportVector 接口。

#### 5.9.2.1 基于影像格式的输出

基于影像的输出类用于将地图输出为栅格格式文件，它们实现了 IExportImage 接口，该接口定义了所有操作基于栅格格式文件的一般方法和属性；其中属性 BackgroundColor 用于确定图像的背景颜色；width 和 height 用于确定图像尺寸；通过 ImageType 则可以设置或者获取图片的类型信息。

ExportImage 类还实现了 IWorldFileSettings 接口，通过这个接口可以设置或查询 MapExtent 和 OutputworldFile 属性；此外还实现了 IWorldFileSettings2 接口，其中的 MapRotation 属性用于管理地图的旋转。

不同的转换输出对象的操作方法基本上是一致的，用户通过它们可以分别将地图生成 BMP、JPEG、PNG、TIFF 和 GIF 格式的图像文件。

A ExportBMP 对象

BMP 是一种典型的栅格图像，它由一个个像素点组成，其特点是信息量非常丰富，但文件太大。ExportBMP 对象可以将一个布局视图的内容转换为一个 BMP 格式的图片文件。

ExportBMP 类实现了 IExportBMP 接口，可以使用该接口定义的属性来设置要产生的 BMP 文件；如 Palette 用于获取位图的颜色调色板；Bitmap 用于获取位图的句柄；RLECompression 用于设定位图的压缩方案。

下面是一个产生 BMP 格式图形文件的代码例子：

```
private void ExportBMP(IActiveView pActiveView)
    { IExport pExport = new ExportBMPClass();
    pExport.ExportFileName = @"d:\temp\ExportTest.bmp";
    int iScreenResolution = 96;
    int iOutputResolution = 300;
    pExport.Resolution = iOutputResolution;
    tagRECT pExportFrame = pActiveView.ExportFrame;
    tagRECT exportRECT;
    exportRECT.left = 0;
    exportRECT.top = 0;
    exportRECT.right = pActiveView.ExportFrame.right * (iOutputResolution / iScreenResolution);
    exportRECT.bottom = pActiveView.ExportFrame.bottom * (iOutputResolution / iScreenResolution);
    IEnvelope pPixelBoundsEnv = new EnvelopeClass();
    pPixelBoundsEnv.PutCoords(exportRECT.left,exportRECT.top,exportRECT.right,exportRECT.bottom);
    pExport.PixelBounds = pPixelBoundsEnv;
    int hDC = pExport.StartExporting();
    pActiveView.Output(hDC,(int)pExport.Resolution,ref exportRECT,null,null);
    pExport.FinishExporting();
    pExport.Cleanup(); }
```

B ExportJPEG 对象

JPEG 以 24 位颜色存储栅格图像，它是一种与平台无关的图像格式，支持最高级别的压缩，但是这种压缩是有损耗的。用户可以提高或降低 JPEG 文件压缩的级别，但是文件大小是以图像质量为代价的。

使用 ExportJPEG 对象可以将布局视图中的地图转换输出为一张 JPEG 格式的图像。IExportJPEG 接口定义的 Quality 属性用于设置图片的压缩比，其取值为 0 到 100，它的缺省值为 100，表示无压缩、最高质量；ProgressiveMode 属性表示是否使用渐进输出模式。

C ExportGIF 对象

使用 ExportGIF 对象可以将地图转换输出为 GIF 格式的文件。GIF 是一种标准的栅格数据文件，通常使用在网络上，这种文件包含的颜色不能超过 256 种，这使得它比同样内容的其他文件格式体积小得多。

IExportGIF 接口定义的属性可以用于管理输出的 GIF 图像的相关属性，如 BiLevelThreshold、CompressionType、InterlaceMode 和 TransparentColor。

D ExportPNG 对象

PNG（portable network graphic）格式文件是 20 世纪 90 年代中期开发的图像文件存储格式，它出现的目的是试图替代 GIF 和 TIFF 文件格式，同时增加一些 GIF 文件格式所不具备的特性。PNG 用来存储灰度图像时，灰度图像的深度可多到 16 位，存储彩色图像时，彩色图像的深度可多到 48 位，并且还可存储多到 16 位的 α 通道数据。PNG 是采用无损算法，这使得它在图像编辑软件中传播时能够保证其良好的信息质量。

IExportPNG 接口可用于管理输出的 PNG 文件，如 IExportPNG. TransparentColor 可以设置某种颜色的透明度。

E ExportTIFF 对象

TIFF 是一种比较灵活的图像格式，它的全称是 Tagged image File Format，文件扩展名为 TIF 或 TIFF。该格式支持 256 色、24 位真彩色、32 位色、48 位色等多种色彩位，同时支持 RGB、CMYK 等多种色彩模式，支持多平台。TIFF 文件可以是不压缩的，文件体积较大，也可以是压缩的，它支持 RAW、RLE、LZW、JPEG、CCITT3 组和 CCITT4 组等多种压缩方式。

TIFF 格式是最常用的一种存储格式，此格式是以多种分辨率灰级和颜色存储图像的常用方法，这种格式可支持跨平台的应用软件。

ExportTIFF 对象可以将版式地图保存为 TIFF 格式文件，IExportTIFF 接口定义了产生这种文件的属性；如 IExportTIFF. CompressionType 是指 TIFF 文件的压缩格式，它是一个 esriTIFFComPression 枚举值，用户可以设置诸如不压缩、JPEG 压缩、LZW 压缩等。IExportTIFF. GeoTiff 是一个选项，用于选择是否设置 GeoTiff 标签属性。

#### 5.9.2.2 基于矢量格式的输出

基于矢量的输出类用于将地图输出为矢量格式文件，它们实现了 IExportVector 接口，该接口是空的，没有任何的属性和方法，只是表明实现了该接口的类为基于矢量的输出类；基于矢量的输出类还实现了 IExportVectorColorSpaceSettings 接口，其 ColorSpace 属性用于管理输出文件的颜色空间（RGB 或 CMYK）。基于矢量的输出类还实现了其他接口，详见 ArcObjects 的开发文档。

A ExportEMF 对象

EMF（Windows Enhanced Metafile）“增强型图元文件”是 32 位格式，可以同时包含矢量信息和位图信息。此格式是对“Windows 图元文件格式”的改进，包含了一些扩展功能，如内置的缩放比例信息，与文件一起保存的内置说明，以及调色板和设备独立性方面的改进。

使用 ExportEMF 对象可以非常方便地将布局视图上的地图转换为一个 EMF 文件，下面是一个实例代码：

```
private void ExportEMF(IActiveView pActiveView)
  { //使用 ExportEMF 对象来产生一个 EMF 文件
    IExport pExport = new ExportEMFClass();
    pExport.ExportFileName = @"d:\temp\ExportSample.emf";
    //设置分辨率为 600
    pExport.Resolution = 600;
    //对于 Map 和 PageLayout,ExportFrame 属性总是一个 tagRECT 结构,用于获取合适的输出尺寸
    tagRECT exportRECT = pActiveView.ExportFrame;
    //产生一个新的包络线对象
    IEnvelope pPixelBoundsEnv = new EnvelopeClass();
    pPixelBoundsEnv.PutCoords(exportRECT.left,exportRECT.top,exportRECT.right,exportRECT.bottom);
    pExport.PixelBounds = pPixelBoundsEnv;
    int hDC = pExport.StartExporting();
    //输出图片
    pActiveView.Output(hDC,(int)pExport.Resolution,ref exportRECT,null,null);
    //完成输出后立刻清除临时文件
    pExport.FinishExporting();
    pExport.Cleanup();  }
```

B　ExportAI 对象

AI 格式是一种使用 Adobe Illustrator 软件产生的高质量格式文件。它通常用于印刷领域的交换数据。在 ArcObjects 中使用 ExportAI 对象可以生成 AI 格式的文件。

C　ExportPDF 对象

Adobe 的 PDF 文档格式是全世界电子文档分发的公开实用标准，它是一种通用文件格式，能够保存任何源文档的所有字体、格式、颜色和图形，而不管创建该文档所使用的应用程序和平台。Adobe PDF 文件为压缩文件，任何人都可以使用免费的 Adobe Acrobat Reader 共享、查看、浏览和打印。

IExportPDF 是 ExportPDF 对象实现的设置转换输出的 PDF 文件属性的接口，其中的 Compressed 属性用于设置 PDF 文件是否压缩，EmbedFonts 属性是文件内嵌入字体的选项，ImageCompression 属性则可以设置文件中图片的压缩。

D　ExportPS 对象

使用 ExportPS 组件类可以将地图输出为 Encapsulated PostScript（EPS）格式。EPS 文件是使用 PostScript 页面描述语言来描述矢量和栅格对象的。它是出版行业使用的标准格式之一。EPS 文件也可以使用多种软件进行编辑。

使用 ExportPS 对象可以进行这种转换输出，IExportPS. Image 用于设置 PS 中的图片描述；IExportPS. ImageCompression 用于设置文件中的图片压缩属性等。

E　ExportSVG 对象

SVG 是 Scalable Vector Graphics 的首字母缩写，含义是可缩放的矢量图形。它是一种

开放标准的矢量图形语言，可以用于设计高分辨率的 Web 图形页面。SVG 被开发的目的是为 Web 提供非栅格的图像标准。

SVG 格式是基于 XML（eXtensible Markup Language），并且被 World Wide Web Consortiurn（W3C）联盟进行开发，它是一个开放的标准，SVG 不属于任何公司，它是工业界先驱们同心合作的产物。SVG 标准对任何想使用它们的公司或个人都是开放的，已经有很多公司的软件支持 SVG 的创建、编辑和浏览。

ArcObjects 使用 ExportSVG 对象让用户生成 SVG 格式的文件。

#### 5.9.2.3 ExportFileDialog 对象

地图转换输出对象功能强大，可用于扩展 ArcGIS 桌面，也可用于 ArcGIS Engine 开发。如果用于扩展 ArcGIS 桌面，还可以使用 ExportFileDialog 对象，通过可视化对话框将地图保存为任何 ArcObjects 支持的格式，而且代码简洁清晰。

ExportFileDialog 对象取代了以前版本中的 ExportDialog 对象。使用这个对象需要引入 ESRI. ArcGIS. OutputUI 对象库。IExportFileDialog 接口用于管理这个对象的属性和方法，IExportFileDialog. DoModal 可以弹出对话框（图 5-6），而 IExportFileDialog. Export 则可以返回一个转换对象。

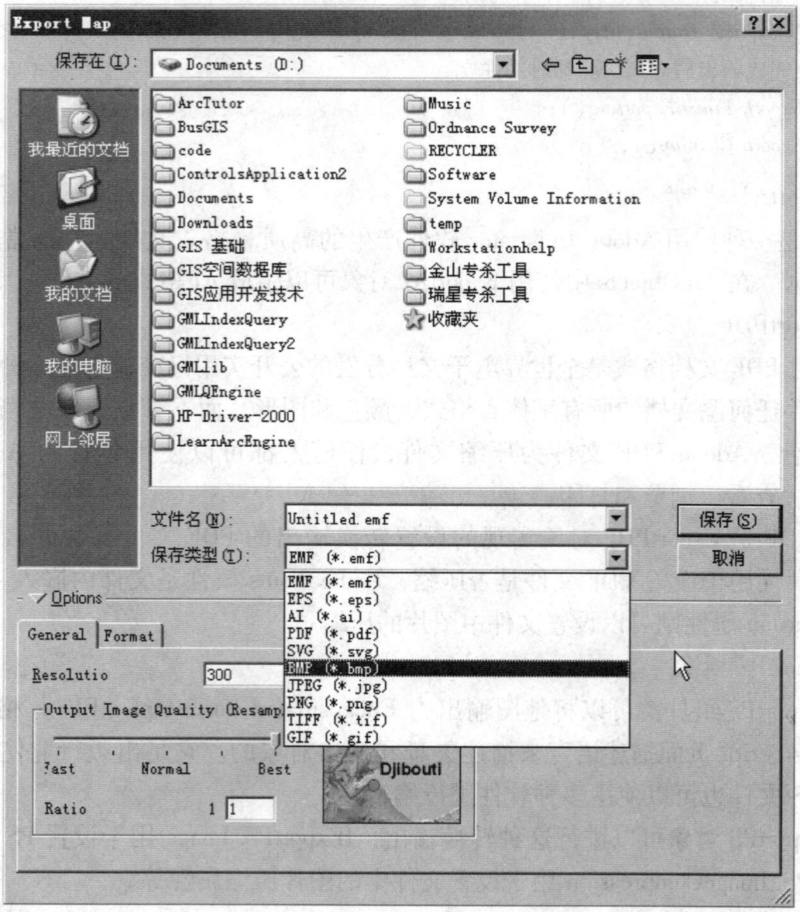


图 5-6 输出文件对话框

打开对话框后，可以看到这个对象能够将地图保存为 10 种格式的文件，在“Options”选项中，还可以设置各种输出的属性，以 PDF 输出为例，如分辨率、图片质量、图片描述模式等。

以下是使用 ExportFileDialog 对象输出地图的方法。

```
private void ExportFileDialog(IActiveView pActiveView)
  { //设置默认分辨率
    int iScreenResolution = 96;          int iOutputResolution = 300;
    tagRECT  exportRECT;
    exportRECT.left = 0;                 exportRECT.top = 0;
    exportRECT.right = pActiveView.ExportFrame.right * (iOutputResolution / iScreenResolution);
    exportRECT.bottom = pActiveView.ExportFrame.bottom * (iOutputResolution / iScreenResolution);
    //设置输出范围
    IEnvelope  pPixelBoundsEnv = new EnvelopeClass();
    pPixelBoundsEnv.PutCoords(exportRECT.left,exportRECT.top,exportRECT.right,exportRECT.bottom);
    //使用输出对话框对象
    IExportFileDialog pExportDialog = new ExportFileDialogClass();
    bool pBool = pExportDialog.DoModal(pPixelBoundsEnv,pActiveView.Extent,pActiveView.Extent,300);
    //如果按下“取消”键,则退出过程
    if(!(pBool))return;
    //设置转换输出对象的属性
    IExport pExport = pExportDialog.Export;
    pExport.Resolution = iOutputResolution;
    pExport.PixelBounds = pPixelBoundsEnv;
    int hDC = pExport.StartExporting();
    //产生文件
    pActiveView.Output(hDC,(int)pExport.Resolution,ref exportRECT,null,null);
    pExport.FinishExporting();
    pExport.Cleanup();  }
```

本章主要从地图组成、地图设计、地图显示、地图的打印输出等角度，阐述了地图、页面布局及相关对象，以及在 GIS 应用开发中如何使用这些对象。

# 6 空间数据的可视化表达

通常情况下，空间数据是保存在地理数据库或地理数据文件中。为了让最终用户能够以直观的方式了解地理实体的空间位置、形状、质量和数量特征，以及地理实体之间的相互联系及区域总体特征，需要使用地图符号对空间数据进行可视化表达。地图符号由形状不同、大小不一、色彩各异的图形和文字组成，它既是地图的语言，也是一种图形语言。ArcMap 提供的普通的符号化方法有：单一符号(Single Symbol)、分类符号(Category Symbol)、分级符号(Graduated Symbol)、分级色彩(Graduated Color)、比例符号(Proportional Symbol)、点值符号(Dot density)、组合符号(Multivariate Symbol)、统计图形(Statistical Charts)等多种符号化方法。

ArcObjects 提供了丰富的组件来实现空间数据的可视化表达，这些组件对象包括 Renderer、Color、Symbol 三大系列。空间数据的可视化表达就是通过多个组件对象间的合作来完成的，符号（对象）的创建需要使用色彩（对象），着色（对象）的创建需要使用符号（对象）；IGeoFeatureLayer. Renderer 用于要素图层的符号化，符号化信息保存在要素图层中。

ArcGIS 9. 2 开始，提供了一种新的符号化方法——制图表现（Representation），其符号化信息保存在 Geodatabase 中。

本章主要从 GIS 应用开发的角度，阐述如何利用 ArcObjects 组件实现空间数据的可视化表达。主要内容包括：颜色对象、符号对象、符号样式库与符号化控件、制作专题图、制图表现、地图的标注与注记。

## 6.1 颜 色 对 象

颜色（Color）是所有符号和地图元素的基本属性之一，ArcObjects 提供了多种颜色模型：

（1）RGB（红色、绿色、蓝色）颜色模型：RGBColor。可见光谱中的大部分，都可以用各种比例和强度的红、绿、蓝（RGB）三种色光混合而成。这三种颜色覆盖时，会产生青色、洋红色和黄色。RGB 模型的主要属性也是确定 Red、Green 和 Blue 的值。

红色、蓝色和绿色的混合会产生不同的效果（图 6-1），如：

1）如果 RGB 的值相等，则产生的颜色是灰色。

2）如果 RGB 都是 255，则产生的颜色是白色。

3）如果 RGB 都是 0，那么产生的颜色是黑色。

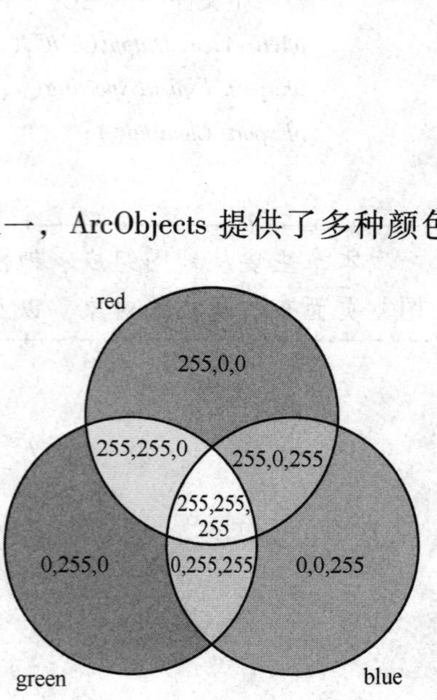


图 6-1　RGB 模型

（2）CMYK（青色、洋红色、黄色、黑色）颜色模型：CmykColor。CMYK 模型以打印在纸上的油墨的光线吸收特性为基础。当白光照射到半透明油墨上时，某些可见光波长被吸收，而其他波长则被反射回眼睛。

理论上，纯青色（cyan）、洋红色（magenta）和黄色（yellow）色素在合成后可以吸收所有光线并产生黑色。由于打印油墨都包含一些杂质，因此这三种油墨实际生成土灰色，它们必须与黑色（K）油墨合成才能生成真正的黑色，为了避免与蓝色混淆，黑色用 K 而非 B 表示。这些油墨混合重现颜色的过程称为四色印刷。模型效果如图 6-2 所示。

（3）HSV（色调、饱和度、亮度）颜色模型：HSVColor。HSV 颜色模型对应于圆柱坐标系的一个圆锥形子集。圆锥的顶面对应于 V = 1，代表的颜色较亮。色彩 H 由绕 V 轴的旋转角给定，红色对应于角度 0°，绿色对应于角度 120°，蓝色对应于角度 240°，如图 6-3 所示。

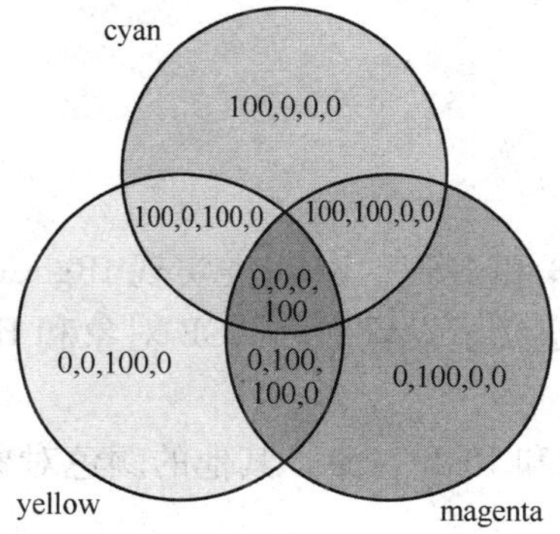


图 6-2　CMYK 模型

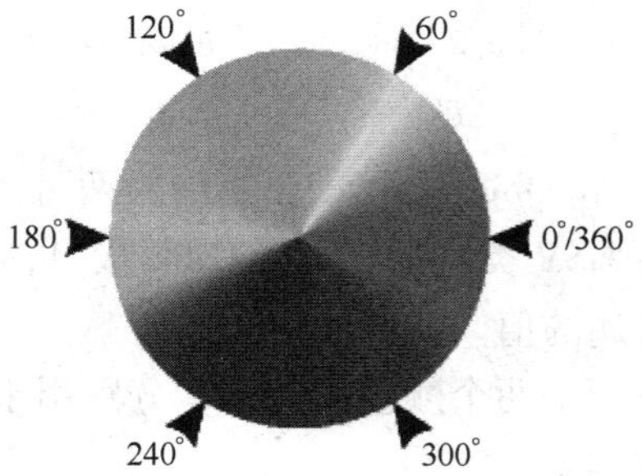


图 6-3　HSV 模型

饱和度 S 取值从 0 到 1，由圆心向圆周过渡。由于 HSV 颜色模型所代表的颜色域是 CIE 色度图的一个子集，它的最大饱和度的颜色的纯度值并不是 100%。在圆锥的顶点处，V = 0，H 和 S 无定义，代表黑色；圆锥顶面中心处 S = 0，V = 1，H 无定义，代表白色，从该点到原点代表亮度渐暗的白色，即不同灰度的白色。任何 V = 1，S = 1 的颜色都是纯色。

（4）灰度颜色：GrayColor。灰度模型是没有彩色的，灰度图像由 8 位信息组成，并使用 256 级的灰色来模拟颜色的层次。灰度图像的每个像素有一个 0（黑色）到 255（白色）之间的亮度值。灰度值也可以用黑色油墨覆盖的百分比来表示（0% 等于白色，100% 等于黑色）。使用黑白或灰度扫描仪产生的图像常以“灰度”模式显示。用户可以很容易地将位图模式和彩色图像转换为灰度。

（5）CIELAB 颜色（在 ArcObjects 中使用，与设备无关）。

（6）色带（ColorRamp）。

### 6.1.1　Color 对象

Color 对象是一个抽象类，它有 5 个颜色子类，即 CmykColor、RGBColor、HSVColor、HLSColor 和 GrayColor，它们可以使用 IColor 接口定义的方法设置颜色对象的基本属性。对于一种特定的颜色而言，它在不同的颜色模型中的表示方法是不一样的，因此使用颜色对象时，需要使用 IColor 的子接口产生的具体对象。

IColor. RGB 属性会返回一个 LONG 数值，而不是 RGB 模型需要的 R、G、B 上的三个值，如白色的 RGB 属性返回值为 16777215，而不是用户需要的 255、255、255 三个值。如果采用 ArcObjects 的颜色选择对话框选取一个颜色后使用，程序员就必须使用 RGB 值的写法。下面是两种数值方式互相转换的函数。

（1）RGB 值转换为 LONG 值。

```
private long RGBToLong(int Red,int Green,int Blue)
  { return Red + (0x100 * Green) + (0x10000 * Blue); }
```

（2）LONG 值转换为 RGB 值。

```
private short[ ] LongtoRGB(long RGBlong)
  {   short[ ] pbyte = new short[3];
      pbyte[0] = (short)(RGBlong % 0x100);
      pbyte[1] = (short)((RGBlong / 0x100)% 0x100);
      pbyte[2] = (short)((RGBlong / 0x10000)% 0x100);
      return pbyte;  }
```

在 ArcObjects 中最常使用的两种颜色模型是 RGB 和 HSV，RGB 类实现 IRgbColor 接口，而 HSV 类则实现 IHsvColor 接口，两个接口分别定义了设置一个 RGB 对象和 HSV 对象需传递的值。

下面是两个颜色构造器，分别用于产生 HSV 对象和 RGB 对象，其他的颜色对象的产生与此类似。

（1）HSV 模型颜色构造器。

```
private IHsvColor HSVColor(int hue, int saturation, int val)
  {  //定义一个 IHSVColor 类型对象
      IHsvColor pHsvColor = new HsvColorClass();
      //设置它的值
      pHsvColor. Hue = hue;
      pHsvColor. Saturation = saturation;
      pHsvColor. Value = val;
      return pHsvColor;  }
```

（2）RGB 颜色构造器。

```
private IRgbColor getRGB(int r,int g,int b)
  {   IRgbColor   pColor = new RgbColorClass();
      pColor. Red = r;
      pColor. Green = g;
      pColor. Blue = b;
      return pColor;   }
```

### 6.1.2 颜色对话框

在扩展 ArcGIS 桌面时，除了使用编程的方法得到颜色对象外，用户也可以使用 ArcOjects 中的颜色对话框来获取需要的颜色，而且使用这些可视化对话框更加直观，毕竟用户很少能够知道自己需要的颜色的准确 RGB 值或 CMYK 值。

#### 6.1.2.1 颜色板对象

颜色板对象（ColorPalette）一共排列了 120 种颜色供用户使用，如图 6-4 所示。ColorPalette 类实现了两个接口：IColorPalette 和 ICustomColor Palette。

IColorPalette 接口定义了 Color 属性和 TrackPopupMenu 方法，使用这个接口可以从对话框中获得一个颜色对象。下面是使用调色板对象取出一个颜色的例子：

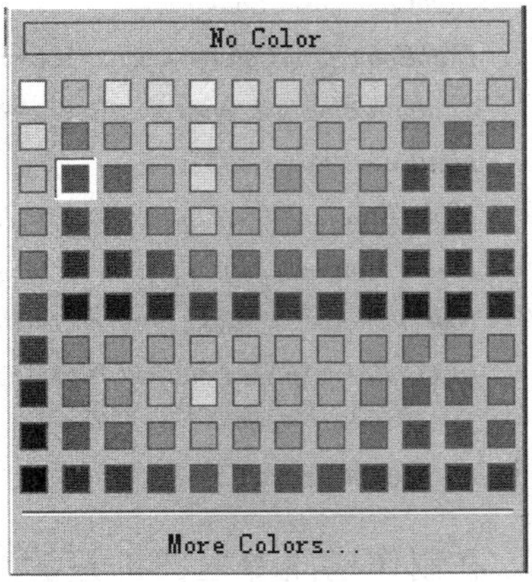

图 6-4 颜色板（ColorPalette）

```
IColor  pColor = new RgbColorClass();
pColor.RGB = 255;
//新建一个颜色板对象
IColorPalette  pPalette = new ColorPaletteClass();
//定义一个范围结构
tagRECT pRect = new tagRECT();
pRect.left = 10;
pRect.top = 10;
pPalette.TrackPopupMenu(ref pRect,pColor,false,0);
//获得新的颜色
pColor = pPalette.Color;
```

#### 6.1.2.2 颜色选择器对象

颜色选择器（ColorSelector）对象提供了另一种选择颜色的方法，用户可以点击对话框上方右边的小箭头，选择使用 RGB 或 CMYK 等多种模型，通过拖曳颜色带或者直接输入具体颜色值的方法返回颜色对象，如图 6-5 所示。

下面是一个使用颜色选择器对象获取颜色对象的代码段：

```
IColor  pColor = new RgbColorClass();
pColor.RGB = 255;
IColorSelector pSelector = new ColorSelectorClass();
pSelector.Color = pColor;
// Display the dialog
if(pSelector.DoModal(0))
  { IColor  pOutColor = pSelector.Color; }
```

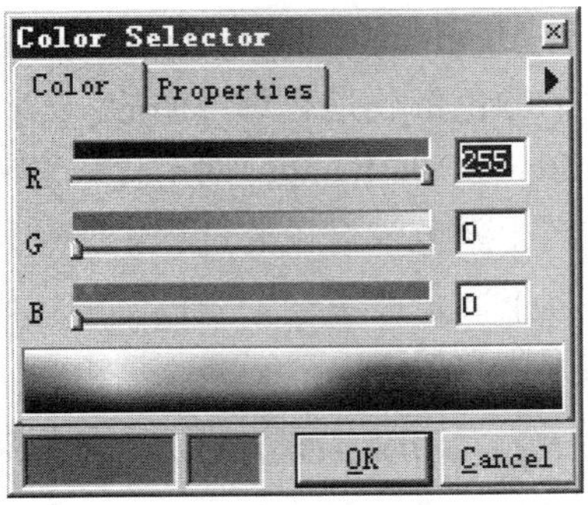

图 6-5 颜色选择器

#### 6.1.2.3 颜色浏览器对象

和颜色选择器相比，颜色浏览器（ColorBrowser）对象提供了更灵活的方法来获取颜色对象，即通过简单的鼠标点击，就可以获得颜色对象，如图 6-6 所示。

下面是一个使用颜色浏览器对象获取颜色对象的代码段：

```
IRgbColor pNewColor;
IRgbColor pInitColor = new RgbColorClass( );
// the dialog will open with red as a default.
pInitColor. Red = 255;
IColorBrowser pColorBrowser = new ColorBrowserClass( );
pColorBrowser. Color = pInitColor;
bool bColorSet = pColorBrowser. DoModal(0);
if( bColorSet) pNewColor = (IRgbColor) p ColorBrowser. Color;
```

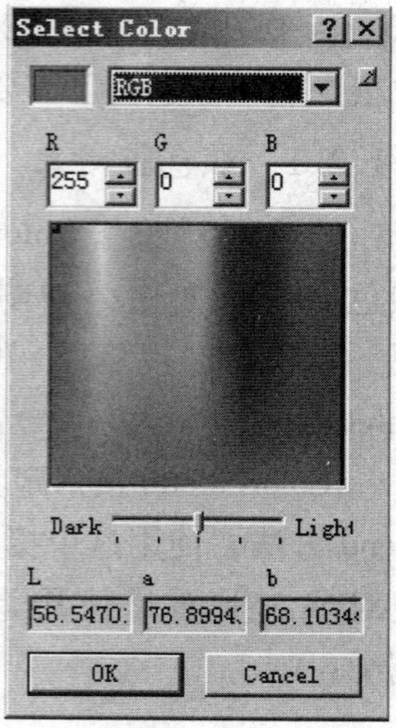

图 6-6 颜色浏览器

### 6.1.3 ColorRamp 对象

在制作地图专题图的过程中，需要的颜色常常不是一种，而是随机或有序产生的一个颜色带。如果某个着色对象需要几十种，甚至上百种颜色，程序员肯定不能逐个产生出来，这时可以使用 ArcObjects 提供的颜色带（ColorRamp）对象。

ColorRamp 类的对象可以产生颜色带，这个类实现了 IColorRamp，定义了一系列颜色带公共的属性、方法，如 Size 属性管理色带中要产生多少种颜色；CreateRamp 方法根据设置的颜色数 Size 来创建色带；Colors 属性返回产生的色带 IEnumColor。ArcObjects 提供了四种色带模型：

（1）RandomColorRamp：使用 HSV 颜色模型来确定一串颜色；

（2）PresetColorRamp：预设的颜色模式，可存储 13 种颜色；

（3）AlgorithmicColorRamp：用起始颜色、终止颜色确定一个颜色带，起始、终止颜色使用 HSV 模型；

（4）MultiPartColorRamp：叠加产生颜色带。

#### 6.1.3.1 AlgorithmicColorRamp 颜色带

AlgorithmicColorRamp 是通过起止颜色来确定多个在这两个颜色之间的色带，因此它产生的颜色带还是有章可循的。AlgorithmicColorRamp 类实现了两个接口：IColorRamp 和 IAlgorithmicColorRamp，两个接口之间是接口继承关系，后者包含了前者所有的方法和属性。在产生颜色带对象的过程中，使用后一个接口就足够了。

下面是产生一个颜色带的代码的方法，需要传入的参数是起始颜色、终止颜色和产生的颜色数量：

```
private IEnumColors CreateColorRamp(IColor fromColor,IColor toColor,int count)
  {  //产生一个 AlgorithmicColorRamp 对象
     IAlgorithmicColorRamp pRampColor = new AlgorithmicColorRampClass( );
     //传入起止颜色
     pRampColor. FromColor = fromColor;
     pRampColor. ToColor = toColor;
     pRampColor. Size = count;
```

```
bool ok =false;
pRampColor. CreateRamp(out ok);
//返回的是一个颜色枚举型对象
if(ok)return pRampColor. Colors;
else return null; }
```

上面的函数返回的是一个颜色枚举对象，如果要获取其中的某个颜色，可以使用下面的方法：

```
IEnumColors  pEnumColors = CreatColorRamp(…);
IColor  pColor = pEnumColors. Next();
```

#### 6.1.3.2 RandomColorRamp 颜色带

在分级着色中使用的多是随机颜色，即颜色带中的颜色没有规律可循。

RandomColorRamp 对象供程序员产生随机颜色带，RandomColorRamp 也需要设定一个范围，但是这个范围是 HSV 颜色模型的，颜色将在这个范围内随机出现。下面是一个随机颜色带的代码段：

```
private void CreateRandomColorRamp()
  { IRandomColorRamp pRandomColor = new RandomColorRampClass();
    pRandomColor. StartHue = 140;
    pRandomColor. EndHue = 220;
    pRandomColor. MinValue = 35;
    pRandomColor. MaxValue = 100;
    pRandomColor. MinSaturation = 32;
    pRandomColor. MaxSaturation = 100;
    //产生的随机颜色数目
    pRandomColor. Size = 12;
    //pEnumColors 对象中随机数产生器的随机种子
    pRandomColor. Seed = 7;
    bool ok = true;
    pRandomColor. CreateRamp(out ok);
    IEnumColors pEnumColors = pRandomColor. Colors;
    IColor pColor = pEnumColors. Next();  }
```

其他的颜色带对象本书不作介绍，读者可以参考开发帮助的相关条目。

## 6.2 Symbol 对象

ArcObjects 使用三种符号 MarkerSymbol、LineSymbol 和 FillSymbol 来绘制地理要素或图形元素的几何形状。此外还有两种特殊的符号：一种是 TextSymbol 用于文字标注；另一种是 3D ChartSymbol，用于显示饼图等三维对象。

所有的符号类都实现了 ISymbol 和 IMapLevel 接口，前者定义了一个符号对象的基本属性和方法；后者定义的 MapLevel 属性可以确定符号的显示顺序，当绘制了一个面符号和一条线符号后，程序员可以使用这个属性来确定哪一个符号在上面而不被其他的符号遮盖。

### 6.2.1 MarkerSymbol 对象

MarkerSymbol 对象是用于修饰点对象的符号，它拥有五个子类，其中不同的子类可以产生不同类型的点符号，如图 6-7 所示。所有的 MarkerSymbol 类都实现了 IMarkerSymbol 接口，这个接口定义了标记符号的公共方法和属性，如角度、颜色、大小和 XY 偏移量等。

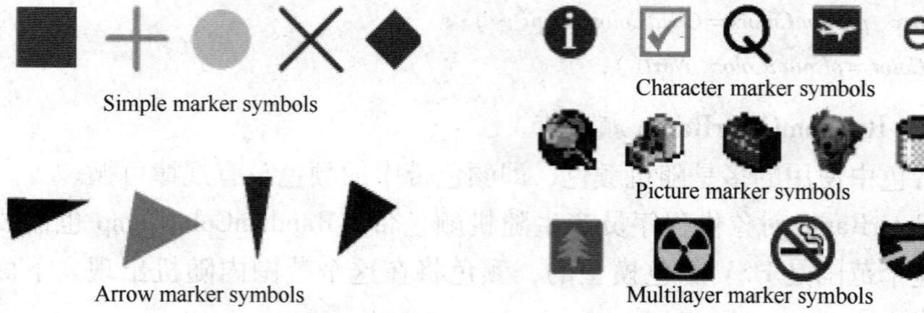


图 6-7 点状符号的类型

#### 6.2.1.1 SimpleMarkerSymbol

SimpleMarkerSymbol（简单类型的点状符号）对象有五种类型的符号，它们表现出来的形状分别是方形、圆形、十字形（cross）、菱形和 X 形等。

下面代码实现了新建一个简单点符号，并将该点状符号绘制在地图控件上，用工具类实现，其主要代码如下：

```
private IHookHelper m_hookHelper = null;
private IMapControl4 pMapControl;

public override void OnCreate(object hook)
  { …
    m_hookHelper = new HookHelperClass();
    m_hookHelper.Hook = hook;
    if(hook is IMapControl4)pMapControl = hook as IMapControl4; }

public override void OnMouseDown(int Button,int Shift,int X,int Y)
  { //产生一个简单符号
    ISimpleMarkerSymbol pMarkerSymbol = new SimpleMarkerSymbolClass();
    //Symbol 的样式,为十字形
    pMarkerSymbol.Style = esriSimpleMarkerStyle.esriSMSCross;
    //Symbol 的颜色
    pMarkerSymbol.Color = getRGB(60,100,50);
    //Symbol 的旋转角度
    pMarkerSymbol.Angle = 60;
    //Symbol 的大小
```

```
    pMarkerSymbol.Size = 6;
    //Symbol 是否有外轮廓线
    pMarkerSymbol.Outline = true;
    //Symbol 外轮廓线的大小为 2
    pMarkerSymbol.OutlineSize = 2;
    pMarkerSymbol.OutlineColor = getRGB(166,122,166);
    IPoint pPoint = pMapControl.ActiveView.ScreenDisplay.DisplayTransformation.ToMapPoint(X,Y);
    object oMarkerSymbol = pMarkerSymbol;
    pMapControl.DrawShape(pPoint,ref oMarkerSymbol);  }
```

### 6.2.1.2 ArrowMarkerSymbol

ArrowMarkerSymbol（箭头形式的点状符号）类的主要接口是 IArrowMarkerSymbol，它继承自 IMarkerSymbol 接口。IArrowMarkerSymbol 的 Length 属性指箭头的顶点到底边的距离；Width 指的是箭头底边的宽度；而 Style 是箭头符号的样式，它也只有一个样式 esriAMSPlain。

### 6.2.1.3 CharacterMarkerSymbol

CharacterMarkerSymbol（字符形式的点状符号）类实现了 ICharacterMarkerSymbol 接口，这个接口也继承自 IMarkerSymbol。它可以将一个点要素显示为字符状，而字符的字体来自系统中已经安装的字符集，字符本身可通过 CharacterIndex 属性来确定，它其实就是系统字符的 ASCII 码，如 a 的 ASCII 码为 97。

下面是一个产生 CharacterMarkerSymbol 的例子，用工具类实现，主要代码如下：

```
public override void OnMouseDown(int Button,int Shift,int X,int Y)
  {  //确定字体类型
    stdole.StdFont pFont = new stdole.StdFontClass();
    pFont.Name = "arial";
    pFont.Size = 37;
    pFont.Italic = true;
    //新建一个 IcharacterMarkerSymbol 对象
    ICharacterMarkerSymbol pCharMarkerSymbol = new CharacterMarkerSymbolClass();
    //设置字符符号的字体
    pCharMarkerSymbol.Font = pFont as stdole.IFontDisp;
    //设置它的字符,114 为 r'
    pCharMarkerSymbol.CharacterIndex = 114;
    pCharMarkerSymbol.Color = getRGB(255,128,255);
    pCharMarkerSymbol.Size = 25;
    IPoint pPoint = pMapControl.ActiveView.ScreenDisplay.DisplayTransformation.ToMapPoint(X,Y);
    object oCharMarkerSymbol = pCharMarkerSymbol;
    pMapControl.DrawShape(pPoint,ref oCharMarkerSymbol);  }
```

### 6.2.1.4 PictureMarkerSymbol

PictureMarkerSymbol（图片形式的点状符号）对象根据一张 EMF 或 BMP 图片创建一个点状符号。PictureMarkerSymbol 类实现了 IPictureMarkerSymbol 接口。PictureMarkerSymbol

对象将图片设置为点符号可以有两个办法，一是使用 IPictureMarkerSymbol. CreateMarkerSymbolFromFile 方法根据磁盘上图片文件来创建点状符号，另外一种就是设置 PictureMarkerSymbol 对象的 Picture 属性，如：PictureMarkerSymbol. picture = image1. picture。

以下代码实现了创建图片形式的点状符号，esriIPictureType 定义了图片的两种类型：EMF 或 BMP。

```
public IPictureMarkerSymbol CreatePictureMarkerSymbol(esriIPictureType pictureType, string filename, double
markerSize)
{   if(pictureType == null) return null;
    // Set the Transparent background color for the Picture Marker symbol to white.
    IRgbColor rgbColor = new RgbColorClass();
    rgbColor.Red = 255;
    rgbColor.Green = 255;
    rgbColor.Blue = 255;
    // Create the Marker and assign properties.
    IPictureMarkerSymbol pictureMarkerSymbol = new PictureMarkerSymbolClass();
    pictureMarkerSymbol.CreateMarkerSymbolFromFile(pictureType,filename);
    pictureMarkerSymbol.Angle = 0;
    pictureMarkerSymbol.BitmapTransparencyColor = rgbColor;
    pictureMarkerSymbol.Size = markerSize;
    pictureMarkerSymbol.XOffset = 0;
    pictureMarkerSymbol.YOffset = 0;
    return pictureMarkerSymbol;   }
```

### 6.2.1.5 MultiLayerMarkerSymbol

如果单一的点状或者箭头符号、字符符号仍然不能满足用户的需要，还可以考虑将多个符号进行叠加的方式，生成全新的组合符号，而这种组合的个数是没有限制的。下面是一个创建并绘制 MultiLayerMarkerSymbol 的例子，用工具类实现，主要代码如下：

```
public override void OnMouseDown(int Button,int Shift,int X,int Y)
{   //产生一个简单符号
    ISimpleMarkerSymbol pMarkerSymbol;
    pMarkerSymbol = new SimpleMarkerSymbolClass();
    pMarkerSymbol.Style = esriSimpleMarkerStyle.esriSMSCross;
    pMarkerSymbol.Color = HSVColor(60,100,50);
    pMarkerSymbol.Angle = 60;
    //产生一个箭头符号
    IArrowMarkerSymbol pArrowMarkerSyl;
    pArrowMarkerSyl = new ArrowMarkerSymbolClass();
    pArrowMarkerSyl.Length = 5;
    pArrowMarkerSyl.Width = 10;
    pArrowMarkerSyl.Color = HSVColor(0,60,90);
    //产生一个叠加符号并把前面产生的符号加入
    IMultiLayerMarkerSymbol pMulMarker;
```

```
pMulMarker = new MultiLayerMarkerSymbolClass();
pMulMarker.AddLayer(pMarkerSymbol);
pMulMarker.AddLayer(pArrowMarkerSyl);
IPoint pPoint = pMapControl.ActiveView.ScreenDisplay.DisplayTransformation.ToMapPoint(X,Y);
object oMarkerSymbol = pMulMarker;
pMapControl.DrawShape(pPoint,ref oMarkerSymbol); }
```

本例中的符号是由一个箭头符号和一个 SimpleMarkerSymbol 组合而成的。

### 6.2.2 LineSymbol 对象

LineSymbol 对象是用于修饰线型几何对象的符号，ILineSymbol 作为每一种 LineSymbol 类都要实现的接口定义了两个公共属性，即 Color 和 Width。这两个属性为所有的线符号所需要，前者用于设置线符号的颜色，后者用于设定线符号对象的宽度。

LineSymbol 抽象类有 8 个子类，分别是 SimpleLineSymbol、CartographicLineSymbol、HashLineSymbol、MarkerLineSymbol、MultiLayerLineSymbol、PictureLineSymbol、SimpleLine3DSymbol（3DAnalyst）、TextureLineSymbol（3DAnalyst）和 MoleLineSymbol（esriDefenseSolutions）。图 6-8 所示为部分线状符号的类型。

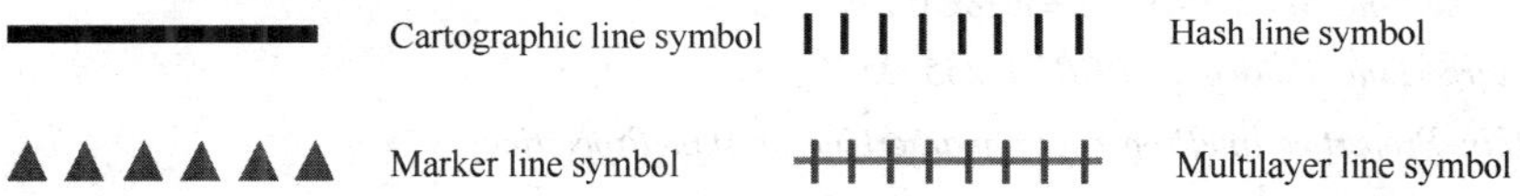


图 6-8　部分线状符号的类型

#### 6.2.2.1 SimpleLineSymbol

SimpleLineSymbol（简单线符号）对象的主要属性是 Style，它可以确定线的样式，SimpleLineSymbol 对象拥有的线状符号的样式有 7 种，详见表 6-1。

**表 6-1　SimpleLineSymbol 对象线状符号的样式**

| 常　量 | 值 | 描　述 |
|---|---|---|
| esriSLSSolid | 0 | 实线—— |
| esriSLSDash | 1 | 虚线------- |
| esriSLSDot | 2 | 点线…… |
| esriSLSDashDot | 3 | 虚线、点线交替出现 –·–·–·– |
| esriSLSDashDotDot | 4 | 虚线、双点线交替出现 –··–··– |
| esriSLSNull | 5 | 线不可见 |
| esriSLSInsideFrame | 6 | 适应外包矩形的线 |

下面是一个绘制 SimpleLineSymbol 的例子，用工具类实现，其主要代码如下：

```
public override void OnMouseDown(int Button,int Shift,int X,int Y)
  { //新建一个 ISimpleLineSymbol 对象
    ISimpleLineSymbol pSimpleLineSymbol = new SimpleLineSymbolClass();
    //设置线符号的颜色
    pSimpleLineSymbol.Color = getRGB(255,128,255);
    //设置线符号的类型
    pSimpleLineSymbol.Style = esriSimpleLineStyle.esriSLSDot;
```

```
    //设置线符号的宽度
    pSimpleLineSymbol. Width = 3;
    IGeometry pGeo = pMapControl. TrackLine( );
    object oLineSymbol = pSimpleLineSymbol;
    pMapControl. DrawShape(pGeo,ref oLineSymbol);  }
```

#### 6.2.2.2 MarkerLineSymbol

MarkerLineSymbol 是使用重复的点状符号来绘制线要素。IMarkerLineSymbol 的 MarkerSymbol 属性用于设置或获取点线符号的点状符号。

下面的代码是用 MarkerLineSymbol 对选择的线要素进行多次绘制，达到闪烁的效果：

```
private void DrawSelectedFeature(IPolyline polyline)
 {  IArrowMarkerSymbol arrowMarker = new ArrowMarkerSymbolClass( );
    arrowMarker. Color = getRGB(255,255,255);
    arrowMarker. Length = 10;
    arrowMarker. Width = 8;
    arrowMarker. Style = esriArrowMarkerStyle. esriAMSPlain;
    IMarkerLineSymbol markerLine = new MarkerLineSymbolClass( );
    markerLine. MarkerSymbol = arrowMarker;
    markerLine. Color = getRGB(0,255,255);
    ILineProperties lineProperties = markerLine as ILineProperties;
    ITemplate template = new TemplateClass( );
    template. AddPatternElement(30,10);
    template. Interval = 10;
    lineProperties. Template = template;
    DrawSymbol(markerLine as ISymbol,polyline,5,30);  }
private void DrawSymbol(ISymbol symbol,IGeometry geometry,int flashCount,int interval)
 {  IScreenDisplay display = m_activeView. ScreenDisplay;
    display. StartDrawing(0,(short)esriScreenCache. esriNoScreenCache);
    display. SetSymbol(symbol);
    for(int i = 0;i < flashCount;i ++ )
       {  switch(geometry. GeometryType)
            {  case esriGeometryType. esriGeometryPoint:
                display. DrawPoint(geometry);
                break;
               case esriGeometryType. esriGeometryMultipoint:
                display. DrawMultipoint(geometry);break;
               case esriGeometryType. esriGeometryPolyline:
                display. DrawPolyline(geometry);break;
               case esriGeometryType. esriGeometryPolygon:
                display. DrawPolygon(geometry);break;
               default:break;  }
          System. Threading. Thread. Sleep(interval);  }
   display. FinishDrawing( );  }
```

### 6.2.2.3 CartographicLineSymbol 制图线符号

CartographicLineSymbol 比 SimpleLineSymbol 拥有更多的属性和方法来修饰一条线对象。这个类主实现了两个接口：ICartographicLineSymbol 和 ILineProperties。

ICartographicLineSymbol 接口主要用于设置线符号的节点属性：其中 Cap 属性用于设置线要素首尾端点的形状；Join 属性用于设置线要素转折处的样式，如 esriLJSRound 是设置转折处圆滑。

ILineProperties 接口主要用于设置 dash-dot 类型的线要素符号属性，包括 Template 和 LineDecoration 等。

下面是一个创建并绘制 CartographicLineSymbol 的例子，用工具类实现，其主要代码如下：

```
public override void OnMouseDown(int Button,int Shift,int X,int Y)
  { //产生一个制图线符号
    ICartographicLineSymbol pCartoLineSyl = new CartographicLineSymbolClass();
    pCartoLineSyl.Color = getRGB(0,110,210);
    pCartoLineSyl.Cap = esriLineCapStyle.esriLCSRound;
    pCartoLineSyl.Join = esriLineJoinStyle.esriLJSRound;
    pCartoLineSyl.Width = 12;
    //QI,注意下面的代码,用于修饰线的某些属性
    ILineProperties pLinePro = pCartoLineSyl as ILineProperties;
    ISimpleLineDecorationElement pSimpleLineDecoEle = new
    SimpleLineDecorationElementClass();
    pSimpleLineDecoEle.FlipAll = true;
    pSimpleLineDecoEle.FlipFirst = true;
    ILineDecoration pLineDeco = new LineDecorationClass();
    pLineDeco.AddElement(pSimpleLineDecoEle);
    //将线的修饰属性给 PlinePro
    pLinePro.LineDecoration = pLineDeco;
    IGeometry pGeo = pMapControl.TrackLine();
    object oLineSymbol = pCartoLineSyl;
    pMapControl.DrawShape(pGeo,ref oLineSymbol);  }
```

### 6.2.2.4 HashLineSymbol—hash 线符号

HashLineSymbol 使用重复的线符号来绘制线要素。IHashLineSymbol 接口有两个简单属性：HashSymbol 和 Angle。HashSymbol 属性用于管理 HashLineSymbol 中的 LineSymbol，Angle 属性用于管理 LineSymbol 绘制的倾斜角度（相对于线要素）。

下面是一个创建并绘制 HashLineSymbol 的例子，用工具类实现，其主要代码如下：

```
public override void OnMouseDown(int Button,int Shift,int X,int Y)
  { IHashLineSymbol pHashLineSym = new HashLineSymbolClass();
    pHashLineSym.Color = getRGB(150,112,103);
    pHashLineSym.Angle = 45;
    double dblPi = 3.14159265;
    double dblPerpendicularWidth = 40;
```

```
pHashLineSym.Width = dblPerpendicularWidth / Math.Sin(pHashLineSym.Angle * (dblPi / 180));
IGeometry pGeo = pMapControl.TrackLine();
object oLineSymbol = pHashLineSym;
pMapControl.DrawShape(pGeo, ref oLineSymbol); }
```

#### 6.2.2.5 PictureLineSymbol 图片线符号

PictureLineSymbol 对象可以将一个线对象用一张图片（BMP 或 EMF 格式）表现出来，当系统需要设置特殊的线符号，比如火车线路符号时，可以使用这个对象来完成。

#### 6.2.2.6 MultiLayerLineSymbol 多层线符号

MultiLayerLineSymbol 与 MultiLayerMarkerSymbol 一样，也是可以使用多层符号叠加的方法生成新的线符号。

### 6.2.3 FillSymbol 对象

FillSymbol 是用来修饰具有面积的几何形体的符号对象，它实现了 IFillSymbol，这个接口定义了两个属性 Color 和 OutLine，以满足所有类型的 FillSymbol 对象的公共属性设置。

IFillSymbol. Color 可以设置填充符号的基本颜色，如果不设置这个属性，则使用默认颜色填充。IFillSymbol. OutLine 属性可以设置填充符号的外边框，这个外边框是一个线对象，使用 ILineSymbol 对象修饰，在默认情况下它是一个 Solid 类型的简单线符号。

图 6-9 是各种 FillSymbol 符号对象的例子。

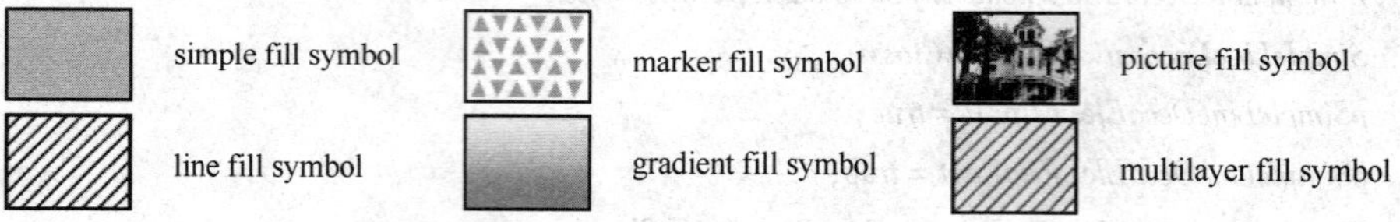


图 6-9 填充（面状）符号的类型

#### 6.2.3.1 SimpleFillSymbol

SimpleFillSymbol 是最简单的填充符号，它继承自 FillSymbol 对象。SimpleFillSymbol 类实现的接口是 ISimpleFillSymbol，使用它定义的属性和方法可以设置一个简单填充符号不同的 Style 属性，可以选择不同的简单填充类型。SimpleFillSymbol 的类型有 8 种之多，详细的可以查看 esriSimpleFillStyle 的各个值。

#### 6.2.3.2 LineFillSymbol

线填充符号（LineFillSymbol）使用线符号来填充多边形，它实现了 ILineFillSymbol 接口，用于定义线符号的角度、偏移量和线之间的间隔距离；ILineFillSymbol. LineSymbol 属性用于设置线填充符号的线的样式，线条需要使用一个 ILineSymbol 对象修饰；ILineFillSymbol. Angle 属性是设置线与水平线的夹角，该属性为 0°时线符号水平绘制，为 90°时垂直绘制。通常情况下，第一条线总是从地图坐标系统中的（0，0）点处通过，如果设置了 ILineFillSymbol. Offset 属性，这个线就将产生偏移；ILineFillSymbol. Separation 属性管理线符号间的间距（以点为单位，约 1/72in）。

#### 6.2.3.3 MarkerFillSymbol

点填充符号（MarkerFillSymbol）是使用 Marker 符号来填充多边形的填充符号。这个类实现了两个主要接口，一个是 IMarkerFillSymbol，它用于设置填充对象的 Marker 对象的属性，如 IMarkerFillSymbol. GridAngle 属性用于设置这些点符号绘制的角度；IMarkerFill-Symbol. MarkerSymbol 属性用于设置这些 Marker 的类型，它使用一个 IMarkerSymbol 对象；IMarkerFillSymbol. Style 属性用于管理点状符号填充的样式（格网填充或随机填充）。

另一个接口是 IFillProperties 接口，用户可以使用 XOffset 和 YOffset 属性来设置放置的偏移量；XSeparation 和 YSeparation 可以设置 Marker 之间的水平和垂直距离。这四个属性都使用点为单位，一个点约 1/72in。

#### 6.2.3.4 GradientFillSymbol

渐变颜色填充符号（GradientFillSymbol）使用渐变颜色带进行填充，它需要使用到颜色带对象。这些颜色带的渐变可以是从一侧到另一侧，也可以是从中间到四方。

GradientFillSymbol 类实现了 IGradientFillSymbol 接口，其中的 ColorRamp 属性用于设置这个渐变填充符号的颜色带对象，在设置颜色带的时候，用户并不需要使用 size 属性或者 CreateRamp 的方法来产生，而是使用 IntervalCount 属性来设置用户所要使用的颜色数目。GradientAngle 属性用于管理颜色渐变的角度，有效值为 -360°到 360°，缺省值为 90°。GradientPercentage 属性用于控制颜色之间饱和度的分布，有效值为 0 到 1 之间，缺省值为 0.75；Style 属性用于管理颜色渐变的形状，共有四种可选的渐变样式形状，即 esriGFSLinear、esriGFSRectangular、esriGFSCircular 和 esriGFSBuffered，它们决定了颜色渐变的填充是使用线、矩形、圆形还是缓冲的方法，缺省为 esriGFSLinear。

#### 6.2.3.5 PictureFillSymbol

图片填充符号（PictureFillSymbol）使用图片来进行填充，它和 MarkerFillSymbol 非常相似，唯一不同的就是一个使用点，另一个使用图片。

PictureFillSymbol 类实现了 IPictureFillSymbol 接口，如 CreateFillSymbolFromFile 方法用于加载填充的图片，这个方法需要输入的参数是图片的类型和文件名，但是 PictureFill-Symbol 对象能够使用的图片只有 EMF 和 BMP 两种类型，Bitmap 影像的颜色最多为 256 种，图片大小为 512 像素 ×512 像素；XScale、YScale 属性用于设置填充图片在 X 方向和 Y 方向上缩放比例，缺省值为 1；Picture 属性用于管理填充的图片。

#### 6.2.3.6 DotDensityFillSymbol

点密度填充符号（DotDensityFillSymbol）是一种基于数据驱动的填充符号，它一般和 DotDensityRenderer 着色对象一起使用。DotDensityFillSymbol 是使用由 MarkerSymbol 组成的随机位置点来显示数据的属性，而单位面积内点的多少则由 DotDensityRenderer 对象计算出来。

DotDensityFillSymbol 类实现的 IDotDensityFillSymbol2 接口，可以设置点符号的数目、尺寸、点之间的间距、点是否固定放置及随机填充的种子模式（RandomSeed）。

除了 IDotDensityFillSymbol2 外，这个类也实现了 ISymbolArray 接口，DotDensityFillSym-bol 可以使用多个点对象来作为填充符号，如果需要使用两种以上的 Marker 对象，那么它们是基于数据中两种不同属性的，此时需要产生一个符号数组来进行设置。

下面的代码使用工具类实现了创建并绘制 DotDensityFillSymbol：

```
public override void OnMouseDown(int Button,int Shift,int X,int Y)
{   IDotDensityFillSymbol pDotDensityFillSym = new DotDensityFillSymbolClass();
    ISymbolArray pSymArray = pDotDensityFillSym as ISymbolArray;
```

```
ISimpleMarkerSymbol pMarker = new SimpleMarkerSymbolClass( );
pMarker. Style = esriSimpleMarkerStyle. esriSMSDiamond;
pSymArray. AddSymbol( pMarker as ISymbol) ;
pMarker = new SimpleMarkerSymbolClass( ) ;
pMarker. Style = esriSimpleMarkerStyle. esriSMSCross;
pSymArray. AddSymbol( pMarker as ISymbol) ;
pDotDensityFillSym. Color = getRGB(0,255,255);
pDotDensityFillSym. DotSize = 10;
pDotDensityFillSym. DotSpacing = 20;
pDotDensityFillSym. set_DotCount(0,10);
pDotDensityFillSym. set_DotCount(1,5);
IGeometry   pGeo = pMapControl. TrackPolygon( ) ;
object oFillSymbol = pDotDensityFillSym;
pMapControl. DrawShape( pGeo, ref oFillSymbol) ; }
```

#### 6.2.3.7 MultilayerFillSymbol

如果程序员需要的话，也可以使用多个填充符号进行叠加以产生新的填充符号对象。这种叠加是一层符号放在另一层符号的上面，因而可能产生覆盖的情况。

MultilayerFillSymbol 对象实现的是 IMultilayerFillSymbol 接口，这个接口定义的方法是为了添加、移动、删除和清空构成这个多层填充符号使用的填充符号。使用 IMultilayerFill-Symbol. MoveLayer 方法可以移动这些符号层，这样可以用来显示不同的效果。

### 6.2.4 TextSymbol 对象

TextSymbol 对象是用于修饰文本元素的，文本元素主要用在要素标注等方面。TextSymbol 符号最重要的设置对象是它的字符，它实现了三个主要的接口来设置字符：ITextSymbol、ISimpleTextSymbol 和 IFormattedTextSymbol。

ITextSymbol 是定义文本字符样式的主要接口，它定义的 Font 属性是产生一个 TextSymbol 符号的关键。至于如何设置文字的字体，程序员可以使用 IFontDisp 接口来设置字体的大小和是否是粗体、倾斜等属性，在 C# . NET 中，系统使用下面的代码来设置一个字体对象：

```
stdole. IFontDisp pFont = new stdole. StdFontClass( ) as stdole. IFontDisp;
pFont. Name = "ESRI Cartography";
pFont. Bold = true;//是否为粗体
pFont. Italic = true;//是否为倾斜
pFont. Strikethrough = true;//是否有下划线
```

在 ArcObjects 中还可以将 .NET 的系统字体 System. Drawing. Font 直接转换成 stdole. IFontDisp 类型，它需要使用到 GetIFontDispFromFont 函数：

```
System. Drawing. Font   dotNetFont = new System. Drawing. Font( "Castellar", 25. 0F);
ITextSymbol textSym = new TextSymbolClass( ) ;
textSym. Font = ESRI. ArcGIS. ADF. COMSupport. OLE. GetIFontDispFromFont( dotNetFont) as stdole. IFontDisp;
```

另外还可以使用 ESRI. ArcGIS. ADF. Connection. Local. Converter. ToStdFont （Font） 方法

将 System. Drawing. Font 直接转换成 stdole. IFontDisp 类型。

但 ArcObjects 中没有将 IFontDisp 直接转成 System. Drawing. Font 类型的函数，用户可以新建一个 System. Drawing. Font 对象，然后读取 IFontDisp 对象里面的属性，赋给 System. Drawing. Font 对象的属性，具体实现代码如下：

```
public static System.Drawing.Font GetFontFromIFontDisp(IFontDisp obj)
    {   string name = fontDisp.Name;
        float size = (float)fontDisp.Size;
        FontStyle pFontStyle = FontStyle.Regular;
        if(fontDisp.Bold)pFontStyle = FontStyle.Bold;
        if(fontDisp.Italic)pFontStyle = pFontStyle | FontStyle.Italic;
        if(fontDisp.Strikethrough)pFontStyle = pFontStyle | FontStyle.Strikeout;
        if(fontDisp.Underline)pFontStyle = pFontStyle | FontStyle.Underline;
        System.Drawing.Font pFont = new System.Drawing.Font(name,size,pFontStyle);
        return pFont;   }
```

使用 ITextSymbol 接口还可以定义 TextSymbol 对象的颜色、角度、水平排列方式、垂直排列方式和文本等内容。读者可以查阅开发帮助。

ISimpleTextSymbol 接口用于设置 TextSymbol 的一些简单属性，如 XOffset 和 YOffset 可以用于设置字符的偏移量，它还定义了一个重要的属性 TextPath，这个属性要传入一个 ITextPath 对象。TextPath 可以用来确定每一个字符的排列位置，它是一个抽象类，其三个具体的子类是 BezierTextPath、SimpleTextPath 和 OverposterTextPath。ITextPath 接口提供了方法来计算每一个字符沿文字路径的位置。在设置一个 TextSymbol 的文字路径时，必须通过 ISimpleTextSymbol. TextPath 来获得文字路径的引用；使用 Geometry 属性还可以设置字符路径的几何形状，而使用 XOffset 和 YOffset 属性可以让文字在设置的路径上发生偏移。

IFormattedTextSymbol 接口用于设置 TextSymbol 的相关格式，如字符背景、字符的大小写、字符的间距、字符宽度、字符的方向、阴影等属性。

### 6.2.5 3DChartSymbol 对象

3DChartSymbol 是一个抽象类，它拥有三个子类：BarChartSymbol、PieChartSymbol 和 StackedChartSymbol，它们本质上是一种 Marker 符号，都实现了 IChartSymbol。该接口定义了两个属性：MaxValue 和 Value。MaxValue 是新建一个 3DChartSymbol 对象后必须设置的属性，如果有三个数值字段参与着色，系统必须对这三个字段中的最大值进行比较，找出最大的那一个值并赋给 MaxValue。Value 属性为某个字段对应的值。

使用3D 符号着色时,符号不止一种,系统使用 ISymbolArray 接口来管理一个着色对象中的多个参与着色的符号对象,有多少个着色字段就有多少个着色符号。ISymbolArray. Symbol 属性可以让程序员通过索引值获得每个 symbol 对象,而 SymbolCount 则会返回参与着色的符号的数目。这个接口还提供了添加、删除和清除符号的方法,如 AddSymbol、DeleteSymbol 和 ClearSymbols 等。

BarChartSymbol 是最常用的三维着色符号，它使用不同类型的柱子来代表一个要素类中不同的属性，而柱子的高度取决于属性值的大小。这个对象支持的是 IBarChartSymbol 接口。IBarChartSymbol. VerticalBars 属性用于确定使用的柱子（Bar）是水平排列还是垂直排列；柱的宽度和柱之间的空隙可以通过 Width 和 Spacing 属性来调节，当然，它们也可以使用 IMarkerSymbol. Size 方法进行设置。可以使用 IBarChartSymbol. Axes 属性来设置每根 Bar 的轴线，轴线是一个 ILineSymbol 对象，当然如果要这个轴线能够显示，还必须设置 ShowAxes 为 true 才行。

StackedChartSymbol 也是 ChartRenderer 对象进行着色时最常用的符号，它使用的柱(StackedBar)是堆垒而成的。这个对象支持的接口是 IStackedChartSymbol，用于设置 StackedChartSymbol 的外观。IStackedChartSymbol. Width 属性用于设置柱的宽度，而 Outline 和 UseOutline 用于设置符号的外框线。当 Fixed 属性为 false 时，ChartRenderer 对象的每一个 stackedbar 的尺寸会依据每个要素的属性来计算。如果它为 true 的时候，则 StackedBar 的长度是一样的。

PieChartSymbol 符号进行着色的方法是使用一个饼图来显示要素类中的不同属性，不同的属性按照它们的数值大小占有一个饼图中的不同比例的扇形区域。它默认实现的是 IPieChartSymbol 接口，该接口定义了 3 个属性，用于设置 Pie 的外观。IPieChartSymbol. ClockWise 属性用于确定饼图中颜色的方向，如果 ClockWise 为 true 的时候，饼图中的颜色块呈顺时针方向分布；当 IPieChartSymbol. UseOutline 为 true 的时候，饼图的外框可以设置外框线；外框线使用 IPieChartSymbol. Outline 设置，它是一个 ILineSymbol 对象。

## 6.3　符号样式库与符号化控件

样式文件中保存了用于空间数据符号化的符号和地图元素，ArcGIS 桌面的安装目录 C:\Program Files\ArcGIS\Desktop10. 0\Styles 下包含了内置的 Style/ServerStyle 的文件。ArcGIS Engine 的安装目录 C:\Program Files\ArcGIS\Engine10. 0\Styles 下包含了内置的 ServerStyle 的文件。

一个样式由多个样式条目（style gallery item）组成，这些样式条目提供了得到单个地图元素或符号的方法。相似的条目被组织成样式类（style gallery class），一个样式文件中包含 22 个样式类；如图 6-10 所示，Scale Bars 是一个样式类，而右边的符号和元素，是组

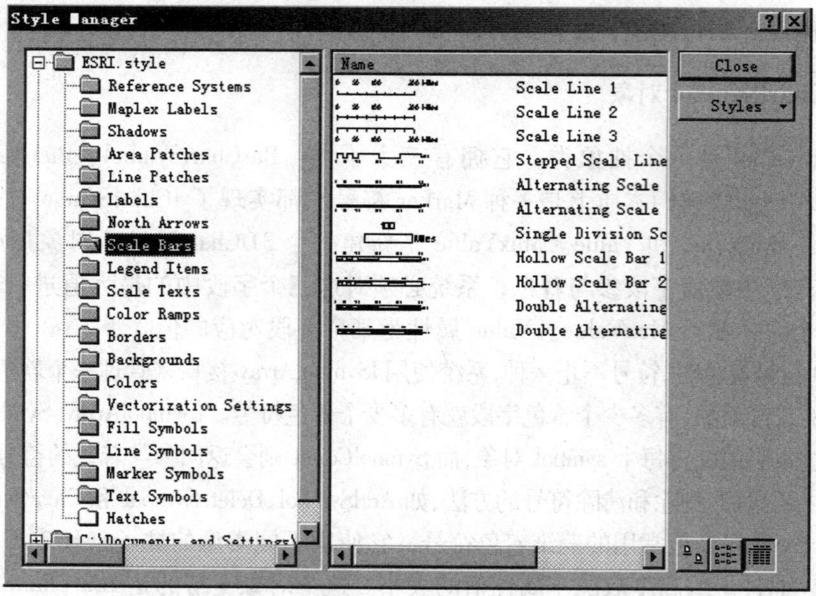


图 6-10　Style Manager 对话框

成这个样式类的样式条目。一个样式类中的条目可以依据类型的差异进行分组（Categories），如 Scale Bars 这个样式类的样式条目被分为 ScaleLine、HollowScaleBar 等多个组。

### 6.3.1 StyleGallery 与 ServerStyleGallery 对象

ArcObjects 开发人员可以使用 StyleGallery（仅适用于 ArcGIS Desktop）或 ServerStyleGallery（适用于 ArcGIS Engine、ArcGIS Desktop 和 ArcGIS Server）对象从 Style 或 ServerStyle 文件中取出样式供系统使用。

StyleGallery/ ServerStyleGallery 类默认实现 IStyleGallery 接口，IStyleGallery. Class 属性可以使用一个给定的索引值得到 Style 文件中的某个 StyleGalleryClass 对象，而 ClassCount 属性则会返回这个样式对象中所有的样式类数目；Categories 可以返回一个样式类中的样式类目。使用 IStyleGallery. Items，可以在给定样式类名、style 文件路径和类目名称的情况下返回符合这些条件的样式条目集对象，具体语法如下：

```
public IEnumStyleGalleryItem get_Items(string className, string styleSet, string Category);
如：
IEnumStyleGalleryItem pEnumStyleGalleryItem = pStyleGallery. get_Items( "Scale Bars", @ "C:\Program Files\ArcGIS\Styles\esri. style", "hollowscalebar");
```

如果要获得 className 下所有 Category 中的样式条目，将 Category 设置为""（引号中间无空格）。

StyleGallery/ServerStyleGallery 还实现了 IStyleGalleryStorage 接口，这个接口提供了在 Stylegallery 对象中获得一个 Style 文件引用的方法，它也提供了方法让程序员能够添加或删除 Style 文件。IStyleGalleryStorage. DefaultStylePath 将会返回 Style 文件的缺省目录。IStyleGalleryStorage. TargetFile 属性允许程序员设置一个 Style 文件，作为遍历、添加、删除和更新样式条目的目标文件。IStyleGalleryStorage. CanUpdate 用于确定是否允许改变一个 Style 文件。

StyleGalleryItem（ServerStyleGalleryItem）对象代表了一个具体的样式条目，它包含着一个地图元素或符号以及一些相关信息，其类实现了 IStyleGalleryltem 接口。IStyleGalleryltem. Category 属性确定条目在样式类中的类别，而 Item 属性是一个 object 类型对象，它要么是一个符号，要么是一个元素。

下面是一个获得样式条目的例子：

```
private void StyleGalleryDemo()
    { IStyleGallery pStyleGallery = new ServerStyleGalleryClass();
      string stylesPath = @ "C:\Program Files\ArcGIS\Engine10. 0\Styles\PXFGIS. ServerStyle";
      IStyleGalleryStorage styleStorage = pStyleGallery as IStyleGalleryStorage;
      styleStorage. TargetFile = stylesPath;
      IEnumStyleGalleryItem pEnumStyleGalleryItem = pStyleGallery. get_Items("Fill Symbols", stylesPath, "");
      pEnumStyleGalleryItem. Reset();
      IStyleGalleryItem pStyleGalleryItem = pEnumStyleGalleryItem. Next();
      while(pStyleGalleryItem ! = null)
        { MessageBox. Show(pStyleGalleryItem. Name);
```

```
        pStyleGalleryItem = pEnumStyleGalleryItem.Next(); }
}
```

### 6.3.2 SymbolSelector 与 StyleSelector 对象

尽管使用 StyleGallery 或 ServerStyleGallery 对象能够选择系统中已经存在的样式，但是这种选择并不方便，不具备可视化图形让用户选择。因此 ArcObjects 提供了 SymbolSelector、StyleSelector 对象及 SymbologyControl 控件，通过对话框，可以让用户以直观的方式来进行符号、样式的选择。

ArcMap 里面预存了很多标准符号，使用它可以帮助用户可视化，这些符号可以通过 SymbolSelector 供用户选择。SymbolSelector 实现了 ISymbolSelector 接口，通过它定义的方法可以从对话框中取出一个 Symbol 对象。该接口中的 AddSymbol（ISymbol symbol）方法打开符号选择对话框，用于添加一符号，同时也用于定义符号选择对话框中显示哪种类型的符号；SelectSymbol（int hWnd）方法用于显示符号选择对话框供用户选择符号，检测返回值可以确定用户是点击了 OK（true）还是 Cancel（false）按钮；GetSymbolAt（int index）方法使用索引序号 0 提取用户选择的符号。

以下是使用 SymbolSelector 一个例子，供用户选择某种几何类型（点、线或面）的符号。

```
private ISymbol GetSymbolBySymbolSelector(esriGeometryType geometryType)
{   ISymbolSelector pSymbolSelector = new SymbolSelectorClass();
    ISymbol symbol = null;
    switch(geometryType)
    {   case esriGeometryType.esriGeometryPoint:
            symbol = new SimpleMarkerSymbolClass(); break;
        case esriGeometryType.esriGeometryPolyline:
            symbol = new SimpleLineSymbolClass();   break;
        case esriGeometryType.esriGeometryPolygon:
            symbol = new SimpleFillSymbolClass();   break;
        default:break; }
    pSymbolSelector.AddSymbol(symbol);
    bool response = pSymbolSelector.SelectSymbol(0);
    if(response)
    {   symbol = pSymbolSelector.GetSymbolAt(0);
        return symbol; }
    return null; }
```

StyleSelector 分为两大类型：一种是 MapGridselector 对象，它是用来设置地图格网的；另一种是用于设置 MapSurround 的，如 BackgroundSelector、BorderSelector、LabelStyleSelector、LegendItemSelector、NorthArrowSelector、ScaleBarSelector 和 ScaleTextSelector 对象。

IStyleSelector 接口定义的方法让程序员可以使用这些对话框进行选择，IStyleSelector.DoModal 方法用于打开对话框，而使用 IStyleSelector.Getstyle 方法则用于选择具体的样式对象。

下面是一个使用 ScaleBarSelector 的例子：

```
private object StyleSelectorScaleBar( )
  { IStyleSelector pStyleSelector = new ScaleBarSelectorClass( ) ;
    bool ok = pStyleSelector. DoModal(0) ;
    if( ok)
      { object oStyle = pStyleSelector. GetStyle(0) ;
        return oStyle ; }
     return null ; }
```

### 6.3.3 IStyleDialog 接口

IStyleDialog 接口定义了属性和方法来控制 Style Manager 和 Style References 对话框，该接口只提供了一个属性 Title 和一个方法 DoModal，前者用于设置对话框的标题，后者用于打开对话框。实现该接口的类有两个：StyleManagerDialog 和 StyleReferencesDialog。前者用于管理 Map 文档中引用的样式及其中的样式条目（style items）；后者用于管理 ArcMap 引用的样式文件。这两个对象只能用于扩展 ArcGIS 桌面。

以下代码展示了如何使用 StyleManagerDialog 来打开样式管理器：

```
public void OpenStyleManagerDialog( IApplication application)
  { if( application == null) return;
    IMxDocument mxDocument = ( IMxDocument) application. Document;
    IStyleGallery styleGallery = mxDocument. StyleGallery;
    IStyleDialog styleManagerDialog = new StyleManagerDialogClass( ) ;
    styleManagerDialog. Title = "dialogTitle" ;
    styleManagerDialog. DoModal( styleGallery, application. hWnd) ; }
```

以下代码展示了如何使用 StyleReferencesDialog 来打开样式引用对话框：

```
public void OpenStyleReferencesDialog( IApplication application)
  { if( application == null) return;
    IMxDocument mxDocument = ( IMxDocument) application. Document;
    IStyleGallery styleGallery = mxDocument. StyleGallery;
    IStyleDialog styleReferencesDialog = new StyleReferencesDialogClass( ) ;
    styleReferencesDialog. Title = "dialogTitle" ;
    styleReferencesDialog. DoModal( styleGallery, application. hWnd) ; }
```

### 6.3.4 符号化控件

SymbologyControl 用于显示 ServerStyle 文件（及 Style 文件，如果安装了 ArcGIS Desktop）的内容及自定义符号化。SymbologyControl 使得最终用户能够选择单个符号，用于图层的着色或元素的符号。Style 文件仅适用于 ArcGIS Desktop 产品，而 Server Style 文件适用于 ArcGIS 所有产品。可以使用符号转化工具 make serverstyle set 将 style 文件转换 serverstyle 文件。

SymbologyControl 实现的主要接口为：ISymbologyControl 和 ISymbologyControlDefault。前

者的属性方法用于管理控件的外观、装载卸载样式文件、设置控件中显示的样式类等。后者是该控件的默认接口，也代表该控件的最新版本接口。

在程序设计阶段，可以通过 SymbologyControl 的属性页，将 Server Style 文件载入 SymbologyControl 控件；也可以通过编程，使用 LoadStyleFile 方法将 Server Style 文件载入 SymbologyControl 控件，使用 RemoveFile 方法从控件中移除 Server Style 文件。使用 LoadDesktopStyleFile 方法将 Style 文件载入 SymbologyControl 控件。SymbologyControl 一次只能显示一个 SymbologyStyleClass 中的内容（点状符号或线状符号或填充符号等）。使用 ISymbologyControl. StyleClass 属性可以设置该控件当前的 SymbologyStyleClass；使用 ISymbologyControl. GetStyleClass 方法返回指定类型的 SymbologyStyleClass。

ISymbologyStyleClass 接口定义的属性方法用于管理 SymbologyStyleClass 中的样式条目（StyleGalleryItem）。使用该接口中的 RemoveItem、SelectItem、PreviewItem 方法可以移除、选择、预览单个的样式条目，使用 AddItem 方法可以添加定制的符号。SymbologyStyleClass 的类别由 esriSymbologyStyleClass 常量定义，该常量的取值为：esriStyleClassMarkerSymbols、esriStyleClassLineSymbols、esriStyleClassFillSymbols、esriStyleClassNorthArrows、esriStyleClassScaleBars 等 22 个。

ISymbologyControlEvents 是 SymbologyControl 的事件接口，定义了如下事件：OnDoubleClick、OnItemSelected、OnKeyDown、OnKeyUp、OnMouseDown、OnMouseMove、OnMouseUp 和 OnStyleClassChanged；程序员在开发过程中，根据需要选择使用相应事件。

在本书 3. 3. 2 节讲述 TOCControl 时，有一个开发实例：在 TOCControl 中鼠标左键点击某个图例符号就会弹出“选择样式符号”对话框（GetSymbolByControlForm 窗体），通过这一对话框可以改变相应图例符号。GetSymbolByControlForm 窗体如图 6-11 所示，其上放置了以下控件：

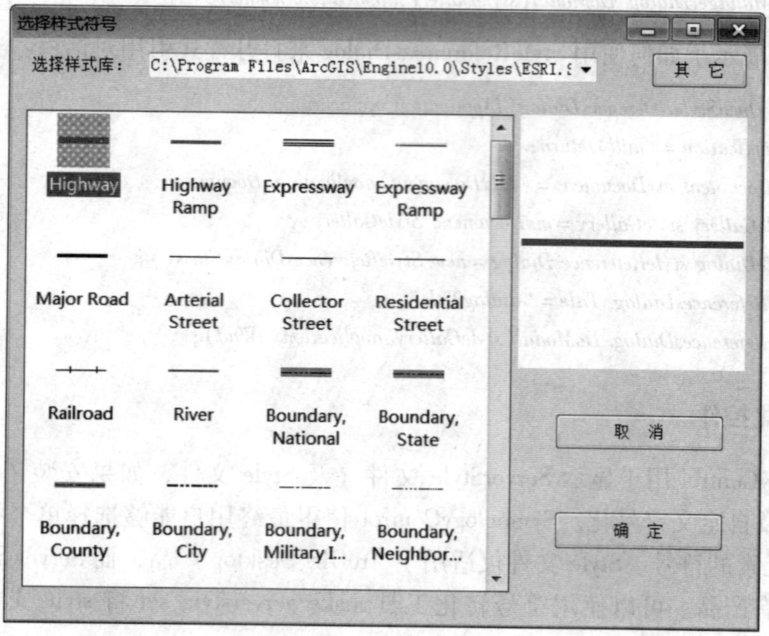


图 6-11 选择样式符号窗体设计

（1）符号化控件：axSymbologyControl1，用于列出某个 SymbologyStyleClass 中的所有符号；

（2）ComboBox：cbxStyles，用于列出 ArcGIS 安装目录中所有的 . serverstyle 及 . Style 文件；

（3）PictureBox：pictureBox1，用于预览用户在 axSymbologyControl1 选择的符号；

（4）FolderBrowserDialog：folderBrowserDialog1，用于浏览其他不在 ArcGIS 安装目录中所有的 . serverstyle 及 . Style 文件；

（5）Button：btnOtherStyles，打开 folderBrowserDialog1；

（6）Button：cmdOK，cmdCancel。

主要程序代码如下：

```
public IStyleGalleryItem   m_styleGalleryItem;
string   stylesPath = string. Empty;
esriSymbologyStyleClass   styleClass;
//GetSymbolByControlForm 窗体的构造方法
public GetSymbolByControlForm(esriSymbologyStyleClass symStyleClass)
  {  InitializeComponent();
     styleClass = symStyleClass;   }
//GetSymbolByControlForm 窗体的 Load 事件
private void GetSymbolByControlForm_Load(object sender,EventArgs e)
  { LoadStyles(); }
private void LoadStyles()
  {  //Get the ArcGIS install location
     string sInstall = ESRI. ArcGIS. RuntimeManager. ActiveRuntime. Path;
     string defaultStyle = System. IO. Path. Combine(sInstall,"Styles\\ESRI. ServerStyle");
     if(System. IO. File. Exists(defaultStyle))
        {  //Load the ESRI. ServerStyle file into the SymbologyControl
           axSymbologyControl1. LoadStyleFile(defaultStyle);
           axSymbologyControl1. StyleClass = styleClass;
           axSymbologyControl1. GetStyleClass(axSymbologyControl1. StyleClass). SelectItem(0);
           cbxStyles. Text = defaultStyle;   }
      stylesPath = sInstall + "\\Styles";
      cbxStyles. Items. Clear();
      cbxStylesAddItems(stylesPath);   }
private void cbxStylesAddItems(string path)
  {  string[] serverstyleFiles = System. IO. Directory. GetFiles(stylesPath," *. serverstyle",SearchOption.
     AllDirectories);
     string[] styleFiles = System. IO. Directory. GetFiles(stylesPath," *. style",SearchOption. AllDirectories);
     cbxStylesAddItems(serverstyleFiles);
     cbxStylesAddItems(styleFiles);   }
private void cbxStylesAddItems(string[] files)
  {  if(files. GetLength(0) ==0)return;
```

```
        foreach(string file in files)
            { cbxStyles. Items. Add(file); }
    }
//cbxStyles 的 SelectedIndexChanged 事件
private void cbxStyles_SelectedIndexChanged(object sender,EventArgs e)
    { if(cbxStyles. SelectedItem == null)return;
        axSymbologyControl1. Clear();
        stylesPath = cbxStyles. SelectedItem. ToString();
        string ext = System. IO. Path. GetExtension(stylesPath). ToLower();
        if(ext == ". serverstyle")
        axSymbologyControl1. LoadStyleFile(stylesPath);
        if(ext == ". style")
        axSymbologyControl1. LoadDesktopStyleFile(stylesPath);
        axSymbologyControl1. StyleClass = styleClass;  }
//btnOtherStyles 的 Click 事件
private void btnOtherStyles_Click(object sender,EventArgs e)
    { if(folderBrowserDialog1. ShowDialog() == DialogResult. OK)
        { stylesPath =folderBrowserDialog1. SelectedPath;
          cbxStylesAddItems(stylesPath);  }
    }
//axSymbologyControl1 的 OnItemSelected 事件
private void axSymbologyControl1_OnItemSelected(object sender,ESRI. ArcGIS. Controls.
ISymbologyControlEvents_OnItemSelectedEvent e)
    { //Preview the selected item
        m_styleGalleryItem = (IStyleGalleryItem)e. styleGalleryItem;
        PreviewImage();  }
private void PreviewImage()
    { //Get and set the style class
        ISymbologyStyleClass symbologyStyleClass =
        axSymbologyControl1. GetStyleClass(axSymbologyControl1. StyleClass);
        //Preview an image of the symbol
        stdole. IPictureDisp picture = symbologyStyleClass. PreviewItem(m_styleGalleryItem,pictureBox1. Width,
        pictureBox1. Height);
        System. Drawing. Image image = System. Drawing. Image. FromHbitmap(new System. IntPtr(picture.
        Handle));
        pictureBox1. Image = image;  }
//cmdOK 的 Click 事件
private void cmdOK_Click(object sender,System. EventArgs e)
    { this. Hide(); }
//cmdCancel 的 Click 事件
```

```
private void cmdCancel_Click(object sender,System.EventArgs e)
    { m_styleGalleryItem = null;
      this.Hide(); }
```

有关 SymbologyControl 的其他开发，请参阅 ArcGIS 开发包中的以下实例：SymbologyControlAddMapSurrounds、SymbologyControlAddMapSurrounds、SymbologyControlColorRamps、SymbologyControlFrameProperties、SymbologyControlLayerRendering、SymbologyControlTextSymbols。

## 6.4 制作专题图

ArcMap 提供了多种方法来制作不同类型的专题图，这些专题图是可以依据要素的一个或多个属性的不同而设置不同类型的符号，从而达到区分不同类型要素的目的。

在 ArcObjects 开发中，需要使用各种着色对象制作不同类型的专题图。FeatureRenderer 是一个抽象类，其子类负责进行不同类型的着色运算。它们都实现了 IFeatureRenderer 接口，这个接口定义了进行地图着色运算的公共属性和方法。

使用不同的着色对象时，用户需要确定是哪个图层需要着色，而着色对象只是要素图层的一个属性而已，程序员可以通过 IGeoFeatureLayer. Renderer 属性获得一个图层的着色对象。

```
public IFeatureRenderer Renderer {get;set;}
```

各种符号化方法使用的着色对象如下：

（1）单一符号化（SimpleRenderer）；

（2）唯一值符号化（UniqueValueRenderer）；

（3）分级符号符号化（ClassBreaksRenderer）；

（4）分级色彩符号化（ClassBreaksRenderer）；

（5）依比例符号化（ProportionalSymbolRenderer）；

（6）点值符号化（DotDensityRenderer）；

（7）统计符号化（ChartRenderer）；

（8）制图表现符号化（RepresentationRenderer）。

### 6.4.1 单一符号着色法

单一符号着色法就是采用统一大小、统一形状、统一颜色的点状符号、线状符号或面状符号来表达地理要素，而不管要素本身在数量、质量、大小等方面的差异。

单一符号着色法不能反映制图要素的定量差异，而只能反映制图要素的地理位置，表达制图要素的空间分布。

通常，当新的数据层被加载到 ArcMap 地图中时，默认的系统表示方法就是单一符号法，即该数据层所包含的数据要素以同一种符号显示在地图窗口。

使用这种着色方法需要产生一个 SimpleRenderer 对象，然后将它的 Symbol 进行设置后赋给 IGeoFeaturelayer. Renderer 即可。需要注意的是，它的类还实现了 ITransparencyRenderer 接口，可以依据要素的某个数值字段的值来设置要素的显示透明度。

单一符号着色法窗体 SingleSymbol 设计如图 6-12 所示，其上放置了以下控件：

（1）ComboBox：cbxLayers2Symbolize，用于列出当前地图对象中的所有要素图层，供用户选择要符号化的图层；

（2）Button：btnSymbolize，符号化按钮，用户点击后，会弹出上节中讲述的“选择样式符号”窗体（GetSymbolByControlForm），供用户选择所需的符号进行符号化；

图 6-12 单一符号着色法窗体设计

（3）Button：btnClose，关闭按钮，关闭该窗体；

（4）PictureBox：pictureBox1，根据选择的需要符号化的图层类型（点、线或面），在该图片框中预览符号化的效果。

主要程序代码如下：

```
public partial class SingleSymbol:Form
{
    IHookHelper m_hookHelper = null;
    IActiveView m_activeView = null;
    IMap m_map = null;
    IFeatureLayer layer2Symbolize = null;
    //窗体的构造方法
    public SingleSymbol(IHookHelper hookHelper)
    {  InitializeComponent();
        m_hookHelper = hookHelper;
        m_activeView = m_hookHelper. ActiveView;
        m_map = m_hookHelper. FocusMap;  }
    private void cbxLayers2Symbolize_SelectedIndexChanged(object sender,EventArgs e)
    {  if(cbxLayers2Symbolize. SelectedItem ! = null)
        {  string strLayer2Symbolize = cbxLayers2Symbolize. SelectedItem. ToString();
            layer2Symbolize = GetFeatureLayer(strLayer2Symbolize);}
    }
    //窗体的 Load 事件
    private void SingleSymbol_Load(object sender,EventArgs e)
        { CbxLayersAddItems(); }
    //将当前地图对象中的要素图层添加到图层下拉列表框中
    private void CbxLayersAddItems()
    {  if(GetLayers() == null)return;
        IEnumLayer layers = GetLayers();
        layers. Reset();
        ILayer layer = layers. Next();
        while(layer ! = null)
```

```
        { if(layer is IFeatureLayer)
            { cbxLayers2Symbolize. Items. Add(layer. Name); }
          layer = layers. Next();  }
    }
private IEnumLayer GetLayers()
    { UID uid = new UIDClass();
      uid. Value = "{40A9E885-5533-11d0-98BE-00805F7CED21}";// IFeatureLayer
      //uid. Value = "{E156D7E5-22AF-11D3-9F99-00C04F6BC78E}";  // IGeoFeatureLayer
      //uid. Value = "{6CA416B1-E160-11D2-9F4E-00C04F6BC78E}";  // IDataLayer
      if(m_map. LayerCount ! =0)
         { IEnumLayer layers = m_map. get_Layers(uid,true);
           return layers;  }
      return null;  }
private IFeatureLayer GetFeatureLayer(string layerName)
    { if(GetLayers() == null)return null;
      IEnumLayer layers = GetLayers();
      layers. Reset();
      ILayer layer = null;
      while((layer = layers. Next())! = null)
         { if(layer. Name == layerName)return layer as IFeatureLayer; }
      return null;  }
//符号化按钮的 Click 事件
private void btnSymbolize_Click(object sender,EventArgs e)
    { if(layer2Symbolize == null)return;
      ISymbol symbol = GetSymbolByControl(layer2Symbolize. FeatureClass. ShapeType);
      if(symbol == null)return;
      ISimpleRenderer pSimpleRenderer = new SimpleRendererClass();
      pSimpleRenderer. Symbol = symbol;
      pSimpleRenderer. Label = "单一符号化";
      IGeoFeatureLayer pGeoFeatureL = layer2Symbolize as IGeoFeatureLayer;
      pGeoFeatureL. Renderer = pSimpleRenderer as IFeatureRenderer;
      m_activeView. PartialRefresh(esriViewDrawPhase. esriViewGeography,null,m_activeView. Extent);  }
//说明:GetSymbolByControl()方法参阅"TOCControl"及"SymbologyControl"中的相关内容。
private void btnClose_Click(object sender,EventArgs e)
    { this. Close(); }
}
```

### 6.4.2 唯一值着色法

唯一值着色法（符号化）是根据要素属性值来设置地图符号的，具有相同属性值的要素采用相同的符号，而属性值不同的要素采用不同的符号。符号的差异表现在符号的形状、大小、色彩、图案等多个方面。唯一值符号化使用 UniqueValueRenderer 对象，它实现了 IUniqueValueRenderer 接口。

使用 UniqueValueRenderer 的思路如下：选择要符号化的图层及用于符号化的字段，然后找出该字段取值的所有唯一值，再使用 IUniqueValueRenderer. AddValue 方法将每个唯一值和与之相匹配的着色符号加入 UniqueValueRenderer 对象，最后将新建的着色对象赋给要素图层的 Renderer 属性，刷新要素图层即可。唯一值符号化窗体设计如图 6-13 所示。

图 6-13　唯一值符号化窗体设计

要获取要素图层对应的要素类某个字段上取值的所有唯一值，可以使用 DataStatistics 对象及相应的 IDataStatistics 接口，IDataStatistics. UniqueValues 返回当前统计字段上的所有唯一值，IDataStatistics. UniqueValueCount 返回当前统计字段上的所有唯一值的个数。获取要素类某个字段上取值的所有唯一值代码如下：

```
private System. Collections. IEnumerator GetUniqueValues(IFeatureClass featureClass,string strField)
    {  ICursor cursor = (ICursor)featureClass. Search(null,false);
       IDataStatistics dataStatistics = new DataStatisticsClass();
       dataStatistics. Field = strField;
       dataStatistics. Cursor = cursor;
       System. Collections. IEnumerator enumerator = dataStatistics. UniqueValues;
       return enumerator;    }
```

创建唯一值着色对象（UniqueValueRenderer）的代码如下：

```
private IUniqueValueRenderer CreateRenderer(IFeatureClass featureClass)
    {  int uniqueValuesCount = GetUniqueValuesCount(featureClass,strRendererField);
       System. Collections. IEnumerator enumerator = GetUniqueValues(featureClass,strRendererField);
       if(uniqueValuesCount ==0)return null;
       IEnumColors pEnumRamp = GetEnumColorsByRandomColorRamp(uniqueValuesCount);
       pEnumRamp. Reset();
       IUniqueValueRenderer pUniqueValueR = new UniqueValueRendererClass();
       //只用一个字段进行单值着色
       pUniqueValueR. FieldCount = 1;
       //用于区分着色的字段
       pUniqueValueR. set_Field(0,strRendererField);
       IColor pColor = null;
       ISymbol symbol = null;
       enumerator. Reset();
       while(enumerator. MoveNext())
           {  object codeValue = enumerator. Current;
              pColor = pEnumRamp. Next();
              switch(featureClass. ShapeType)
```

```
{ case ESRI.ArcGIS.Geometry.esriGeometryType.esriGeometryPoint:
      ISimpleMarkerSymbol markerSymbol = new SimpleMarkerSymbolClass() as ISimpleMarkerSymbol;
      markerSymbol.Color = pColor;
      symbol = markerSymbol as ISymbol;
      break;
  case ESRI.ArcGIS.Geometry.esriGeometryType.esriGeometryPolyline:
      ISimpleLineSymbol lineSymbol = new SimpleLineSymbolClass() as ISimpleLineSymbol;
      lineSymbol.Color = pColor;
      symbol = lineSymbol as ISymbol;
      break;
  case ESRI.ArcGIS.Geometry.esriGeometryType.esriGeometryPolygon:
      ISimpleFillSymbol fillSymbol = new SimpleFillSymbolClass() as ISimpleFillSymbol;
      fillSymbol.Color = pColor;
      symbol = fillSymbol as ISymbol;
      break;
  default:
     break; }
    //将每次得到的要素字段值和修饰它的符号放入着色对象中
    pUniqueValueR.AddValue(codeValue.ToString(),strRendererField,symbol); }
  return pUniqueValueR; }
private IEnumColors GetEnumColorsByRandomColorRamp(int colorSize)
  { IRandomColorRamp pColorRamp = new RandomColorRampClass();
    pColorRamp.StartHue = 0;
    pColorRamp.EndHue = 360;
    pColorRamp.MinSaturation = 15;
    pColorRamp.MaxSaturation = 30;
    pColorRamp.MinValue = 99;
    pColorRamp.MaxValue = 100;
    pColorRamp.Size = colorSize;
    bool ok = true;
    pColorRamp.CreateRamp(out ok);
    IEnumColors pEnumRamp = pColorRamp.Colors;
    pEnumRamp.Reset();
    return pEnumRamp;  }
```

有关唯一值符号化的详细实现，请参阅本书附带的光盘。

### 6.4.3 分级着色法

分级着色法，首先根据要素图层的某个数值型字段的值，按用户的要求将这个字段的所有取值分为几个级别，然后每个级别用不同大小或不同颜色的符号进行可视化。

进行分级着色需要使用到 ClassBreaksRenderer 对象，它实现了 IClassBreaksRenderer 接口；IClassBreaksRenderer.Field 设置要素类中用于分级着色的字段；IClassBreaksRenderer. BreakCount 设置分级的数目；IClassBreaksRenderer. set_Symbol(i)和 set_Break(i)，设置分级的符号和分级点处的临界值。

以下以分级色彩符号化为例，阐述 ClassBreakRenderer 着色法的实现，分级符号符号化的实现与此类同。

下面这个例子中，为了取得数据，使用了 BasicTableHistogram 对象（根据要素类某个数值型字段值的大小生成直方图（数值、频数））和 IClassifyGEN（根据直方图对要素进行分类分级），它们配合 ClassBreaksRenderer 着色对象使用，产生了分级着色效果。

分级色彩符号化窗体 GraduatedColorSymbols 设计如图 6-14 所示，其上放置了以下控件：

（1）ComboBox：cbxLayers2Symbolize，用于列出当前地图对象中的所有要素图层，供用户选择要符号化的图层；

（2）ComboBox：cbxFields，用于列出用户选择的要素图层的数值型字段，并供用户选择；

（3）ComboBox：cbxNormalization，标准化字段，也是数值型字段；

（4）ComboBox：classifyCBX，列出分类方法供用户选择；

（5）Button：btnSelectColorRamp，用户点击后，会弹出“选择样式符号”窗体(GetSymbolByControlForm)，供用户选择所需的色带进行符号化；

（6）NumericUpDown：nudClassCount，设置分类分级的数目；

（7）TextBox：txtInterval，用于“已定义的间隔分类”；

（8）ComboBox：cbxInterval，用于“标准差分类”。

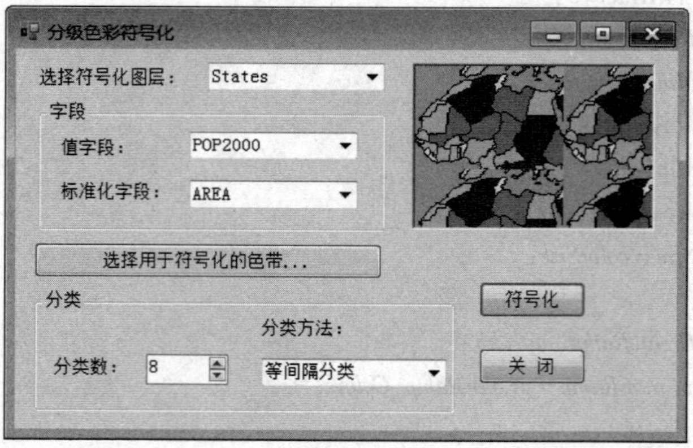


图 6-14 分级色彩符号化窗体设计

主要代码如下：

```
//几个全局变量声明
IHookHelper m_hookHelper = null;
IActiveView m_activeView = null;                //活动视图
IMap m_map = null;                              //当前地图对象
IFeatureLayer layer2Symbolize = null;           //要符号化的图层
```

```
string strRendererField = string.Empty;                    //符号化字段
string strNormalizeField = string.Empty;                   //标准化字段
int gClassCount = 5;                                       //分级数目
double[] gClassbreaks = null;                              //分级数组
string strClassifyMethod = "自然裂点分类";                   //分级方法
IClassBreaksRenderer m_classBreaksRenderer = null;         //分级着色对象
IStyleGallery pStyleGlry = new ServerStyleGalleryClass();  //样式库
IColorRamp colorRamp = null;                               //色带
```

窗体的 Load 事件与上小节（SimpleRenderer 着色法）相同，加载当前地图文档中的要素图层到图层下拉列表框 cbxLayers2Symbolize 中。

图层下拉列表框 cbxLayers2Symbolize 的 SelectedIndexChanged 事件与上小节略有不同。在这里，当用户选择的要素图层变化时，需要将要素图层的数值型字段填充到 cbxFields、cbxNormalization 中。主要代码如下：

```
private void cbxLayers2Symbolize_SelectedIndexChanged(object sender,EventArgs e)
  { if(cbxLayers2Symbolize.SelectedItem != null)
      { string strLayer2Symbolize = cbxLayers2Symbolize.SelectedItem.ToString();
        layer2Symbolize = GetFeatureLayer(strLayer2Symbolize);
        CbxFieldAdditems(layer2Symbolize);
        strRendererField = cbxFields.Items[0].ToString();  }
  }
private void CbxFieldAdditems(IFeatureLayer featureLayer)
  { IFields fields =featureLayer.FeatureClass.Fields;
    cbxFields.Items.Clear();
    cbxNormalization.Items.Clear();
    cbxNormalization.Items.Add("None");
    for(int i =0;i < fields.FieldCount;i ++)
      { if((fields.get_Field(i).Type == esriFieldType.esriFieldTypeDouble) ||
        (fields.get_Field(i).Type == esriFieldType.esriFieldTypeInteger) ||
        (fields.get_Field(i).Type == esriFieldType.esriFieldTypeSingle) ||
        (fields.get_Field(i).Type == esriFieldType.esriFieldTypeSmallInteger))
          { cbxFields.Items.Add(fields.get_Field(i).Name);
            cbxNormalization.Items.Add(fields.get_Field(i).Name);  }
      }
    cbxFields.SelectedIndex =0;
    cbxNormalization.SelectedIndex =0;  }
```

符号化字段、标准化字段下拉列表框的 SelectedIndexChanged 事件，只需记录用户选择的相应字段即可；它们分别保存在类的全局变量 strRendererField、strNormalizeField 中。

```
//btnSelectColorRamp 按钮的 Click 事件
private void btnSelectColorRamp_Click(object sender,EventArgs e)
  { GetSymbolByControlForm colorRampForm = new GetSymbolByControlForm (esriSymbologyStyleClass.
    esriStyleClassColorRamps);
```

```
        colorRampForm. ShowDialog( );
        if( colorRampForm. m_styleGalleryItem ! = null)
        colorRamp = colorRampForm. m_styleGalleryItem. Item as IColorRamp;
        colorRampForm. Dispose( ); }
//说明:GetSymbolByControlForm 参见 SymbologyControl 中的相关内容
//nudClassCount 的 ValueChanged 事件
private void nudClassCount_ValueChanged( object sender,EventArgs e)
  { gClassCount = Convert. ToInt32( nudClassCount. Value); }
//classifyCBX 的 SelectedIndexChanged 事件
private void classifyCBX_SelectedIndexChanged( object sender,EventArgs e)
  { if( classifyCBX. SelectedItem == null) return;
    strClassifyMethod = classifyCBX. SelectedItem. ToString( );
    if( strClassifyMethod == "已定义的间隔分类")
      {
        …//设置相关属性
      }
    else if( strClassifyMethod == "标准差分类")
      {
        …//设置相关属性
      }
    else
      {
        … //设置相关属性
      }
  }
//btnSymbolize 的 Click 事件
private void btnSymbolize_Click( object sender,EventArgs e)
  { if( layer2Symbolize == null) return;
    Renderer( ); }
private void Renderer( )
  { IGeoFeatureLayer pGeoFeatureL = ( IGeoFeatureLayer) layer2Symbolize;
    IFeatureClass featureClass = pGeoFeatureL. FeatureClass;
    //找出 rendererField 在字段中的编号
    int lfieldNumber = featureClass. FindField( strRendererField);
    if( lfieldNumber == -1)
       { MessageBox. Show( "Can't find field:" + strRendererField);
         return; }
     m_classBreaksRenderer = CreateClassBreaksRenderer( featureClass);
     if( m_classBreaksRenderer == null) return;
     pGeoFeatureL. Renderer = ( IFeatureRenderer) m_classBreaksRenderer;
     m_activeView. PartialRefresh( esriViewDrawPhase. esriViewGeography,null,m_activeView. Extent); }
private IClassBreaksRenderer CreateClassBreaksRenderer( IFeatureClass featureClass)
  { classify( );
```

```
        int ClassesCount = gClassbreaks.GetUpperBound(0);
        if(ClassesCount == 0)return null;
        nudClassCount.Value = ClassesCount;
        IClassBreaksRenderer pClassBreaksRenderer = new ClassBreaksRendererClass();
        pClassBreaksRenderer.Field = strRendererField;
        if(strNormalizeField.ToLower() != "none")
        pClassBreaksRenderer.NormField = strNormalizeField;
        //设置着色对象的分级数目
        pClassBreaksRenderer.BreakCount = ClassesCount;
        pClassBreaksRenderer.SortClassesAscending = true;
        //通过色带设置各级分类符号的颜色
        colorRamp.Size = ClassesCount;
        bool createRamp;
        colorRamp.CreateRamp(out createRamp);
        IEnumColors enumColors = colorRamp.Colors;
        enumColors.Reset();
        IColor pColor = null;
        ISymbol symbol = null;
        //需要注意的是分级着色对象中的 symbol 和 break 的下标都是从 0 开始
        for(int i = 0;i < ClassesCount;i ++)
            {   pColor = enumColors.Next();
                switch(featureClass.ShapeType)
                {   case esriGeometryType.esriGeometryPoint:
                        ISimpleMarkerSymbol simpleMarkerSymbol = new SimpleMarkerSymbolClass();
                        simpleMarkerSymbol.Color = pColor;
                        symbol = simpleMarkerSymbol as ISymbol;
                        break;
                    case esriGeometryType.esriGeometryPolyline:
                        ISimpleLineSymbol simpleLineSymbol = new SimpleLineSymbolClass();
                        simpleLineSymbol.Color = pColor;
                        symbol = simpleLineSymbol as ISymbol;
                        break;
                    case esriGeometryType.esriGeometryPolygon:
                        ISimpleFillSymbol simpleFillSymbol = new SimpleFillSymbolClass();
                        simpleFillSymbol.Color = pColor;
                        symbol = simpleFillSymbol as ISymbol;
                        break;
                    default:
                    break;  }
                pClassBreaksRenderer.set_Symbol(i,symbol);
                pClassBreaksRenderer.set_Break(i,gClassbreaks[i + 1]);   }
        return pClassBreaksRenderer;   }
private void classify()
```

```
{ IFeatureClass featureClass = layer2Symbolize. FeatureClass;
ITable pTable = (ITable)featureClass;
ITableHistogram pTableHistogram = new BasicTableHistogramClass();
IBasicHistogram pHistogram = (IBasicHistogram)pTableHistogram;
pTableHistogram. Field = strRendererField;
if(strNormalizeField. ToLower()! = "none")
pTableHistogram. NormField = strNormalizeField;
pTableHistogram. Table = pTable;
object dataFrequency;
object dataValues;
pHistogram. GetHistogram(out dataValues,out dataFrequency);
//下面是分级方法,用于根据获得的值计算得出符合要求的数据
//根据条件计算出 Classes 和 ClassesCount,numDesiredClasses 为预定的分级数目
IClassifyGEN pClassify = new NaturalBreaksClass();
switch(strClassifyMethod)
    { case "等间隔分类":
        pClassify = new EqualIntervalClass();
        break;
      case "已定义的间隔":
        pClassify = new DefinedIntervalClass();
        IIntervalRange2 intervalRange = pClassify as IIntervalRange2;
        intervalRange. IntervalRange = dblDefinedInterval;
        break;
      case "分位数分类":
        pClassify = new QuantileClass();
        break;
      case "自然裂点分类":
        pClassify = new NaturalBreaksClass();
        break;
      case "标准差分类":
        pClassify = new StandardDeviationClass();
        IStatisticsResults pStatRes = pHistogram as IStatisticsResults;
        IDeviationInterval pStdDev = pClassify as IDeviationInterval;
        pStdDev. Mean = pStatRes. Mean;
        pStdDev. StandardDev = pStatRes. StandardDeviation;
        pStdDev. DeviationInterval = dblStdDevInterval;
        break;
      case "几何间隔分类":
        pClassify = new GeometricalIntervalClass();
        break;
      default:
      break;  }
int numDesiredClasses = gClassCount;
```

```
    pClassify. Classify(dataValues,dataFrequency,ref numDesiredClasses);
    gClassbreaks = (double[])pClassify. ClassBreaks; }
```

详细实现请参阅本书附带的光盘。

### 6.4.4 依比例符号着色法

分级符号化是首先将属性数值分成若干级别，然后用不同的符号表示不同的级别，同一级别应用相同的符号，即这种方法只能反映不同级别要素的数量特征，而无法反映同一级别中要素的数量差异。依比例符号着色法（ProportionalSymbolRenderer）是按照一定的比例关系，来确定与制图要素属性数值相对应的符号大小，属性数值与符号大小是一一对应的。

显然，这种方法能够通过符号的大小来反映所有制图要素的数量特征，弥补了分级符号方法的不足。当然，如果属性数值差异太大，导致最大的比例符号过大、无法在地图上表示，还必须应用分级符号方法表示。该方法可以同时应用于点状、线状、面状要素的表示。

ProportionalSymbolRenderer 对象实现了 IProportionalSymbolRenderer 接口，该接口定义了使用依比例符号着色法的方法和属性，这种着色方式需要知道符号化的字段、最大和最小的符号各自代表的字段值、着色使用的符号（MarkerSymbol 类型）以及在它的 Legend 要出现的级别数目 LegendSymbolCount 等。依比例符号着色法窗体设计如图 6-15 所示。

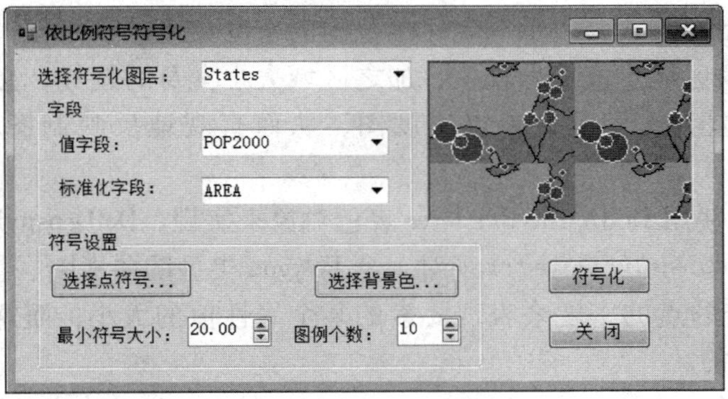


图 6-15 依比例符号着色法窗体设计

创建依比例着色对象（ProportionalSymbolRenderer）的代码如下：

```
private IProportionalSymbolRenderer CreateRenderer()
  { IGeoFeatureLayer pGeoFeatureLayer = (IGeoFeatureLayer)layer2Symbolize;
    ITable pTable = (ITable)pGeoFeatureLayer;
    ICursor pCursor = pTable. Search(null,false);
    //Use the statistics objects to calculate the max value and the min value
    IDataStatistics pDataStatistics = new DataStatisticsClass();
    pDataStatistics. Cursor = pCursor;
    //Set statistical field
    pDataStatistics. Field = strRendererField;
```

```
//Get the result of statistics
IStatisticsResults pStatisticsResult = pDataStatistics. Statistics;
if(pStatisticsResult == null) return null;
markerSymbol. Size = minSize;
// Create a new proportional symbol renderer to draw pop1990
IProportionalSymbolRenderer pProportionalSymbolR = new ProportionalSymbolRendererClass();
pProportionalSymbolR. Field = strRendererField;
if(strNormalizeField. ToLower()! = "none")
pProportionalSymbolR. NormField = strNormalizeField;
pProportionalSymbolR. MinDataValue = pStatisticsResult. Minimum;
pProportionalSymbolR. MaxDataValue = pStatisticsResult. Maximum;
pProportionalSymbolR. BackgroundSymbol = fillSymbol;
pProportionalSymbolR. MinSymbol = (ISymbol) markerSymbol;
pProportionalSymbolR. LegendSymbolCount = legendCount;
pProportionalSymbolR. CreateLegendSymbols();
return pProportionalSymbolR; }
```

详细实现请参阅本书附带的光盘。

### 6.4.5 点密度着色法

点密度着色法（或称点值符号化、点密度符号化）就是应用一定大小的点状符号表示一定数量的制图要素，表示一定区域范围的密度数值，数值较大的区域点值符号较多，数值较小的区域点值符号较少，加之区域大小本身的差异，必然导致点值符号空间分布的密度差异，形成一种点密度图，从而直观地反映制图要素数量的空间分布。

点密度符号化使用 DotDensityRenderer 着色对象来实现。DotDensityRenderer 对象使用点密度填充符号 *DotDensityFillSymbol* 来对一个 Polygon 类型的要素图层进行着色。这种着色法根据随机分布的点的密度来表现要素的某个属性值的大小，而这些点的多少是由 DotValue 值来决定的。

DotDensityRenderer 类实现了 IDotDensityRenderer 接口，该接口定义了使用点密度着色的方法和属性，如 IDotDensityRenderer. DotDensitySymbol 是用来确定着色用的点符号；IDotDensityRenderer. CreateLegend 方法用于产生图例等。

DotDensityRenderer 也可以对图层的多个属性进行着色，这个着色使用不同的点符号（MarkerSymbol），但是这种着色方式并不值得推荐，因为点密度大的情况下往往引起混乱。

点密度符号化窗体设计如图 6-16 所示，其上放置的有别于其他符号化方法的控件有：

（1）ListBox：lstSourceFields，用于列出所有的数值型字段；

（2）ListView：lvRendererFields，用于列出符号化的字段及用于符号化的点状符号，可以使用多个字段；这些信息保存在 Hashtable 类型的变量 fieldSymbolHashTable 中；

（3）lstSourceFields 与 lvRendererFields 之间，放置了三个命令按钮 btnIn、btnOut 和 btnAllOut，用于将数值型字段移入、移出、所有移出 lvRendererFields。在将数值型字段移入 lvRendererFields 或在 lstSourceFields 中双击某个字段时，会弹出选择样式符号对话框供用户选择该字段符号化所需的符号。

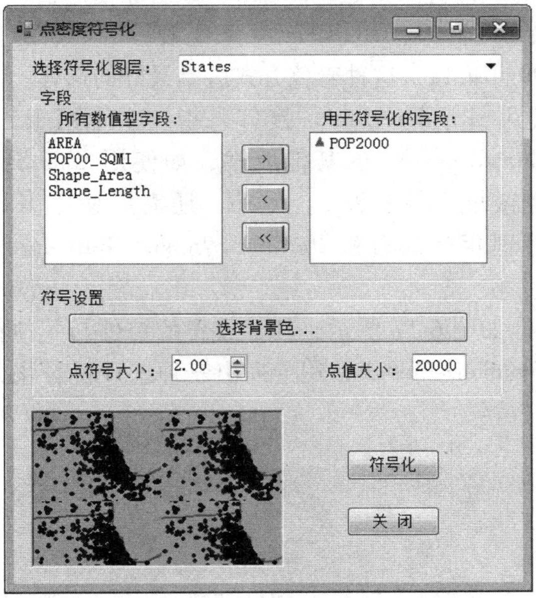


图 6-16　点密度符号化窗体设计

创建点密度着色对象的代码如下：

```
private IDotDensityRenderer CreateRenderer( )
  { IDotDensityRenderer pDotDensityRenderer = new DotDensityRendererClass( ) ;
    IRendererFields pRendererFields = ( IRendererFields ) pDotDensityRenderer;
    IDotDensityFillSymbol pDotDensityFillS = new DotDensityFillSymbolClass( ) ;
    if( gColor !  = null)
    pDotDensityFillS. BackgroundColor = gColor;
    ISymbolArray pSymbolArray = ( ISymbolArray) pDotDensityFillS;
    string strField = string. Empty;
    foreach( System. Collections. DictionaryEntry de in fieldSymbolHashTable)
      { strField = de. Key. ToString( ) ;
        ISymbol symbol = de. Value as ISymbol;
        pRendererFields. AddField( strField,strField) ;
        IMarkerSymbol pMarkerSymbol = symbol as IMarkerSymbol;
        pMarkerSymbol. Size = dotSize;
        pSymbolArray. AddSymbol( symbol) ;  }
     pDotDensityRenderer. DotDensitySymbol = pDotDensityFillS;
     pDotDensityRenderer. DotValue = dotValue;
     pDotDensityRenderer. CreateLegend( ) ;
     return pDotDensityRenderer;  }
```

详细实现请参阅本书附带的光盘。

### 6.4.6 统计符号着色法

统计符号着色法即为统计符号化，ChartRenderer 对象使用饼状图（PieChart）、柱状图（BarChart）或堆积柱状图（Stacked BarChart）来比较一个要素的多个属性，如比较一个地区 1990 年人口和 1999 年人口，这种着色方式就是最好的选择。

统计符号着色法使用 IRendererFields 接口来指定多个用于比较的字段；使用 IChartRenderer 接口指定 ChartRenderer 的其他属性，如使用 ChartSymbol 属性管理符号的类型（饼状图、柱状图或堆积柱状图）。另外，还需要使用 IChartSymbol 管理符号的属性，及其他接口来管理相应的符号 PieChartSymbol、BarChartSymbol 和 StackedChartSymbol。

统计符号化窗体设计如图 6-17 所示，其上放置的控件与其他符号化方法类似。其中有一个 ComboBox：cbxSymbolizeMethds，用于列出三种统计符号化方法（饼状图、柱状图及堆积柱状图）供用户选择。

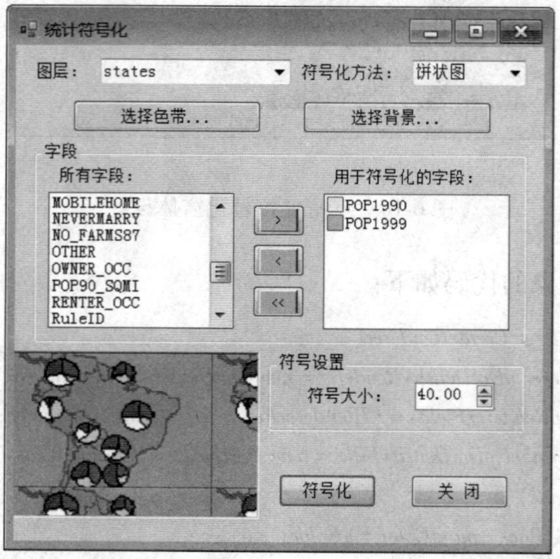


图 6-17 统计符号化窗体

cbxSymbolizeMethds 的 SelectedIndexChanged 事件的处理方法如下：

```
private void cbxSymbolizeMethds_SelectedIndexChanged(object sender,EventArgs e)
  { if(cbxSymbolizeMethds. SelectedItem == null)return;
    strSymbolizeMethod = cbxSymbolizeMethds. SelectedItem. ToString( );
    switch(strSymbolizeMethod)
      { case "饼状图":
          chartSymbol = new PieChartSymbolClass( );
          pictureBox1. BackgroundImage = backImageList. Images[0];
          break;
        case "柱状图":
```

```
            chartSymbol = new BarChartSymbolClass( ) ;
            pictureBox1. BackgroundImage = backImageList. Images[1];
            break;
           case "堆积柱状图":
            chartSymbol = new StackedChartSymbolClass( ) ;
            pictureBox1. BackgroundImage = backImageList. Images[2];
            break;
           default:
           break;   }
   }
```

chartSymbol 为类的全局变量，其类型为 IChartSymbol。

创建 ChartRenderer 对象的主要代码如下：

```
private IChartRenderer CreateRenderer(IFeatureClass featureClass)
   {   if(chartSymbol == null) return null;
       double dmaxValue = 0. 0;
       dmaxValue = FindMaxValueInRendererFields(featureClass) ;
       chartSymbol. MaxValue = dmaxValue;
       IMarkerSymbol pMarkerSymbol = (IMarkerSymbol) chartSymbol;
       pMarkerSymbol. Size = symbolSize;
       //Now set up symbols for each bar
       ISymbolArray pSymbolArray = (ISymbolArray) chartSymbol;
       pSymbolArray. ClearSymbols( ) ;
       IChartRenderer pChartRenderer = new ChartRendererClass( ) ;
       IRendererFields pRendererFields = (IRendererFields) pChartRenderer;
       foreach(System. Collections. DictionaryEntry de in fieldSymbolHashTable)
           {   string strField = de. Key. ToString( ) ;
               ISymbol symbol = de. Value as ISymbol;
               pRendererFields. AddField(strField,strField) ;
               pSymbolArray. AddSymbol(symbol) ;   }
        pChartRenderer. ChartSymbol = chartSymbol;
        pChartRenderer. Label = "统计符号化";
        pChartRenderer. UseOverposter = false;
        if(gBaseSymbol!  = nudDotSize)
          pChartRenderer. BaseSymbol = gBaseSymbol;
        pChartRenderer. CreateLegend( ) ;
        return pChartRenderer;   }
 private double FindMaxValueInRendererFields(IFeatureClass featureClass)
    {   ITable pTable = (ITable)featureClass;
        ICursor pCursor = pTable. Search(null,false) ;
        //Use the statistics objects to calculate the max value and the min value
        IDataStatistics pDataStatistics = new DataStatisticsClass( ) ;
        pDataStatistics. Cursor = pCursor;
```

```
double gMaxValue = 0.0;
foreach(System.Collections.DictionaryEntry de in fieldSymbolHashTable)
    {  string strField = de.Key.ToString();
       //Set statistical field
       pDataStatistics.Field = strField;
       //Get the result of statistics
       IStatisticsResults pStatisticsResult = pDataStatistics.Statistics;
       double dmaxValue = pStatisticsResult.Maximum;
       if(dmaxValue  >  gMaxValue) gMaxValue = dmaxValue;   }
return gMaxValue;   }
```

以上的 FindMaxValueInRendererFields 方法用于查找多个符号化字段取值的最大值，fieldSymbolHashTable 用于保存符号化字段相关信息。详细实现请参阅本书附带的光盘。

## 6.5 制图表现

### 6.5.1 制图表现概述

制图表现（cartographic representations）是 ArcGIS9.2 新推出的要素类符号化方法。有关制图表现的基本知识请参阅 ArcGIS 帮助库的“专业库→制图和可视化→制图表达”。

制图表现通过制图表现规则来定义要素符号化的符号和显示效果。制图表现是要素类的属性，它存储了要素的符号化信息。要素类可以支持多个制图表现用来在不同的地图上显示要素不同的表现方式。一个图层可以使用它所关联的要素类的制图表现。只有 Geodatabase 中的要素类才可以使用制图表现。

制图表现规则定义了要素可视化的符号和显示效果；每个要素类的子集可以分别对应不同的制图表现规则。例如，一个道路要素类可以针对街道、次干道、主干道和高速路有不同的规则；还可以针对高速路上的桥、隧道或特定环境设定不同的规则，例如：由于交通事故造成的高速路临时堵车，可以用特定的规则相对应。

与普通的符号不同，制图表现规则可以创建动态的要素图形，该要素图形可以与它的空间几何图形不同。它们可以被特殊的符号顶点（制图表现控制点）所控制，它们也支持特定要素的规则覆盖。

#### 6.5.1.1 规则的例外——覆盖

覆盖允许用户为单独的要素修改规则中使用的值，而不会影响到其他要素的显示。通过覆盖字段可以修改输入的图形，几何效果的属性值或者符号的任何图形属性。

#### 6.5.1.2 自由表现

除 ArcGIS 中提供更高级别外，用户可以将任何制图表现转换为自由表现。它生成一个特定制图表现规则的拷贝，提供给单独的要素进行规则修改。这个改变既可以是图形类型的改变（面改为点），也可以是增加额外的规则和符号层，或者是任意的新的图形。以这种方式扩展数据模型给用户提供了极大的自由度来绘制地图。例如，铁路岔道区域，通过制图表现，可以只显示典型的几根线型表示“这儿有许多条铁路线通过”即可。它同时还允许重新定位或隐藏某个单独的图形要素符号，如隐藏代表隧道的虚线中的某个单独的短线，来避开地面层的重要地物。

### 6.5.2 创建 RepresentationClass

RepresentationClass 是具有制图表现能力的要素类，制图表现信息作为要素类的属性存储。在 ArcObjects 中，使用工作空间扩展 RepresentationWorkspaceExtension 来管理 RepresentationClass。IRepresentationWorkspaceExtension 接口中的 CreateRepresentationClass 的方法用于创建新的表现类，该方法的语法如下：

```
public IRepresentationClass CreateRepresentationClass(
IFeatureClass FeatureClass,
string Name,
string ruleIDFldName,
string overrideFldName,
bool RequireShapeOverride,
IRepresentationRules Rules,
IGraphicAttributes ClassAttributes);
```

在要素类上创建制图表现会在要素类中添加两个字段：RuleID 字段（字段类型为长整形，用于存储表现规则的 ID 值）和 Override 字段（字段类型为 BLOB，用于存储特定要素的覆盖信息）。在创建 RepresentationClass 时，需要引用一个新的或已经存在的 RepresentationRules 对象，该对象是用于表现要素的规则的集合。一个要素类可以有多个制图表现类，利用这一特性，可以存储一个要素类的多种比例尺的符号化信息，支持多种地图类型的生产。

以下代码可以获取一个工作空间的 RepresentationWorkspaceExtension：

```
public IRepresentationWorkspaceExtension GetRepWSExt(IWorkspace pWorkspace)
{  IWorkspaceExtensionManager pExtManager = pWorkspace as IWorkspaceExtensionManager;
   UID pUID = new UID();
   pUID.Value = "{FD05270A-8E0B-4823-9DEE-F149347C32B6}";
   //该值为 RepresentationWorkspaceExtension 的 GUID
   IRepresentationWorkspaceExtension repWorkspaceExt = pExtManager.FindExtension(pUID) as IRepresentationWorkspaceExtension;
   return repWorkspaceExt;  }
```

以下代码实现了在一个要素类上创建制图表现：

```
public IRepresentationClass CreateRepClass(IFeatureClass pFClass)
{  IDataset pDataset = pFClass as IDataset;
   IWorkspace pWorkspace = pDataset.Workspace;
   IRepresentationWorkspaceExtension RepWSExt = GetRepWSExt(pWorkspace);
   IRepresentationRules pRules = new RepresentationRules();
   IRepresentationClass repClass = pRepWSExt.CreateRepresentationClass(pFClass, pFClass.AliasName
```

```
+ "_Rep", "RuleID", "Override", false, pRules, null);
return repClass; }
```

### 6.5.3 制图表现规则与基本符号

每个制图表现类 RepresentationClass 由一套制图表现规则（representation rules）组成，制图表现规则用于控制要素表现的符号化。一个正常的制图表现规则由多层基本符号组成（basic symbols），这些符号为 BasicMarkerSymbol、BasicLineSymbol 和 BasicFillSymbol，分别用于绘制点、线和填充多边形。在制图表现规则中，使用一个或多个几何效果（GeometricEffect）可以实现更复杂的符号化；GeometricEffect 是地理要素绘制时改变几何对象的动态处理，使用制图表现可以不按照原有数据的几何形态绘制，它也可以改变几何对象的类型；如点、线、多边形几何对象，可以通过 GeometricEffectBuffer 在其周围创建缓冲区多边形，以达到新的符号化效果。

可以使用 IRepresentationRuleInit 接口将标准的 ArcGIS 符号转换为制图表现规则中使用的基本符号。

### 6.5.4 点状符号摆放

BasicMarkerSymbol 用于绘制点状符号，并有点标记（marker）、大小和角度作为其图形属性（graphic attributes）；这些属性可以使用 IGraphicAttributes 接口来管理，且由枚举常量 esriGraphicAttribute 列出，并具有 esriGAMarker 前缀，如 esriGAMarkerSize 等。BasicMarkerSymbol 类实现了 IBasicMarkerSymbol 接口，该接口只有 MarkerPlacement 属性。MarkerPlacement 类是用于管理点状符号的放置样式，根据选择的 MarkerPlacement，可以放置单个或多个点状符号。例如，放置样式为 MarkerPlacementOnPoint，则在点要素上放置单个点状符号；放置样式为 MarkerPlacementAlongLine，则沿线放置多个点状符号。对于 BasicMarkerSymbol，缺省的放置样式为 MarkerPlacementOnPoint，使用 IMarkerPlacement 接口创建和操作放置样式的有关属性；枚举常量 esriMarkerPlacementAttributes 列出了所有点状符号放置的图形属性，这些属性的前缀为 esriGA，如 esriGAInsidePolygonGridAngle，其中 InsidePolgon 为放置样式，GridAngle 为其图形属性。

以下代码实现了创建基本标记符号并设置其图形属性的功能：

```
public void CreateMarkerSymbol()
  { IBasicMarkerSymbol pBasMarker = new BasicMarkerSymbolClass();
    IGraphicAttributes pGraphicAttributes = pBasMarker as IGraphicAttributes;
    pGraphicAttributes.set_Value(1, CreateMarker());
    pGraphicAttributes.set_Value(2,5);
    pGraphicAttributes.set_Value(3,30); }
public IRepresentationMarker CreateMarker()
  { IRepresentationMarker pMarker = new RepresentationMarkerClass();
    IRepresentationGraphics pGraphics = pMarker as IRepresentationGraphics;
    IGeometry pGeom = new PolygonClass();
```

```
ISegmentCollection pSegCol = pGeom as ISegmentCollection;
IEnvelope pEnvelope = new EnvelopeClass();
pEnvelope.PutCoords(-0.5, -0.5,0.5,0.5);
pSegCol.SetRectangle(pEnvelope);
IFillPattern pFillPattern = new SolidColorPatternClass();
IRgbColor pColor = new RgbColor();
pColor.Red = 0;
pColor.Green = 0;
pColor.Blue = 250;
IGraphicAttributes pGA = pFillPattern as IGraphicAttributes;
pGA.set_Value(0,pColor);//Define color.
IBasicFillSymbol pBasicFill = new BasicFillSymbolClass();
pBasicFill.FillPattern = pFillPattern;
IRepresentationRule pRR = new RepresentationRule();
pRR.InsertLayer(0,pBasicFill as IBasicSymbol);
pGraphics.Add(pGeom,pRR);//Add graphics to marker
return pMarker;  }
```

基本线符号 BasicLineSymbol 用于绘制线符号。BasicLineSymbol 类都实现了 IBasicLineSymbol 接口，该接口只定义了 Stroke 属性（ILineStroke）。LineStroke 有宽度、端口封闭类型、线连接的接口类型、颜色 4 个属性，用于控制其图形效果；这些属性可以使用 IGraphicAttributes 接口来操作。使用 ILineStroke 接口来绘制 LineStroke。

基本填充符号 BasicFillSymbol 用于绘制填充符号。BasicFillSymbol 类实现了 IBasicFillSymbol 接口，该接口仅定义了 FillPattern 属性，该属性有三种类型的取值：GradientPattern、LinePattern 和 SolidColorPattern。每种填充模式的图形属性如下：

（1） GradientPattern：Algorithm、Angle、Color 1、Color 2、Intervals、Style、Percentage；

（2） LinePattern：Angle、Color、Offset、Step、Width；

（3） SolidColorPattern：Color。

以上这些属性可以使用 IGraphicAttributes 接口来操作，这些属性由枚举常量 esriGraphicAttribute 列出，且其前缀为 esriGA（fill pattern type），例如：esriGASolidColorPatternColor，使用 IFillPattern 接口来绘制填充模式。

GraphicAttributes 用于定义 MarkerPlacements、GeometricEffects、BasicMarkerSymbol、LineStroke、GradientPattern、LinePattern 和 SolidColorPattern 对象的图形属性。RepresentationClass 也有单个的图形属性用于控制其可视性。所有的图形属性由枚举常量 esriGraphicAttribute、esriGeometricEffectAttributes 和 esriMarkerPlacementAttributes 列出。

要创建自定义的 MarkerPlacements，必须实现 IMarkerPlacement、IGraphicAttributes 和 IPersistVariant 三个接口；要创建自定义的 GeometricEffects，必须实现 IGeometricEffect、IGraphicAttributes 和 IPersistVariant 三个接口。

### 6.5.5　要素的制图表现与覆盖

要素类制图表现中的每个要素都将关联一个要素制图表现，要素制图表现是地理要素的地图绘制。使用 IRepresentationClass 接口中的 GetRepresentation 方法，可以根据不同的地图上下文，引用某个要素的制图表现。

制图表现可以使用以下方式得到的信息来显示：

（1）存储在 RuleID 字段中的制图表现规则（RepresentationRule）。

（2）制图表现规则及存储在 Override 字段中的覆盖信息。

（3）RepresentationGraphics，也称自由表现。RuleID 的值为 -1，整个图形写入到 Override 字段。

使用 IRepresentation 接口管理一个要素的制图表现属性，如创建或修改其形状覆盖。使用 IOverride 接口管理要素制图表现的属性覆盖，该接口不能用于设置新的属性覆盖，要设置新的属性覆盖，请使用 IRepresentation. Value 属性。

有关制图表现的详细开发，请参阅 ArcGIS 开发包中的以下实例：Create a custom Marker Placement for placing markers around a point、Create a custom GeometricEffect that produces a Sine Wave effect for linear features。

## 6.6　地图的标注与注记

ArcGIS 提供了几种不同类型的文本。主要类型是标注（label）、注记（annotation）和图形文本。

标注是一个自动放置的文本，其文本字符串一般基于要素属性，它提供最快最简单的方法来将描述性文本添加到地图的各个要素上。例如，可以在地图上打开城市图层的动态标注来快速添加所有城市的名称。因为标注是基于属性字段的，所以只能用于为要素添加描述性文本。

注记可用来描述特定要素或向地图添加常规信息。与使用标注一样，可以使用注记为地图要素添加描述性文本，或仅仅是手动添加一些文本来描述地图上的某个区域。但与标注不同的是，每个注记都存储自身的位置、文本字符串以及显示属性。与标注相比，注记为调整文本外观和文本放置提供了灵活性，因为可以选择单个文本来编辑其位置与外观。可以将标注转换为注记。根据注记的存储位置，可以进一步划分注记为：存储在地理数据库中的注记、存储在地图文档中的注记或存储在 ArcGIS 支持的只读格式文件（如 coverage、CAD）中的注记。

图形文本可用于将信息添加到页面空间中的地图上或地图周围，而注记存储在地理空间中。动态文本是一种图形文本，若将其放置在地图布局中，动态文本会随地图文档、数据框或数据驱动页面的当前属性动态变化。如果想要在地图页面上放置的文本信息不会随缩放与平移地图而移动，则应使用图形文本。图形文本只能添加到布局视图中。

在 ArcObjects 中程序员可以使用两种方法做到标注，一种是自己添加 TextElement 到文档对象，另一种就是使用 ArcObjects 提供的 Annotation 对象，它的功能更加强大和丰富。

### 6.6.1 地图的标注

标注是在地理要素附近放置文本以提供要素的相关信息。通常情况下，标注是基于要素的属性值的，但并非必须。

ArcGIS 的标注对象提供了大量的方法来标注要素以及标注有重叠时的冲突的解决。标注的行为包括：

（1）能够确定哪些要素需要标注，如所有要素，或是满足一定条件的要素；

（2）能够指定用于标注的表达式（简单表达式或基于 VBScript、Jscript 的复杂表达式）；

（3）能够确定标注放置的有关选项及放置的权重；

（4）能够指定图层的优先级规范。

标注模型中的对象能够访问标注要素相关的所有参数。高级程序员也可以创建表达式解析引擎用于标注过程。

标注要素由标注引擎来完成。ArcGIS 提供了两种标注引擎：

（1）ESRI Standard Label Engine，为缺省标注引擎；

（2）ESRI Maplex Label Engine，用于高端制图的标注放置，需要 Maplex 扩展。

#### 6.6.1.1 标注原理

绘制标注与绘制要素有很大的不同，绘制标注时不希望地图上的文本有重叠。这一需求也就是在 ArcGIS 绘制过程中为什么标注的放置在要素绘制之后执行的原因；同时，也因为标注的放置执行不是基于一层一层的，而是整个地图一次性地执行的。这允许标注引擎从多个图层整体来考虑标注，从而优化标注文本的放置。当地图刷新时，标注放置执行以获得最佳的放置位置（当前地图范围内）。

标注放置执行的标注步骤如下：

（1）从地图图层获得要标注的属性（根据图层的哪个或哪几个字段进行标注）；

（2）根据标注的优先级，排序要标注的属性；

（3）从地图获得标注放置的障碍物（barriers to label placement）；

（4）根据每一图层的标注属性、全局属性及障碍物，放置标注；

（5）绘制标注到屏幕。

#### 6.6.1.2 地图层面（Map-level）的标注属性

地图包含标注属性，最重要的标注属性为 AnnotationEngine，该属性可以通过 IMap. AnnotationEngine 访问；该属性指定用于地图标注的标注引擎。当该属性设置为 AnnotateMap 对象时，标注引擎使用 ESRI Standard Label Engine；当该属性设置为 MaplexAnnotateMap 对象时，标注引擎使用 ESRI Maplex Label Engine。

Maplex 标注为 ArcGIS 应用程序扩展，需要 Maplex 许可。

每一标注引擎都有属于自己的一套标注属性，因此，当地图的标注引擎切换时，所有基于图层层面的标注属性都将转换为当前标注引擎的属性。这种转换通过 MaplexAnnotationPropertiesConverter 执行完成。

地图对象 Map 实现了 IMapOverposter 接口，该接口提供了对 OverposterProperties 属性的访问。OverposterProperties 实现了 IOverposterProperties 接口，定义了用于控制标注放置的

属性，这些是影响地图标注的通用属性。每一标注引擎都有自己的 OverposterProperties 对象。BasicOverposterProperties 和 MaplexOverposterProperties 都实现了 IOverposterOptions 接口，提供了对通用属性的访问，如是否锁定标注（EnableLabelCache 属性），是否绘制未放置的地图标注（EnableDrawUnplaced 属性）。

#### 6.6.1.3 图层层面（Layer-level）的标注属性

要素图层存储标注属性，这些标注属性定义了标注放置的规则，以及文本字符串和文本符号。要素图层也有基于图层层面的标注属性，用于告知标注引擎是否要为图层放置标注；当图层需要标注时，将 IGeoFeatureLayer. DisplayAnnotation 设置为 true。

单个要素图层中不同类型的要素，其标注的放置也有很大的不同；标注框架为每一图层支持多套标注属性。这些属性通常称为“标注类”，且存储在图层的 AnnotateLayerPropertiesCollection 中；这一属性集可以被创建，但典型情况下是通过 IGeoFeatureLayer. AnnotationProperties 获得。IAnnotateLayerPropertiesCollection2 接口允许操作属性集中的标注类对象（实现了 IAnnotateLayerProperties 接口的对象）。

每一标注引擎都有一个实现了 IAnnotateLayerProperties 接口的对象，ESRI Standard Label Engine 中的该对象为 LabelEngineLayerProperties，ESRI Maplex Label Engine 中的为 MaplexLabelEngineLayerProperties object。

IAnnotateLayerProperties 接口确定哪些要素需要标注以及在什么尺度（比例尺）下标注；通过该接口，可以指定标注的优先级、用于要素图层的 Where 子句（指定条件），以及不能放置的元素如何处理。FeatureLinked、LabelWhichFeatures 和 GraphicsContainer 属性，只有当标注转换为注记（annotation）时才可用。可以使用 GraphicsContainer 属性转换后的标注放置的图形容器。FeatureLayer 属性是标注过程中内部使用的，如果需要设置该属性，当标注完成后要将该属性设置回 null。

LabelEngineLayerProperties 和 MaplexLabelEngineLayerProperties 都实现了 ILabelEngineLayerProperties2 接口，该接口提供了对标注引擎的表达式、符号及放置属性；使用该接口访问标注引擎相关的 AnnotationExpressionEngine 和 OverposterLayerProperties 对象。每个标注引擎都有一个 OverposterLayerProperties 对象，用于存储标注引擎各自的属性。缺省情况下，ExpressionParser 属性返回 AnnotationVBScriptEngine 对象，另外还可以使用 AnnotationJScriptEngine 对象。Expression 属性用于设置使用的表达式。IsExpressionSimple 属性用于识别 Expression 属性是否为复杂表达式，复杂表达式需要 ExpressionParser 来解析字符串。SymbolID 属性用于标注向注记转换期间引用 AnnotationFeatureClassExtension 中符号集。

通过访问 LabelEngineLayerProperties 或 MaplexLabelEngineLayerProperties 对象的 OverposterLayerProperties 可以获得更精确的标注属性控制。有两个 OverposterLayerProperties 对象：用于 ESRI Standard Label Engine 的 BasicOverposterLayerProperties 对象和用于 ESRI Maplex Label Engine 的 MaplexOverposterLayerProperties 对象。

以下代码实现基于要素图层的某个属性的自动标注。

```
private void Annotation(IGeoFeatureLayer pGeoFeatLyr,string annoField)
  {  IGeoFeatureLayer pGeoFeatLayer = pGeoFeatLyr;
     //得到图层的标注属性集合对象
```

```
IAnnotateLayerPropertiesCollection pAnnoProps = pGeoFeatLyr.AnnotationProperties;
pAnnoProps.Clear();//清空这个集合内的对象
//新建标注文本的文本符号
ITextSymbol pTextSyl = new TextSymbolClass();
stdole.StdFont  pFont = new stdole.StdFontClass();
pFont.Name = "verdana";
pFont.Size = 10;
pTextSyl.Font = pFont as stdole.IFontDisp;
pTextSyl.Color = HSVColor(250,160,200);
//设置标注文本的位置
ILineLabelPosition pPosition = new LineLabelPositionClass();
pPosition.Parallel = false;
pPosition.Perpendicular = true;
ILineLabelPlacementPriorities pPlacement = new LineLabelPlacementPrioritiesClass();
IBasicOverposterLayerProperties pBasic = new BasicOverposterLayerPropertiesClass();
pBasic.FeatureType = esriBasicOverposterFeatureType.esriOverposterPolyline;
pBasic.LineLabelPlacementPriorities = pPlacement;
pBasic.LineLabelPosition = pPosition;
//新建一个图层标注引擎对象,设置它的属性
ILabelEngineLayerProperties pLabelEngine = new LabelEngineLayerPropertiesClass();
pLabelEngine.Symbol = pTextSyl;
pLabelEngine.BasicOverposterLayerProperties = pBasic;
pLabelEngine.Expression = annoField;
IAnnotateLayerProperties pAnnoLayerProps = pLabelEngine as IAnnotateLayerProperties;
pAnnoProps.Add(pAnnoLayerProps);
pGeoFeatLyr.DisplayAnnotation = true;
axMapControl1.Refresh(esriViewDrawPhase.esriViewBackground,null,null);  }
```

测试代码如下：

```
private void mnuAnnotation_Click(object sender,System.EventArgs e)
  {  string pFieldName = "[STATE_NAME]";
     IMap pMap = axMapControl1.Map;
     IGeoFeatureLayer pGeoFeatureLayer = pMap.get_Layer(1) as IGeoFeatureLayer;
     Annotation(pGeoFeatureLayer,pFieldName);  }
```

消除标注的方法也很简单，程序员只要将已进行标注的要素图层的DisplayAnnotation设置为 False，并刷新即可。

```
pGeoFeatLyr.DisplayAnnotation = false;
axMapControl1.Refresh(esriViewDrawPhase.esriViewBackground,null,null);
```

#### 6.6.1.4 标注转换为注记

当地图刷新时，标注是动态放置的，但标注文本不能编辑；要编辑文本，需要将标注转换为注记。ConvertLabelsToAnnotation 对象使得标注转换为注记更简单。

以下代码实现了将一个要素图层的标注转换为 Geodatabase 的注记要素类，其中有 3 个参数：地图对象 pMap、要转换的要素图层序号 layerIndex 和转换后注记要素类是否为与要素类相关联的注记要素类 featureLinked。

```
public void ConvertLabelsToGDBAnnotationSingleLayer(IMap pMap,int layerIndex,bool featureLinked)
  { IConvertLabelsToAnnotation pConvertLabelsToAnnotation = new ConvertLabelsToAnnotationClass();
    ITrackCancel pTrackCancel = new CancelTrackerClass();
    pConvertLabelsToAnnotation.Initialize(pMap,esriAnnotationStorageType.esriDatabaseAnnotation,esriLabelWhichFeatures.esriAllFeatures,true,pTrackCancel,null);
    ILayer pLayer = pMap.get_Layer(layerIndex);
    IGeoFeatureLayer pGeoFeatureLayer = pLayer as IGeoFeatureLayer;
    if(pGeoFeatureLayer == null) return;
    IFeatureClass pFeatureClass = pGeoFeatureLayer.FeatureClass;
    IDataset pDataset = pFeatureClass as IDataset;
    IFeatureWorkspace pFeatureWorkspace = pDataset.Workspace as IFeatureWorkspace;
    pConvertLabelsToAnnotation.AddFeatureLayer(pGeoFeatureLayer, pGeoFeatureLayer.Name + "_Anno",pFeatureWorkspace,pFeatureClass.FeatureDataset,featureLinked,false,false,true,true,"");
    //Do the conversion.
    pConvertLabelsToAnnotation.ConvertLabels();
    IEnumLayer pEnumLayer = pConvertLabelsToAnnotation.AnnoLayers;
    pGeoFeatureLayer.DisplayAnnotation = false;
    //Add the result annotation layer to the map.
    pMap.AddLayers(pEnumLayer,true);
    IActiveView pActiveView = pMap as IActiveView;
    pActiveView.Refresh(); }
```

### 6.6.2 地图的注记

ArcGIS 提供了注记（annotation）要素类型，用于将文本存储在 Geodatabase 中。将文本存储在 Geodatabase 中提供了编辑文本的能力，以及更高效的绘制速度（与动态标注相比）。不要混淆了 Geodatabase 注记与地图注记，后者存储在地图的 BasicGraphicsLayer 中。ArcGIS 中的注记需要使用要素类扩展和特殊的要素类型。AnnotationFeatureClassExtension 对象用于配置注记要素的绘制属性和符号。AnnotationFeature 控制存储和通信（要素层面的操作间的通信）。使用 FDOGraphicsLayerFactory 对象的 IAnnotationLayerFactory 中的方法，可以创建注记要素类。

#### 6.6.2.1 AnnotationFeatureClassExtension

注记要素类有两种类型：与要素链接的注记要素类和标准的注记要素类。要素链接允许注记文本从相关联的要素属性值导出，注记的生命周期由相关联要素的生命周期所控制。要素链接的注记可以通过 AnnotationFeatureClassExtension 中标注放置属性的适当设置来定义，并通过复合关系来链接注记要素类及其相关联的要素类。要素链接的注记也可以通过将标注转换为注记来创建，或使用 FDOGraphicsLayerFactory 创建。IAnnotationClassExtension 接口用于访问 AnnotationFeatureClassExtension 的属性，如 AnnotationLayerProperties、

SymbolCollection 等。

注记要素可以行内存储整个符号或引用符号集中的一个符号，这两种机制在性能和灵活性上有所差异。行内存储整个符号允许基于要素实例修改符号，但是，这一方法将急剧增加行的数据量的大小，且在多用户环境下绘制大量要素时，将导致性能下降。更有效的方法是使用 AnnotationFeatureClassExtension 的 SymbolCollection 中的符号，这时，符号作为 AnnotationFeatureClassExtension 的属性存储；注记要素只需存储引用 SymbolCollection 中的符号 ID；使用 TextElement 的 ISymbolCollectionElement 接口来连接文本元素（TextElements）与符号集中的符号。

IAnnoClassAdmin3 接口用于更新 AnnotationFeatureClassExtension 的属性。在版本化的 Geodatabase 中，这些属性应用到所有的版本，但这些属性并不版本化。创建注记要素类后，修改这些属性可能会导致绘制和选择注记要素的问题；建议只作如下修改：添加新的符号到符号集，或改变 AutoCreate、UpdateOnShapeChange、OverposterProperties 和 RequireSymbolID 属性，其他属性不修改。删除或修改 SymbolCollection 中的符号，需要更新所有引用了符号的注记要素。当向 SymbolCollection 中添加新的符号时，使用 ISymbolCollection2 中的 AddSymbol 方法，这时会自动分配一个唯一的 ID 给新添加的符号。有关模式的修改变化，在调用 IAnnoClassAdmin3. UpdateProperties 方法之前，应该获得专用排它锁。OverposterProperties 属性指示注记要素类使用标注引擎来产生和更新要素链接的注记。如果注记利用 ESRI Maplex Label Engine，且注记与没有 Maplex 扩展许可的客户端共享，则注记将降档到使用 ESRI Standard Label Engine。RequireSymbolID 属性指示注记要素是否需要引用符号集中的符号，引用符号集中的符号是存储注记要素最有效的方式，如果一个符号不是引用符号集中的符号，则文本符号使用 BLOB 字段类型与要素一起行内低效存储；设置该属性确保要素引用符号集中的符号以实现高效存储。为了避免分开注记要素及其引用的符号，请使用 ISymbolCollectionElement 接口修改每一注记元素的属性，该接口允许访问注记要素类中可以覆盖的属性。AllowSymbolOverrides 属性指示注记是否可以覆盖符号属性，即使注记引用了符号集中的符号；如果该属性设置为 false，则文本符号只有 AnchorPoint、Background 和 TextPath 属性能够修改，可以使用 ISymbolCollectionElement 修改这些属性，该接口最好与 RequireSymbolID 一起使用；设置 AllowSymbolOverrides 为 false，可以大大地减少可以覆盖的属性的数量；绝大多数情况下，不建议将该属性设置为 false。

#### 6.6.2.2 AnnotationFeature

AnnotationFeature 对象持久化并绘制存储在 Geodatabase 图形元素（GraphicElements）；典型情况下，注记存储 TextElements，且 TextElements 的许多行为得到了优化。注记要素可以链接到关联的要素类。

IAnnotationFeature 用于关联 AnnotationFeatures 与其他要素，或更新注记元素。Annotation 属性可以是任何的 GraphicElement，如果是 TextElement，则可以使用 IGroupSymbol 接口指定一个组符号，那些没有引用符号集中符号的 TextElement，其组符号 ID 为 -1。要关联 AnnotationFeature 与其他要素（关系类必须已经存在），请使用 LinkedFeatureID 属性来指定要关联要素的 OID；如果 AnnotationFeature 不是要素链接的注记，则 LinkedFeatureID 属性的值为 -1。这些属性更新之后，可调用 IFeature. Store 方法存储修改变化。

IAnnotationFeature2 接口提供了访问注记要素的 AnnotationClassID 和 Status 属性；修改注记要素的状态（由 unplaced 到 placed）后，可以更新注记要素的状态。

本章主要阐述了空间数据符号化开发中涉及的颜色对象、符号对象、着色对象、符号库、符号化控件、制图表现等对象，以及如何在开发过程中如何使用这些对象。

# 7 空间数据管理

Geodatabase 模型是 ESRI 公司在 ArcGIS 中推出的一种新型的面向对象的空间数据库模型。它采用面向对象技术将现实世界抽象为由若干对象类组成的数据模型，每个对象类有其属性、行为和规则，对象类间又有一定的联系。Geodatabase 按层次结构将地理数据组织成数据对象，并存储在要素类、对象类和要素集中。地理要素及地理要素之间可以通过拓扑规则来定义拓扑关系。

ArcObjects 中提供了统一的各种类型的空间数据访问模型。本章主要阐述 GIS 应用开发中涉及的空间数据管理相关的对象；本章大部分内容的讲解都是围绕两个 Geodatabase（工作空间）之间模式拷贝、数据拷贝展开的，涉及源工作空间与目标工作空间、源要素数据集与目标要素数据集等术语。详细实现请参阅本书附带的光盘。

## 7.1 Geodatabase 对象模型概述

在 ArcObjects（或 ArcGIS Engine）中，各种类型的空间数据都采用统一的对象模型——Geodatabase 数据模型进行操作。为了更好地操作地理数据和扩展地理数据功能，开发人员需要深入了解 Geodatabase 的模型结构，图 7-1 就是 Geodatabase 的核心结构模型。

Geodatabase 模型的主要对象如下：

（1）Geodatabase 模型中的 Workspace（工作空间）对象代表了一个 Geodatabase 或一个 ArcInfo coverage 工作空间或一个文件夹（内有地理数据文件）。

（2）Dataset（数据集）是数据的容器，它是任何数据的集合，可以是 Table（表）、要素类等。

（3）GeoDataSet 是一个包含了地理数据的数据集。

（4）FeatureDataset（要素数据集）由要素类、几何网络和拓扑等组成。

（5）Table 是数据库中的一个二维表，它由 Row（行）组成，其列属性由字段集设置；Row 是表中的一条记录，一个表中的记录的字段集是相同的。

（6）ObjectClass（对象类）是 Table 的扩展，它是一种具有面向对象特性的表，用于存储非空间数据；Object 代表了一个具有属性和行为的实体（entity）对象，而不是简单的 Row，具有 OID。

（7）FeatureClass（要素类）是一种可以存储空间数据的对象类，它是对象类的扩展，其定义中包含几何字段；Feature（要素）是要素类中的一条记录，它是一个有几何字段的对象。

（8）RelationshipClass（关系类）定义两个不同的要素类或对象类之间的关联关系；Relationship 代表关系类中对象之间、要素之间或对象要素之间的联系，它可以控制这些对象之间的行为。

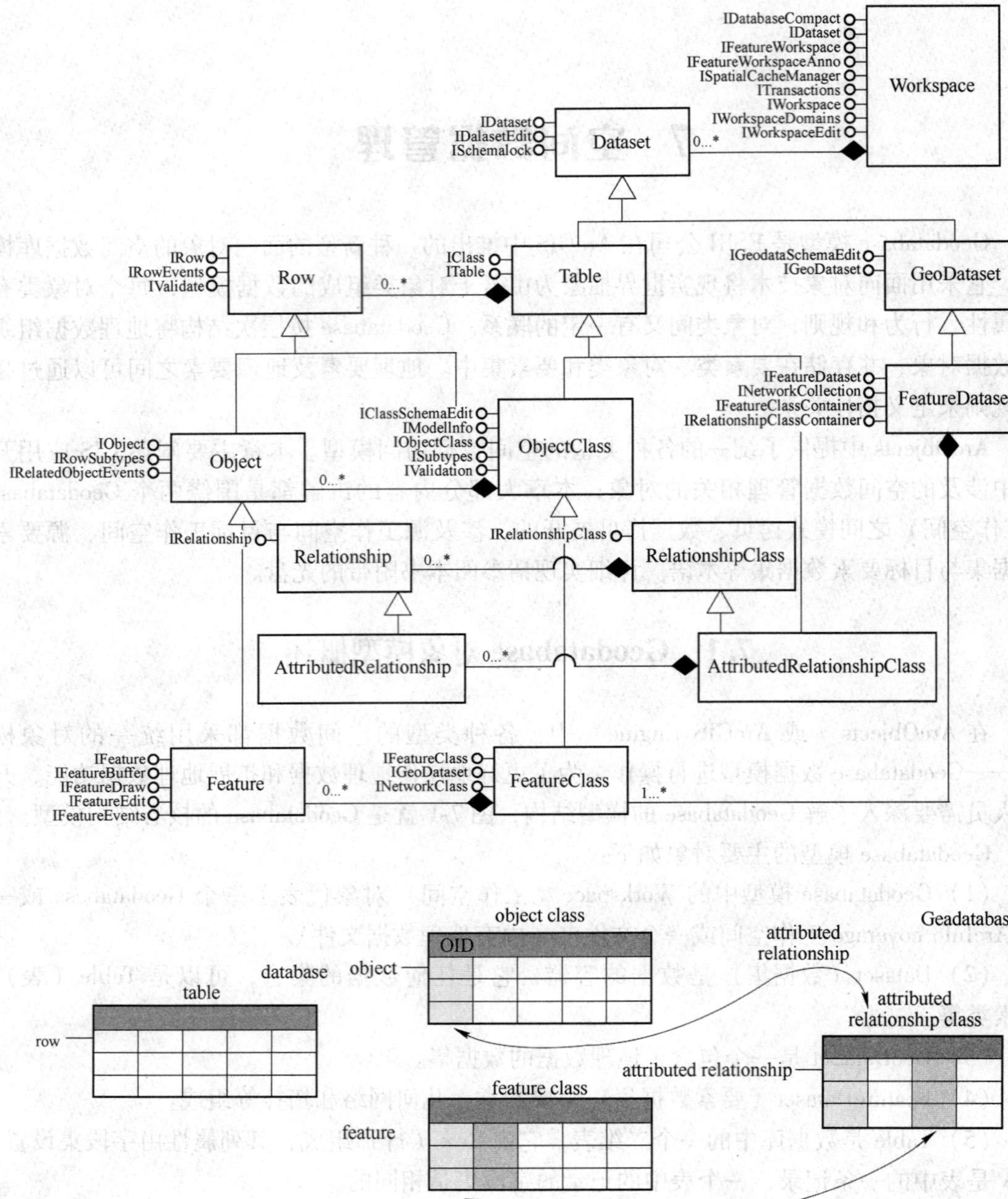


图 7-1 Geodatabase 模型

（9）AttributedRelationshipClass（属性关系类）是一种用于存储关系的表；AttributedRelationship 为属性关系类中的数据。

## 7.2 Workspace 及相关对象

在 Geodatabase 数据模型中，工作空间是空间数据集与非空间数据集的容器；一个工作空间对应于一个 Geodatabase 或一个 ArcInfo coverage 工作空间或一个文件夹（内有地理数据文件）。

由 esriWorkspaceType 枚举类型指定的 Workspace 有三种类型：

（1）esriFileSystemWorkspace：基于文件类型的 Shapefiles 和 ArcInfo 的工作空间；

（2）esriLocalDatabaseWorkspace：位于本地计算机上的 Geodatabase，包括 File Geodatabase 和 Personal Geodatabase；

（3）esriRemoteDatabaseWorkspace：需要远程连接的 Geodatabases，如 ArcSDE，OLE DB。

其他 Workspace 类型包括：

（1）Raster Workspace：包含格网和影像数据的工作空间；

（2）Tin Workspace：包含 TINs 的工作空间；

（3）CAD Workspace：包含 CAD 数据的工作空间；

（4）VPF Workspace：包含 VPF 数据的工作空间。

### 7.2.1 工作空间工厂

要操作各种类型的空间数据，首先要获得空间数据所在的工作空间。工作空间（Workspace）是一个普通类（Class），这意味着用户不能直接新建它。为了获得一个工作空间，需要使用 WorkspaceFactory 对象来创建或打开一个 Workspace。

WorkspaceFactory 是 Geodatabase 的入口。它是一个抽象类，派生了很多的子类，例如 SdeWorkspaceFactory、AccessWorkspaceFactory、ShapefileWorkspaceFactory、FileGDBWorkspaceFactory 等。不同类型的空间数据需要不同的工作空间工厂对象来打开一个工作空间。表 7-1 列出了常用的工作空间工厂及相应的工作空间类型。

**表 7-1 常用的工作空间工厂及相应的工作空间类型**

| 工作空间工厂对象 | 使用文件类型 | 工作空间对象类型 |
|---|---|---|
| AccessWorkspaceFactory | 打开 Personal Geodatabase | esriLocalDatabaseWorkspace |
| ArcInfoWorkspaceFactory | 打开 ArcInfo 工作空间 | esriFileSystemWorkspace |
| CadWorkspaceFactory | 打开 CAD 文件 | esriFileSystemWorkspace |
| OLEDBWorkspaceFactory | 使用 OLEDB 打开数据库的工作空间 | esriRemoteDatakaseWorkspace |
| SdeWorkspaceFactory | 打开 SDE 数据库 | esriRemoteDatakaseWorkspace |
| TinWorkspaceFactory | 打开 TIN 数据文件的工作空间 | esriFileSystemWorkspace |
| TextFileWorkspaceFactory | 打开文本文件 | esriFileSystemWorkspace |

IWorkspaceFactory 接口定义了所有工作空间工厂对象的一般属性和方法，用户可以通过它管理不同类型的工作空间。

使用 IWorkspaceFactory. Create 方法可以用于产生一个新的工作空间名称对象。

*public IWorkspaceName Create(string parentDirectory, string Name, IPropertySet ConnectionProperties, int hWnd);*

IWorkspaceFactory. Open 方法和 IWorkspaceFactory. OpenFromFile 方法可以用于打开一个已经存在的工作空间。

```
public IWorkspace Open(IPropertySet ConnectionProperties,  int hWnd);
public IWorkspace OpenFromFile(string  fileName,  int hWnd);
```

IWorkspaceFactory. WorkspaceType 属性可以返回工作空间的类型。

#### 7.2.1.1 创建 Geodatabase

对于 File Geodatabase 或 Personal Geodatabase，可以使用相应的工作空间工厂 AccessWorkspaceFactory 或 FileGDBWorkspaceFactory 及 IWorkspaceFactory. Create 方法创建相应的 Geodatabase；对于 Enterprise ArcSDE Geodatabase，需要使用 SdeWorkspaceFactory 及 IWorkspaceFactory. Create 方法创建到数据库的连接文件；对于 personal 或 workgroup ArcSDE geodatabase，需要使用 DataServerManager 及 IDataServerManager、IDataServerManagerAdmin 接口来创建。

以下代码创建一个 File Geodatabase：

```
public IWorkspace CreateFGDBWorkspace()
  { // Create a file Geodatabase workspace factory.
    IWorkspaceFactory workspaceFactory = new FileGDBWorkspaceFactoryClass();
    // Create a new file Geodatabase.
    IWorkspaceName workspaceName = workspaceFactory.Create("C:\\temp\\","Sample.gdb",null,0);
    IName name = (IName)workspaceName;
    //Open a reference to the file Geodatabase workspace through the name object
    IWorkspace fGDB_Wor = (IWorkspace)name.Open();
    return fGDB_Wor;  }
```

工作空间工厂是一个单实例对象，建议使用以下方式来实例化工作空间工厂对象：

```
Type  factoryType =
Type.GetTypeFromProgID("esriDataSourcesGDB.FileGDBWorkspaceFactory");
IWorkspaceFactory  workspaceFactory = (IWorkspaceFactory)
Activator.CreateInstance(factoryType);
```

以下代码创建 Enterprise ArcSDE Geodatabase 的连接文件：

```
public IWorkspaceName open_ArcSDE_Workspace(string server,string instance,string user,string password,
string database,string version)
  { IPropertySet propertySet = new PropertySetClass();
    propertySet.SetProperty("SERVER",server);
    propertySet.SetProperty("INSTANCE",instance);
    propertySet.SetProperty("DATABASE",database);
    propertySet.SetProperty("USER",user);
    propertySet.SetProperty("PASSWORD",password);
    propertySet.SetProperty("VERSION",version);
    IWorkspaceFactory2 workspaceFactory = (IWorkspaceFactory2)new SdeWorkspaceFactoryClass();
    return workspaceFactory.Create("d:\\temp\\","myconnection.sde",propertySet,0);  }
```

以下代码创建一个 Personal 或 Workgroup ArcSDE Geodatabase：

```
public static IWorkspace CreateSQLGdbWorkspace(String path)
```

```
{ IDataServerManager dataserverManager = new DataServerManagerClass();
  dataserverManager.ServerName = "tivo\\sqlexpress";
  dataserverManager.Connect();
  IDataServerManagerAdmin dataservermanagerAdmin =
  (IDataServerManagerAdmin)dataserverManager;
  IWorkspaceName workspaceName = ataservermanagerAdmin.CreateWorkspaceName("sewer","VERSION","dbo.Default");
  IName name = (IName)workspaceName;
  IWorkspace GDB_wor = (IWorkspace)name.Open();
  return GDB_wor; }
```

#### 7.2.1.2 连接到 Geodatabase

有三种不同的方法打开工作空间：

（1）*IWorkspaceFactory.Open* 根据连接属性 *ConnectionProperties* 打开工作空间，参数 hWnd 为父窗口或应用程序窗口，当提供的连接属性不足时在该窗口前面打开数据库连接对话框。以下两个方法中的参数 hWnd 与此相同。

```
public IWorkspace Open(IPropertySet ConnectionProperties, int hWnd);
```

（2）*IWorkspaceFactory.OpenFromFile* 根据文件名打开工作空间。

```
public IWorkspace OpenFromFile(string fileName, int hWnd);
```

（3）*IWorkspaceFactory2.OpenFromString* 根据连接字符串打开工作空间，其中的 connectStr 是由分号（;）隔开的名-值对的集合。

```
public IWorkspace OpenFromString(string connectStr, int hWnd);
```

以下代码展示了使用以上三种方式打开 File Geodatabase 工作空间：

```
public IWorkspace open_fGDB_Workspace(string database)
  { //For example,database = "C:\\myData\\myfGDB.gdb".
    IPropertySet propertySet = new PropertySetClass();
    propertySet.SetProperty("DATABASE",database);
    IWorkspaceFactory workspaceFactory = new FileGDBWorkspaceFactoryClass();
    return workspaceFactory.Open(propertySet,0); }
public IWorkspace openFromFile_fGDB_Workspace(String fileName)
  { //For example,fileName = "C:\\myData\\myfGDB.gdb".
    IWorkspaceFactory workspaceFactory = new FileGDBWorkspaceFactoryClass();
    return workspaceFactory.OpenFromFile(fileName, 0); }
public IWorkspace openFromString_fGDB_Workspace(string connectionString)
  { //For example,connectionString = "DATABASE = C:\\myData\\myfGDB.gdb".
    IWorkspaceFactory2 workspaceFactory = (IWorkspaceFactory2)new FileGDBWorkspaceFactoryClass();
    return workspaceFactory.OpenFromString(connectionString,0); }
```

以下代码展示了使用连接属性打开 ArcSDE 工作空间：

```
public IWorkspace open_ArcSDE_Workspace(string server,string instance,string user,string password,string
```

```
database,string version)
    { IPropertySet propertySet = new PropertySetClass();
      propertySet.SetProperty("SERVER",server);
      propertySet.SetProperty("INSTANCE",instance);
      propertySet.SetProperty("DATABASE",database);
      propertySet.SetProperty("USER",user);
      propertySet.SetProperty("PASSWORD",password);
      propertySet.SetProperty("VERSION",version);
      IWorkspaceFactory workspaceFactory = new SdeWorkspaceFactoryClass();
      return workspaceFactory.Open(propertySet,0); }
```

### 7.2.2 工作空间

工作空间（Workspace）在逻辑上是一个包含空间数据集和非空间数据集的数据容器，从 Geodatabase 的对象模型图中可以看到，这些数据包括要素类、栅格数据集、表等对象。Workspace 对象也提供了用于创建新数据集和操作已经存在的数据集的方法。

Workspace 对象拥有众多的接口，管理着庞大的属性和方法集，下面介绍其主要接口。

#### 7.2.2.1 IWorkspace 接口

IWorkspace 接口定义了一个工作空间最普通的属性和方法；其中 ConnectionProperties 返回工作空间的连接属性集对象；Datasets 属性可以按照数据集（Dataset）的类型返回一个数据集枚举对象；Type 和 WorkspaceFactory 属性则分别返回工作空间的类型和工作空间工厂的种类。

因为 C#不支持带参数的属性，所以 Datasets 属性在 C#中变成了 get_Datasets 方法，其语法如下：

```
public IEnumDataset get_Datasets(esriDatasetType DatasetType);
```

如：

```
IEnumDataset sourceFeatureDatasets = sourceWorkspace.get_Datasets(esriDatasetType.esriDTFeatureDataset);
IEnumDataset featureClasses = sourceWorkspace.get_Datasets(esriDatasetType.esriDTFeatureClass);
IEnumDataset tables = sourceWorkspace.get_Datasets(esriDatasetType.esriDTTable);
```

当数据集类型为 esriDTAny，该方法将返回工作空间中的所有数据集。

注意：该方法只返回工作空间中顶层的数据集；假如一个工作空间中有一个独立的要素类和另一个位于要素数据集中的要素类，使用该方法时，数据集类型参数为 esriDTFeatureClass，那么仅返回那个独立的要素类，位于要素数据集中的要素类不会返回。

#### 7.2.2.2 IFeatureWorkspace 接口

IFeatureWorkspace 接口主要用于管理基于要素的数据集，如表（Table）、对象类（ObjectClass）、要素类（FeatureClass）、要素数据集（FeatureDataset）和关系类（RelationshipClass）等。该接口中所有以 Open 开头的方法都需要传入一个数据集的名字，以打开相应的数据集，如 OpenTable、OpenDataset、OpenFeatureClass 等方法；所有以 Create 开头的方法，如 CreateFeatureClass、CreateFeatureDataset、CreateQueryDef、CreateRelationship-

Class 等，用于创建相应的数据集。

以下代码是从工作空间中打开一个要素类，并将它以要素图层的方式放入 MapControl 控件。

```
private void AddFeatureClassToMap(IWorkspaceFactory pWorkspaceFactory,IPropertySet pPropertyset)
  { IFeatureWorkspace  pFeatWorkspace = pWorkspaceFactory. Open(pPropertyset,0) as IFeatureWorkspace;
    IFeatureClass   pFeatClass = pFeatWorkspace. OpenFeatureClass("sde. sta");
    IFeatureLayer   pFeatLyr = new FeatureLayerClass();
    pFeatLyr. FeatureClass = pFeatClass;
    pFeatLyr. Name = pFeatClass. AliasName;
    IMap   pMap = axMapControl1. Map;
    pMap. AddLayer(pFeatLyr);  }
```

### 7.2.3 PropertySet

Propertyset 对象是一个专门用于设置属性的对象，它是一种 name-value 对的集合，类似 Hash 表。属性名必须是字符串，属性值可以是字符串、数值或日期，也可以是一个对象。

IWorkspaceFactory. Open 方法要求用 Propertyset（属性集合）来设置打开一个 Workspace，这个类使用一个 SetProperty 方法来设置属性，它携带了全部的连接信息。可以查看上面打开 SDE 数据库使用的方法。

如打开一个 SDE 数据库的时候，需要进行如下配置：

```
IPropertySet pPropertyset = new PropertySetClass();
pPropertyset. SetProperty("Server","data");  //服务器
pPropertyset. SetProperty("Instance","esri_sde");  //SDE 实例
pPropertyset. SetProperty("user","sde");  //SDE 数据库的用户名
pPropertyset. SetProperty("password","sde");  //SDE 数据库的密码
pPropertyset. SetProperty("version","sde. DEFAULT");  //'默认版本
```

### 7.2.4 名称对象

名称（Name）对象标识并且定义了 Geodatabase 对象（如数据集或者工作空间）或地图对象（如图层）。尽管名称对象只是它代表的对象的一个“代理”，但它支持程序员使用实例化的特定对象的 Open 方法。

```
IName   pName = pFeatureClassName as IName;
IFeatureClass   pFeatureClass = pName. Open() as IFeatureClass;
```

名称对象的子类众多，如 TableName、FeatureClassName、ObjectClassName 等。

## 7.3 Dataset 对象

Dataset（数据集）是一个代表了 Workspace 中所谓的数据集合的抽象类，它是一个高

级别的数据容器。所有放在工作空间的对象都是一种数据集对象。

Dataset 对象分为两大类：一是地理数据集（GeoDataset），代表了拥有空间属性的数据集，GeoDataset 的例子包括要素数据集 FeatureDataset、要素类 FeatureClass、TIN 和栅格数据集 RasterDataset 等；二是非地理数据集，包括 Table、对象类 ObjectClass 和关系类 RelationshipClass 等。

打开工作空间后，需要进行处理的就是数据集对象，所有的数据集都实现了 IDataset 接口，它定义了所有的要素集都有的属性和方法。IDataset. FullName 属性可以返回与这个数据集相联系的名称对象；IDataset. PropertySet 返回数据集的属性集对象；IDataset. Subsets 可以返回这个数据集中包含的数据集，如果是一个要素数据集的话，该属性返回它包含的要素类等对象。

IDataSet 接口的 CanCopy、CanDelete、CanRename 方法用于设置数据集是否能够被拷贝、删除和重命名。当然，它也定义了 Copy、Delete 和 Rename 方法供用户来操作数据集。

### 7.3.1 GeoDataset 类

GeoDataset（地理数据集）是一个抽象类，它代表了拥有空间属性的数据集。GeoDataset 的例子包括要素数据集 FeatureDataset、要素类 FeatureClass、TIN 和栅格数据集 RasterDataset。非 GeoDataset 的数据集包括非空间属性的对象类 ObjectClass 和关系类 RelationshipClass 等。简单而言，如果一个数据集可以设置空间参考（SpatialReference），那么它就是 GeoDataset 对象。

IGeoDataset 接口定义了 GeoDataset 对象的空间信息，包括空间参考和范围属性。通过 IGeoDataset. SpatialReference 可以获得一个 GeoDataset 对象的空间参考，IGeoDataset. Extent 则可以获得要素集的定义范围。

IGeoDatasetSchemaEdit 接口可以让程序员去改变一个 GeoDataset 的空间参考，IGeoDatasetSchemaEdit. AlterSpatialReference 方法并没有改变数据集中的数据，它只是重新设置了与数据集关联的空间参考而已。这个方法多使用于给一个空间参考为 Unknown 的地理数据集设置空间参考。

IGeoDatasetSchemaEdit. CanAlterSpatialReference 指示该地理数据集的空间参考是否可以改变。以下代码实现了改变图层的空间参考：

```
private void AlterSpatialReferrenc(IMap pMap,IFeatureLayer featurelayer)
    { IActiveView pActiveView = pMap as IActiveView;
      IFeatureClass pFeatureClass = featurelayer. FeatureClass;
      IGeoDataset pGeoDataset = pFeatureClass as IGeoDataset;
      IGeoDatasetSchemaEdit pGeoDatasetEdit = pGeoDataset as IGeoDatasetSchemaEdit;
      if(pGeoDatasetEdit. CanAlterSpatialReference == true)
         { ISpatialReferenceFactory2 pSpatRefFact = new SpatialReferenceEnvironmentClass();
           IGeographicCoordinateSystem   pGeoSys =
           pSpatRefFact. CreateGeographicCoordinateSystem(4214);      // Beijing1954
           pGeoDatasetEdit. AlterSpatialReference(pGeoSys);   }
    pActiveView. Refresh(); }
```

### 7.3.2 FeatureDataset 对象

要素数据集对象是具有相同空间参考的要素类的容器。使用要素数据集的情况十分广泛，例如几何网络、拓扑关系必须建立在一个要素数据集中。

在工作空间中对一个要素类进行编程的时候，需要注意这个要素类放在什么地方，是直接放在工作空间中（这种要素类被称为 standalone featureclass），还是放在一个要素数据集中。当使用 IWorkspace. Datasets 属性来遍历一个工作空间内的数据集时，返回的只是直接放在工作空间的数据集，而保存在一个要素数据集中的要素类则不会被遍历。

使用 IFeatureWorkspace. OpenFeatureClass 方法可以打开工作空间中的任何一个要素类，无论它是直接存放在工作空间还是存放在工作空间中的一个要素数据集中。

下面介绍要素数据集中的主要接口。

#### 7.3.2.1 IFeatureDataset 接口

IFeatureDataset 是从 IDataset 接口继承而来的，其中的 CreateFeatureClass 方法可以用来在要素数据集中产生一个新的要素类。这个方法和 IFeatureWorkspace. CreateFeaureClass 的方法类似，但需要注意的是 IFeatureDataset. CreateFeatureClass 产生的要素类的空间参考必须与要素数据集的空间参考一致。新建要素类的空间参考是通过它的几何字段来设置的。

以下代码实现的功能是：将源工作空间中某个要素数据集的所有数据集原样拷贝到目标工作空间相应的要素数据集中。

```
public void CreateFeatureClassesInDataset(IFeatureDataset sourceFeatureDataset,IFeatureDataset targetFeatureDataset)
    { if(sourceFeatureDataset == null || targetFeatureDataset == null)return;
    IEnumDataset datasets = sourceFeatureDataset.Subsets;
    IDataset sourceDataset = datasets.Next();
    while(sourceDataset != null)
        { switch(sourceDataset.Type)
            { case esriDatasetType.esriDTFeatureClass:
                    if(((IWorkspace2)targetWorkspace).get_NameExists(esriDatasetType.esriDTFeatureClass,sourceDataset.Name))break;
                    IFeatureClass sourceFeatureClass = sourceDataset as IFeatureClass;
                    CreateFeatureClassInThisDataset(sourceFeatureClass,targetFeatureDataset);
                    break;
              case esriDatasetType.esriDTNetworkDataset:
                    INetworkDataset sourceNetworkDataset = sourceDataset as INetworkDataset;
                    CreateNetworkDataset(sourceFeatureDataset,targetFeatureDataset);
                    break;
              case esriDatasetType.esriDTRelationshipClass:
                    CreateRelationshipClassSchema(sourceFeatureDataset,targetFeatureDataset);
                    break;
              case esriDatasetType.esriDTTopology:
                    CreateTopology(sourceFeatureDataset,targetFeatureDataset);
```

```
                break;
            default:
                break; }
        sourceDataset = datasets. Next(); }
    }
```

其中有多个自定义的创建数据集的方法，参阅本书后续相关内容及本书附带的光盘。

#### 7.3.2.2　IFeatureClassContainer 接口

IFeatureClassContainer 接口用于管理要素数据集中的要素类；该接口的 ClassByName 和 Class（index）等属性都可以用来获取数据集中的特定的要素类；IFeatureClassContainer. ClassCount 和 Classes 属性分别可以获得要素数据集中的要素类的数目和得到一个要素类的枚举对象；IFeatureClassContainer. ClassByID 属性可以让程序员通过对象类的 ID 值返回一个特定的对象类。在 SDE 地理数据库中新建一个 Table 对象，即建立一张二维数据表，如果该表没有被注册为版本，则它就是一张普通的数据表；当表被注册到某个版本后，它就是一个对象类。在地理数据库中，每一个对象类都拥有一个独一无二的 OID 用于与其他的对象类相区分。IObjectClass. ObjectID 属性可以返回这个 ID 号，它是一个长整型数值。对象类的 ID（OID）是在它创建或者被注册到地理数据库的时候由系统自动分配的，它不能被修改。如果一个要素类或者表存储在数据库中，但是没有被注册，它的 ID 将总是 -1。

以下代码使用 IFeatureClassContainer 遍历源要素数据集中的要素类，然后在目标要素数据集中的创建类同的要素类：

```
public void CreateFeatureClassesInDataset(IFeatureDataset sourceFeatureDataset, IFeatureDataset targetFeatureDataset)
  { IFeatureClassContainer sourceFeatureClassContainer = sourceFeatureDataset as IFeatureClassContainer;
    for(int i = 0; i < sourceFeatureClassContainer. ClassCount; i ++ )
      { IFeatureClass sourceFeatureClass = sourceFeatureClassContainer. get_Class(i);
        CreateFeatureClassInThisDataset(sourceFeatureClass, targetFeatureDataset); }
  }
```

#### 7.3.2.3　IDatasetContainer 接口

使用 IDatasetContainer 接口可以在工作空间和要素数据集之间移动数据集对象，工作空间也实现了这个接口，可以使用 IDatasetContainer. AddDataset 方法完成，要求这些数据集必须在同一个工作空间内。

需要注意的是，当用户将要素类从工作空间移动进一个要素数据集的时候，源要素类的空间参考必须和目标数据集匹配。

#### 7.3.2.4　IRelationshipClassContainer 接口

要素数据集中还可以存储关系类对象，可以通过 IRelationshipClassContainer 接口来添加、新建和获得要素数据集中的关系类对象。

IRelationshipClassContainer. CreateRelationshipClass 方法可以让程序员在要素数据集中新建一个关系类；AddRelationshipClass 方法则可以在要素数据集中添加一个关系类；RelationshipClasses 返回该要素数据集中的所有的关系类（IEnumRelationshipClass 枚举集合类型）。

以下程序代码实现的功能是：根据源要素数据集中的关系类，在目标要素数据集中创建类似的关系类。

```
private void CreateRelationshipClassSchema(IFeatureDataset sourceFeatureDataset,IFeatureDataset targetFeatureDataset)
{ IRelationshipClassContainer fromRelClsContainer = sourceFeatureDataset as IRelationshipClassContainer;
  IRelationshipClassContainer toRelClsContainer = targetFeatureDataset as IRelationshipClassContainer;
  IFeatureWorkspace targetFeatureWorkspace = targetWorkspace as IFeatureWorkspace;
  IEnumRelationshipClass fromRelClasses = fromRelClsContainer.RelationshipClasses;
  fromRelClasses.Reset();
  IRelationshipClass fromRelClass = fromRelClasses.Next();
  while(fromRelClass != null)
  { string fromRelClsName = (fromRelClass as IDataset).Name;
    esriRelCardinality fromRelCardinality = fromRelClass.Cardinality;
    string fromFwdPathLabel = fromRelClass.ForwardPathLabel;
    string fromBwdPathLabel = fromRelClass.BackwardPathLabel;
    IObjectClass fromOriginCls = fromRelClass.OriginClass;
    string fromOriginPK = fromRelClass.OriginPrimaryKey;
    string fromOriginFK = fromRelClass.OriginForeignKey;
    IObjectClass fromDesCls = fromRelClass.DestinationClass;
    string fromDesPK = fromRelClass.DestinationPrimaryKey;
    string fromDesFK = fromRelClass.DestinationForeignKey;
    bool fromIsAttributed = fromRelClass.IsAttributed;
    bool fromIsComposite = fromRelClass.IsComposite;
    esriRelNotification fromRelNotif = fromRelClass.Notification;
    IObjectClass toOriginCls = null;
    if(fromOriginCls is IFeatureClass)   toOriginCls = targetFeatureWorkspace.OpenFeatureClass(((IDataset)fromOriginCls).Name);
    else if(fromOriginCls is ITable)   toOriginCls = targetFeatureWorkspace.OpenTable(((IDataset)fromOriginCls).Name) as IObjectClass;
    IObjectClass toDesCls = null;
    if(fromDesCls is IFeatureClass)   toDesCls = targetFeatureWorkspace.OpenFeatureClass(((IDataset)fromDesCls).Name);
    else if(fromOriginCls is ITable)   toDesCls = targetFeatureWorkspace.OpenTable(((IDataset)fromDesCls).Name) as IObjectClass;
    toRelClsContainer.CreateRelationshipClass(fromRelClsName, toOriginCls, toDesCls, fromFwdPathLabel,fromBwdPathLabel,fromRelCardinality,fromRelNotif,fromIsComposite,fromIsAttributed,null,fromOriginPK,"",fromOriginFK,"");
    fromRelClass = fromRelClasses.Next();   }
}
```

### 7.3.2.5 ITopologyContainer2 接口

在要素数据集中，ITopologyContainer2（继承自 ITopologyContainer）接口用于管理和创建拓扑关系。使用 ITopologyContainer.CreateTopology 方法和 ITopologyContainer2.CreateTopologyEx 方法可以创建拓扑关系，这两个方法都返回 ITopology 类型的对象；创建拓扑时，需要指定拓扑的名称（Name）、拓扑的聚集容差（ClusterTolerance）、拓扑校验允许产生的最大拓扑错误数（maxGeneratedErrorCount）及拓扑存储的配置关键字（ConfigurationKeyword）等参数；一旦创建了拓扑，就可以使用 ITopology. AddClass 和 ITopologyRuleContainer. AddRule 方法添加要素类及拓扑规则到拓扑中。

以下代码实现的功能是：根据源要素数据集中的拓扑关系在目标要素数据集中创建类似的拓扑关系。

```
private void CreateTopology(IFeatureDataset sourceFeatureDataset,IFeatureDataset targetFeatureDataset)
  { IFeatureWorkspaceManage2 sourceWsManage = sourceWorkspace as IFeatureWorkspaceManage2;
    IFeatureWorkspace targetFeatureWorkspace = targetWorkspace as IFeatureWorkspace;
    ITopologyContainer toTopoContainer = (ITopologyContainer)targetFeatureDataset;
    ITopologyContainer fromTopoContainer = (ITopologyContainer)sourceFeatureDataset;
    int topoCount =fromTopoContainer. TopologyCount;
    ITopology fromTopology;ITopology toTopology;
    for(int i =0;i < topoCount;i ++)
      { fromTopology =fromTopoContainer. get_Topology(i);
        string topologyName = (fromTopology as IDataset). Name;
        toTopology = toTopoContainer. CreateTopology(topologyName,
        toTopoContainer. DefaultClusterTolerance, -1,"");
        ITopologyProperties fromTopoProps =fromTopology as ITopologyProperties;
        IEnumFeatureClass fromTopoClasses =fromTopoProps. Classes;
        IFeatureClass fromFeatureClass =fromTopoClasses. Next();
        while(fromFeatureClass ! =null)
          { ITopologyClass fromTopoClass =fromFeatureClass as ITopologyClass;
            IFeatureClass toFeatureClass =
            targetFeatureWorkspace. OpenFeatureClass(((IDataset)fromFeatureClass). Name);
            toTopology. AddClass (toFeatureClass, fromTopoClass. Weight, fromTopoClass. XYRank,
            fromTopoClass. ZRank,false);
            fromFeatureClass =fromTopoClasses. Next();
            ITopologyRuleContainer fromTopoRuleContainer =fromTopology as ITopologyRuleContainer;
            IEnumRule fromRules =fromTopoRuleContainer. Rules;
            IRule fromRule =fromRules. Next();
            ITopologyRuleContainer toTopoRuleContainer = toTopology as ITopologyRuleContainer;
            while(fromRule!=null)
              { ITopologyRule fromTopoRule =fromRule as ITopologyRule;
                ITopologyRule topologyRule = new TopologyRuleClass();
                topologyRule. Name =fromTopoRule. Name;
                string fromOrigin = sourceWsManage. GetObjectClassNameByID (fromTopoRule.
                OriginClassID);
                IFeatureClass toOriginCls =targetFeatureWorkspace. OpenFeatureClass(fromOrigin);
                string fromDes = sourceWsManage. GetObjectClassNameByID (fromTopoRule. Destina-
                tionClassID);
```

```
                    IFeatureClass toDesCls = targetFeatureWorkspace.OpenFeatureClass(fromDes);
                    topologyRule.OriginClassID = toOriginCls.FeatureClassID;
                    topologyRule.DestinationClassID = toDesCls.FeatureClassID;
                    topologyRule.OriginSubtype = fromTopoRule.OriginSubtype;
                    topologyRule.AllDestinationSubtypes = fromTopoRule.AllDestinationSubtypes;
                    topologyRule.AllOriginSubtypes = fromTopoRule.AllOriginSubtypes;
                    topologyRule.DestinationSubtype = fromTopoRule.DestinationSubtype;
                    topologyRule.TopologyRuleType = fromTopoRule.TopologyRuleType;
                    if(toTopoRuleContainer.get_CanAddRule(topologyRule))
                    toTopoRuleContainer.AddRule(topologyRule);
                    fromRule = fromRules.Next(); }
            }
        }
    }
```

## 7.4 表、对象类和要素类

Geodatabase 模型中的 Table、ObjectClass 及 FeatureClass 都是二维表形式存储的。

Table 对象，就代表了关系数据库中的一张数据表。这张表仅仅能够简单存储属性数据，它是由 Row 对象，即一条条记录组成，Table 对象只能存储非空间数据。

ObjectClass 对象是在普通 Table 上的扩展，它不仅仅是一张关系表，而且是一个具有属性和行为的数据表，它也是用于存储非空间数据。它与 Table 对象的差别在于，ObjectClass 是由 Object 对象组成，尽管 Object 的物理形式仍然是一条记录，但它是具有属性和行为的一个对象，而非简单的数据记录。

FeatureClass 则是在 ObjectClass 对象上的更进一步扩展，它除了具有面向对象的特性外，还能够存储空间数据，这些空间数据以一个个具有属性和行为的要素为表现形式。要素类使用 Shape 字段作为它的数据字段，用于保存一个几何形体对象。

### 7.4.1 Table 对象

从关系数据库的角度而言，Table 对象代表了 Geodatabase 里面的一张二维表或者视图（View），它是最简单的数据容器对象，存储的元素是 Row 对象，因此它也是一个数据集对象。Table 是 ObjectClass 对象和 FeatureClass 对象的父类。

下面介绍 Table 的主要接口。

#### 7.4.1.1 IClass 接口

所有的 Table 类（包括 Table、ObjectClass 和 FeatureClass）都实现了 IClass 接口，通过这个接口定义的属性和方法可以实现表对象的最一般的操作。

IClass. Fields 可以获得一个表的字段结构，IClass. HasOID 属性则可以返回一个表是否有 OID 字段，用户通过它的返回值可以知道这个表是否被注册为版本。而 IClass. OIDFieldName 属性返回 OID 字段的字段名。

IClass. AddField 用于给表对象添加一个字段；IClass. Addlndex 用于给表添加一个索引。

IClass. FindField 方法可以通过一个字段的字段名获得它在表的字段集中的索引号。

7.4.1.2 ITable 接口

Table 主要实现了 ITable 接口，它继承自 IClass。ITable 接口定义的方法可以供用户查询、选择、插入、更新、删除表中的记录。

ITable. CreateRow 方法可以用于在表中产生一个 Row 对象，当它产生后，除了系统自动给它一个 OID 值外，其他的字段的值都是空的。当然，如果在字段设计的时候设置了某个字段的缺省值，那么这个字段在产生的新行中默认为缺省值。一旦产生了一个新的 Row 对象，就可以使用 IRow. Value 属性来设置这个对象的不同字段的值，这个属性是可读写的。当一个 Row 对象的所有非空字段值都被设置后，就可以使用 Store 方法将这一新的 Row 放入表中，否则它是不会被保存到数据库的。

ITable. CreateRowBuffer 方法可以用于产生一个 RowBuffer（缓冲行）对象，这个对象可以被 InsertCursor（插入型游标）使用，用于往表中插入一条新记录。RowBuffer 并不是一个实际存在的 Row 对象，它是一个临时对象，没有 OID 值。

ITable. GetRow 方法可以根据一条记录的 OID 值来获得 Row 对象本身。可以将得到的 Row 对象的值改变，然后使用 IRow. Store 方法，达到更新一条记录的目的。

ITable. Insert 方法用于得到一个具有插入记录功能的插入型游标，它和 CreateRowBuffer 产生的 RowBuffer 对象需要配合使用。

ITable. RowCount 方法可以得到表中满足要求的记录条数。它需要设置一个 QueryFilter 过滤器对象来确定查询条件，如果需要返回所有的值，则将这个过滤器设置为 null 即可。

ITable. Search 方法则可以用于查询满足要求的记录，它的返回值是一个查询型游标，这个游标指向所有满足条件的 Row 对象。

ITable. Update 方法的参数和 Search 差不多，但是它的返回游标是用于“更新”目的的，是更新型游标，不同于 Insert 的“插入”和 Search 的“寻找”目的。

ITable. Select 方法返回的是一个选择集对象，它与 Search 方法的不同在于 Search 方法返回的是一个指向被寻找数据的游标，而它返回的要么是被选择 Row 对象的 ID 值，要么是 Row 对象本身，这个差别取决于构造选择集时使用的参数。

### 7.4.2 ObjectClass 对象

ObjectClass（对象类）是 Table 对象的子类，它也是由 Row 组成的表。在对象类中的 Row 对象是作为一个对象实体而被存储的，这个实体不仅仅拥有 Table 中的一条记录的特性，而且像一个对象一样拥有属性和行为，它也支持 IRow 和 IObject 接口。ObjectClass 其实是 Table 的一种扩展，它是一张“智能化”的表。

一个对象类和其他对象类之间可以存在任意数目的关系（Relationship），这些关系可以用于控制对象的行为。一个对象类可以使用一个字段将它自身划分为几个子类（Subtypes）。

下面介绍 ObjectClass 的主要接口。

7.4.2.1 IObjectClass 接口

所有的对象类都支持 IObjectClass 接口，它是从 IClass 接口继承而来的。IObjectClass. AliasName 属性可以返回对象类的别名，如果一个对象类没有设置别名属性，那么这个别名将和对象类的 Name 属性一样。

IObjectClass. ObjectClassID 属性则可以返回这个对象类的 OID 值。其实一个没有被注册的对象类也是有 OID 值的，但是这个值总是为 -1，而且通过 IClass. HasOID 属性来查询的时候，返回值为 false。

IObjectClass. RelationshipClasses 列出了该对象类参与的关系类（按关系类的角色：origin，destination，or any），其语法如下：

```
public IEnumRelationshipClass get_RelationshipClasses(esriRelRole role);
```

### 7.4.2.2 IClassSchemaEdit3 接口

IClassSchemaEdit3 接口（继承自 IClassSchemaEdit、IClassSchemaEdit2）可以用于修改一个对象类的属性，如对象类的别名，对象类某个字段的缺省值、值域，改变对象类字段的别名等。这些已经设计好的字段结构即模式（Schema），它是一个对象类的结构描述，而非数据本身。

使用 IClassschemaEdit3 中的方法时，用户必须取得该对象类的完全控制权，以免在修改的过程中有别的程序使用该对象类，为此需要使用 ISchemaLock 接口来给数据集（对象类也是一个数据集）设置一个独占型的锁定。

以下代码修改要素类的模式定义，修改字段的别名：

```
private void ChangeSchema(IWorkspace pWorkspace)
  { IFeatureWorkspace pFeatWorkspace = pWorkspace as IFeatureWorkspace;
    IClassSchemaEdit pOcSchemaEdit = pFeatWorkspace. OpenFeatureClass ( " Parcels " ) as IClassSche-
    maEdit;
    ISchemaLock pSchLock = pOcSchemaEdit as ISchemaLock;
    pSchLock. ChangeSchemaLock(esriSchemaLock. esriExclusiveSchemaLock);
    pOcSchemaEdit. AlterFieldAliasName("Res","ResOrNon");
    pSchLock. ChangeSchemaLock(esriSchemaLock. esriSharedSchemaLock);  }
```

### 7.4.2.3 ISubtypes 接口

ISubtypes 接口用于管理和查询对象类、要素类的子类、属性域（Domain）和缺省值（default value）；该接口定义的属性、方法如下：

```
public void AddSubtype(int SubtypeCode,  string SubtypeName);//添加某个子类型的定义
public void DeleteSubtype(intSubtypeCode);//删除某个子类型的定义
public int DefaultSubtypeCode {get;set;};//管理缺省的子类型
public object get_DefaultValue(int  SubtypeCode,string FieldName);//获得某个子类型的某个字段的缺
省值
public void set_DefaultValue(int SubtypeCode,  string FieldName,  object  Value);//设置某个子类型的
某个字段的缺省值
public IDomain get_Domain(int SubtypeCode,  string FieldName);//获得某个子类型的某个字段的属性
域;每个字段,除了 ObjectID、Shape 字段外,都可以设置缺省值,而与这个字段相联系的值域对象将会
检查这个缺省值的有效性。当一条记录的某个字段没有被赋值就保存时,系统会自动将缺省值添加
到这个字段中去
public void set_Domain(int SubtypeCode,string FieldName,  IDomain Domain);//设置某个子类型的某
```

个字段的属性域

*public boolHasSubtype {get;};//对象类、要素类是否定义了子类型*

*public int SubtypeFieldIndex {get;};//定义子类型的字段在字段集中的序号;HasSubtype 为 false,则 SubtypeFieldindex 的值为 -1*

*public string get_SubtypeName(int SubtypeCode);//根据子类型的整型值获得相应的名称*

*public IEnumSubtype Subtypes {get;};//获得子类型枚举集合*

### 7.4.3 FeatureClass 对象

FeatureClass（要素类）是可以存储空间数据的对象类，它是 ObjectClass 的扩展。在一个要素类中的所有的要素都使用相同的字段结构，要素类与表、对象类的最大的区别在于它拥有一个几何字段，即 Shape 字段，用于存储要素的几何信息，这使得用户可以在地图上看到一个要素的形状和位置。

IFeatureClass 接口（继承自 IObjectClass、IClass）是程序员操作要素类时使用的主要接口。

IFeatureClass. ShapeFieldName 属性可以返回要素类的几何字段的名称，AreaField 和 LengthField 则可以返回要素类中用于存储要素面积和长度的字段对象。IFeatureClass. ShapeType 返回的是 ShapeField 的类型，即要素类存储的是什么类型的几何形体对象。IFeatureClass. FeatureType 可以让程序员知道要素类的类型，如简单要素类、标注类、注记类还是复杂要素类等。IFeatureClass. FeatureClassID 返回的是要素类在地理数据库中的唯一标识符，它和 IObiectClass. ObiectClassID 属性是一样的。IFeatureClass 接口也定义了许多方法用于操作要素类本身，这些方法和 IObjectClass 接口定义的方法都非常相似，如 Insert、Search 和 Update 方法可以分别得到一个“插入”、“查询”和“更新”功能的游标对象。使用 IFeatureClass. Select 方法可以在一个要素类中得到要素选择集，而获得的要素选择集的数目和种类取决于使用的过滤器对象(QueryFilter)。CreateFeature 方法可以新建一个新的要素对象，用户在新建一个 Feature 对象后，需要对它的值进行设定，然后使用 IFeature. Store 方法将新的要素存储到要素类中去。CreateFeatureBuffer 方法则用于产生一个 FeatureBuffer 对象，它并不是一个真正的要素，而是一个暂时存在的对象，它需要使用“插入”游标，将新建的“缓冲要素”保存到要素类中去。

以下代码实现的功能是：根据源要素数据集中的某个要素类在目标要素数据集中创建类似的要素类，并根据源要素类的子类型，在目标要素类中创建类似的子类型。

```
private void CreateFeatureClassInThisDataset(IFeatureClass sourceFeatureClass,
IFeatureDataset targetFeatureDataset,bool bHasM,bool bHasZ)
{   IFields fields = sourceFeatureClass. Fields;
    if(fields == null) return;
    IFieldsEdit fieldsEdit = (IFieldsEdit)fields;
    //定义几何字段
    IField fieldUserDefined = new FieldClass();
    IFieldEdit fieldEdit = (IFieldEdit)fieldUserDefined;
```

```
IGeometryDef geometryDef = new GeometryDefClass();
IGeometryDefEdit geometryDefEdit = (IGeometryDefEdit)geometryDef;
geometryDefEdit.GeometryType_2 = sourceFeatureClass.ShapeType;
geometryDefEdit.GridCount_2 = 1;
geometryDefEdit.set_GridSize(0,0);
geometryDefEdit.HasM_2 = bHasM;
geometryDefEdit.HasZ_2 = bHasZ;
fieldEdit.Name_2 = "SHAPE";
fieldEdit.Type_2 = esriFieldType.esriFieldTypeGeometry;
fieldEdit.GeometryDef_2 = geometryDef;
fieldEdit.IsNullable_2 = true;
fieldEdit.Required_2 = true;
fieldsEdit.set_Field(fields.FindField("SHAPE"),fieldUserDefined);
UID CLSID = new UIDClass();
CLSID.Value = "esriGeoDatabase.Feature";
string featureClassName = ((IDataset)sourceFeatureClass).Name;
IFeatureClass targetClass = targetFeatureDataset.CreateFeatureClass(featureClassName,fields,CLSID,
null,esriFeatureType.esriFTSimple,"Shape","");
//设置要素类子类型
SetSubtypes(sourceFeatureClass,targetClass); }
private void SetSubtypes(IFeatureClass fromFeatureClass,IFeatureClass toFeatureClass)
{ IWorkspaceDomains targetWorkspaceDomains = (IWorkspaceDomains)targetWorkspace;
ISubtypes toSubtypes = (ISubtypes)toFeatureClass;
ISubtypes fromSubtypes = (ISubtypes)fromFeatureClass;
IFields fromFields = fromFeatureClass.Fields;
if(!(fromSubtypes.HasSubtype))return;
IEnumSubtype fromEnumSubtype = fromSubtypes.Subtypes;
string subtypeFieldName = fromSubtypes.SubtypeFieldName;
toSubtypes.SubtypeFieldName = subtypeFieldName;
int subtypeCode;
string subtypeName = fromEnumSubtype.Next(out subtypeCode);
IDomain fromDomain;
while(subtypeName != null)
  { toSubtypes.AddSubtype(subtypeCode,subtypeName);
    for(int i = 0;i < fromFields.FieldCount;i ++)
      { string fieldName = fromFields.get_Field(i).Name;
        fromDomain = fromSubtypes.get_Domain(subtypeCode,fieldName);
        if(fromDomain != null)
        toSubtypes.set_Domain(subtypeCode,fieldName,
        targetWorkspaceDomains.get_DomainByName(fromDomain.Name)); }
    subtypeName = fromEnumSubtype.Next(out subtypeCode); }
}
```

以下代码实现的功能是：将源要素类中所有数据拷贝到目标要素类中。

```
private void CopyFeatureClass(IFeatureClass sourceClass,IFeatureClass targetClass,bool bHasM,bool bHasZ)
  { IFeatureBuffer targetFeatureBuffer = targetClass.CreateFeatureBuffer();
    IFeatureCursor targetFeatureCursor = targetClass.Insert(true);
    IFields sourceFields = sourceClass.Fields;
    IFields targetFields = targetClass.Fields;
    IFeatureCursor sourceFeatureCursor = sourceClass.Search(null,false);
    IFeature sourceFeature = sourceFeatureCursor.NextFeature();
    int j = 0;
    while(sourceFeature != null)
      { IGeometry geometry = sourceFeature.ShapeCopy;
        if(geometry == null) goto nextFeature;
        if(geometry is ITopologicalOperator2)
          { ITopologicalOperator2 topo = geometry as ITopologicalOperator2;
            topo.IsKnownSimple_2 = false;
            topo.Simplify();  }
        IZAware za = geometry as IZAware;
        za.ZAware = bHasZ;
        IMAware ma = geometry as IMAware;
        ma.MAware = bHasM;
        targetFeatureBuffer.Shape = geometry;
        for(int i = 0;i  < targetFields.FieldCount;i ++)
          { IField field = new FieldClass();field = targetFields.get_Field(i);
            if(field.Type == esriFieldType.esriFieldTypeOID) continue;
            if(field.Type == esriFieldType.esriFieldTypeGeometry) continue;
            if(field.Name == "Shape_Length") continue;
            if(field.Name == "Shape_Area") continue;
            int fieldIdx = sourceFields.FindField(field.Name);
            object fieldValue = sourceFeature.get_Value(fieldIdx);
            targetFeatureBuffer.set_Value(i,fieldValue);  }
        targetFeatureCursor.InsertFeature(targetFeatureBuffer);
        sourceFeature = null;j ++;
        nextFeature:sourceFeature = sourceFeatureCursor.NextFeature();  }
    targetFeatureCursor.Flush();  }
```

### 7.4.4 字段集与字段

字段集（Fields）是表的列（Column）属性的集合。一张表必须有一个字段集，而一个字段集中至少有一个字段（Field）。字段集是一个组件类。在新建一个字段后，必须将它加入到一个字段集中供新建表或要素类使用。

设置字段集的过程包括设定字段集中字段的类型（Type）和值域（Domain）、缺省值、别名（Alias）和是否允许为空（Allow nulls）等属性。

#### 7.4.4.1 IFields 接口

字段集是与一个表相关联的，如果需要获取一个表对象的字段集，可以使用 ITable. Fields 属性来实现。程序员使用 IFields 接口定义的属性和方法，可以非常容易地得到字段集中的某个字段，继而获得某个特定字段的值。

IFields 有两个属性，其中一个是 Field（index），它通过传入不同的字段索引值可以返回某个字段，如：

```
IField pField = pFields. get_Field(0);
```

而 IFields. FieldCount 属性可以返回字段集合的字段数目。

IFields 定义了两种方法，一种是 FindField，另一种是 FindFieldByAliasName，前者是根据字段名、后者是根据字段别名找到字段在字段集中的索引号。

下面是获取一个名为“City_name”字段的代码段：

```
IFields   pFields = pFeatClass. Fields;
int i = pFields. FindField("City_name");
IField pField = pFields. get_Field(i);
```

#### 7.4.4.2 IFieldsEdit 接口

字段集中的字段需要能够修改、更新和删除，实现这些要求的方法由 IFieldsEdit 接口定义，这个接口从 IFields 继承而来。

IFieldsEdit. AddField 方法，可以添加一个新的字段到字段集中，当需要修改一个表或要素类的结构时，这个方法非常有用；DeleteAllFields 方法可以一次删除表中所有的字段。IFieldsEdit 还定义以下两个属性：

```
public void   set_Field(int Index,IField A_2); //设置字段集中序号为 Index 的字段
public void   FieldCount_2 {set;}; //设置字段集中字段的数目
```

在 . NET 中，IFieldsEdit 接口定义的属性能够直接进行读写，但需要注意的是只写属性是以“_2”结尾的，如 FieldCount 是只读的，而 FieldCount_2 是只写的。

IFieldsEdit 接口并不能够给一个已经存在的数据集加入一个字段，它定义的方法只能用于新建一个数据集的时候。给已经存在的 Table 或者 FeatureClass 添加一个字段需要使用数据集本身的 AddField 方法。

下面是给一个已经存在的数据集添加字段的代码：

```
private void AddFieldToFeatureClass()
{   IWorkspaceFactory pWSF = new FileGDBWorkspaceFactoryClass();
    IFeatureWorkspace pWS = pWSF. OpenFromFile(@"d:\temp\sample. gdb",0) as IFeatureWorkspace;
    IFeatureClass pFeatClass = pWS. OpenFeatureClass("parcels");
    //新建一个字段
    IField pField = new FieldClass();
    IFieldEdit pFieldEdit = pField as IFieldEdit;
    pFieldEdit. Type_2 = esriFieldType. esriFieldTypeDouble;
    pFieldEdit. Name_2 = "tax";
    //将字段添加进要素类
```

```
pFeatClass.AddField(pField); }
```

Field 是一个表的列的描述，字段组成了字段集。字段拥有很多属性，如名称和数据类型。在一个简单要素类中，OID 和 Shape 字段是必需的，这两个字段的别名和几何类型可以改变，但是字段本身不能够被删除。Shape 字段（几何字段）描述要素类存储何种类型的要素，一个要素类中要么全部保存的是点要素，要么全部是线要素或多边形要素，不能将点、线和面要素混合存储在一个要素类中。

不同类型的要素类有一些特别的字段用于显示要素的几何信息，如在线要素类中，会有个 Shape_Length 字段来追踪某个要素的长度；在面状要素类中，有 Shape_Area 和 Shape_Length 两个字段（在 SDE 数据库里面这两个字段是 Shape. Area 和 Shape. Length），前者记录面要素的面积，后者记录周长；点和多点类型的要素没有这种字段。这些字段是自动生成的，不能设置它们缺省值、值域，也不能删除它们。

##### 7.4.4.3 IField 接口

IField 接口是字段对象的主要接口，可以从这个接口中得到字段的主要属性，如名称、别名、字段的值域、字段类型等，下面的代码段是将一个要素类的非几何字段添加到一个 ComboBox 中：

```
IFields pFields = pFeatureClass.Fields;
IField pField;
for(int i = 0; i < = pFields.FieldCount - 1;i ++ )
  { pField = pFields.get_Field(i);
    if(pField.Type ! = esriFieldType.esriFieldTypeGeometry)
    comboBox1.Items.Add(pField.Name.ToString()); }
```

##### 7.4.4.4 IFieldEdit 接口

使用 IFieldEdit 接口可以修改字段的属性，和 IFieldsEdit 接口一样，所有的只写属性都是以“_2”结尾的，如使用 Type_2 设置字段的类型；使用 AliasName_2 设置字段的别名；使用 Domain_2 设置字段的属性域等。

### 7.4.5 与字段相关的对象

##### 7.4.5.1 几何字段的设计

几何字段用于存储要素的几何形状，几何字段没有缺省值。设计一个几何字段的时候，有一个属性是必须设置的，即 IField. GeometryDef，它是一个 GeometryDef 对象，用于预定义一个几何字段的几何属性。GeometryDef 对象的两个接口分别是 IGeometryDef 和 IGeometryDefEdit，两个接口定义的属性都是可读写的，如 GeometryType 为只读，GeometryType_2 为只写。

IGeometryDef. GeometryType 属性用于设置几何字段的几何类型，如点、多点、线、多线、多边形等。SpatialReference 属性则用于设置几何字段的空间参考。AvgNumPoints 属性管理要素几何形状平均点数。GridCount 属性管理格网索引的级数，Personal Geodatabase 的格网索引只有一级，且一旦设定了就不能修改；File Geodatabase、ArcSDE Geodatabase 支持多达三级格网索引。GridSize 属性管理某一级格网索引的网格大小。HasM、HasZ 属性标示要素是否支持 M 值、Z 值。

以下代码的功能是设计一个几何字段：

```
private IField DefineGeometryField(ISpatialReference pSpatRef)
    { IGeometryDef pGeoDef = new GeometryDefClass();
      IGeometryDefEdit pGeoDefEdit = pGeoDef as IGeometryDefEdit;
      pGeoDefEdit.AvgNumPoints_2 = 10;
      pGeoDefEdit.GeometryType_2 = esriGeometryType.esriGeometryPolyline;
      pGeoDefEdit.GridCount_2 = 2;
      pGeoDefEdit.set_GridSize(0,200);
      pGeoDefEdit.set_GridSize(1,500);
      pGeoDefEdit.HasM_2 = false;
      pGeoDefEdit.HasZ_2 = true;
      pGeoDefEdit.SpatialReference_2 = pSpatRef;
      IField pField = new FieldClass();
      IFieldEdit pFieldEdit = pField as IFieldEdit;
      pFieldEdit.Name_2 = "SHAPE";
      pFieldEdit.Type_2 = esriFieldType.esriFieldTypeGeometry;
      pFieldEdit.GeometryDef_2 = pGeoDef;
      pFieldEdit.IsNullable_2 = true;
      return pField; }
```

#### 7.4.5.2 索引集和索引

索引集（Indexes）对象和字段集对象相似，它用于管理字段索引。IIndexes 接口用于管理索引集对象，如 IIndexes.index 属性可以索引集中的某个特定的索引。

索引对象代表了表中的一个索引。一个要素类存在两种形式的索引：空间索引和属性索引。空间索引存在一个要素类的几何字段中，当一个要素类被创建的时候，系统会自动给这个要素类创建一个空间索引。对于 Geodatabase 而言，它也会给要素类自动建立一个属性索引，这个索引是基于 OID 字段的。

Index 对象支持 IIndex 接口和 IIndexEdit 接口，使用这两个接口可以产生一个索引并设置它的属性，如索引的名称、索引的字段集、索引是否按升序排列、索引值是否唯一。

以下代码实现了根据索引的名称查找索引的功能：

```
public IIndex IIndexes_FindIndexByName(IFeatureClass featureClass,string indexName)
    { IIndexes indexes = featureClass.Indexes;
      Console.WriteLine("The feature class has an index count of:{0}",indexes.IndexCount);
      int indexPosition;
      indexes.FindIndex(indexName,out indexPosition);
      IIndex index = indexes.get_Index(indexPosition);
      return index; }
public void AddIndexToFeatureClass(IFeatureClass featureClass,String indexNme,String nameOfField)
```

```
{ int fieldIndex = featureClass. FindField( nameOfField);
  if( fieldIndex == - 1) { … }
  IFields featureClassFields = featureClass. Fields;
  IField field = featureClassFields. get_Field( fieldIndex);
  IFields fields = new FieldsClass( );
  IFieldsEdit fieldsEdit = ( IFieldsEdit) fields;
  fieldsEdit. FieldCount_2 = 1;
  fieldsEdit. set_Field( 0 ,field);
  IIndex index = new IndexClass( );
  IIndexEdit indexEdit = ( IIndexEdit) index;
  indexEdit. Fields_2 = fields;
  indexEdit. IsAscending_2 = false;
  indexEdit. IsUnique_2 = false;
  indexEdit. Name_2 = indexName;
  ISchemaLock schemaLock = ( ISchemaLock) featureClass;
  try
     { schemaLock. ChangeSchemaLock( esriSchemaLock. esriExclusiveSchemaLock);
       featureClass. AddIndex( index);   }
  catch( COMException comExc)
     {
       … //提示出错信息
     }
  finally { schemaLock. ChangeSchemaLock( esriSchemaLock. esriSharedSchemaLock); }
}
```

#### 7.4.5.3 子类型

子类型（Subtypes）是一种用于给要素类或者对象类中的要素或对象分组的方式。通过给定不同子类型的不同的缺省值和有效性规则，用户可以定制要素类中不同子类要素的行为。

当将一个要素类中的要素划分为不同的子类型后，用户可以将这些子类型当作单独的对象来使用。如在一个要素数据集中，有一个 Land 要素类和一个 Buildings 要素类，用户希望两个要素类之间的要素是满足严格的拓扑关系的，比如商业建筑必须在商业用地区内，工业建筑不能在居住用地区等。这时可以将一个 Land 的要素类分为三个子类型：business、residential 和 industry；将 Buildings 要素类也分为三个子类型：business、residential 和 industry。将两个要素类各自分成三个子类型后，可以在地理数据集中建立拓扑关系，并用拓扑规则来保证要素类的设计要求。

为了建立一个对象类、要素类的子类型和设置子类型字段的缺省值，程序员可以使用 ISubtypes 接口，下面的例子将一个“ Buildings”的要素类分为三个子类：business，子类型代码值为 1；residential，子类型代码值为 2；industry，子类代码值为 3。以下代码实现了这三种子类型的创建：

```
private void CreateSubtypes( )
```

```
{ IWorkspaceFactory pFact = new FileGDBWorkspaceFactoryClass();
  IFeatureWorkspace pFeatws = pFact.OpenFromFile(@"d:\temp\sample.gdb",0) as IFeatureWork-
  space;
  IFeatureClass pFeatcls = pFeatws.OpenFeatureClass("Buildings");
  ISubtypes pSubType = pFeatcls as ISubtypes;
  pSubType.SubtypeFieldName = "BType";
  pSubType.AddSubtype(1," business");
  pSubType.AddSubtype(2," residential");
  pSubType.AddSubtype(3," industry");
  pSubType.DefaultSubtypeCode = 1;
  pSubType.set_DefaultValue(1,"ZONING_S","B");  //子类代码,字段名,值
  pSubType.set_DefaultValue(2,"ZONING_S","R");
  pSubType.set_DefaultValue(3,"ZONING_S","I"); }
```

#### 7.4.5.4 属性域

Domain（属性域、值域）可以用于限制一个对象类或要素类的某个字段的允许值。即当用户给一个对象类的某个特定字段设置值域后，这个字段能够被赋予的值必须在这个值域的限制内。属性域可以用于探测一个字段值的有效性。

属性域与一个工作空间相关，因而一个属性域可以给多个字段使用。在 ArcObjects 中可以通过 IWorkspaceDomains. AddDomain 来添加一个值域对象。

Domain 有 RangeDomain 和 CodedValueDomain 两种类型，它们都支持 lDomain 接口。IDomain 接口定义了所有的值域对象的最一般的方法和属性。除了 IDomain. Type 外，其余所有的属性都是可读写的。当一个属性域与某个字段相关联的时候，Name 和 FieldType 两个属性是必需的。

Rangedomain 是范围属性域对象，它确定某个字段的值在一个范围内，显然地，这个对象规定的值只能是数值型或者日期型，如考试的分数在 0 到 100 的范围内，日期在 1 月 1 日到 12 月 31 日的范围内。IRangeDomain 接口规定了范围的最大和最小值属性。

CodedValueDomain 是编码值属性域对象，它是一个“值-名称”对象的集合，它用于确定一个字段所有可能取值。如用户将土地分为三种使用类型（“工业用地”、“农业用地”、“住宅用地”）后，这个土地要素类中的类型字段可以出现的值就是用户规定的三种，而不能出现别的。代码值域一般都是字符类型。ICodedValueDomain 规定了代码值域对象的特定的属性和方法，如 AddCode 方法可以用于添加一个“值-名称”对象，而使用 Name 和 Value 可以通过一个索引值来得到一个“值-名称”对象。

以下代码实现的功能是：根据源工作空间的属性域，在目标工作空间创建类似的属性域。

```
public void CopyDomains(IWorkspace sourceWorkspace,IWorkspace targetWorkspace)
{ IWorkspaceDomains targetWorkspaceDomains = (IWorkspaceDomains)targetWorkspace;
  IWorkspaceDomains sourceWorkspaceDomains = (IWorkspaceDomains)sourceWorkspace;
  IEnumDomain sourceDomains = sourceWorkspaceDomains.Domains;
  if(sourceDomains == null)return;
```

```
        IDomain sourceDomain = sourceDomains.Next();
        IDomain targetDomain = null;
        while(sourceDomain != null)
          { if(sourceDomain is IRangeDomain)
              { IRangeDomain rangeDomain = new RangeDomainClass();
                rangeDomain.MinValue = (sourceDomain as IRangeDomain).MinValue;
                rangeDomain.MaxValue = (sourceDomain as IRangeDomain).MaxValue;
                targetDomain = rangeDomain as IDomain; }
            if(sourceDomain is ICodedValueDomain)
              { ICodedValueDomain sourceCodedDomain = sourceDomain as ICodedValueDomain;
                ICodedValueDomain codedDomain = new CodedValueDomainClass();
                for(int i = 0;i < sourceCodedDomain.CodeCount;i ++)
                  { codedDomain.AddCode(sourceCodedDomain.get_Value(i),
                    sourceCodedDomain.get_Name(i)); }
                targetDomain = codedDomain as IDomain; }
            if(targetDomain == null)return;
            targetDomain.Name = sourceDomain.Name;
            targetDomain.FieldType = sourceDomain.FieldType;
            targetDomain.MergePolicy = sourceDomain.MergePolicy;
            targetDomain.SplitPolicy = sourceDomain.SplitPolicy;
            targetWorkspaceDomains.AddDomain(targetDomain);
            sourceDomain = sourceDomains.Next(); }
    }
```

下面是一个添加值域对象的例子：

```
private void AddDomain()
  { IWorkspaceFactory pWorkspaceFactory = new FileGDBWorkspaceFactoryClass();
    IWorkspace pWorkspace = pWorkspaceFactory.OpenFromFile(@"d:\temp\test.gdb",0);
    IWorkspaceDomains pWorkspaceDomains = pWorkspace as IWorkspaceDomains;
    IRangeDomain pRange = new RangeDomainClass();
    pRange.MinValue = 9.0;pRange.MaxValue = 600000.0;
    IDomain pDomain = pRange as IDomain;
    pDomain.Name = "Area constraint";
    pDomain.FieldType = esriFieldType.esriFieldTypeDouble;
    pDomain.Description = "Constrains the area Of buildings";
    pDomain.MergePolicy = esriMergePolicyType.esriMPTAreaWeighted;
    pDomain.SplitPolicy = esriSplitPolicyType.esriSPTGeometryRatio;
    pWorkspaceDomains.AddDomain(pDomain);
    ICodedValueDomain pCodeValue = new CodedValueDomainClass();
    pCodeValue.AddCode("RES","Residential");
    pCodeValue.AddCode("COM","Commercial");
    pCodeValue.AddCode("IND","Industrial");
    pCodeValue.AddCode("BLD","Building");
```

```
//QI 到 IDomain,设置属性
IDomain pDomainCodeValue = pCodeValue as IDomain;
pDomainCodeValue.FieldType = esriFieldType.esriFieldTypeString;
pDomainCodeValue.Name = "Building types";
pDomainCodeValue.Description = "Valid building type codes";
pDomainCodeValue.MergePolicy = esriMergePolicyType.esriMPTDefaultValue;
pDomainCodeValue.SplitPolicy = esriSplitPolicyType.esriSPTDuplicate;
//添加到工作空间
pWorkspaceDomains.AddDomain(pDomainCodeValue); }
```

## 7.5 Row、Object 和 Feature 对象

表、对象类和要素类是一个数据集，作为它们的组成部分，Row（行）、Object（对象）和 Feature（要素）就是最小的数据单元。它们的物理组成就是地理数据库中的一行记录。在 ArcObjects 开发中，插入、更新和删除数据库中的一条记录是非常普遍的操作。

### 7.5.1 RowBuffer 和 Row 对象

RowBuffer（缓冲行）对象可以以一个行（Row）对象的状态出现，但是它并不是一个对象实体，即它是临时存在内存中的对象。这个对象主要被使用在一个插入游标的 InsertRow 方法中，作为一个参数使用。用户可以使用 ITable.CreateRowBuffer 方法来获得一个缓冲行对象。

IRowBuffer 接口用于获得 RowBuffer 对象的属性，如 Fields 用于获得缓冲行对象的字段集，而 Value 属性可以通过字段的索引值得到某个字段的值，通常用于被设置字段值。

Row（继承自 RowBuffer）是一个组件类对象，它代表了表中的一行记录。程序员可以根据一个表的游标来获得 Row 对象，如 ICursor.Row，当然，用户可以根据它的 OID 值来获得，如 ITable.GetRow。ArcObjects 中一般都使用 ITable.CreateRow 来产生一个新的 Row 对象，然后设置这个对象不同字段的值。

Row 对象主要支持 IRow 接口，这个接口从 IRowBuffer 继承而来，除继承了 Fields 和 Value 两个属性外，还可以通过 IRow.HasOID 来检测 Row 对象是否有 OID 属性，它可以判断这个 Row 的表是否被注册到了地理数据库中。IRow.OID 属性可以直接得到特定 Row 对象的 OID 值，用于区别其他行对象。在地理数据库自动建立索引的时候，系统会将 OID 字段设置为索引。这是因为这个字段是 Row 对象的唯一身份，不会出现重复；IRow.Table 属性，则可以返回 Row 对象的容器——表。

一旦程序员修改了某个 Row 对象的值，就需要使用 Store 方法来将它保存到表中去，这个方法执行的时候，系统会触发 IRowEvents.OnChanged 事件；如果是产生了一个新的 Row 对象并保存时，则会触发 OnNew 事件。

下面给出一个关于新建、更新和删除 Row 对象的代码段：

```
int i = pTable.FindField("Name");
//添加一条记录
```

```
IRow pRow = pTable.CreateRow();
pRow.set_Value(i,"esri");
pRow.Store();
//更新一条记录
pRow.set_Value(i,"esrichina");
pRow.Store();
//删除一条记录
pRow.Delete();
```

### 7.5.2 Object 和 Feature 对象

ObjectClass 对象是 Object（继承自 Row）的集合，Object 代表了一个具有属性和行为的实体对象。在地理数据库中，对象类其实也是一张表，所以 Object 对象也就是表中的一条记录。

IObject 接口是 Object 的主要接口，它继承了 IRow 接口。IObject.Class 属性可以获得对象的容器——对象类。

Feature（继承自 Object）要素类中的一条记录，是从对象派生出来的既具有属性和行为，而且还能保存空间数据的对象。要素中的几何形体对象定义了要素类的类型。一个要素中可能保存的几何形体有点、多点、多边形和多义线等。通常用户处理的都是简单的要素对象，但在某些复杂环境中，要素还可以参与拓扑、网络和标注等运算。

Feature 对象的主要接口是 IFeature，它从 IRowBuffer、IRow 和 IObject 继承而来，定义了要素对象特有的属性和方法，如 Extent 可以返回一个要素对象的最小外包矩形，它用于显示要素的空间范围；FeatureType 返回要素的类型；Shape 属性将返回要素的几何形体对象；而通过 ShapeCopy 属性，可以得到这个几何形体对象的一份拷贝。IFeature.Store 和 IFeature.Update 可用于要素的更新。

IFeatureBuffer 接口从 IRowBuffer 继承而来，并增加了一个 Shape 属性。

IFeatureEdit、IFeatureEdit2 接口定义的方法可以用于编辑单个的要素或者多个要素组成的要素集；接口中定义的 MoveSet、RotateSet 和 IRow.DeleteSet 方法既可以使用在单个要素上，也可以使用在多个要素组成的要素集上。IFeatureEdit.Split 和 IFeatureEdit.SplitAttributes 操作是使用在一个单一的要素上，前者可以通过一个或多个点分割多义线，或者使用多义线分割多边形。在分割后，新的要素会产生，而旧的要素会被删除掉。在分割一个或者多个要素时，用户需要通过一定的机制来分割要素的属性字段中的值，SplitAttributes 方法将会执行这个过程，而属性分割机制是由字段的值域来决定的。但程序员并不需要在 Split 要素后执行 SplitAttributes 方法，因为后者会自动执行。

有关 Feature、IFeatureBuffer 及 IFeatureCursor 的应用开发，请参阅 7.4.3 节中的“将源要素类的数据拷贝到目标要素类”的实现。

## 7.6 关 系 类

空间数据库中实体之间可以相互关联，如：

（1）地理实体和地理实体之间的关联，如建筑物可与宗地相关联。

（2）地理实体和非地理实体之间的关联，如宗地可与所有者相关联。

（3）非空间实体和非空间实体之间的关联，如宗地拥有者和免税代码相关联。

ArcObjects 中，表达这些关联关系的对象之一是关系类（RelationshipClass），它定义两个不同的要素类或对象类之间的关联关系。在关系的任何一端的对象可以是地理要素，或是表中的记录。

在使用 ArcObjects 开发时，关系类的创建可以调用 IFeatureWorkspace 或 IRelationshipClassContainer 接口中的 CreateRelationshipClass 方法；主要区别是 IRelationshipClassContainer 接口用于创建要素数据集中的关系类，而 IFeatureWorkspace 用于创建独立的关系类；如果参与构建关系类的一个或两个对象类位于一个要素数据集中，那么创建的关系类可以位于该要素数据集中或作为独立的关系类存储在 Geodatabase 中；但是，如果参与构建关系类的两个对象类都是独立的对象类，那么创建的关系类只能作为独立的关系类存储在 Geodatabase 中；关系类的这两种存储方式并没有功能上的差异。

CreateRelationshipClass 方法的语法如下：

```
public IRelationshipClass CreateRelationshipClass
(string relClassName,
IObjectClass OriginClass,
IObjectClass DestinationClass,
string forwardLabel,
string backwardLabel,
esriRelCardinality Cardinality,
esriRelNotification Notification,
bool IsComposite,
bool IsAttributed,
IFields relAttrFields,
string OriginPrimaryKey,
string destPrimaryKey,
string OriginForeignKey,
string destForeignKey);
```

以上参数对应于在 ArcCatalog 中创建关系类的相关属性的设置。

创建关系类时，首先要指定关系类的名称（relClassName）、关系类的源（源类 OriginClass）和目标（目标类 DestinationClass）。

关系类支持各种基数有：一对一、一对多和多对多。在一对一的关系中一个源对象只关联一个目标对象，如一块地只有一个合法的许可。在一对多的关系中，一个源对象可以关联多个目标对象，如一块地上可以有多个建筑物；在一对多的关系中，“一”端的类设置为源，“多”端的类设置为目标。在多对多的关系中，一个源对象可以关联多个目标对象，反过来，一个目标对象也可以关联多个源对象；如一块地可以有多个主人，一个人也可以拥有多块地；当创建多对多的关系类时，会自动创建一个中间表（intermediate table）；中间表中包含外键（FK）来关联源类和目标类中的主键（PK），这些外键用于映射相关联的对象之间的关系，每一行关联一个源对象和一个目标对象，中间表中还可以保存关系的其他属性。

关系的基数由 esriRelCardinality 枚举常量定义，esriRelCardinalityOneToOne 表示一对一的关系，esriRelCardinalityOneToMany 表示一对多的关系，esriRelCardinalityManyToMany 表示多对多的关系。

在一个关系类中，源类中的对象匹配目标类中的对象是通过它们关键字字段的值。如果关系类是一对一或一对多，且不带属性的，则目标类中的为外关键字（OriginForeignKey）引用源类中的主关键字（OriginPrimaryKey）；关键字段可以有不同的名字，但是必须是相同的数据类型，包含相同类型的信息。

当创建多对多的关系类及带属性的关系类时，会自动创建中间表，中间表用于映射源和目标对象之间的关系。要映射对象之间的关系，需要使用源和目标对象类中的关键字段，以及中间表。OriginPrimaryKey 和 DestinationPrimaryKey 是源和目标对象类中的主关键字段，OriginForeignKey 和 DestinationForeignKey 是中间表中与主关键字段对应的外关键字段，如图 7-2 所示。

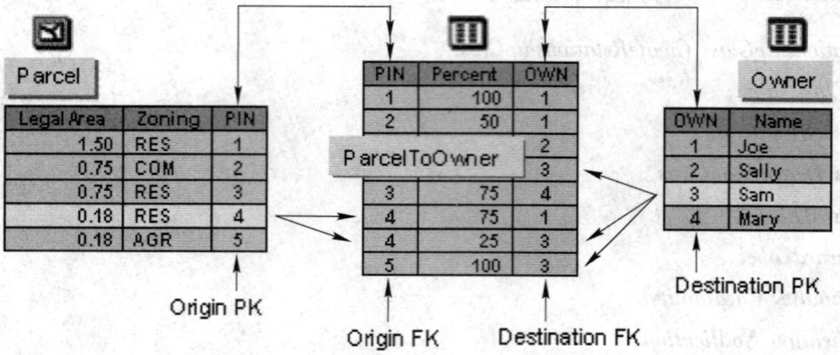


图 7-2 多对多的关系类使用中间表存储关系信息

按照源与目标的依赖关系，关系类分为简单关系和复合关系。简单关系中，相关对象可以相互独立存在；例如，在一个铁道运输网络中，铁路交叉口可以有一个或多个信号灯，但是，没有信号灯的铁路交叉口也可以存在，信号灯也可以存在于一个没有交叉口的铁道运输网络中；当在一个简单关系中删除源类中的一个对象，对于目标类中匹配对象的关键字值设置为 Null，删除目标类中的对象不会影响源类中的对象；在简单关系中，保证源类和目标类的正确性是关键的。这是因为当删除源类中的一条记录时，简单关系类查找目标类中相匹配的记录，并设置它们的关键字段的值为 Null。如果选择错误的源类，删除源类中的对象，会将错误引入到外关键字字段。在一对多的关系中，“一”端的类设置为源，“多”端的类设置为目标。复合关系中，目标类不能独立于源类而存在，因此当删除源类中的对象时，目标类中相关对象被级联删除；移动或旋转一个源要素会引起目标要素也跟着它移动或旋转。创建关系类时，使用 IsComposite 参数指定关系的类型；该参数为 true 时，表示创建复合关系；该参数为 false 时，表示创建简单关系。

关系类可以带有自身的属性，IsAttributed、relAttrFields 参数允许创建带属性的关系类，其中 IsAttributed 参数指明要创建的关系类是否带属性，若 IsAttributed 为 true，则需要指定关系类的字段集定义 relAttrFields，否则该参数为 null。任何关系类，不管是简单关系还是复合关系，也不管是任何的基数类型，都可以带有属性，属性字段以及外关键字段一起保存在中间表中。当中间表创建的时候，只自动创建字段，而没有数据。ArcGIS 不知道哪些源对象与哪些目标对象相关联，需要手工创建关联的行数据。一旦一个关系添加到了中间表中，就可以输入关系属性的值，如图 7-2 所示，每个关系都有一个属性：所有权的百分比（percent）。

创建不带属性的关系类：

*IRelationshipClass relClass = featureWorkspace. CreateRelationshipClass ( nameOfRelClass , originClass , destinationClass , " owns " , " is owned by" , esriRelCardinality. esriRelCardinalityOneToMany , esriRelNotification. esriRelNotificationNone , true ,false , null ; " PROPERTY_ID" , " " , " PROPERTY_ID" , " " ) ;*

创建带属性的关系类：

*IRelationshipClass attributedRelClass = featureWorkspace. CreateRelationshipClass ( nameOfRelClass , originClass , destinationClass , " owns" , " is owned by" , esriRelCardinality. esriRelCardinalityOneToMany , esriRelNotification. esriRelNotificationNone , true , true ,fields , " PROPERTY_ID" , " " , " PROPERTY_ID" , " " ) ;*

有关关系类的开发实例，请参阅“FeatureDataset 对象”中的“根据源要素数据集中的关系类，在目标要素数据集中创建类似的关系类”程序代码。

本章主要从 GIS 应用开发的角度，阐述了 ArcObjects 中空间数据访问模型的主要对象，以及在开发过程中如何使用这些对象来实现空间数据管理的功能。

# 8 地理处理框架

ArcGIS 地理处理框架为 GIS 工作流的自动化提供了很好的解决方案。本章主要从 GIS 应用开发的角度，阐述在开发过程中如何使用地理处理框架提供的大量的地理处理工具。主要内容包括：地理处理框架概述、通过 Python 使用地理处理工具和通过 ArcObjects 使用地理处理工具。

## 8.1 地理处理框架概述

地理处理通过提供一组丰富的工具和机制来实现 GIS 工作流的自动化操作，这些工具和机制能够使用模型、脚本、高级开发语言将一系列的工具按照一定操作顺序结合在一起，完成更复杂的 GIS 工作流。地理处理框架是指 ArcGIS 用于建立自动化处理流程的应用环境和开发框架，其主要内容包括：地理处理工具、模型构造器、脚本、ArcObjects 中的地理处理。

地理处理框架还提供用于创建和管理软件的环境和机制，在该框架中可以轻松快捷地将自己的想法转变为系统可以管理并且可在用户之间共享的新软件。地理处理框架中的模型、脚本、系统工具和自定义工具，都在同一个体系架构中创建和管理。

### 8.1.1 地理处理工具

地理处理工具用于执行地理数据处理的最基本的功能单元，例如提取和叠加数据、更改地图投影、向表中添加列、计算属性值、最优路径等。工具都储存在工具箱中。ArcGIS 提供了数百种工具，并将它们进行了分类并放到了十余个工具箱中，这些工具功能丰富、涉及领域广泛。

ArcGIS 引入了后台地理处理的概念，允许 Geoprocessing 工具、ArcGIS 操作同时运行（使用多核 CPU）。即工具在后台运行时，用户仍可以继续使用 ArcMap（或其他应用程序，例如 ArcGlobe），文档底部将出现一个进度条显示当前所执行工具的名称，工具执行完毕后，系统托盘中将显示一个弹出通知。

可以通过多种方式使用地理处理工具：工具对话框、Python 窗口、模型构造器、脚本、ArcObjects 开发。

### 8.1.2 模型构造器

执行单个地理处理工具，可以实现某个特定的数据处理功能；将多个地理处理工具串联在一起，将一个工具的输出作为另一个工具的输入，可以实现更强大的数据处理功能。ArcGIS 不仅提供了数百种工具供开发人员选用，而且还可通过模型构建器（可视化编程语言）或脚本（文本编程语言）创建自己的工具。

模型构造器（model builder）是 ArcGIS 中地理数据处理框架的一部分。通过模型构造器可将地理处理语言中的各个要素（工具）按顺序连接在一起构建可视化的地理处理模型，实现更复杂的地理处理功能。Model builder 为设计和实现地理处理模型（包括工具、脚本和数据）提供了一个图形化的建模框架。

模型构造器除了有助于构造和执行简单工作流外，还能通过创建模型并将其共享为工具来提供扩展 ArcGIS 功能的高级方法。

模型构造器的优势如下：

（1）模型构造器是一个简单易用的应用程序，用于创建和运行包含一系列工具的工作流。

（2）可以使用模型构造器创建自己的工具。使用模型构造器创建的工具可在 Python 脚本和其他模型中使用。

（3）结合使用模型构造器和脚本可将 ArcGIS 与其他应用程序进行集成。

### 8.1.3 脚本

在地理处理框架中，还可使用脚本语言来创建新的实用软件。使用脚本语言的程序即是脚本。脚本语言（例如 Python 和 Perl）用于将多个应用程序组合到一起，该语言使用计算机内置的高级功能并且回避了高级开发语言编程必须处理的具体细节。

在地理处理框架中，脚本与模型相类似，因为它们都可用来创建新工具。模型是使用可视化编程语言（模型构造器）创建的，而脚本是使用基于文本的语言和文本编辑器创建的。

和模型一样，脚本也是工具，可将脚本引入至自定义工具箱中，成为工具箱中一个工具；系统工具中有多个都是脚本。从技术角度而言，可以编写一个脚本但不将其引入工具箱；此时，该脚本便不属于工具，而仅是磁盘上的一个独立脚本。

与模型构造器相比，脚本可以设计较复杂的程序处理逻辑和较高级的数据结构，且脚本可在 ArcGIS 外部执行。

### 8.1.4 ArcObjects 中的地理处理

ArcObjects 是包含大量低级编程对象的库，这些低级编程对象将作为 ArcGIS 软件开发工具包（SDK）的一部分提供。开发人员可使用 ArcObjects 构建新的应用程序或扩展 ArcGIS 应用程序。ArcObjects SDK 和地理处理的作用互补；ArcObjects 可用于开发新功能来扩展 ArcGIS，而地理处理是专为自动执行任务而设计的。

ArcGIS 提供了地理处理工具（geoprocessing Tools），在 ArcObjects 中，每个工具都有一个对应的类。在 GIS 应用开发中，可以直接使用这些地理处理工具。

## 8.2 通过 Python 使用地理处理工具

Python 是一种通用的开源编程语言，在 ArcGIS 地理处理中用作脚本语言。使用 Python 中的 ArcPy 站点包可访问地理处理功能。通过 ArcPy 可访问地理处理工具和其他函数、类和模块，使用它们可快速轻松地创建简单或复杂 GIS 工作流。

Python 易于学习和使用，通过解释和动态输入这种编程语言，用户可以在交互式环境中快速地创建脚本原型并进行测试，同时这种编程语言功能强大，可编写大型应用程序。

### 8.2.1 Python 窗口

ArcGIS 10.0 通过 Python 窗口提供了一种新的嵌入式 Python 体验，Python 窗口取代了以往的“命令行”窗口。在 Python 窗口中，可以高效、便捷地使用地理处理工具和 ArcGIS 中的 Python 函数；可在该窗口中运行的 Python 命令包括单行代码，也包括带逻辑的复杂块。在 Python 窗口中，还可通过自定义或第三方 Python 模块和库来实现其他功能。

Python 窗口为初学者学习 Python 提供了很好的环境。在 Python 窗口中，可以查看或尝试各种工具和方法的使用和语法，还可通过将 Python 代码片段输入或粘贴到窗口中以便在独立脚本之外测试脚本的意图。通过 Python 窗口这种强大的机制，可以高效地访问和执行地理处理任务和脚本任务，并且将 Python 功能植入 ArcGIS Desktop 应用程序中还可以提高工作效率。在 ArcGIS 中，该窗口是直接访问 Python 脚本函数的最佳位置。创建更为复杂的独立 Python 脚本或 Python 脚本工具时，可以直接利用在 Python 窗口中学到的技巧。

Python 窗口的提示符为三个大于号（>>>），用于表示要执行的代码块的第一行。可以直接从第一行输入并执行简单的 Python 语法。由于输入 Python 代码后可立即按 ENTER 键执行该代码，这让 Python 窗口成为了运行和查看实验性代码的良好位置。如果不确定某一 Python 命令的运行效果，则可以打开 Python 窗口进行实验，直到该命令可以顺利运行而不会引发错误为止。

Python 窗口的主要特征：

（1）所有 Python 函数都可通过 Python 窗口显示。

（2）可输入并执行包含多个地理处理工具或 Geoprocessor 方法的多行命令。输入多个命令时，输入第一行命令后，要想接着输入代码行而不执行代码块，请在第一行命令输入完成后按住 CTRL 键并按 ENTER 键，光标即会移动到 Python 窗口的二级提示符处，此时便可输入其他代码行。按此种方式输入完所有命令后，按两次 ENTER 便可执行整个代码块。

当完成某一命令需要更多信息时，Python 窗口也会显示二级提示符。图 8-1 所示的示

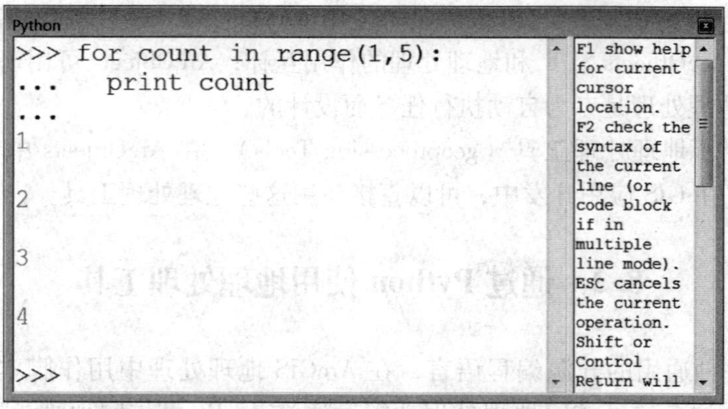


图 8-1 Python 窗口中多行代码的输入

例中，逻辑 for 语句要求至少再输入一行代码才能完成整个代码。

需要注意的是：上例中的“print count”代码一定要缩进（按“空格”键缩进）。

（3）可重新调用、编辑和重新执行已输入并执行的工具或函数。

（4）可从现有 Python 文件中加载 Python 命令或代码块。编程语言（如 Python）将反斜线（\）用作转义字符。例如，\n 表示换行符，\t 表示制表符。指定路径时，可使用正斜线（/）代替反斜线。使用两条反斜线（而不是一条）以避免语法错误。也可通过在包含反斜线的字符串前放置字母 r（以便正确解释）来使用字符串文本。正确使用如下：

```
import arcpy
arcpy.GetCount_management("c:/temp/streams.shp")
arcpy.GetCount_management("c:\\temp\\streams.shp")
arcpy.GetCount_management(r"c:\temp\streams.shp")
```

（5）可将 Python 命令或代码块保存至 Python 文件或文本文件中，以便日后重新加载或在不同的环境中使用。

（6）自动完成功能让填写地理处理工具参数的工作较使用工具对话框更方便快捷。

#### 8.2.1.1 在 Python 窗口中设置环境

每个工具都有一组参数，其中一些参数在所有工具中通用，如容差或输出位置。这些参数可从地理处理环境中获得默认值。在 ArcPy 中，地理处理环境被组织为 ArcPy 包中 env 类下的属性，如 overwriteOutput、workspace、configKeyword、XYResolution、XYTolerance 等属性。如以下设置 workspace 属性：

```
arcpy.env.workspace = r'E:\usa\StatesHighwayCity.gdb'
```

由于地理处理环境对工具操作和输出有着很大的影响，因此需要保证能够追踪环境设置并在必要时将其重置为默认状态。ArcPy 中的 ResetEnvironments 函数可用于恢复默认环境值。在 Python 窗口中输入如下：

```
>>> arcpy.ResetEnvironments()
>>>
```

ArcPy 中的 ListEnvironments 函数可用于创建所有地理处理环境的列表。该列表可用于访问并输出所有环境及其当前值。

#### 8.2.1.2 在 Python 窗口中执行工具

在 Python 窗口中访问地理处理工具和 geoprocessor 方法之前，先要导入 ArcPy 站点包。导入 ArcPy 之后，无论何时在提示符后输入 arcpy.，都会出现一个下拉列表，其中包含全部地理处理工具、geoprocessor 方法以及其他的脚本功能。此列表可使用鼠标或键盘上的上/下方向键进行上下滚动。随着字符的不断输入，下拉列表会不断地进行过滤，以便仅匹配出最符合输入字符的工具或方法。例如，如果在 Python 窗口中输入 arcpy.Bu，则在下拉列表中会只包含以那些字符开头的工具或方法。如果向下滚动到 Buffer_analysis 或单击它，TAB 键将在提示区域自动完成此工具的完整名称，当输入左半圆括号“（”时，会在帮助和语法窗口中显示 Buffer_analysis 工具的帮助。默认情况下，会将第一个参数高亮显示，如图 8-2 所示。

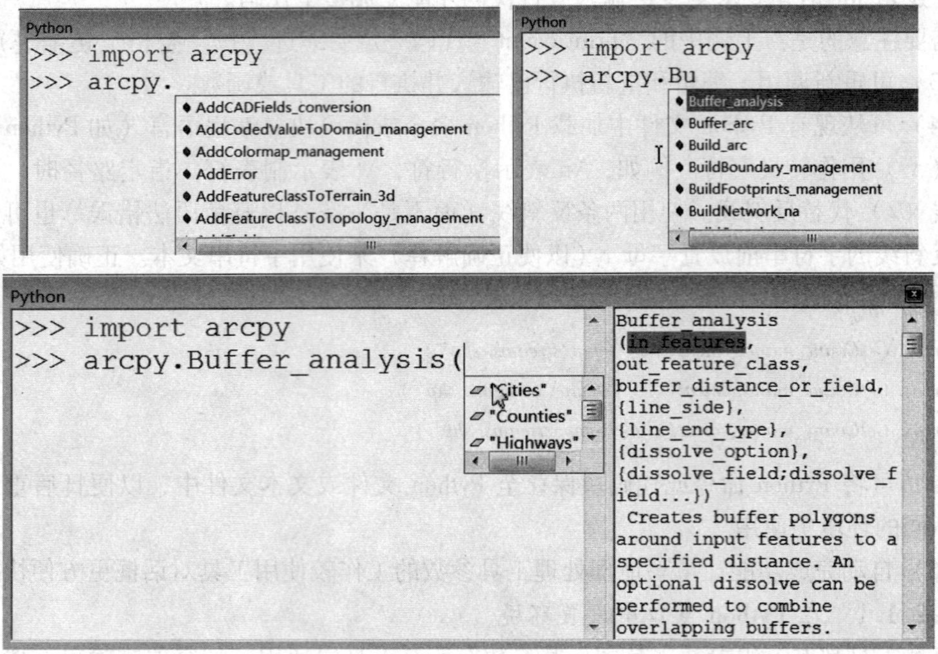


图 8-2 Python 窗口中的智能提示

在 Python 中，使用工具名称代替工具标签。工具标签显示在工具对话框的顶端或目录窗口中。工具名称与工具标签类似，但它不含空格。在 Python 中，也包含工具箱别名，可与工具名称一同使用。这可用于在多种工具共用同一名称时解决潜在的冲突。例如，取决于您的安装设置，可能最多会有三种裁剪工具（Clip_analysis、Clip_arc、Clip_management）。

一旦输入所需的全部参数，请按 ENTER 键执行此工具。在 Python 窗口的帮助和语法区域会显示执行消息。工具的参数中，有些是必需的，有些是可选的。可选参数会放在大括号 { } 中，而必需参数则没有大括号 { }。可选参数在必需参数之后。如果不为可选参数输入值，则会为其计算并应用默认值。参数的默认值可在工具的帮助中查找。

工具可能会拥有多个可选参数。有时，只需关注工具的某些可选参数并对其进行设置。跳过或略过可选参数的方式有三种：

（1）将可选参数设置为一组空双引号（""）。

（2）将可选参数设置为双引号中的#号（"#"）。

（3）明确指定要使用的参数名称及其值。

工具参数可接受单个值或多个值，这取决于参数本身。当可接受多个值时，参数值可指定为一个 Python 列表。如删除字段工具可接受多个要删除的字段：

```
arcpy.DeleteField_management("c:/base/rivers.shp",["Type","Turbidity","Depth"])
```

某些工具（例如 Union_analysis 和 Intersect_analysis 叠加工具）具有像表一样表示的参数；即，它们有多行，并且每一行都有多个值。就 Union_analysis 而言，输入要素参数支持使用坐标精度等级，等级作为可选值指定给每个输入要素类，其中 1 为最高等级。这种类型的参数可以使用“值表”表示。“值表”作为 Python 的表中表进行输入。如：

```
arcpy.env.workspace = "D:/St_Johns/data.mdb/neighborhoods"
inputList = [["east",1],["west",1],["south",1],["north",2]]
arcpy.Union_analysis(inputList,"D:/St_Johns/data.mdb/land_use")
```

所有输入数据集的参数名都带有前缀 in_，而所有输出数据集的参数名都带有前缀 out_。输入数据集通常为第一个参数，输出数据集通常为最后一个必需参数。其他必需参数位于输入和输出数据集之间。可选参数始终位于必需参数之后。

#### 8.2.1.3 使用 Python 窗口创建工作流

通过 ArcPy 站点包，Python 窗口支持执行数百种地理处理工具。在 Python 窗口中，可以执行单个工具，也可以按特定顺序依次执行多个工具。Python 窗口还允许访问支持更复杂 Python 工作流的许多函数和类。

支持 Python 工作流的函数包括多种用于执行任务的方法，例如创建某些数据类型的列表、检索某一数据集的属性、在将表添加至地理数据库前验证表名称或执行其他许多有用的脚本函数。

以下代码示例用 ListFeatureClasses 函数生成工作空间中的所有要素类列表，然后使用 GetCount 工具输出该列表中的各个要素类中包含的要素数。

以下代码是根据要素类和字段名创建字段值的唯一列表：

```
import arcpy
featureclass = r'E:\usa\StatesHighwayCity.gdb\USAStates\states'
field = "STATE_NAME"
valueList = []
rows = arcpy.SearchCursor(featureclass)
for row in rows:
valueList.append(row.getValue(field))
uniqueSet = set(valueList)
uniqueList = list(uniqueSet)
uniqueList.sort()
del rows
del row
print uniqueList
```

可以手动将全部 13 行代码输入到 Python 窗口中，一步一步执行；但更好的方法是将全部代码保存在一个脚本文件中；然后在 Python 窗口中，通过右键单击加载脚本文件，并将光标位于代码最后一行时按 ENTER 键可执行代码。脚本可重复执行。

函数是用于执行特定任务的小代码块，可用在更细化的工作流中。创建函数后，即可反复使用该函数，省去了重复编写相同任务的麻烦。

```
def listFieldNames(table,wildcard = None,fieldtype = None):
fields = arcpy.ListFields(table,wildcard,fieldtype)
nameList = []
for field in fields:
```

```
        nameList.append(field.name)
    return nameList
```

在 Python 中，定义函数的方法是使用 Python 的 def 关键字后接函数名和参数列表。上面的函数 listFieldNames 是一个短函数，它可返回某一个表或要素类的字段名称列表。其中的 return 语句用于从函数中返回值。

```
fieldNames = listFieldNames(r'E:\usa\StatesHighwayCity.gdb\USAStates\states')
```

开发人员在开发过程中，可以根据实际问题的需要编写自己的脚本函数，建议使用 Python 编辑器编写脚本。

### 8.2.2 ArcPy 站点包

ArcPy 站点包（site-package）提供了所有地理处理工具以及用于查询 GIS 数据的多种有用函数。站点包是 Python 术语，表示一个使用附加函数来扩展 Python 语言的库。ArcPy 站点包是 ArcGIS 将 GIS 功能传送到 Python 的 Python 库，它随 ArcGIS 一起自动安装。

通过 ArcPy 可访问地理处理工具和其他函数、类和模块，使用它们可快速轻松地创建简单或复杂工作流。ArcPy 按工具、函数、类和模块进行组织。

在 ArcPy 中，所有地理处理工具均以函数形式提供，但并非所有函数都是地理处理工具。除工具之外，ArcPy 还提供几十个函数以更好地支持使用 Python 的地理处理工作流。函数是用于执行某项特定任务的程序代码块。函数可用于列出某些数据集（ListDatasets、ListFeatureClasses、ListRasters、ListTables 等）、检索数据集的属性（Describe）、在将表添加到地理数据库之前验证表名称（Describe）或执行其他许多有用的地理处理任务。ArcPy 中的函数具体参阅 ArcGIS Desktop 帮助文档中的“ArcPy 站点包—→Functions”。

从技术角度讲，地理处理工具是可通过 ArcPy 访问的函数，可以像其他任何 Python 函数那样访问这些工具。但是，为了避免引起混淆，总是会在工具函数和非工具函数之间加以区分，主要区别如下：

（1）工具会返回 result 对象，而函数不会。

（2）工具会生成可通过各种函数（如 GetMessages()）进行访问的消息，函数不会生成消息。

（3）工具需要在产品级别及扩展模块上进行授权，函数不需进行授权。

ArcPy 类通常用作完整地理处理工具参数设置的快捷方式，否则，这些参数会使用更加复杂的字符串。ArcPy 中包含多个类，如 SpatialReference、Extent、ValueTable、Point、Polyline、Polygon 等。类实例化之后，其属性和方法便可使用。

ArcPy 中包含三个模块：用于与 ArcMap 进行交互和创建地图册的制图模块（arcpy.mapping），用于执行地图代数的空间分析模块（arcpy.sa），以及用于地图统计分析模块（arcpy.ga）。

制图模块（arcpy.mapping）提供了与地图文档及图层文件互操作的命令。可以通过创建 Python 脚本来打开地图文档，加载图层，查询并选择内容，然后打印、导出或者保存修改后的地图文档。如果要实现多文档的工作流，如更新和设置数据源位置，创建基于图层、数据源的报表，这些命令是非常实用的。也可以组合多个地图文档以将一个 Map Book

或者地图集输出到打印机或者一个 PDF 文件里。

使用 arcpy. mapping 的 Geoprocessing 脚本可以打开地图文档及加载图层、查询及更改内容、导出或保存改动后的地图文档。例如您在 ArcMap 中的工作流程为：

（1）打开位于“C：\GIS\TownCenter_2009. mxd”的文档。

（2）将文本元素“GIS Services Division 2009”换成“GIS Services Division 2010”。

（3）将更新后的地图导出为 PDF。

具体脚本如下：

```
mxd = arcpy. mapping. MapDocument( r" C: \GIS\TownCenter_2009. mxd" )
for textElement in arcpy. mapping. ListElements( mxd, " Text" ):
if textElement. text == " GIS Services Division 2009" :
textElement. text = " GIS Services Division 2010"
arcpy. mapping. ExportToPDF( mxd, r" C: \GIS\TownCenterUpdate_2010. pdf" )
del mxd
```

### 8.2.3 使用 Python 脚本执行地理处理工具

在 Python 窗口中，可以交互式输入、执行代码，并能立即运行结果。但也可使用 PythonWin 之类的集成开发环境（IDE）创建 Python 文件（带有 . py 扩展名的文件，称为脚本）。脚本只是文本文件，任何文本编辑器（如记事本）都可用于编写脚本。但是，与使用 IDE（如 PythonWin）相比，使用文本编辑器创建 Python 脚本不是最佳选择。

与 Python 窗口类似，PythonWin 也有一个交互式窗口，可用于执行单行 Python 代码。此外，PythonWin 包含许多特征，可帮助您输入、编辑、检查语法以及调试 Python 代码。标准的 Python 安装可提供默认的 Python 编辑器——集成开发环境（IDLE），还可提供搜索功能和调试程序。IDLE 是编写 Python 脚本的有效应用程序，使用 PythonWin 的交互式窗口可以检验想法和完成小型工作流程。

编写和执行脚本时，不可避免地会出现错误。在 PythonWin 或任何其他 Python IDE 中，语法错误可以通过运行语法检查找到；但是，由输入错误、无效属性（或方法名称）或者无效参数值引发的其他问题，只能在脚本执行过程中发现。调试环境可用于浏览程序、查询变量、检查对象有效性和计算表达式。

说明：读者可以从网上下载 PythonWin 及相应版本的 Python，并安装到自己的机器上。

以下是实现要素裁剪的 Python 代码，可以保存在一个脚本文件中，可以在任意的 Python 集成编辑环境中编辑、调试。

```
import arcpy
import os

# Set the input workspace
arcpy. env. workspace = r'E: \usa\USAStates. gdb\USAStates'
# Set the clip featureclass
clipFeatures = r'E: \usa\USAStates. gdb\USAStates\ClipPolygon'
# Set the output workspace
```

```
outWorkspace = r'E:\usa\Output.gdb'
# Set the XY tolerance
clusterTolerance = 0.01

try:
fcs = arcpy.ListFeatureClasses()
for fc in fcs:
featureClassName = arcpy.ValidateTableName(fc,outWorkspace)
outFeatureClass = os.path.join(outWorkspace,featureClassName)
if  fc  < > os.path.basename(clipFeatures):
arcpy.Clip_analysis(fc,clipFeatures,outFeatureClass,clusterTolerance)
except:
arcpy.AddMessage(arcpy.GetMessages(2))
print arcpy.GetMessages(2)
```

## 8.3 通过 ArcObjects 使用地理处理工具

地理处理基本目的在于使用户能够自动执行 GIS 任务以及执行空间分析和建模任务。几乎 GIS 的所有使用情况都会涉及重复的工作，因此需要创建可自动执行、记录及共享多步骤过程（即工作流）的方法。地理处理通过提供一组丰富的工具和机制来实现工作流的自动化操作，这些工具和机制能够使用模型和脚本将一系列的工具和一组按顺序的操作结合在一起。

执行自动操作的任务可以是普通任务，例如，将大量数据从一种格式转换为另一种格式；或者也可以是很有创造性的任务，这些任务使用一系列操作来对复杂的空间关系进行建模和分析，例如，通过交通网计算最佳路径、预测火势路径、分析和寻找犯罪地点的模式、预测哪些地区容易发生山体滑坡或预测暴雨事件造成的洪水影响。

前面阐述了使用模型构造器、Python 窗口、脚本来执行地理处理工具，本节将讲述在 ArcObjects 开发中如何使用地理处理工具。

### 8.3.1 ArcObjects 中地理处理概述

ArcGIS 提供的数百个地理处理工具组织在 18 个工具箱中；在 ArcObjects 中，基本上每个工具箱对应于一个类库（在.NET 中有对应的互操作程序集），具体包括：ESRI.ArcGIS.AnalysisTools、ESRI.ArcGIS.Analyst3DTools、ESRI.ArcGIS.CartographyTools、ESRI.ArcGIS.ConversionTools、ESRI.ArcGIS.CoverageTools、ESRI.ArcGIS.DataInteroperabilityTools、ESRI.ArcGIS.DataManagementTools、ESRI.ArcGIS.EditingTools、ESRI.ArcGIS.GeocodingTools、ESRI.ArcGIS.GeostatisticalAnalystTools、ESRI.ArcGIS.LinearReferencingTools、ESRI.ArcGIS.MultidimensionTools、ESRI.ArcGIS.NetworkAnalystTools、ESRI.ArcGIS.ParcelFabricTools、ESRI.ArcGIS.SampleTools、ESRI.ArcGIS.SchematicsTools、ESRI.ArcGIS.ServerTools、ESRI.ArcGIS.SpatialAnalystTools、ESRI.ArcGIS.SpatialStatisticsTools、ESRI.ArcGIS.TrackingAnalystTools。

通过引用以上程序集，可以在自己的开发过程中使用其中的地理处理工具，完成自己所需要的 GIS 功能。

ArcObjects 中的 Geoprocessing 库实现了地理处理框架，以及一些基础的地理处理工具。在 Geoprocessing 库中，最重要的接口是 GeoProcessor 的 IGeoProcessor2；当使用地理处理工具的时候需要引用 IGeoProcessor2 接口。Geoprocessing 库中其他常用接口还有：

（1）IGeoProcessorResult2：用于访问结果对象（地理处理工具运行的结果信息）；

（2）IGPUtilities3：用于简化工作流的粗粒度的 ArcObjects 组件；

（3）IGpEnumList：IGeoProcessor2 中的一些方法返回的 IGpEnumList；

（4）IGPServer2：用于地理处理服务；

（5）IGpValueTableObject：值表对象；

（6）IGPToolCommandHelper：从命令按钮执行一个工具；

（7）IDataElement：访问数据集的属性；

（8）IGPFieldMapping、IGPFieldMap 用于字段映射。

通过实现 IGPFunction2 和 IGPFunctionFactory 接口，可以创建自定义的地理处理工具。

另外，ArcObjects 中的 Geoprocessor 中也提供了 Geoprocessor 类，使用该类的对象也可执行地理处理工具。

## 8.3.2 执行地理处理工具

在 .NET 中，要执行一个地理处理工具，需要用到地理处理器的 Excute 方法，因此必须首先创建一个地理处理器，创建地理处理器的方法有两种：

（1）使用 IGeoProcessor2 接口；

（2）使用 Geoprocessor 类。

### 8.3.2.1 使用 IGeoProcessor2 接口

ESRI. ArcGIS. Geoprocessing 程序集中的 GeoProcessor 类实现了 IGeoProcessor2 接口，使用该接口中的 Execute 方法可以执行地理处理工具。

以下代码实现了调用创建缓冲区的地理处理工具：

```
using ESRI. ArcGIS. esriSystem;
using ESRI. ArcGIS. Geoprocessing;
private static void RunBuffer( )
  {  IGeoProcessor2 gp = new GeoProcessorClass( );
     IVariantArray parameters = new VarArrayClass( );
     parameters. Add( @ "D:\St_Johns\data. mdb\roads" );
     parameters. Add( @ "D:\St_Johns\data. mdb\roads_Buffer" );
     parameters. Add( "1000 Meters" );
     gp. Execute( "Buffer_analysis" ,parameters ,null);  }
```

IGeoProcessor2. Execute 方法的语法如下：

```
public IGeoProcessorResult Execute( string Name, IVariantArray ipValues ,ITrackCancelpTrackCancel);
```

以下代码是调用自定义工具箱中的工具：

```
public void SampleCalculateBestPathTool()
{ IGeoProcessor2 gp = new GeoProcessorClass();
  gp.AddToolbox(@"C:\SanDiego\BestPath.tbx");
  IVariantArray parameters = new VarArrayClass();
  parameters.Add(@"C:\SanDiego\source.shp");
  parameters.Add(@"C:\SanDiego\destination.shp");
  parameters.Add(@"C:\SanDiego\bestpath.shp");
  gp.Execute("CalculateBestPath",parameters,null); }
```

#### 8.3.2.2 使用 Geoprocessor 类

使用 ESRI. ArcGIS. Geoprocessor 程序集中的 Geoprocessor 类的 Execute 方法可以执行地理处理工具。

注意：GeoProcessor 与 Geoprocessor 的区别，它们是两个不同的类。GeoProcessor 通过 IGeoProcessor2 接口执行工具及有关环境的设置等；Geoprocessor 直接通过对象的属性、方法执行工具及有关环境的设置等。

以下代码调用擦除叠置工具：

```
using ESRI.ArcGIS.Geoprocessor;
using ESRI.ArcGIS.AnalysisTools;
public void  ExecutingEarse()
  { // Initialize the geoprocessor.
    Geoprocessor GP = new Geoprocessor();
    Erase eraseTool = new Erase(@"C:\Data\Input.shp",@"C:\Data\Erase.shp",
    @"C:\Data\Output.shp");
    //或使用以下代码初始化工具:
    //Erase eraseTool = new Erase();
    //eraseTool.in_features = @"C:\Data\Input.shp";
    //eraseTool.erase_features = @"C:\Data\Erase.shp";eraseTool.out_featureEclass =
    @"C:\Data\output.shp";
    GP.Excute(eraseTool,null);  }
```

Geoprocessor 有两个重载的 Execute 方法：

```
Execute(String,IVariantArray,ITrackCancel)
Execute(IGPProcess,ITrackCancel)
```

以下代码调用 Geoprocessor 的 Execute（String，IVariantArray，ITrackCancel）执行地理处理工具：

```
private IGeoProcessorResult IntersectOverlay(Geoprocessor gp)
  { IGpValueTableObject vtobject = new GpValueTableObjectClass();
    vtobject.SetColumns(1);
    object row = null;
    row = GetFeatureLayer(strInputLayer);     vtobject.AddRow(ref row);
    row = GetFeatureLayer(strOverLayer);      vtobject.AddRow(ref row);
    IVariantArray pVarArray = new VarArrayClass();
```

```
pVarArray. Add(vtobject);
pVarArray. Add(outputFullPath);
pVarArray. Add(strJoinAttributeType);
pVarArray. Add(tolerance);
pVarArray. Add(strOutputFeatureType);
// Execute the Intersect tool.
IGeoProcessorResult results = gp. Execute("intersect_analysis",pVarArray,null) as IGeoProcessorResult;
return results; }
```

写在 Geoprocessor. Execute 方法后的代码必须在地理处理工具执行完才会运行，如果地理处理工具需要很长的执行时间，应用程序便会停在这个阶段。这个问题在 ArcGIS 10 中得到了很好的解决，因为在 ArcGIS 10 中通过使用 Geoprocessor. ExecuteAsync 方法可以让地理处理工具在后台执行，这就意味着在执行地理处理工具的同时，应用程序还可以运行其他操作，如浏览和查询数据等。

可以按以下方式实现工具的异步执行：

```
ESRI. ArcGIS. Geoprocessor. Geoprocessor gp = new ESRI. ArcGIS. Geoprocessor. Geoprocessor();
gp. OverwriteOutput = true;
//注册一个 ToolExecuted 事件,用以在工具执行完成后获取 Geoprocessor 对象
gp. ToolExecuted + = new
EventHandler < ESRI. ArcGIS. Geoprocessor. ToolExecutedEventArgs > (gpToolExecuted);
IGeoProcessorResult2 gpResult = gp. ExecuteAsync("CopyFeatures",parameters) as
IGeoProcessorResult2;
```

Execute 方法将工具提交到进程的地理处理队列中，如果某个工具的输入参数不存在，那么它便不会加入到队列中。工具的执行顺序是按照其提交到队列中的顺序来的。

Geoprocessor 定义了以下事件用以检测工具的执行状态：

（1）MessagesCreated 事件：创建消息完后触发。

（2）ProgressChanged 事件：在工具执行时发生，具体需根据工具的种类和处理的数据量来定。

（3）ToolboxChanged 事件：工具箱变化后触发。

（4）ToolExecuted 事件：在工具执行完成后立即发生。

（5）ToolExecuting 事件：在工具即将执行前发生。

IGeoProcessor2 也提供了异步执行方法 ExecuteASync.

### 8.3.3 使用地理处理消息

地理处理工具执行期间，有关消息会传给 Geoprocessor；这些消息包括工具开始运行的信息、使用的参数值、运行进程、警告或错误信息等。这些消息分为三种类型：一般性的提示（informative）消息、警告（warning）消息和错误（error）消息；消息的类型由它的 severity（严重性）属性标示，该属性的值为 0、1、2，分别表示一般性的提示消息、警告消息和错误消息。

Geoprocessor 类中与消息有关的属性有：MaxSeverity、MessageCount。

与消息有关方法有：AddError、AddMessage、AddWarning、AddReturnMessage、ClearMessages、GetMessage、GetMessages、GetSeverity、GetReturnCode. GeoProcessor 的 IGeoProcessor2 中也有相同的属性、方法。

以下代码获取某个地理处理工具执行传给 Geoprocessor 的错误消息：

```
public void ExamplePrintGPErrorMessages(Geoprocessor gp)
{   object sev = 2;
    string messages = gp.GetMessages(ref sev);
    System.Console.WriteLine(messages);   }
```

使用 GetMessage 方法可以获取单个的消息，该方法有一个参数 Index，用来获取 Geoprocessor 消息列表或数组中的某个消息。MessageCount 属性为 Geoprocessor 消息数组中的消息数目。

以下代码输出 Union 工具执行传给 Geoprocessor 的所有消息：

```
public void ExamplePrintAllGPMessages(Geoprocessor gp,Union uniontool)
  {  // Execute the Union tool.
     gp.Execute(uniontool,null);
     if(gp.MessageCount > 0)
        {  for(int Count = 0;Count < = gp.MessageCount - 1;Count ++)
           Console.WriteLine(gp.GetMessage(Count));   }
  }
```

以上是使用 Geoprocessor 对象的方法获取信息，也可以使用 IGeoProcessorResult 中的方法来获取消息。例如：

```
public void ExamplePrintAllGPMessages2(Geoprocessor gp,Union uniontool)
  {  // Execute the Union tool.
     IGeoProcessorResult2 pResult = (IGeoProcessorResult2)gp.Execute(uniontool,null);
     if(pResult.MessageCount > 0)
        {  for(int Count = 0;Count < = pResult.MessageCount - 1;Count ++)
           Console.WriteLine(pResult.GetMessage(Count));   }
  }
```

### 8.3.4 使用地理处理结果对象

IGeoProcessor2 接口中的 Execute 和 ExecuteAsync 方法都返回 IGeoProcessorResult 对象，该对象可用于获取工具执行后的结果信息。IGeoProcessor2 接口中有方法用于获取工具执行的消息，使用 IGeoProcessorResult 除了可以获取消息外，还可以获得其他的有用信息，如工具的输入、输出以及作业执行的状态。

IGeoProcessorResult 中常用的方法、属性如下：

（1）GetMessage：返回某个（index）消息。

（2）GetMessages：返回所有的消息。

（3）MaxSeverity：返回消息的最大的 severity 值（可能取值有 0、1 或 2）。

（4）MessageCount：返回消息的数目。

（5）GetInput：返回某个（index）输入（input）。

（6） InputCount：返回输入（inputs）的数目。

（7） GetOutpu：返回某个（index）输出（为 IGPValue 类型）。

（8） OutputCount：返回输出的数目。

（9） ResultID：获得 job ID。

（10） ReturnValue：获得 geoprocessor 的返回值。

（11） Status：获得 job 的状态。

（12） Cancel：取消 job。

IGeoProcessorResult2 增加了以下属性：

（1） IsAsync：返回进程是否异步执行。

（2） IsCanceled：Cancel 方法是否调用。

（3） Process：设置 geoprocessor 进程的值。

#### 8.3.4.1 获取工具执行的结果信息

以下代码实现了执行服务器上的工具，获取工具执行的状态和消息，提取要素结果（要素集）：

```
public void SampleGeneratingGeoprocessingResults()
  { // Initialize the geoprocessor.
    Geoprocessor GP = new Geoprocessor();
    // Add the BestPath toolbox.
    GP.AddToolbox(@"http://flame7/arcgis/services;GP/Bestpathtoolbox");
    // Input values are layers on the server.
    IVariantArray parameters = new VarArrayClass();
    parameters.Add(@"source");
    parameters.Add(@"destination");
    // Execute the server tool.
    IGeoProcessorResult2 result;
    result = (IGeoProcessorResult2)GP.Execute("CalculateBestPath",parameters,null);
    // Check the job status.
    while(result.Status != esriJobStatus.esriJobSucceeded)
        { Console.WriteLine(result.Status.ToString());
          System.Threading.Thread.Sleep(100); }
    // If the job succeeded,retrieve the feature result.
     if(result.Status == esriJobStatus.esriJobSucceeded)
        { IGPValue outVal = result.GetOutput(0);
          parameters.RemoveAll();
          parameters.Add(outVal);
          parameters.Add(@"C:\Data\GPTest.gdb\bestpath");
          GP.Execute("CopyFeatures",parameters,null); }
     // Print the resulting messages.
     for(int Count = 0;Count <= result.MessageCount - 1;Count ++)
       { Console.WriteLine(result.GetMessage(Count)); }
  }
```

当在本地执行一个工具时，只有当工具成功运行（也即没有错误返回）后才会返回结果对象（result object）。当在本地执行地理处理工具，试图要使用结果对象时，要非常小心，因为如果工具失败时使用结果对象会抛出一个异常，程序非正常终止。可以按如下方式进行处理：

```
try
{   // Copy features.
    // Create a variant array and populate parameters.
    IGeoProcessorResult2 result;
    result = (IGeoProcessorResult2)gp.Execute("CopyFeatures_management",parameters,null);
    if(result != null)
    {
        // Use the result object's methods or properties.
        …
        // Use the geoprocessing tool or result object to get messages.
        …
    }
    else
    {
        // The control of code flow may not come into the else block.
        …
    }
}
catch(Exception ex)
{
    // Get the geoprocessor error messages.
    …
}
```

### 8.3.4.2 工具的返回值

当地理处理工具执行时，会产生处理结果，可以使用 IGeoProcessorResult2 返回工具的输出值（ReturnValue，为 object 类型）。典型情况下，ReturnValue 对象是工具产生的输出数据集的路径，但也可以是其他值类型，如数字或布尔类型。如果工具的输出是一个多值参数，那么这个返回值是一个字符串，这个字符串由用分号隔开的多个字符串组成。

当使用多用户数据库时，返回值是有益的，因为当输出写入数据库时，输出的名称带有用户名和表空间名。

以下代码展示了如何获取返回值：

```
public void SampleGeoprocessingReturnValue_1(Geoprocessor GP,IGPProcess bufferTool)
{   // Example 1:Return path to output data:
    // The return value is an object of type string that is the path to the output.
    IGeoProcessorResult2 pResult = (IGeoProcessorResult2)GP.Execute(bufferTool,null);
    object returnval = pResult.ReturnValue;
```

```
    if((returnval) is string)
      {
        … // Add your code here
      }
}
```

有关 ArcObjects 中地理处理工具的应用开发，请参阅本书第九章中的相关内容以及 ArcGIS 开发包中的相关实例。

本章主要从开发的角度阐述了 ArcGIS 地理处理框架的相关内容，重点讲述了如何使用 Python 执行地理处理工具及如何在 ArcObjects 开发中使用地理处理工具。

# 9 空间查询与空间分析

空间查询、空间分析是 GIS 基本的功能，是 GIS 区别于 MIS 的主要特征；用户提出的很大一部分问题都可以以查询的方式解决；定位空间对象、提取对象信息，是 GIS 进行高层次空间分析的基础；利用空间分析可以获得新的信息。

本章从 GIS 应用开发的角度，阐述如何利用 ArcObjects 开发常用的空间查询、空间分析功能；主要内容包括：空间查询基础、空间分析基础、属性条件查询、空间位置空间关系的查询、缓冲区查询、邻接多边形查询、缓冲区分析、叠置分析、网络分析。

## 9.1 空间查询基础

### 9.1.1 Cursor 与 FeatureCursor 对象

游标 Cursor 对象本质上是一个指向数据的指针，本身并不包含数据内容，它只是提供了一个链接到 Row 对象或要素对象的桥梁而已。游标有三种类型，即查询游标、插入游标和更新游标。每一种游标都是通过与之相适应的方法来获得的，如 Search、Insert 和 Update 方法。

Cursor 对象支持的接口是 ICursor，它定义了操作一个 Row 集合或一个 Row 对象的属性和方法。对于一个表，可以通过以下方法获得插入型、更新型和查询型游标：

```
ICursor pCursor = ITable.Insert()
```

Insert 方法返回一个插入型游标，它通常用于向表中插入一条记录。这个方法比使用 CreateRow 和 Store 两个方法插入一条记录的速度要快。

```
ICursor pCursor = ITable.Update()
```

Update 方法会返回一个更新型游标，它用于更新或者删除一条记录。这个方法使用起来比调用 Store 和 Delete 方法来处理的速度要快。

```
ICursor pCursor = ITable.Search()
```

使用 ITable. Search 方法对表进行查询后，可以得到一个查询型 Cursor 对象，它指向一个或多个 Row 对象，这个时候可以使用下面的方法来获得一个 Row 对象：

```
IRow prow = pCursor.NextRow();
while(prow != null)
  { //对 prow 对象进行某种操作
    prow = pCursor.NextRow();  }
```

在 ArcObjects 中程序员常用的对象是 FeatureCursor，它是 Cursor 的一个子类，指向一个或多个要素。它实现了 IFeatureCursor 接口，这个接口定义的属性和方法与 ICursor 类似。IFeatureClass. Search、IFeatureLayer. Search 方法都返回要素游标，以下代码实现了要素游标的遍历。

```
// IFeatureLayer pFeatlyr
IFeatureCursor pCursor = pFeatlyr. search( null ,false) ;   //返回游标对象
IFeature pFeat = pCursor. NextFeature( ) ;                   //下面做一个循环可以遍历游标指向的要素
while( pFeat ! = null)
   {  //…
      pFeat = pCursor. NextFeature( ) ;  }
```

同样，IFeatureCursor 接口也定义了更新和插入一个要素对象的方法。

### 9.1.2 QueryFilter 与 SpatialFilter 对象

在关系数据库中，查询条件是使用 SQL 语句的 WHERE 子语句完成的。

ArcObjects 中并不直接使用 SQL 语句，它是通过多个不同对象的配合来实现数据选择目的的。QueryFilter 与 SpatialFilter 对象就承担了这个任务。

IQueryFilter 接口定义了 QueryFilter 类用于过滤数据时使用的属性和方法。新建一个过滤器对象后，如 WhereClause 属性是必须设置的，它用于设置过滤条件；而 SubFields 和 AddField 则用于设置返回的数据包含哪些字段，在默认的情况下，它被设置为“ * ”，意思是返回所有的字段，这与 SQL 语句的“Select * from”中间的条件非常相似。如果希望返回的结果字段中包括几何字段，那么 OutputSpatialReference 属性就必须设置为这个字段的空间参考。

下面是一个使用 QueryFilter 的例子：

```
IQueryFilter   pQueryFilter = new QueryFilterClass( ) ;
//设置过滤器对象的属性
pQueryFilter. WhereClause = "STATE_NAME = 'California'" ;
IFeatureSelection   pFeatureSelection = pFeatureLayer as IFeatureSelection;
pFeatureSelection. SelectFeatures( pQueryFilter,
esriSelectionResultEnum. esriSelectionResultNew ,false) ;
```

如果在选择的过程中不过滤任何的记录，而是返回所有的数据，则可以使用关键字“null”来替代 pQueryFilter 对象，这种情况非常常见，比如用户如果希望知道一个要素类中的要素数目，通常使用如下语句：

```
pFeatureClass. FeatureCount( null)
```

这里特别需要注意的是：WhereClause 属性指定的表达式是一个 SQL 查询，不同的数据源，WhereClause 的语法不一样。开发人员可以使用 Workspace 的 ISQLSyntax 接口来确定数据源使用的 SQL 语法，如表名、字段名使用的分隔符，引号使用的字符等。使用 ISQLSyntax. GetSpecialCharacter 方法返回数据源使用的分隔符的前缀和后缀，该方法的语法如下：

```
public string GetSpecialCharacter( esriSQLSpecialCharacters sqlSC) ;
```

esriSQLSpecialCharacters 取值如下：

（1）esriSQL_WildcardManyMatch，值为 1，多字符通配符；

（2）esriSQL_WildcardSingleMatch，值为 2，单字符通配符；

（3）esriSQL_DelimitedIdentifierPrefix，值为 3，分隔符前缀；

（4）esriSQL_DelimitedIdentifierSuffix，值为 4，分隔符后缀；

（5）esriSQL_EscapeKeyPrefix，值为 5，Escape Key 前缀；

（6）esriSQL_EscapeKeySuffix，值为 6，Escape Key 后缀。

以下分析 WhereClause 表达式的语法：

（1）字段名引用不同。如果要查询的数据源为 File Geodatabase、Shapefile、dBase table、coverage 或 INFO 表，则字段名使用双引号引用，如"AREA"；如果要查询的数据源为 Personal Geodatabase，则字段名使用方括号引用，如［AREA］；如果要查询的数据源为 ArcSDE Geodatabase 或 ArcIMS 影像服务或要素服务，则字段名直接使用，如 AREA；如果要查询的数据源为 Excel 文件（.xls）中 worksheet 或文本文件（.txt），一般情况下，字段名使用单引号引用，如'AREA'；但如果是从表窗口中打开 Select By Attributes 对话框时，则字段名使用方括号引用，如［AREA］。

（2）字符串使用区别。字符串总是使用单引号引用，如：

*"STATE_NAME" = 'California'*

*Personal Geodatabase* 中的字段值不区分大小写；而 *ArcSDE*、*File Geodatabases* 及 *Shapefiles* 中的字段值大小写敏感。可以使用转换函数将字符串统一转换为大写或小写；基于文件的数据源，使用 *UPPER* 函数将字符串中的所有字符转换为大写，使用 *LOWER* 函数将字符串中的所有字符转换为小写，如 *UPPER("LAST_NAME")* = 'JONES'；其他数据源有类似的转换函数，如 Personal Geodatabase 中的 UCASE、LCASE。

使用 LIKE 运算符（代替"="）构建基于部分字符串的查询，如"STATE_NAME" LIKE 'Miss%'。

（3）通配符使用区别。通配符是代表一个或多个字符的一个特殊符号。

对于文件类型的数据源，"%"代表其所在位置的一个或多个或无字符；"_"代表其所在位置的任意一个字符，如"NAME" LIKE 'Cath%'、"OWNER_NAME" LIKE '_atherine smith'。

对于 Personal Geodatabase，"*"代表任意数目的字符，"?"代表任意单个字符。

对于连接表，要使用合适的通配符；如果查询仅用到目标表的字段，则使用目标表的通配符；如果查询仅用到连接表的字段，则使用连接表的通配符；如果查询用涉及两边的字段，则使用"%"、"_"通配符。

例如：如果要连接一个 dbf 文件（连接表）到 Personal Geodatabase 要素类（目标表）：

1）如果查询仅涉及 Personal Geodatabase 中的字段，使用 * 通配符；

2）如果查询仅涉及 dbf 中的列，使用%通配符；

3）如果查询涉及两边的表，使用%通配符。

（4）其他。Geodatabases 中的字段、Shapefiles/dBASE 表及 coverages/INFO 表中的 date 字段都支持 null 值。

File Geodatabase 不支持 Distinct 关键字，建议使用 IDataStatistics. UniqueValues 返回某

个字段上的唯一值。

可以使用 =、< >、>、<、>=、<= 运算符查询数值型数据，如"POPULATION96" >=5000。

日期的查询语法依赖于数据源类型，如 Personal Geodatabase 中[DATE_OF_BIRTH] = #06-13-2001 19：30：00 #,File Geodatabase 中"DATE_OF_BIRTH" = date '2001-06-13 19：30：00 '。

基于空间关系的查询需要使用 SpatialFilter 对象及其接口 ISpatialFilter（继承自 IQueryFilter），ISpatialFilter 包含了空间属性和普通属性条件。

ISpatialFilter 接口定义了空间过滤时需要使用的属性，其中 Geometry（设置用于查询的几何形状）、SpatialRel（用于设置查询的空间关系）是必须设置的属性；GeometryField 用于设置几何字段名；SpatialRel 属性是一个确定查询几何对象与目标要素几何对象关系的枚举值，它支持的空间关系如表 9-1 所示。

**表 9-1 esriSpatialRelEnum 表达的空间关系**

| 空间关系 | 值 | 描述（A 为用于查询几何对象，B 为目标几何对象） |
|---|---|---|
| esriSpatialRelUndefined | 0 | 关系未定义 |
| esriSpatialRelIntersects | 1 | A 与 B 相交 |
| esriSpatialRelEnvelopeIntersects | 2 | A 的最小外包矩形和 B 的最小外包矩形相交 |
| esriSpatialRelIndexIntersects | 3 | A 的最小外包矩形与 B 的索引项（如格网索引中，包含该几何对象的索引网格）相交 |
| esriSpatialRelTouches | 4 | A 与 B 相接，即其边界处相接 |
| esriSpatialRelOverlaps | 5 | A 与 B 有重叠，它们必须是同维对象，如都是多边形等 |
| esriSpatialRelCrosses | 6 | A 穿越 B，如两条线交于一点，面和线交于一条线，面与面无此关系 |
| esriSpatialRelWithin | 7 | A 在 B 的内部 |
| esriSpatialRelContains | 8 | A 包含 B |
| esriSpatialRelRelation | 9 | 使用正交矩阵检测空间关系 |

下面的代码显示如何使用一个空间过滤器，它也是在一个查询方法中使用的：

```
ISpatialFilter pFilter = new SpatialFilterClass();
//设置空间过滤器的三个必需属性
pFilter.Geometry = pPolygon;  // pPolygon 为一多边形
pFilter.GeometryField = "SHAPE";
pFilter.SpatialRel = esriSpatialRelEnum.esriSpatialRelContains;
IFeatureCursor pFeatureCursor = pFeatureClass.Search(pFilter,false);
```

在上面的代码段中，pFeatureClass 要素类的 Search 方法将返回一个查询型游标，这个游标指向要素类中被多边形 pPolygon 包含的要素。

当一个查询中同时包含空间条件和属性条件时，可以使用 ISpatialFilter.SearchOrder 属性设置查询顺序，默认是先空间后非空间，即该属性的值为 esriSearchOrderSpatial；如果该属性的值为 esriSearchOrderAttribute，则先进行属性条件查询，再进行空间条件查询。

当 SpatialRel 属性的值为 esriSpatialRelRelation 时，需要使用 SpatialRelDescription 属性。

SpatialRelDescription 的值为要检测的空间关系对应的正交矩阵，如“TT*FFT***”。

### 9.1.3 QueryDef 对象

QueryDef 对象代表了数据库中基于一个或多个表、要素类进行的属性查询。通过这个对象，用户可以在多个表间建立连接，并保证在这个连接基础上的查询可以实现。

QueryDef 中的表必须放在一个工作空间内，而 QueryDef 对象也是使用 IFeatureWorkspace. CreateQueryDef 方法来产生的，它并不是一个组件类。QueryDef 不能在 Shapefile 和 Coverage 数据中使用，而仅仅可以使用在 Geodatabase 数据库中。QueryDef 的查询结果是 Cursor 对象返回的，没有和它们的父表相关联，不能使用 store 方法。

IQueryDef 是 QueryDef 对象实现的主要接口，它定义了在多个表中定义连接需要使用的属性和方法。SubFields 属性是产生一个 QueryDef 对象时的可选项，默认情况下它为“ * ”，它表示返回所有的字段。

下面的例子用于显示如何产生一个 QueryDef 对象,并使用它在两个表中产生一个连接。

```
//产生一个 QueryDef 对象
IQueryDef    pQueryDef = pFeatureWorkspace. CreateQueryDef( );
//基于连接的两个表必须是在一个工作空间内,设置它的各种属性
pQueryDef. Tables = "Counties,States";
pQueryDef. SubFields = "Counties. Shape,Counties. NAME,States. STATE_ABBR";
pQueryDef. WhereClause = "Counties. STATE_FIPS = States. STATE_FIPS";
```

IFeatureWorkspace. OpenFeatureQuery 方法会产生一个基于 QueryDef 对象的要素类，可以加入到 Map 中。以下代码基于上面产生的 QueryDef 对象来新建一个虚要素类，并作为要素图层加入地图对象中。

```
IFeatureDataset pFeatureDataset = pFeatureWorkspace. OpenFeatureQuery
("CountiesStateJoin",pQueryDef);
IFeatureClassContainer pFeatureClassContainer = pFeatureDataset as
IFeatureClassContainer;
//判断 IFeatureClassContainer 对象中是否有要素类存在
if(pFeatureClassContainer. ClassCount  > =1)
  { MessageBox. Show("Failed to create feature class by query!");
    return;  }
IFeatureClass    pFeatureClass = pFeatureClassContainer. get_Class(0);
//添加要素类到 Map 对象
IFeatureLayer    pFeatureLayer = new FeatureLayerClass( );
pFeatureLayer. FeatureClass = pFeatureClass;
pFeatureLayer. Name = pFeatureClass. AliasName;
pMap. AddLayer(pFeatureLayer);
```

### 9.1.4 TableSort 对象

TableSort 对象是表的排序对象，它可以将查找的结果按照某个字段进行排序，然后返

回所有符合条件的要素游标或 ID 的枚举集合。

ITableSort 是 TableSort 实现的接口，该接口定义了数据排序所需的属性、方法。其中 Fields 属性是必须要的，设置用于排序的字段列表，用逗号分隔字段；当调用 Sort 方法的时候，首先排序第一个字段，然后排序第二个字段，依次下去。Table 属性用于指定要排序的表或对象类；Cursor 属性用于指定要排序的游标，如果使用了 Cursor 属性，则必须设置 Table 属性，用于指定 Cursor 引用的表。如果设置了 SelectionSet 属性，那么 Table 属性将自动设置为 SelectiouSet 的基表，Cursor 属性将被取消。Ascending、CaseSensitive、Compare、QueryFilter、SelectionSet 和 SortCharacters 属性也可用于定义数据如何排序。一旦设置好了排序的属性，则可调用 Sort 方法排序数据；然后可以使用 Rows 属性或 IDs 属性访问已排序的数据。

实现 ITableSortCallBack 的自定义类，可应用用户定义的排序算法取代缺省排序算法。Compare 属性允许 TableSort 对象访问自定义的类。

下面的代码段是一个排序的例子：

```
private void FeatureSort()
    {  IWorkspaceFactory   pFact = new ShapefileWorkspaceFactoryClass();
       IFeatureWorkspace   pWorkspace = pFact.OpenFromFile(@"d:\arcgis\data\",0) as
       IFeatureWorkspace;
       IFeatureClass   pFeatClass = pWorkspace.OpenFeatureClass("states");
       IScratchWorkspaceFactory   pScratchWorkspaceFactory = new
       ScratchWorkspaceFactoryClass();
       IWorkspace   pScratchWorkspace = pScratchWorkspaceFactory.DefaultScratchWorkspace;
       IQueryFilter   pQFilt = new QueryFilterClass();
       pQFilt.WhereClause = "Area  >  77000";
       ISelectionSet   pSelectionSet = pFeatClass.Select(null,
       esriSelectionType.esriSelectionTypeIDSet,esriSelectionOption.esriSelectionOptionNormal,
       pScratchWorkspace);
       //新建一个 TableSort 对象
       ITableSort   pTableSort = new TableSortClass();
       //进行排序的字段
       pTableSort.Fields = "Area,state_name";
       //Area 字段不是升序排列
       pTableSort.set_Ascending("Area",false);
       pTableSort.set_Ascending("State_name",true);
       //设置排列的数据源
       pTableSort.SelectionSet = pSelectionSet;
       pTableSort.Sort(null);
       IFeatureCursor   pCursor = pTableSort.Rows as IFeatureCursor;
       IFeature   pFeat = pCursor.NextFeature();
       int i;
       while(pFeat != null)
          {  MessageBox.Show(pFeat.get_Value(3).ToString() + ":" + pFeat.get_Value(2).ToString());
```

```
pFeat = pCursor. NextFeature( ); }
}
```

上面的例子是使用一个从要素类中提取出来的要素选择集作为数据源，对这个要素选择集进行排序的操作。

### 9.1.5 要素选择集

IFeatureClass、IFeatureLayer 都提供了两种不同的查询手段：

（1）Search 方法。Search 方法返回的是一个指向数据的查询型 Cursor 对象，其语法如下：

```
public IFeatureCursor Search( IQueryFilterqueryFilter, bool recycling);
```

（2）Select 方法。Select 方法用于构造满足条件的选择集（SelectionSet），显示的效果比前者好，即得到的要素选择集在 Map 上会呈高亮显示。其语法如下：

```
public ISelectionSet Select( IQueryFilter QueryFilter, esriSelectionType selType, esriSelectionOption selOption,
IWorkspace selectionContainer);
```

SelectionSet 对象是被选择的行对象的集合，选择集有两种形式，它要么是基于被选择的行对象的 OID 集合，要么就是实实在在的行对象本身，对于后者，选择集会提供方法让程序员与在选择集中的行对象进行交互。至于使用何种方式来得到选择集，可以使用 *selType* 参数来设置。选择集的类型如果是 esriSelectionIDSet，那代表选择集使用的是一个 OID 集合，这些 OID 值可能保存在一个物理表中，也可能保存在内存中，这取决于数据源的类型；当它为 esriSelectionTypeSnapShot 时，它表明选择集使用的是保存在内存中的实际的行对象；如果是 esriSelectionTypeHybird，那情况就比较灵活，当选择数量少的时候选择集使用在内存中的行对象，当数量多时则使用 OID 集合。

使用标识集合（如 OID 集合）可以表示数目巨大的选择集，它也是程序最常使用的一种方式，当数据源每一次被选择的对象还需要进行查询的时候，这种方式可以保证选择集是动态的，而且在数据源改变的时候自动变化。Snapshot 类型选择集速度最快，而且一旦选择集构造完成后就不再要求与数据源发生查询，但是它对少量数据是有效的，如果选择的数据多，占用内存大时，它的优势就发挥不出来了；Hybird 类型选择集包含了前两者的优点，它可以依据选择数据的大小而自动选用不同的选择方式，但是这个选择数据的大小并不能由程序来控制。

下面是一个在要素类中构造要素选择集的例子：

```
ISelectionSet pSelectionSet = pFeatcls. Select( pQueryFilter, esriSelectionType. esriSelectionTypeHybrid, esriSelec-
tionOption. esriSelectionOptionNormal, null);
```

SelectionSet 对象主要支持的是 ISelectionSet 接口，它用于管理和查询一个选择集。ISelectionSet. Search 方法通常用于在选择集内进行再选择，它返回的是一个查询型 Cursor 对象，当然它也需要一个过滤器对象才行。当程序员使用 QueryFilter 对象时，选择集的类型一律是使用的标识集合，即使它开始是 Snapshot 类型的选择集。ISelectionSet. Select 方法则用于在目前的选择集中构造一个新的选择集对象，它也是使用一个过滤器对象来进行设置的。Add、AddList 和 ReomveList 方法可以用于选择集中添加和移除对象，这些方法都是通过 OID 属性来完成的。ISelectionSet. Combine 方法则可以用于绑定两个选择集，这两个选择集必须是来自同一个目标表或者要素类。SelectionSet 对象也支持 ISelectionSet2 接口，该接口增加了一个 Update 方法，用于要素的批量更新，其语法如下：

```
public void Update(IQueryFilter QueryFilter,bool Recycling,ref ICursor Cursor);
```

为了选择要素，用户不一定非要使用选择集，使用 IFeatureSelection. SelectFeatures 方法更为简单，它可以将已经通过 Search 方法得到的要素添加到一个选择集中去。该方法在某些情况下是非常有用的。

## 9.2 空间分析基础

### 9.2.1 空间关系运算

空间关系运算用于检测两个几何对象是否满足某种空间关系，OGC 简单要素规范中定义了 Equal、Disjoint、Intersect、Touch、Cross、Within、Contains 和 Overlap 八种空间拓扑关系。在 ArcObjects 的几何模型中，IRelationalOperator 接口定义了空间关系检测运算的操作算子，该接口中除了 OGC 简单要素规范中定义的八种拓扑关系外，还有一个通用的空间关系检测运算 IRelationalOperator. Relation。

实现 IRelationalOperator 接口的几何对象有：Point、Multipoint、Polyline、Polygon、MultiPatch、Envelope 和 GeometryBag。假设 pGeometryA、pGeometryB 为实现了该接口的任一类型的几何对象，则可以按如下方式使用该接口：

```
IRelationalOperator relOp = pGeometryA as IRelationalOperator;
bool yesOrNo = pGeometryA. Contains(pGeometryB);
```

在以下阐述中，pGeometryA 称为基本几何对象（Base Geometry），也叫几何对象 A；pGeometryB 称为比较几何对象（Comparison Geometry），也叫几何对象 B。

IRelationalOperator. Contains（IGeometry other）方法用于检测几何对象 A 是否包含 B，如果 A 包含 B，则 A 的维度必须等于或高于 B，即点只可以包含点对象；多义线可以包含点和多义线；多边形可以包含点、多义线和多边形；如图 9-1 所示。A. Contains(B) = B. Within(A)。

IRelationalOperator. Cross（IGeometry other）方法用于检测几何对象 A 是否穿越 B，只存在线穿越线、线穿越面、面穿越线三种穿越的情况，如图 9-2 所示。

IRelationalOperator. Disjoint（IGeometry other）方法用于检测几何对象 A 是否与 B 相分离（边界、内部都不相交），A. Disjoint(B) = ! A. Intersect(B)。

IRelationalOperator. Equal（IGeometry other）方法可以检测两个几何对象是否相等，具备相等关系的几何对象的形状相同，且组成部分也是相同的，它们的属性也相同，这意味着只有点与点、线与线、多边形与多边形才可能有相等关系。处于相等关系的两个几何对象的 M 值和 Z 值可以不一样，如果检测这两个属性是否一致，可以用 IClone. IsEqual 方法。

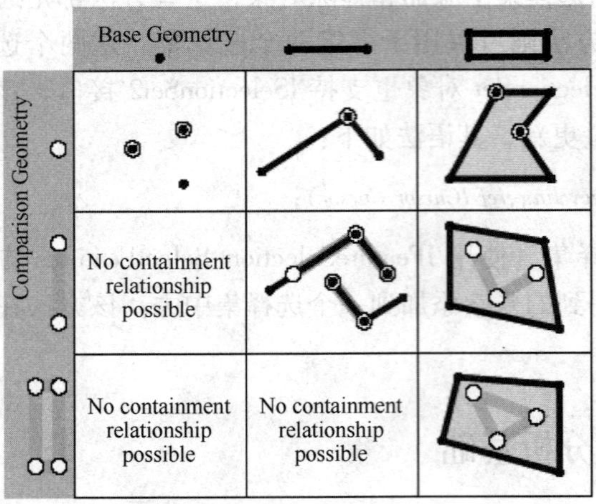


图 9-1 A 是否包含 B 的检测

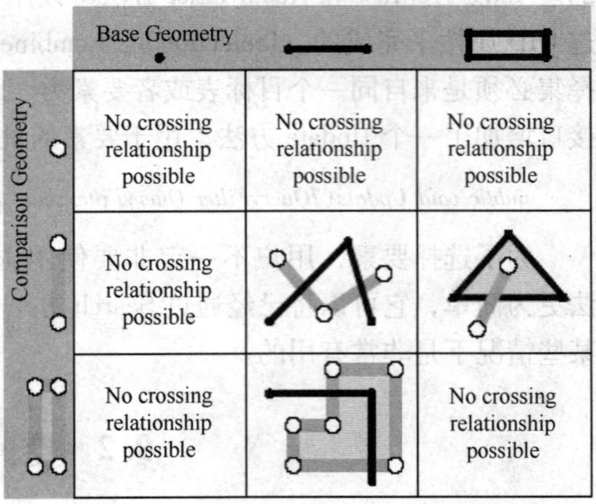


图 9-2 A 是否穿越 B 的检测

IRelationalOperator. Overlaps（IGeometry other）方法用于检测两个同一类型的几何对象是否有重叠，如果两个同一类型几何对象 A、B 的交集与 A、B 的维数相同，且与 A、B 都不相等，则称这两个几何对象有重叠，如图 9-3 所示。

IRelationalOperator. Touch（IGeometry other）方法可以检测两个几何对象的相接关系，所谓相接是指两个几何对象在它们的边界处相交，因此除了点与点外所有类型的高级几何对象都可能拥有这种空间关系。如点与多义线相接于点，多义线与多义线、多边形相接于线等，如图 9-4 所示。

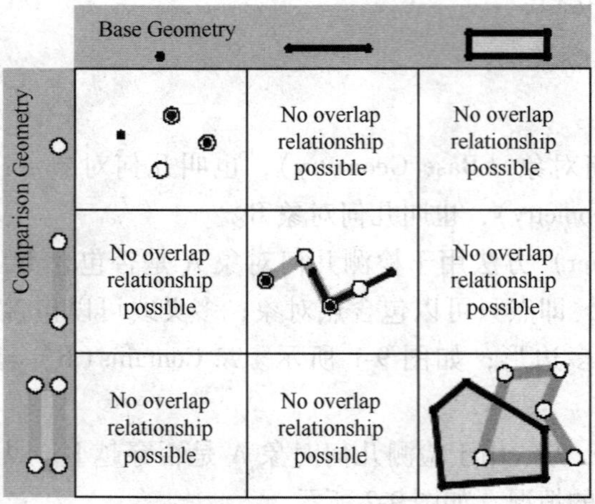


图 9-3 A 是否与 B 有重叠的检测

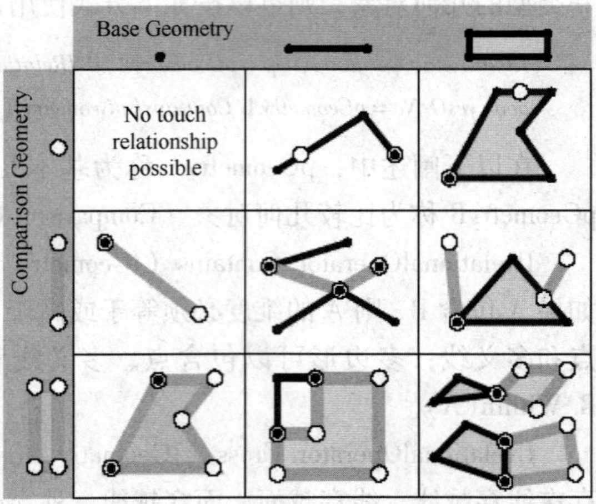


图 9-4 A 是否相接于 B 的检测

IRelationalOperator. Relation（IGeometry other，string relationDescription）方法用于检测几何对象 A 与 B 是否满足 relationDescription 指定的空间关系。

RelationDescription 是使用形状比较语言（Shape Comparison Language）描述的字符串，如："G1 TOUCH G2"、"G1 TOUCHES G2"、"TOUCH（G1，G2）= true"、"TOUCHES（G1，G2）=true"、"RELATE（G1，G2，'F FFTTT***')" 等。

### 9.2.2 空间拓扑运算

使用空间拓扑运算可以基于一个或多个几何对象产生新的几何对象。OGC 简单要素规范中定义了六种空间拓扑运算：Buffer、ConvexHull、Intersection、Union、Difference 和 SysmmDiff。

ArcObjects 中的 ITopologicalOperator 接口定义了如下拓扑运算：Buffer（缓冲区运算）、Clip（用矩形裁剪）、ClipDense（用矩形裁剪，输出的线要求内插点加密）、ConvexHull（获得一个几何对象的最小凸多边形）、Cut（用线切割）、Difference（两个几何对象的差运算）、SymmetricDifference（两个几何对象的异或运算）、Intersect（两个几何对象的交集）、QueryClipped（用一个矩形去裁剪一个几何对象）、QueryClippedDense（用一个矩形去裁剪一个几何对象，输出的线要求内插点加密）、Union（两个几何对象的并集）、ConstructUnion（多个几何对象的并集）、Simplify（简化几何对象），该接口还定义了三个属性：Boundary（几何对象的边界）、IsKnownSimple（假定几何对象为简单类型）、IsSimple（检测几何对象是否为简单类型）。Point、Multipoint、Polyline、Polygon、GeometryBag 和 MultiPatch 实现了该接口。如果要使用在低等级的几何对象上，如 Segment、Path 或 Ring 上，它们需要先组合成高级别几何对象才行。

此外，ITopologicalOperator2 ~ ITopologicalOperator5 定义了拓扑运算相关操作。

ITopologicalOperator. Boundary 可以返回一个几何对象的边界，Boundary 的维度比原对象要低一维，如多边形的 Boundary 是其边界环，多义线的 Boundary 则是它的端点集合，而 Point、Multipoint 对象的 Boundary 则是不存在（为空集），因为没有低于 0 维的几何对象。

ITopologicalOperator. Buffer 可以给一个高级别几何对象产生一个缓冲区多边形，无论是点、多边形还是多义线，它们的缓冲区都是一个具有面积的几何对象。

ITopologicalOperator. Clip 方法使用一个矩形去裁剪该几何对象，裁剪的结果为几何对象被矩形包围的部分，去除了矩形外的部分，如图 9-5 所示。

ITopologicalOperator. ConvexHull 方法可以产生一个几何图形的最小凸多边形，如图 9-6 所示。凸多边形是一个没有凹面且包含该几何图形的最小多边形。

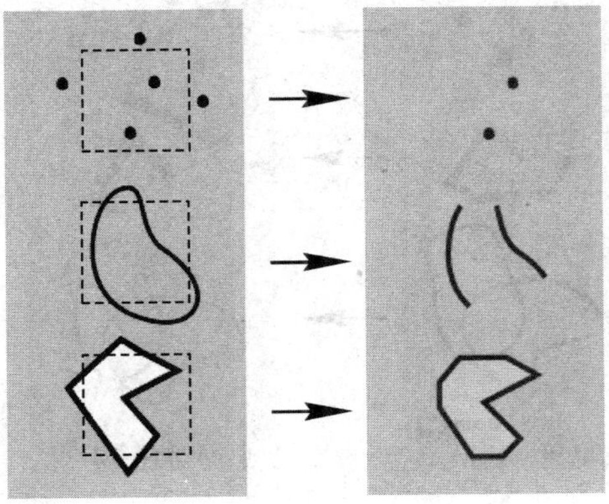

图 9-5　Clip 方法

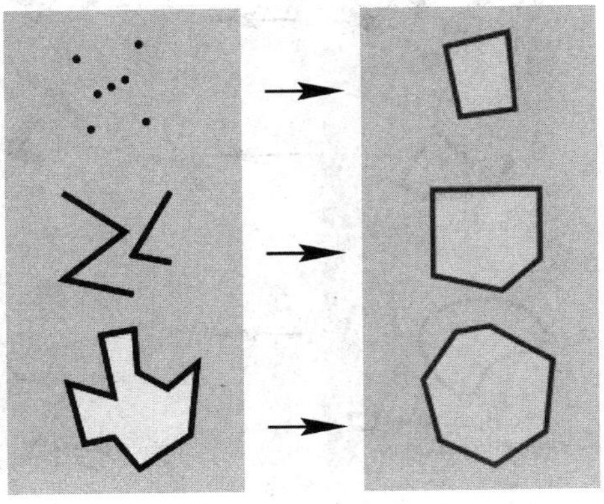

图 9-6　ConvexHull 方法

ITopologicalOperator. ConstructUnion 方法可以将一个几何对象的枚举（包含了多个几何对象的枚举值）与同维度的单个几何对象合并，这种方法在大量几何对象合并的时候是非常有效的；Union 方法则可以合并两个同维度的单个几何对象，合并后的两个单个几何对象将变成一个几何对象，如图 9-7 所示。

ITopologicalOperator. Cut 方法用一条曲线去切割该几何图形，经过切割后把几何图形分为左、右两部分，左、右两部分是相对曲线的方向而言的（图 9-8）。注意：点和多点是不能被切割的，而折线和多边形只有与切割曲线相交时才能进行切割运算。

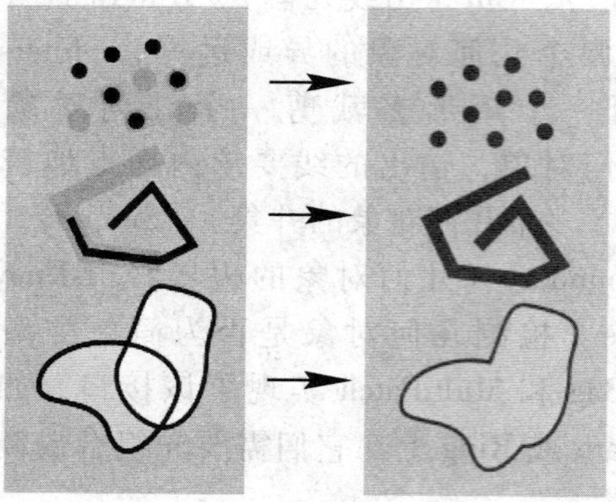

图 9-7 Union 方法

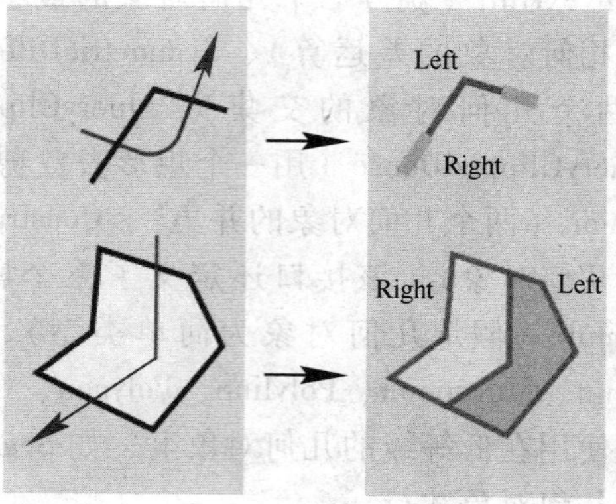


图 9-8 Cut 方法

ITopologicalOperator. QueryClipped 方法用一个矩形去裁剪某个几何对象，与 Clip 方法不同的是，QueryClipped 用裁剪矩形去裁剪另外一个几何对象，Clip 方法裁剪自身几何对象。QueryClipped 方法的语法如下：

*public void QueryClipped(IEnvelope clipperEnvelope, IGeometry clippedGeometry);*

ITopologicalOperator. Difference 方法可以产生两个几何对象的差集。如 A 是源对象，B 是参与运算的几何对象，则 C = A. Difference(B)，C 是 A 减去 A 与 B 的交集后剩下的部分（图 9-9a）；而 SymmetricDifference（对称差分）方法则是将 A 与 B 的并集减去 A 与 B 的交集部分，即去除公共部分，相异部分保留（图 9-9b）。

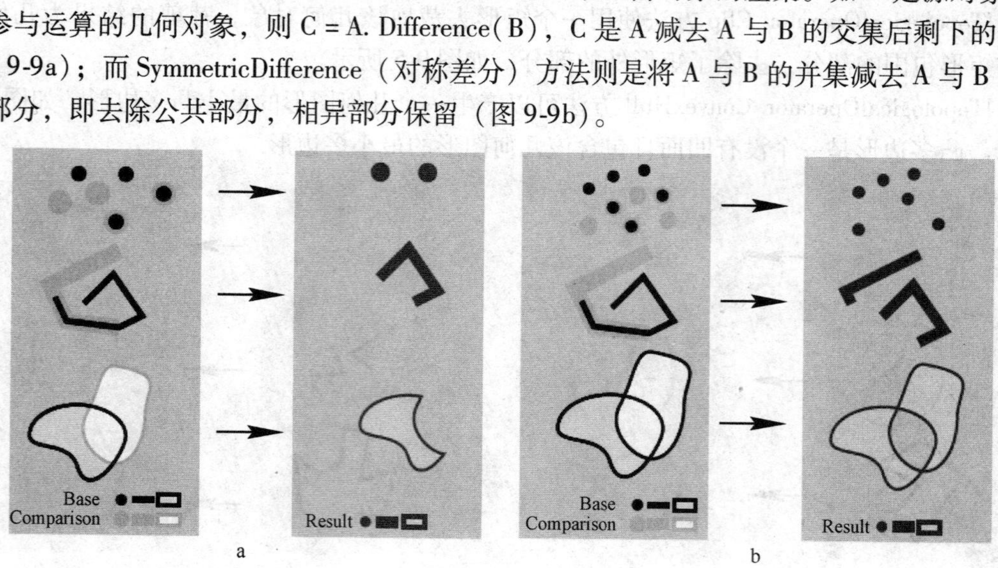


图 9-9 Difference（a）、SymmetricDifference（b）方法

ITopologicalOperator. Intersection 方法可以返回两个同维度几何对象的交集，即两个对象的重合部分，如图 9-10 所示。

ITopologicalOperator. Simplify 方法可以让一个几何对象变得在拓扑上一致，例如在一个 PointCollection 中，它可以让所有的重合点（即两个点拥有相同坐标值）被移除；对于 Segment-Collection，它将移除重合的线段、而相交的线段将会变成非相交线段（即在相交点处产生一个顶点）；对于 Polygon 而言，所有相交的环将被移除，所有的内外的方向将修正，未封闭的环将被封闭。

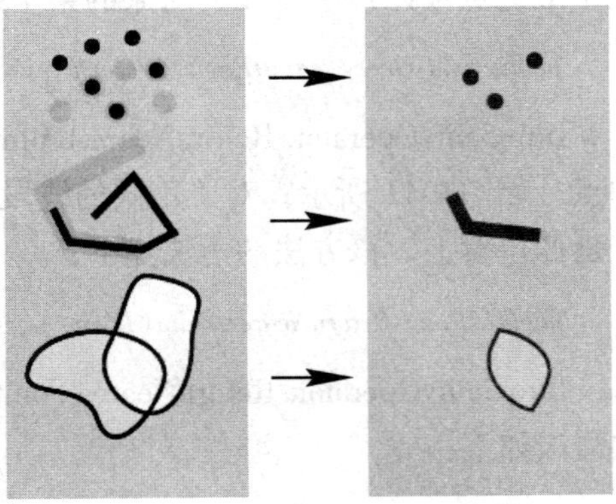

图 9-10 Intersection 方法

参与空间拓扑运算的几何对象，必须是拓扑上简单的（topologically simple），否则会产生 esriGeometryError 536 错误。所谓拓扑上简单是指线不能自相交、多边形不能自重叠。

如果一个几何对象自上次简单性确认以来没有修改变化，那么 IsKnownSimple 属性为 true；IsSimple 属性则是实际检测该几何对象是否为简单几何对象，是的话返回 true，否则返回 false。为了提高效率，在使用 IsSimple 之前，先检测 IsKnownSimple 属性。几何对象简化一般代码如下：

```
IEnumGeometry pEnumGeom = pGeometryBag as IEnumGeometry;
ITopologicalOperator pTopoOp = pEnumGeom. Next( ) as ITopologicalOperator;
while( pTopoOp ! = null)
  {  if( ! ( pTopoOp. IsKnownSimple) ) //先检测 IsKnownSimple,因比检测 IsSimple 更快
      {  if( ! ( pTopoOp. IsSimple) )
         pTopoOp. Simplify( ) ;  }
   pTopoOp = pEnumGeom. Next( ) as ITopologicalOperator;  }
```

### 9.2.3 IProximityOperator 接口

IProximityOperator 接口定义的方法：QueryNearestPoint、ReturnDistance、ReturnNearest-Point，主要用于得到两个几何对象之间的距离或得到一个给定点到某个几何对象的最近点之间的距离。在很多 GIS 系统中都需要拥有“长度量算”的功能，而这个功能就可以使用该接口定义的 ReturnDistance 方法。

IProximityOperator 接口被众多几何对象的类所实现，包括 BezierCurve、CircularArc、EllipticArc、Envelope、Line、Multipoint、Point、Polygon 和 Polyline 对象。

IProximityOperator. QueryNearestPoint 方法用于查询该几何对象上离输入点最近的点，如图 9-11 所示；对于不同的线段延伸类型，

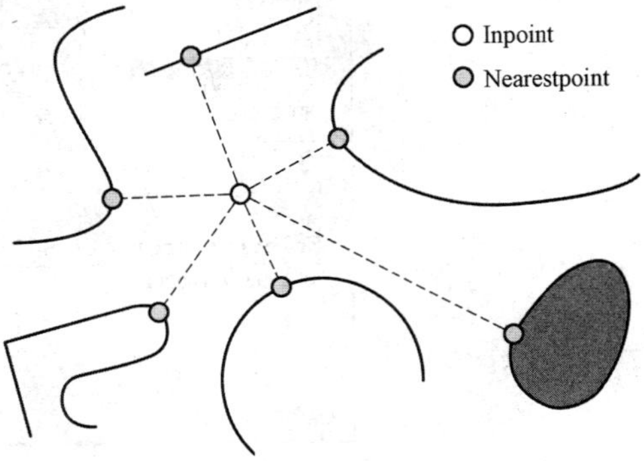


图 9-11 最近点查询示意图

这个最近点可以位于该几何对象的某个延伸位置上。该方法的语法如下：

*public void QueryNearestPoint(IPoint p, esriSegmentExtension extension, IPoint nearest)*；

IProximityOperator. ReturnNearestPoint 方法用于查找并返回该几何对象上离输入点最近的点，如图 9-11 所示；对于不同的线段延伸类型，这个最近点可以位于该几何对象的某个延伸位置上。该方法的语法如下：

*public IPoint ReturnNearestPoint(IPoint p, esriSegmentExtension extension)*；

IProximityOperator. ReturnNearestPoint 方法返回两个几何对象之间的最短距离，该方法的语法如下：

*public double ReturnDistance(IGeometry other)*；

## 9.3 属性条件查询

属性条件查询是根据属性条件，对某个要素图层查询满足条件的地理要素。对于扩展 ArcGIS 桌面，可以使用 SQLQueryDialog 来构造属性查询条件；对于 ArcGIS Engine 开发，需要开发人员自己设计界面来构造属性查询条件，这里只考虑 ArcGIS Engine 开发。属性条件查询界面设计如图 9-12 所示，在窗体（SelectByAttribute）上主要放置了如下控件：

（1）ComboBox：comboBoxLayers，用于列出当前地图对象中的所有要素图层，供用户选择要查询的图层；

（2）ComboBox：comboBoxMethod，用于列出构造选择集的方法（生成新的选择集、添加到当前的选择集、从当前的选择集中去除、在当前的选择集中选择），并供用户选择；

（3）ListBox：listBoxFields，列出用户选择的要查询的图层的字段，用于构造查询条件；

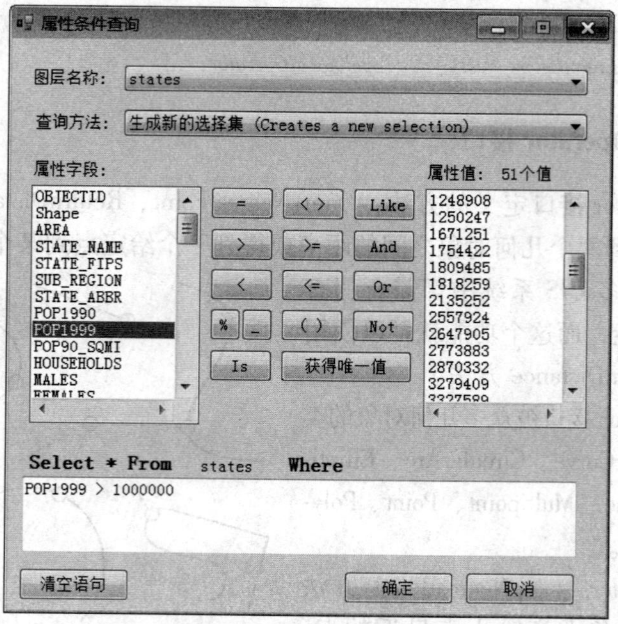


图 9-12 属性条件查询界面设计

(4) Button：buttonGetValue，获取用户选择的某个字段取值的所有唯一值；

(5) ListBox：listBoxValues，列出用户选择的某个字段取值的唯一值，用于构造查询条件；

(6) Button：buttonEqual、buttonLike、buttonNotEqual 等，用于构造查询条件的运算符；

(7) TextBox：textBoxWhereClause，用于显示构造的查询条件；

(8) Button：buttonOk，用于执行查询。

主要实现思路如下：窗体的 Load 事件主要加载当前地图对象中的要素图层到图层下拉列表框 comboBoxLayers 中，并进行 IActiveViewEvents. SelectionChanged 设置；事件设置的目的是一旦执行完要素的选择，在地图上能够马上高亮显示被选择的要素。事件设置的主要代码如下：

```
IActiveViewEvents_Event activeViewEvent = null;
IActiveViewEvents_SelectionChangedEventHandler mapSelectionChanged;
private void SetupEvents()
   { activeViewEvent = m_activeview as IActiveViewEvents_Event;
     mapSelectionChanged = new
     IActiveViewEvents_SelectionChangedEventHandler(OnMapSelectionChanged);
     activeViewEvent. SelectionChanged + = mapSelectionChanged; }
private void OnMapSelectionChanged()
   { m_activeview. PartialRefresh(esriViewDrawPhase. esriViewGeoSelection, null, m_activeview. Extent); }
```

图层下拉列表框 comboBoxLayers 的 SelectedIndexChanged 事件主要实现将用户选择的要素图层的字段添加到 listBoxFields。

构造选择集方法下拉列表框 comboBoxMethod 的 SelectedIndexChanged 事件的功能是记录用户选择的构造选择集的方法，其主要代码如下：

```
private void comboBoxMethod_SelectedIndexChanged(object sender, EventArgs e)
   { switch(comboBoxMethod. SelectedIndex)
     { case 0:selectmethod = esriSelectionResultEnum. esriSelectionResultNew; break;
       case 1:selectmethod = esriSelectionResultEnum. esriSelectionResultAdd; break;
       case 2:selectmethod = esriSelectionResultEnum. esriSelectionResultSubtract; break;
       case 3:selectmethod = esriSelectionResultEnum. esriSelectionResultAnd; break; }
}
```

构造查询条件的运算符按钮（buttonEqual、buttonLike、buttonNotEqual 等）的 Click 事件，为了简化程序代码，所有构造查询条件的运算符按钮绑定到同一事件处理，将其添加到构造语句，即：

```
private void clauseElementClicked(object sender, EventArgs e)
   { textBoxWhereClause. SelectedText = ((Button)sender). Text; }
```

点击“确定”按钮（buttonOk）执行查询，主要代码如下：

```
private void buttonOk_Click(object sender, EventArgs e)
```

```
{ if(textBoxWhereClause. Text == string. Empty)
    { MessageBox. Show("请构造 SQL 查询语句!");
        return; }
  int result = ExceuteAttributeSelect();
  if(result == -1)
    { labelResult. Text = "查询出现错误!";
        return; }
  labelResult. Text = string. Format("查到{0}个对象",result); }
private int ExceuteAttributeSelect()
  { IQueryFilter pQueryFilter = new QueryFilterClass();
    IFeatureLayer pFeatureLayer = null;
    pQueryFilter. WhereClause = textBoxWhereClause. Text;
    ILayer targetLayer = GetLayerByName(comboBoxLayers. Text);
    pFeatureLayer = targetLayer as IFeatureLayer;
    pFeatureSelection = pFeatureLayer as IFeatureSelection;
    pFeatureSelection. SelectFeatures(pQueryFilter,selectmethod,false);
    m_activeview. PartialRefresh(esriViewDrawPhase. esriViewGeoSelection,null,null);
    return pFeatureSelection. SelectionSet. Count; }
```

详细实现过程，请参阅本书附带的光盘。另外，为了实现功能的通用性，应使用 ISQLSyntax 接口来确定数据源使用的 WhereClause 的语法。

## 9.4 空间位置、空间关系查询

空间位置、空间关系查询是根据查询的几何形状和空间关系，对所选择的要素图层进行查询。其界面设计如图 9-13 所示，在窗体上主要放置了如下控件：

（1）CheckedListBox：chklstLayers，用于列出当前地图对象中的所有要素图层，供用户选择要查询的图层；

（2）ComboBox：cboGeometryType，列出用于查询的几何形状类型：点、线、矩形、圆和多边形；

（3）RadioButton：rdoDrawGeom、rdoSelGeom，根据选择的几何形状类型，在图上选择或绘制用于查询的几何形状；

（4）ComboBox：cboSpatialRelationship，列出查询应满足的空间关系（INTERSECT、WITHIN_A_DISTANCE、COMPLETELY_CONTAINS、COMPLETELY_WITHIN、HAVE_THEIR_CENTER_IN、SHARE_A_LINE_SEGMENT_WITH、BOUNDARY_TOUCHES、ARE_IDENTICAL_TO、CROSS_BY_THE_OUTLINE_OF、CONTAINS、CONTAINED_BY）；当选择的空间关系为 WITHIN_A_DISTANCE 时，txtDistance 文本框可见，用于输入缓冲距离；

（5）查询结果输出的控件：rdoSelectedFeatures 和 rdoAllFeatures 单选按钮（RadioButton）用于确定是输出选择的要素还是所有要素；rdoReport 和 rdoDataGridView 单选按钮用于确定输出的形式：报表还是普通的属性表；btnAttributes 按钮用于输出查询结果；

（6）TextBox：txtMessages，用于显示查询执行的操作信息；

（7）Button：btnQuery，用于执行查询。

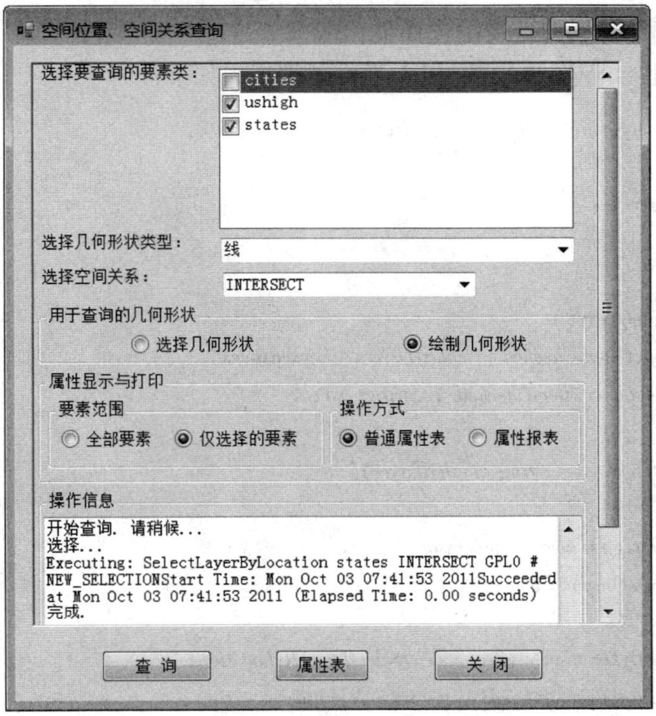


图 9-13 空间位置、空间关系查询界面设计

操作步骤如下：

（1）选择要查询的要素图层；

（2）选择用于查询的几何形状类型：点、线、矩形、圆和多边形；

（3）根据选择的几何形状类型，在图上选择或绘制用于查询的几何形状；

（4）选择空间关系；

（5）执行查询。

空间位置、空间关系查询主要使用 ArcObjects 提供的地理处理工具 SelectLayerByLocation，该工具的参数如下：

（1）in_layer：要查询的要素图层的名称，保存在 chklstLayers 中；

（2）overlap_type（可选）：空间关系，保存在类的全局变量 strSpatialRelationship 中；

（3）select_features（可选）：输入要素图层中的要素将根据它们与此图层或要素类中要素的关系进行选择；不管是在图上选择的还是绘制用于查询的几何形状，都临时保存在类的全局变量 queryFeatureClass（IFeatureClass）中；这里需要注意的是：在一个查询会话中，用户先选择了一种用于查询的几何形状类型（如线）执行了查询，然后又选择了另外一种几何类型（如多边形），所以，在保存用于查询的几何形状之前，先要删除 queryFeatureClass 表示的要素类，然后再根据选择的几何类型创建新的要素类；

（4）search_distance（可选）：仅当“空间关系（overlap_type）”参数被设置为 WITHIN_A_DISTANCE，该参数才有效，用于输入缓冲距离；通过 txtDistance 文本框输入；

（5）selection_type（可选）：构造选择集的类型：NEW_SELECTION /ADD_TO_SELECTION/ REMOVE_FROM_SELECTION / SUBSET_SELECTION /SWITCH_SELECTION，这里使用 NEW_SELECTION 构造新的选择集；

（6）查询按钮（btnQuery）的 Click 事件处理代码如下：

```
private void btnQuery_Click(object sender,EventArgs e)
{ //…
    ExecuteQuery();
    //…
}
private void ExecuteQuery()
{ foreach(object itemChecked in chklstLayers.CheckedItems)
    { SelectOneLayer(itemChecked.ToString()); }
}
private void SelectOneLayer(string queriedLayer)
{ //…
    Geoprocessor gp = new Geoprocessor();
    gp.OverwriteOutput = true;
    object dt = "";
    SelectLayerByLocation   select = new SelectLayerByLocation();
    if(GetFeatureLayer(queriedLayer) == null)return;
    select.in_layer = GetFeatureLayer(queriedLayer);
    if(strSpatialRelationship == "")strSpatialRelationship = "INTERSECT";
    select.overlap_type = strSpatialRelationship;
    if(Information.IsNumeric(txtDistance.Text))
        { select.search_distance = Convert.ToDouble(txtDistance.Text); }
    select.select_features = queryFeatureClass;
    select.selection_type = "NEW_SELECTION";
    IGeoProcessorResult results = (IGeoProcessorResult)gp.Execute(select,null);
    //…
}
```

详细实现过程，请参阅本书附带的光盘。

## 9.5 缓冲区查询

缓冲区查询是根据选择或绘制的几何形状建立缓冲区，再根据选择的空间关系，查找要素图层上满足条件的记录。其界面设计如图 9-14 所示，在窗体上放置的主要控件与上节中的类似。

需要注意的是多边形缓冲区有多种形式：

（1）普通多边形缓冲：根据缓冲距离，对某多边形 A 向外创建一缓冲区多边形 B，A 包含在 B 中；

（2）多边形边界内外缓冲：即对多边形的所有内外环边界进行缓冲，然后合并各边界缓冲区；

（3）多边形边界外缓冲：即对多边形的所有内外环边界仅作外缓冲，然后合并各边界缓冲区；

（4）多边形边界内缓冲：即对多边形的所有内外环边界仅作内缓冲，然后合并各边界缓冲区；

（5）多边形内缓冲：普通多边形缓冲就是在多边形外作缓冲，多边形内缓冲即对多边形向内作缓冲，可以通过给负距离产生。

主要实现思路如下：根据用户选择的几何形状类型，在图上选择或绘制用于查询的几何形状；然后对这些几何形状创建缓冲区，再根据选择的空间关系（这里仅考虑了相交、包含、被包含三种空间关系），对 chklstLayers. CheckedItems 中对应的要素图层上的要素进行选择。使用 ITopologicalOperator. Buffer 方法创建缓冲区；IFeatureSelection. SelectFeatures 方法选择要素图层上满足指定空间关系的要素。

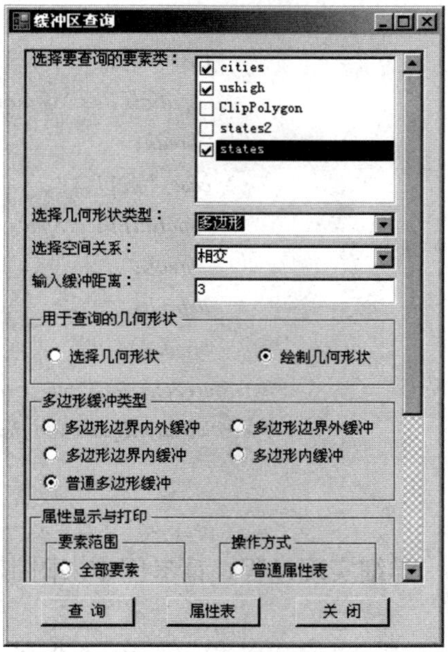


图 9-14　缓冲区查询界面设计

查询按钮（btnBuffer）的 Click 事件处理代码如下：

```
private void btnBuffer_Click(object sender,EventArgs e)
  { //…
    IGeometryCollection geometries = CreateBufferPolygons( );
    //…
    ExecuteQuery(geometries);
    //…
  }
private void ExecuteQuery(IGeometryCollection geometries)
  { foreach(object itemChecked in chklstLayers. CheckedItems)
     { SelectOneLayer(itemChecked. ToString( ),geometries); }
  }
private void SelectOneLayer(string queriedLayer,IGeometryCollection geometries)
  { //…
    IFeatureLayer featureLayer = GetFeatureLayer(queriedLayer);
    IFeatureSelection featureSelection = featureLayer as IFeatureSelection;
    ISpatialFilter spatialFilter = new SpatialFilterClass( );
    for(int i =0;i < geometries. GeometryCount;i ++ )
      { spatialFilter. Geometry = geometries. get_Geometry(i);
        spatialFilter. GeometryField = featureLayer. FeatureClass. ShapeFieldName;
        if(strSpatialRelationship == "") strSpatialRelationship = "相交";
        switch(strSpatialRelationship)
          { case "相交":
              spatialFilter. SpatialRel = esriSpatialRelEnum. esriSpatialRelIntersects;
```

```
            break;
          case "包含":
            spatialFilter.SpatialRel = esriSpatialRelEnum.esriSpatialRelContains;
            break;
          case "被包含":
            spatialFilter.SpatialRel = esriSpatialRelEnum.esriSpatialRelWithin;
            break;
          default:
            break; }
      featureSelection.SelectFeatures(spatialFilter,esriSelectionResultEnum.
      esriSelectionResultAdd,false); }
    //…
}
```

详细实现过程，请参阅本书附带的光盘。

## 9.6 邻接多边形查询

邻接多边形查询实现的功能是选择一多边形要素，查找其邻接多边形。其界面设计如图 9-15 所示。

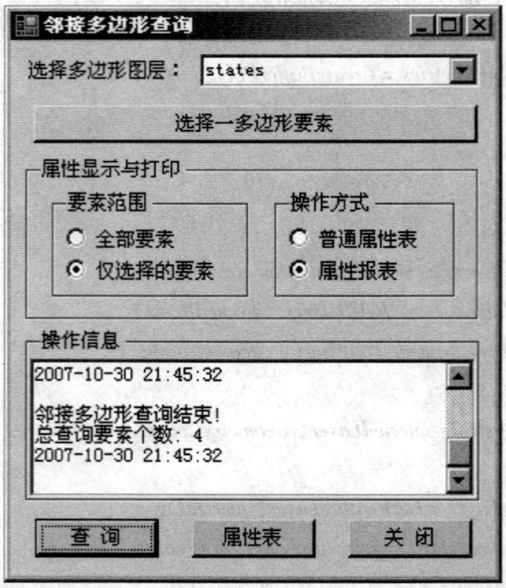


图 9-15 邻接多边形查询界面设计

邻接多边形查询的实现较简单，主要代码如下：

```
private void btnQuery_Click(object sender,EventArgs e)
  { //…
    IFeatureSelection featureSelection = currentLayer as IFeatureSelection;
```

```
ISelectionSet selectionSet = featureSelection.SelectionSet;
IEnumIDs selectedIDs = selectionSet.IDs;
selectedIDs.Reset();
int selectedID = selectedIDs.Next();
if(selectedID == -1) return;
IFeature baseFeature = currentLayer.FeatureClass.GetFeature(selectedID);
if(baseFeature != null)
  { IGeometry baseGeom = baseFeature.Shape;
    ISpatialFilter pSFilter = new SpatialFilterClass();
    pSFilter.Geometry = baseGeom;
    pSFilter.GeometryField = "Shape";
    pSFilter.SpatialRel = esriSpatialRelEnum.esriSpatialRelTouches;
    featureSelection.SelectFeatures(pSFilter,
    esriSelectionResultEnum.esriSelectionResultNew, false); }
 m_activeView.PartialRefresh(esriViewDrawPhase.esriViewGeoSelection,null,m_activeView.Extent);
 //突出显示基多边形要素
 //…
}
```

详细实现过程，请参阅本书附带的光盘。

## 9.7　缓冲区分析

缓冲区分析是根据选择图层创建缓冲区，然后将选择的叠置图层与缓冲区图层进行叠置分析。其界面设计如图 9-16 所示，界面上的主要内容包括：

（1）缓冲区图层、叠置图层的选择。

（2）缓冲创建的参数：缓冲距离的输入或缓冲字段的选择、线缓冲的方向选择（两边、左边或右边）、线缓冲末端封闭类型选择（圆弧型或平直型）、缓冲区融合类型选择（不融合、融合所有缓冲区或根据字段属性融合）。

（3）叠置分析的参数：容差、坐标精度等级、属性输出类型（所有属性、不包括 FID 或仅包括 FID）、要素输出类型（根据输入要素确定、线或点）。

（4）缓冲区分析的实现主要包括缓冲区的创建和叠置分析两个步骤。

（5）缓冲区的创建使用 Buffer 地理处理工具，其语法如下：

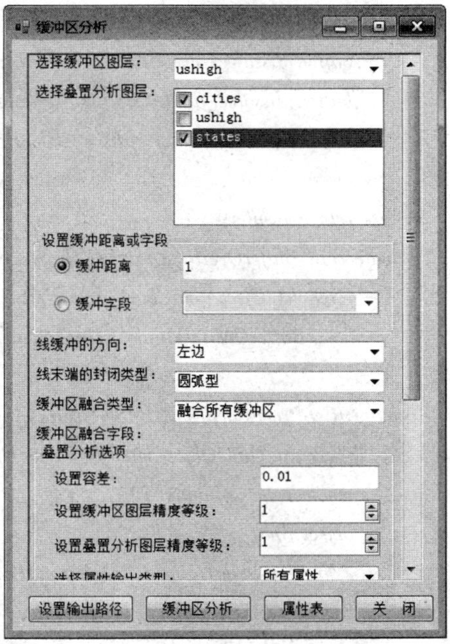


图 9-16　缓冲区分析界面设计

*Buffer_analysis(in_features,out_feature_class,buffer_dis-*

*tance_or_field, line_side, line_end_type, dissolve_option, dissolve_field)*

（6）叠置图层与缓冲区图层的叠置分析，这里仅考虑求交叠置，并使用 Intersect 地理处理工具，其语法如下：

*Intersect_analysis(in_features, out_feature_class, join_attributes, cluster_tolerance, output_type)*

（7）主要代码如下：

```
private void btnBufferAnalysis_Click(object sender, EventArgs e)
   { Geoprocessor gp = new Geoprocessor();
     gp.OverwriteOutput = true;
     gp.AddOutputsToMap = true;
     IGeoProcessorResult results = CreateBuffer(gp);   //创建缓冲区
     if((results != null)&&(results.Status == esriJobStatus.esriJobSucceeded))
        { BufferOverlayAnalysis(gp);   //叠置分析
        }
      gp = null;   }
private IGeoProcessorResult CreateBuffer(Geoprocessor gp)
   { ESRI.ArcGIS.AnalysisTools.Buffer buffer = new ESRI.ArcGIS.AnalysisTools.Buffer();
     IFeatureLayer bufferLayer = GetFeatureLayer(strBufferLayer);
     buffer.in_features = bufferLayer;
     bufferedFeatureClassName = strBufferLayer + "_" + "Buffer";
     string outputFullPath = System.IO.Path.Combine(strOutputPath, bufferedFeatureClassName);
     buffer.out_feature_class = outputFullPath;
     buffer.buffer_distance_or_field = bufferDistanceField;
     buffer.line_side = strSideType;
     buffer.line_end_type = strEndType;
     buffer.dissolve_option = strDissolveType;
     buffer.dissolve_field = strDissolveFields;
     IGeoProcessorResult results = (IGeoProcessorResult)gp.Execute(buffer, null);
     buffer = null;
     return results;   }
private void BufferOverlayAnalysis(Geoprocessor gp)
   { foreach(object itemChecked in chklstOverlayLayers.CheckedItems)
        { BufferOverlayAnalysisOneLayer(itemChecked.ToString(), gp); }
   }
private IGeoProcessorResult BufferOverlayAnalysisOneLayer(string layerName, Geoprocessor gp)
   { IGpValueTableObject vtobject = new GpValueTableObjectClass();
     vtobject.SetColumns(1);
     object row1 = "";
     //row1 = layerName + " " + inputLevel.ToString();
     row1 = GetFeatureLayer(layerName);
     vtobject.AddRow(ref row1);
     object row2 = "";
```

```
string outputFullOverlay = System.IO.Path.Combine(strOutputPath,bufferedFeatureClassName);
row2 = outputFullOverlay + ".shp";
vtobject.AddRow(ref row2);
IVariantArray pVarArray = new VarArrayClass();
pVarArray.Add(vtobject);
string outputFullPath = System.IO.Path.Combine(strOutputPath,layerName + "_" + "BufferOverlay.shp");
pVarArray.Add(outputFullPath);
pVarArray.Add(strJoinAttributeType);
pVarArray.Add(tolerance);
pVarArray.Add(strOutputFeatureType);
IGeoProcessorResult results = gp.Execute("Intersect_analysis",pVarArray,null) as IGeoProcessorResult;
return results; }
```

详细实现请参阅本书附带的光盘。

## 9.8 叠置分析

叠置分析是将同一地区的两组或两组以上的要素进行叠加，产生新的要素的分析方法。ArcGIS 提供了六种叠置操作：Intersect、Union、Erase、Identity、Update 和 Symmetrical Difference；ArcObjects 中提供了对应的六个地理处理工具，开发人员可以使用这些工具来开发叠置分析的功能。

### 9.8.1 叠置分析工具概述

#### 9.8.1.1 求交叠置

求交叠置（Intersect）先计算两个要素的几何交集，两个要素的公共部分保留。

*Intersect_analysis(in_features,out_feature_class,join_attributes,cluster_tolerance,output_type)*

in_features：输入要素必须是简单要素：点、多点、线或面。输入要素不能是复杂要素，比如注记要素、尺寸要素或网络要素。还可以设置它们的精度等级。

out_feature_class：输出要素类。

join_attributes（可选）：确定输入要素的哪些属性将传递到输出要素类，其取值有三种：（1）ALL：输入要素的所有属性都将传递到输出要素类，这是默认设置；（2）NO_FID：除 FID 外，输入要素的其余属性都将传递到输出要素类；（3）ONLY_FID：只有输入要素的 FID 字段将传递到输出要素类。

cluster_tolerance(可选)：聚集容差。

output_type(可选)：输出要素类的几何类型，其取值有三种：（1）INPUT：如果输入具有不同几何类型（即面上的线、线上的点等），则输出要素类几何类型默认与具有最低维度几何的输入要素相同，例如：如果一个或多个输入的类型为点，则默认输出为点；如果一个或多个输入为线但不包含点，则默认输出为线；如果所有输入都为面，则默认输出为面；（2）LINE：输出为线类型，仅当输入中不包含点时，此选项才有效；（3）POINT：输出为点类型，如果输入是线或面，则输出将是多点要素类。

#### 9.8.1.2 求和叠置

求和叠置（Union）计算两个多边形要素的几何交集，两个要素的所有图形要素和属性数据都予以保留。

*Union_analysis(in_features,out_feature_class,join_attributes,cluster_tolerance,gaps)*

in_features：输入要素类或图层列表。要素间距小于拓扑容差时，等级较低的要素将捕捉到等级较高的要素。最高等级为一。所有输入要素都必须是面。

gaps（可选）：输出要素类中的空隙处理，其取值有两种：（1）GAPS：被面完全包围的输出区域不会创建要素，即保留空隙，这是默认设置；（2）NO_GAPS：被面完全包围的输出区域会创建一个要素，该要素将有空属性，即将空隙创建新要素。

#### 9.8.1.3 擦除叠置

擦除输入要素中被 erase 要素所覆盖的要素。擦除要素可以为点、线或面，只要输入要素的要素类型等级与之相同或较低。面擦除要素可用于擦除输入要素中的面、线或点；线擦除要素可用于擦除输入要素中的线或点；点擦除要素仅用于擦除输入要素中的点。

*Erase_analysis(in_features,erase_features,out_feature_class,cluster_tolerance)*

#### 9.8.1.4 同一性叠置

同一性叠置（Identity）通过计算输入要素与 Identity 要素的几何交集，将覆盖在输入要素范围内的要素保留下来。

*Identity_analysis(in_features,identity_features,out_feature_class,join_attributes,cluster_tolerance,relationship)*

输入要素可以是点、多点、线或面，不能将注记要素、尺寸要素或网络要素作为输入；Identity 要素必须是面要素，或与输入要素的几何类型相同。

relationship（可选）：选择是否要将输入要素和 Identity 要素之间的附加空间关系写入到输出。仅当输入要素为线而 Identity 要素为面时，此选项才适用。（1）NO_RELATIONSHIPS：不附加任何空间关系；（2）KEEP_RELATIONSHIPS：对于输入为线而 Identity 要素为面的情况，将确定左面信息和右面信息，并将其写入到输出中的 RIGHT_poly 和 LEFT_poly 字段。

#### 9.8.1.5 更新叠置

更新叠置（Update）先计算两个多边形要素的交集，然后用 Update 要素更新它所覆盖的输入要素。

*Update_analysis(in_features,update_features,out_feature_class,keep_borders,cluster_tolerance)*

输入要素、更新要素类型必须是面；此工具将不修改输入要素类。工具的执行结果将写入到新要素类；输入要素类与更新要素类的字段名称必须保持一致；如果更新要素类缺少输入要素类中的一个（或多个）字段，则将从输出要素类中移除缺失字段的输入要素类字段值。

keep_borders（可选）：指定是否保留更新面要素的边界，其取值有两种：
（1）BORDERS："更新要素"的外边界将保留在"输出要素类"中，这是默认选项；
（2）NO_BORDERS："更新要素"的外边界将在插入"输入要素"之后被删除。

#### 9.8.1.6 异或叠置

异或叠置（SymDiff）先计算两个多边形要素的交集，删除两多边形要素公共部分，保留其余部分。输入和更新要素类或要素图层必须具有相同的几何类型。

*SymDiff_analysis(in_features,update_features,out_feature_class,join_attributes,cluster_tolerance)*

### 9.8.2 叠置分析功能开发

叠置分析是根据选择的叠置分析类型（求交叠置、求和叠置、擦除叠置、同一性叠置、更新叠置、异或叠置），对选择的输入图层和叠置图层进行空间叠置分析。叠置分析功能的开发将六种叠置分析工具组合在同一界面中，如图 9-17 所示。界面上主要放置了以下几个下拉列表框控件：

（1）叠置分析类型选择下拉列表框控件：cboOveralyerType；

（2）输入图层选择下拉列表框：cboSelectInputLayer；

（3）叠置图层选择下拉列表框：cboOverlayLayer；

（4）属性输出类型选择下拉列表框：cboAttributeType；

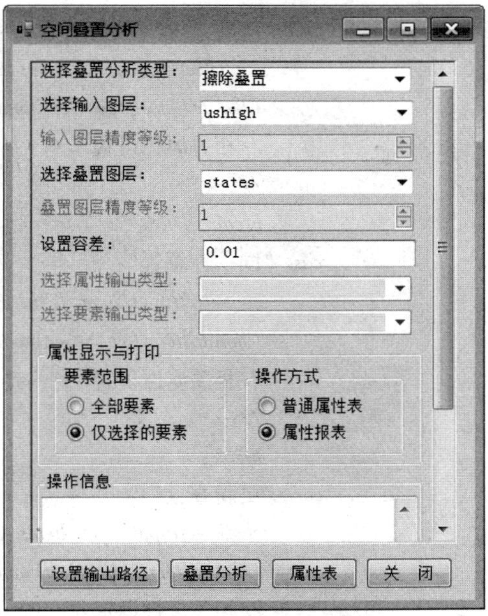


图 9-17 空间叠置分析界面设计

（5）要素输出类型选择下拉列表框：cboFeatureType。

从上面的分析可以看出，不同类型的叠置分析对输入图层、叠置图层有不同的要求，如求交叠置所有输入要素可以是点、线、面，求和叠置要求所有输入要素必须是面类型，异或叠置要求输入和更新要素类或要素图层必须具有相同的几何类型等。开放的叠置分析功能应该满足这些要求，即一旦选择了某种类型的叠置分析，根据该类型要求先填充输入图层，然后根据选择的输入图层，按要求自动填充叠置图层；这里需要用到 cboOveralyerType、cboSelectInputLayere 的 SelectedIndexChanged 事件。

主要实现代码如下：

```
//cboOveralyerType 的 SelectedIndexChanged 事件处理代码
private void cboOveralyerType_SelectedIndexChanged(object sender,EventArgs e)
  { strOveralyerType = cboOveralyerType. SelectedItem. ToString();
    switch(strOveralyerType)
      { case "求交叠置":
            cboSelectInputLayer. Items. Clear();
            cboAddItems(cboSelectInputLayer);
            //相关属性设置
            //…
            break;
```

```
            case "求和叠置":
                cboSelectInputLayer.Items.Clear();
                CboAddItems(cboSelectInputLayer,esriGeometryType.esriGeometryPolygon);
                //相关属性设置
                //…
                break;
            case "擦除叠置":
                cboSelectInputLayer.Items.Clear();
                CboAddItems(cboSelectInputLayer);
                //相关属性设置
                //…
                break;
            case "同一性叠置":
                cboSelectInputLayer.Items.Clear();
                CboAddItems(cboSelectInputLayer);
                //相关属性设置
                //…
                break;
            case "更新叠置":
                cboSelectInputLayer.Items.Clear();
                CboAddItems(cboSelectInputLayer,esriGeometryType.esriGeometryPolygon);
                //相关属性设置
                //…
                break;
            case "异或叠置":
                cboSelectInputLayer.Items.Clear();
                CboAddItems(cboSelectInputLayer);
                //相关属性设置
                //…
                break;
            default:
                break;  }
    }
//cboSelectInputLayer 的 SelectedIndexChanged 事件处理代码
private void cboSelectInputLayer_SelectedIndexChanged(object sender,EventArgs e)
    {  strInputLayer = cboSelectInputLayer.SelectedItem.ToString();
       IFeatureLayer inputLayer = GetFeatureLayer(strInputLayer);
       if(inputLayer == null) return;
       switch(strOveralyerType)
          {  case "求交叠置":
                cboOverlayLayer.Items.Clear();
                CboAddItems(cboOverlayLayer,inputLayer);
                break;
```

```
            case "求和叠置":
                cboOverlayLayer.Items.Clear();
                CboAddItems(cboOverlayLayer,esriGeometryType.esriGeometryPolygon,inputLayer);
                break;
            case "擦除叠置":
                cboOverlayLayer.Items.Clear();
                CboAddItemsForErase(cboOverlayLayer,inputLayer);
                break;
            case "同一性叠置":
                cboOverlayLayer.Items.Clear();
                CboAddItemsForIdentity(cboOverlayLayer,inputLayer);
                break;
            case "更新叠置":
                cboOverlayLayer.Items.Clear();
                CboAddItems(cboOverlayLayer,esriGeometryType.esriGeometryPolygon,inputLayer);
                break;
            case "异或叠置":
                cboOverlayLayer.Items.Clear();
                CboAddItemsForSymDiff(cboOverlayLayer,inputLayer);
                break;
            default:
                break;  }
        }
//叠置分析按钮 Click 事件处理主要代码
private void btnOverlay_Click(object sender,EventArgs e)
    {   if(strInputLayer == "" || strOverLayer == "")return;
        //…
        Geoprocessor gp = new Geoprocessor();
        gp.OverwriteOutput = true;
        gp.AddOutputsToMap = true;
        IGeoProcessorResult results = null;
        switch(strOveralyerType)
          {  case "求交叠置":
                 results = IntersectOverlay(gp);
                 break;
             case "求和叠置":
                 results = UnionOverlay(gp);
                 break;
             case "擦除叠置":
                 results = EraseOverlay(gp);
                 break;
             case "同一性叠置":
                 results = IdentityOverlay(gp);
```

```
                break;

            case "更新叠置":
                results = UpdateOverlay(gp);
                break;
            case "异或叠置":
                results = SymDiffOverlay(gp);
                break;
            default:
                break;  }
    }
//异或叠置代码
private IGeoProcessorResult SymDiffOverlay(Geoprocessor gp)
    {  SymDiff symDiff = new SymDiff();
       symDiff.in_features = GetFeatureLayer(strInputLayer);
       symDiff.update_features = GetFeatureLayer(strOverLayer);
       string outputFullPath = System.IO.Path.Combine(strOutputPath,strInputLayer + "_" +
       strOverLayer + "_" + "SymDiff.shp");
       symDiff.out_feature_class = outputFullPath;
       symDiff.join_attributes = strJoinAttributeType;
       symDiff.cluster_tolerance = tolerance;
       IGeoProcessorResult results = (IGeoProcessorResult)gp.Execute(symDiff,null);
       return results;  }
```

详细实现请参阅本书附带的光盘。

## 9.9 网络分析

ArcGIS Engine 的 Controls 类库中提供了如下内置命令、工具、菜单用于网络分析的开发：

(1) ControlsNetworkAnalystRouteCommand;
(2) ControlsNetworkAnalystServiceAreaCommand;
(3) ControlsNetworkAnalystClosestFacilityCommand;
(4) ControlsNetworkAnalystODCostMatrixCommand;
(5) ControlsNetworkAnalystVehicleRoutingProblemCommand;
(6) ControlsNetworkAnalystLocationAllocationCommand;
(7) ControlsNetworkAnalystWindowCommand;
(8) ControlsNetworkAnalystCreateLocationTool;
(9) ControlsNetworkAnalystSelectLocationTool;
(10) ControlsNetworkAnalystDirectionsCommand;
(11) ControlsNetworkAnalystSolveCommand;
(12) ControlsNetworkAnalystLayerToolControl;

（13）ControlsNetworkAnalystSolverMenu；

（14）ControlsNetworkAnalystToolbar。

开发人员可以直接将这些命令、工具、菜单添加到自己的工具条控件上，在自己的应用程序中实现网络分析的功能。

有关网络分析功能的详细开发，请参阅 ArcGIS 开发包中的 NAEngine 开发实例。

本章从 ArcObjects GIS 应用开发的角度，阐述了空间查询、空间分析的基础知识，以及常用的空间查询、空间分析的实现。

# 10 空间数据编辑

空间数据编辑是 GIS 的基本功能之一，ArcObjects 提供了较强的空间数据编辑功能。本章主要阐述了 ArcGIS Engine 环境下空间数据编辑功能的开发，主要内容包括：ArcGIS Engine 编辑概述、版本化空间数据编辑、DisplayFeedback 对象以及几种常用空间数据编辑功能的实现（多边形挖空处理、分割线要素、线面要素整形、要素合并、多部分要素的处理、线要素的延伸与修剪）。

## 10.1 ArcGIS Engine 编辑概述

### 10.1.1 ArcGIS Engine 编辑与 ArcMap 编辑

ArcGIS Engine 的编辑功能包含在 Controls 库中，而 ArcMap 的编辑功能则包含在 Editor 库中。

ArcGIS Engine Controls 库中提供了内置的基本编辑命令和工具，用于地理要素的复制、剪切、粘贴和删除以及启动编辑、停止编辑、保存编辑、编辑工具（Edit Tool）、绘制工具（Sketch Tool）、编辑的目标图层 ToolControl、属性编辑、要素编辑过程中右键菜单功能和 Snapping 设置等功能。这些命令和工具等在开发过程中可以直接使用。

在 ArcGIS 桌面环境中的主要编辑对象是 Editor，而在 ArcGIS Engine 开发中则是 EngineEditor（单实例对象）；在相应的应用程序中，它们负责管理编辑绘制（edit sketch）、当前任务（current task）、当前目标图层（current target layer）、编辑工作空间（edit Workspace）、编辑选择（edit selection）、编辑会话属性（edit session properties）以及捕捉环境（snap environment）。

EngineEditor 主要接口有：IEngineEditor、IEngineEditLayers、IEngineEditProperties、IEngineEditProperties2、IEngineEditSketch、IEngineSnapEnvironment、IEngineEditEvents、IExtension（System）。

ArcGIS Engine 与 ArcGIS Desktop 编辑的主要接口比较见表 10-1。

**表 10-1 ArcGIS Engine 与 ArcGIS Desktop 编辑的主要接口比较**

| 项　目 | ArcGIS Engine | ArcGIS Desktop |
|---|---|---|
| Editing environment | IEngineEditor(New in 9.3) | IEditor |
| Edit layers | IEngineEditLayers(New in 9.3) | IEditLayers |
| Edit tasks | IEngineEditTask(New in 9.3) | IEditTask |
| Edit sketch | IEngineEditSketch(New in 9.3) | IEditSketch |
| Edit properties | IEngineEditProperties | IEditProperties |
| Edit events | IEngineEditEvents(New in 9.3) | IEditEvents |

## 10.1.2 编辑流程

### 10.1.2.1 编辑会话

建议所有的编辑操作应该在一个编辑会话（edit session）中完成，但应用程序使用插入游标或更新游标进行批导入或批更新要素除外。编辑会话用于实现封装多个编辑和绘制操作的长事务处理。一个编辑会话中的数据变化只有执行该编辑会话的应用程序可见，编辑会话保存之前，其他并发的应用程序是看不到这些编辑变化的。

编辑操作（edit operation）用于创建、修改或删除要素，而绘制操作（sketch operation）用于修改编辑绘制（edit sketch）。编辑与绘制操作可以看作是嵌套在编辑会话对应的长事务中的一系列短事务。通过把每个操作加入操作栈，实现编辑会话中的 undo /redo 功能。一旦编辑会话完成，所有操作都从操作栈删除。

加入到操作栈的绘制操作是暂时的，绘制完成后，一系列的绘制操作将被一个编辑操作取代，编辑会话结束后，操作栈将被清空。

使用 IEngineEditor（Controls 库）和 IWorkspaceEditor（Geodatabase 库）均可创建编辑会话。在不需要用户交互自动完成空间数据编辑功能的应用程序中，应使用 IWorkspaceEditor；反之，在需要用户交互才能完成空间数据编辑的应用程序中，则使用 IEngineEditor。

### 10.1.2.2 启动编辑会话

使用 IEngineEditor. StartEditing 方法启动编辑会话，该方法有一个 IMap 类型和一个 IWorkspace 类型的参数。所有来自同一工作空间且处于地图中的可编辑图层均可在编辑会话中进行编辑，在 SDE 工作空间中，versioned 和 non-versioned 图层不能同时在一个编辑会话中编辑。以下代码演示了如何启动编辑会话：

```
private IEngineEditor m_engineEditor  = new EngineEditorClass( );
private void StartEditing( IMap map ,IFeatureLayer featureLayer)
{   if( m_engineEditor. EditState ！ = esriEngineEditState. esriEngineStateNotEditing) return;
    IDataset dataset = featureLayer. FeatureClass as IDataset;
    IWorkspace workspace = dataset. Workspace;
    m_engineEditor. StartEditing( workspace ,map) ;
    ( ( IEngineEditLayers) m_engineEditor). SetTargetLayer( featureLayer, - 1) ;  }
```

### 10.1.2.3 执行编辑操作

IEngineEditor 接口提供了一系列方法用于编辑操作，如 StartOperation、AbortOperation 及 StopOperation. 以下代码演示了一些基本的编辑操作：

```
private void cmdEditOperation( )
{   m_engineEditor. StartOperation( ) ;
    try
    {   //在这里编辑要素
        if( someEditValidationChecksMethod == true)
        m_engineEditor. StopOperation( "Test edit operation" ) ;
        else m_engineEditor. AbortOperation( ) ;  }
    catch( Exception ex)
```

```
    { m_engineEditor.AbortOperation();
      //添加处理异常的代码
    }
}
```

#### 10.1.2.4 保存编辑结束编辑会话

通过执行 ControlsEditingSaveCommand 命令，可以保存编辑会话中的编辑变化；也可以调用 IEngineEditor.StopEditing（saveChanges 参数设置为 true）方法保存编辑变化，该方法的语法如下：

```
public void StopEditing(bool saveChanges);
```

若 saveChanges 参数为 false，则不保存编辑变化结束编辑会话。

```
private void btnStopEditing_Click(object sender,EventArgs e)
  { if(m_engineEditor.HasEdits() ==false)
    m_engineEditor.StopEditing(false);
    else
      { if(MessageBox.Show("Save Edits?","Save Prompt",MessageBoxButtons.YesNo) == DialogRe-
        sult.Yes)
        m_engineEditor.StopEditing(true);
        else  m_engineEditor.StopEditing(false); }
  }
```

#### 10.1.2.5 IWorkspaceEdit 接口

IWorkspaceEdit 接口是 ArcObjects 实现空间数据编辑功能的另一接口。它可以启动或停止一个编辑流程，适用于不需要用户交互的编辑操作。

使用 StartEditing 方法启动一个编辑流程，withUndoRedo 参数用来确定是否支持“undo/redo”功能。在启动编辑后，可以使用 StartEditOperation 方法开启编辑操作。如果在编辑过程中出现了异常，可以使用 AbortEditoperation 方法来取消编辑操作。在完成一个编辑后，用户可以使用 StopEditoperation 方法来确保编辑操作的完成。UndoEditoperation 方法可以用于编辑状态的回滚操作，如果发现编辑过程有误，通过执行这个方法可以恢复到最近变化前的状态。在整个编辑流程完成后，可以使用 StopEditing 方法来完成编辑。当执行完这个方法后，就意味着不能再进行“undo/redo”了。

```
private void StartEditing(IFeatureLayer featureLayer)
  { IFeatureClass featureClass = featureLayer.FeatureClass;
    IDataset dataset = featureClass as IDataset;
    IWorkspaceEdit workspaceEdit = dataset.Workspace as IWorkspaceEdit;
    workspaceEdit.StartEditing(true);
    workspaceEdit.StartEditOperation();
    IFeature pFeature = featureClass.GetFeature(1);
    pFeature.Delete();
    workspaceEdit.StopEditOperation();
    bool bHasEdits = true;
    DialogResult iResponse = MessageBox.Show("Edit Operation","Undo operation?",MessageBoxButtons.YesNo);
    if(iResponse == DialogResult.Yes) workspaceEdit.UndoEditOperation();
```

```
        workspaceEdit.HasEdits(ref bHasEdits);
        if(bHasEdits)
           { iResponse = MessageBox.Show("Edit Operation","Save edits?",MessageBoxButtons.YesNo);
              if(iResponse == DialogResult.Yes)
                 { workspaceEdit.StopEditing(true);}
              else
                 { workspaceEdit.StopEditing(false);}
           }
    }
```

### 10.1.3 编辑目标图层

使用 IEngineEditLayers.SetTargetLayer 或 ControlsEditingTargetToolControl 设置要编辑的目标图层。使用 IEngineEditLayers.TargetLayer 获得目前编辑的图层。使用 IEngineEditEvents.OnTargetLayerChanged 事件来监听编辑目标图层的变化。

### 10.1.4 编辑任务

编辑任务使用编辑绘制中的几何对象（IEngineEditSketch.Geometry）完成某一特定的编辑操作；EngineEditor 一次只能有一个活动的编辑任务，使用 IEngineEditor.CurrentTask 设置当前的编辑任务。所有的 Engine 编辑任务都实现了 IEngineEditTask 接口。Engine 编辑任务必须注册到"ESRI Engine Edit Tasks"组件类目中，以便显示在 ControlsEditingTaskToolControl 中。

EngineEditor 提供了两个内置的编辑任务：Create New Feature 和 Modify Feature. 可以通过实现 IEngineEditTask 接口创建自定义的编辑任务。IEngineEditTask.GroupName 属性允许编辑任务在 ControlsEditingTaskToolControl 中逻辑分组。使用 IEngineEditEvents.OnCurrentTaskChanged 事件监听编辑任务的改变。使用 ArcGIS 添加类向导（ArcGIS Add Class Wizard）来快速创建实现 IEngineEditTask 接口的类。

### 10.1.5 编辑绘制

IEngineEditSketch 中的 Geometry 用于完成当前的编辑任务，如当前编辑任务为"Create New Feature"时，使用该 Geometry 来创建一个要素；Geometry 由当前编辑任务设置，其类型可以是：Multipoint、Polyline 或 Polygon，与目标编辑图层的几何类型相同。

ArcGIS Engine 提供了两个快捷菜单帮助完成编辑绘制几何形状（edit sketch geometry）：ControlsEditingSketchContextMenu 和 ControlsEditingVertexContextMenu（图 10-1）。

使用 IEngineSketchOperation.Start 启动一绘制操作（sketch operation），使用 IEngineSketchOperation.SetMenuString 方法命名该操作，以便操作栈能够识别该操作，并用作 Undo/Redo 的 ToolTip。使用 IEngineSketchOperation.Finish 结束一绘制操作，并将该操作放入操作栈堆中。下面的例子演示了如何使用编辑绘制：

```
private void EngineSketchOperation()
   { IEngineSketchOperation sketchOp = new EngineSketchOperationClass();
     IEngineEditor engineEditor = new EngineEditorClass();
```

```
IEngineEditSketch editSketch = (IEngineEditSketch) engineEditor;
IEnvelope invalidateEnv = ((IClone) editSketch. Geometry. Envelope). Clone() as IEnvelope;
sketchOp. Start(engineEditor);
sketchOp. SetMenuString("Delete Vertex");
IPointCollection pointCol = (IPointCollection) editSketch. Geometry;
IClone vertexToRemove = (IClone) pointCol. get_Point(pointCol. PointCount - 1);
vertexToRemove. Clone(); pointCol. RemovePoints(pointCol. PointCount - 1, 1);
editSketch. Geometry = (IGeometry) pointCol; editSketch. RefreshSketch();
sketchOp. Finish (invalidateEnv, esriEngineSketchOperationType. esriEngineSketchOperationVertexDeleted, vertexToRemove as System. Object); }
```

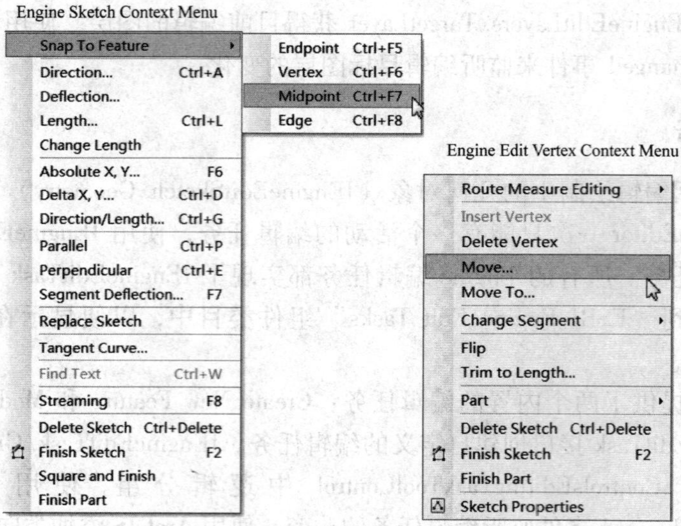


图 10-1 ArcGIS Engine 提供的编辑绘制右键菜单

对于单个绘制操作，使用 IEngineSketchOperation. Undo 和 Redo 来实现撤销和重做，对于多个绘制操作，则需要先使用 IToolbarControl2. OperationStack 访问操作栈，然后再使用 IOperationStack. Undo 或 IOperationStack. Redo 来实现撤销和重做。

绘制操作的事件有：IEngineEditEvents. OnVertexAdded、IEngineEditEvents. OnVertexDeleted、IEngineEditEvents. OnVertexMoved 和 IEngineEditEvents. OnSketchModified。

### 10.1.6 使用操作栈

由 EngineEditor 管理的编辑会话，如果需要 undo/redo 功能，那么应用程序中必须包含 ToolbarControl。IToolbarControl. OperationStack 属性提供了对操作栈的访问。IOperationStack. Undo 和 IOperationStack. Redo 方法则分别用于撤销和重做操作。

将编辑和绘制操作添加至操作栈的步骤：

（1）在应用程序中添加 ToolbarControl，并设置其伙伴控件。

（2）实例化 ControlsOperationStack，并将其与 ToolbarControl 相关联。

```
IOperationStack operationStack = new ControlsOperationStackClass();
axToolbarControl1.OperationStack = operationStack;
axToolbarControl2.OperationStack = operationStack;
```

（3）连接 EngineEditor 到 ToolbarControl，使得操作栈包含编辑与绘制操作；可以有两种方式实现该功能：

1）将一编辑命令添加到 ToolbarControl 上；

2）在 Form_Load 事件中，通过编程连接 EngineEditor 与 ToolbarControl。

```
object tbr = (object)axToolbarControl1.Object;
IExtension engineEditorExt = m_engineEditor as IExtension;
engineEditorExt.Startup(ref tbr);
```

（4）启动编辑会话，并设置 IEngineEditor. EnableUndoRedo 为 true，使编辑会话具有 undo/redo 功能。

调用 IEngineEditor. StopOperation 方法后编辑操作便被加入到操作栈中，而调用 IEngineSketchOperation. Finish 方法后绘制操作便被加入到操作栈中。撤销和重做并不会将操作从操作栈中移除，只是将一指针在栈中上下移动。

### 10.1.7 使用捕捉环境

捕捉环境设置主要包括设置某个图层中的要素是否能够被捕捉、设置捕捉的位置以及在多大范围内可以捕捉到理想的位置。捕捉有助于精确定位要素及编辑绘制的顶点。

ArcGIS 提供了两种类型捕捉环境：

（1）ArcGIS 捕捉环境（ArcGIS snapping environment，new in ArcGIS 10）：为捕捉提供了通用框架，对 ArcGIS 桌面和 ArcGIS Engine 都可用，并使用相同的组件。

（2）编辑捕捉环境（Editing snapping environment）：提供了更精细的捕捉，但只在编辑会话中可用，且对 ArcGIS 桌面和 ArcGIS Engine 使用不同的组件和接口（ISnapEnvironment for Desktop，IEngineSnapEnvironment for Engine）。

ArcGIS 捕捉环境与编辑捕捉环境的比较见表 10-2。

**表 10-2 ArcGIS 捕捉环境与编辑捕捉环境的比较**

| 项　目 | ArcGIS snapping environment | Editing snapping environment |
|---|---|---|
| Desktop support | Yes | Yes |
| Engine support | Yes | Yes |
| Configuration of snapping agents | Yes | Yes |
| Available outside an edit session | Yes | No |
| Requires management of cache | No | Yes |
| Respects definition queries on layers | Yes | No |
| Supports customization of snap tips | Yes | No |
| Supports filtering of individual layers | Yes | Yes |
| Supports custom snapping types | No | Yes |
| Access to snap result via the application programming interface (API) | Yes | No |

#### 10.1.7.1 ArcGIS 捕捉环境

ArcGIS 捕捉环境可用于所有的自定义工具，而不仅仅限于编辑器中的工具。在 ArcMap 和 ArcGIS Engine 中，ArcGIS 捕捉环境是作为应用程序扩展来访问的。

ISnappingEnvironment 是 ArcGIS 捕捉环境的主要接口，这个接口用于控制捕捉是否激活、使用哪些类型的捕捉及设置捕捉容差、定义捕捉符号。ArcGIS 捕捉环境还提供了 IPointSnapper、ISnappingResult 和 ISnappingFeedback 接口。

（1）从 ArcMap 中访问 ArcGIS 捕捉环境。

```
ISnappingEnvironment m_SnappingEnv = m_application. FindExtensionByName( "ESRI Snapping" ) as ISnappingEnvironment;
IPointSnapper m_Snapper = m_SnappingEnv. PointSnapper;
ISnappingFeedback m_SnappingFeedback = new SnappingFeedbackClass( );
m_SnappingFeedback. Initialize( hook,m_SnappingEnv,true);
```

（2）从 ArcGIS Engine 中访问 ArcGIS 捕捉环境。

```
IExtensionManager extensionManager = m_hookHelper2. ExtensionManager;
if( extensionManager == null) return;
UID guid = new UIDClass( );
guid. Value = "{E07B4C52-C894-4558-B8D4-D4050018D1DA}";//Snapping extension.
IExtension extension = extensionManager. FindExtension( guid);
ISnappingEnvironment m_SnappingEnvironment = extension as ISnappingEnvironment;
```

（3）配置捕捉环境。

```
m_SnappingEnvironment. SnappingType = ( esriSnappingType)
( ( int) esriSnappingType. esriSnappingTypeEdge + ( int) esriSnappingType. esriSnappingTypeEndpoint);
m_SnappingEnvironment. SnappingType = ( esriSnappingType)63;
```

（4）捕捉的优先级。按下列顺序计算捕捉类型：

1）esriSnappingTypePoint；

2）esriSnappingTypeIntersection；

3）esriSnappingTypeEndpoint；

4）esriSnappingTypeVertex；

5）esriSnappingTypeMidpoint；

6）esriSnappingTypeTangent；

7）esriSnappingTypeEdge。

（5）在自定义的工具中使用捕捉功能。如果定制的工具使用编辑器绘制工具（editor sketch tool）作为输入，由于绘制工具已经内置了捕捉功能，所以没有必要在定制的工具添加捕捉功能；对于其他情况，如在定制工具中使用屏幕反馈对象产生的几何作为工具的输入，则需要按照下列步骤在定制工具中添加捕捉功能：

1）在工具的 OnClick 事件中，获得对捕捉扩展的引用（参照上面的相关内容），并获得对 ISnappingEnvironment 和 IPointSnapper 的引用；必要的时候使用 SnappingFeedback 的 Initialize 方法初始化捕捉环境；

2）在工具的 OnMouseMove 事件中，IPointSnapper. Snap 方法捕捉鼠标的当前位置；如果返回 SnapResult，则调用 Update 方法更新鼠标位置；

```
public override void OnMouseMove(int Button,int Shift,int X,int Y)
  { //Convert the point from pixels to map units.
    m_CurrentMouseCoords = QueryMapPoint(m_screenDisplay,X,Y);
    //Test the location against the snap environment.
    ISnappingResult snapResult = m_Snapper.Snap(m_CurrentMouseCoords);
    //Update the snapping feedback.
    m_SnappingFeedback.Update(snapResult,0);
    //Update the current location to move the cursor to the snapped location.
    if(snapResult != null)
    m_CurrentMouseCoords = snapResult.Location;
    m_linefeedback.MoveTo(m_CurrentMouseCoords);  }
```

3）在工具的 Refresh 方法中，刷新捕捉反馈。

```
public override void Refresh(int hDC)
  { //Refresh the previous location of the snap tip.
    if(m_SnappingFeedback != null)
    m_SnappingFeedback.Refresh(hDC);  }
```

### 10.1.7.2 编辑捕捉环境

在 ArcGIS Engine 中，可以使用 ControlsEditingSnappingCommand 或 IEngineSnapEnvironment 接口来访问捕捉设置。通过实现 IEngineSnapAgent 接口来创建定制的捕捉设置。ArcGIS Engine 的编辑捕捉环境（IEngineSnapEnvironment）控制每一个捕捉代理IEngineSnapAgent、捕捉类型（hit type）设置以及捕捉容差。每个捕捉代理的捕捉类型由 IEngineFeatureSnapAgent 管理。所有的设置均可以在捕捉设置对话框中修改或确认（图 10-2）。

以下例子演示了如何设置编辑捕捉环境。

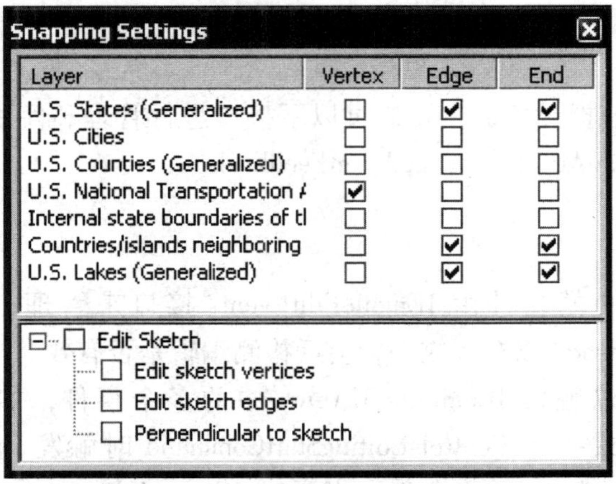


图 10-2 ArcGIS Engine 的编辑捕捉环境设置

```
public void SnapEnvirSettings(IEngineEditor editor)
  { IEngineSnapEnvironment snapEnvironment = editor as IEngineSnapEnvironment;
    if(snapEnvironment.SnapAgentCount == 0)
      { MessageBox.Show("You need to turn on at least one snapping agent!!!");
        return; }
    double tolerance = snapEnvironment.SnapTolerance;
    MessageBox.Show(Convert.ToString(tolerance));
    snapEnvironment.SnapToleranceUnits =
    esriEngineSnapToleranceUnits.esriEngineSnapToleranceMapUnits;
    snapEnvironment.SnapTolerance = 15;
    ((IEngineEditProperties2)editor).SnapTips = true; }
private void EditSnap(IMapControl3 mMap)
  { IEngineEditor m_engineEditor = new EngineEditorClass();
    if(m_engineEditor.EditState == esriEngineEditState.esriEngineStateNotEditing)
      { ILayer currentLayer = mMap.get_Layer(0);
        if(currentLayer is IFeatureLayer)
          { IFeatureLayer featureLayer = currentLayer as IFeatureLayer;
            IDataset dataset = featureLayer.FeatureClass as IDataset;
            IWorkspace workspace = dataset.Workspace;
            m_engineEditor.StartEditing(workspace,mMap.Map);
            ((IEngineEditLayers)m_engineEditor).SetTargetLayer(featureLayer,0); }}
        if(mMap.LayerCount ! = 0)
          { IEngineEditLayers editLayers = editor as IEngineEditLayers;
            IEngineSnapEnvironment snapEnvironment = editor as IEngineSnapEnvironment;
            IEngineFeatureSnapAgent featureSnapAgent = new EngineFeatureSnap();
            featureSnapAgent.FeatureClass = ((IFeatureLayer)mMap.get_Layer(0)).FeatureClass;;
            featureSnapAgent.HitType = esriGeometryHitPartType.esriGeometryPartVertex | esriGeome-
            tryHitPartType.esriGeometryPartBoundary | esriGeometryHitPartType.esriGeometryPartEndpoint;
            snapEnvironment.AddSnapAgent(featureSnapAgent); }
      }
  }
```

ArcMap 中的编辑捕捉环境，主要通过以下接口进行管理和使用：ISnapEnvironment3、ISnapAgent、IFeatureSnapAgent2、ISnapAgentFeedback。

### 10.1.8 编辑事件

在一个编辑会话中的事件由 IEngineEditEvents 接口来管理，如通过监听 IEngineEditEvents. OnSketchFinished 以在完成编辑会后检测编辑是否有效。

一个编辑操作可以触发 IEngineEditEvents 中的多个事件，如：当执行 IEngineEditor. StartEditing( )方法或执行 ControlsEditingStartCommand 时触发 OnStartEditing、OnSelectionChanged 以及 OnSketchModified 事件。当通过 IEngineEditor. CurrentTask 或 ControlsEditingTaskToolControl 改变当前任务时触发 OnSketchModified、OnAfterDrawSketch 及 OnCurrent-

TaskChanged 事件。当执行 IEngineEditor. StopEditing ( ) 或 ControlsEditingStopCommand 时，触发 OnTargetLayerChanged and OnStopEditing 事件。

可以按下列方式使用编辑事件：

```
private IEngineEditor m_EngineEditor = new EngineEditorClass( );
private IEngineEditEvents_Event m_EngineEditEvents;
…
m_EngineEditEvents. OnStartEditing + = new
IEngineEditEvents_OnStartEditingEventHandler( OnStartEditingMethod);
…
private void OnStartEditingMethod( ) { … }
```

### 10.1.9　要素查看器

ControlsEditingAttributeCommand 对话框包含两个部分，如图 10-3 所示，左边为地图上选择的要素，右边为左边选定要素的属性。

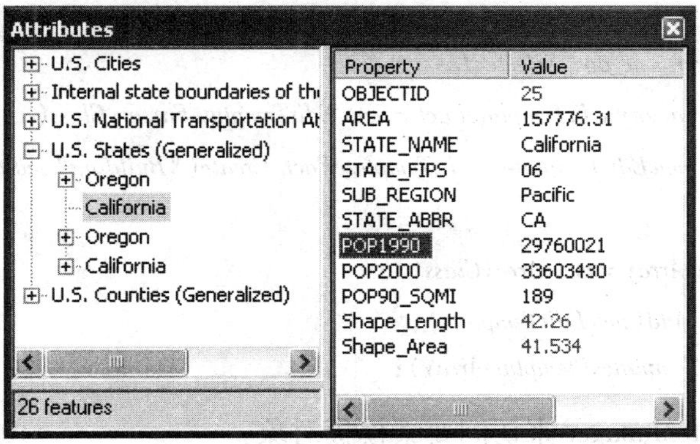


图 10-3　要素查看器

通过实现 IEngineObjectInspector 接口并把类注册为要素类扩展，可以将默认的要素查看器替换为定制的要素查看器。

### 10.1.10　使用要素模板

ArcGIS 10 的编辑环境有比较大的改进，用户通过要素模板而不是简单地设置目标图层的方式来创建要素。要素模板提供了快速创建要素的途径，因为设置编辑环境的属性及要素的属性都已预定义好了。要素模板与要素图层（FeatureLayer）相关联，且作为图层的扩展存储在图层中。

要素模板定义了以下属性：

（1）必选。

1）名称：要素模板的名称。

2）目标图层：新建要素将要保存到的图层。

（2）可选。

1）默认属性值：新建要素默认具有的字段。

2）描述：用于描述要素模板的信息。

3）标签：用户定义、系统生成的用以描述要素模板的关键字，用分号隔开。

4）工具：默认的能按照该要素模板创建要素的工具。

启动编辑会话时，如果要素图层尚未有要素模板，ArcMap 编辑器会为每个要素图层自动创建要素模板。

使用 IEditTemplate、IEditTemplateFactory 接口创建要素模板，并通过 IEditor3 管理要素模板。IEditor3. CurrentTemplate 返回当前模板（IEditTemplate），使用 IEditor3. AddTemplates 方法将要素模板添加到编辑器。IEditTemplateFactory 仅定义了 Create 方法，用来创建编辑模板；该方法的语法如下：

```
public IEditTemplate Create(string Name,ILayer Layer);
```

以下代码创建要素模板：

```
private void CreateFeatureTemplate(IMxDocument m_doc,IEditor3 m_editor)
  { //创建模板
    ILayer editLayer = m_doc. SelectedLayer;
    IEditTemplateFactory editTemplateFact = new EditTemplateFactoryClass();
    IEditTemplate newEditTemplate = editTemplateFact. Create("Building",editLayer);
    //添加模板
    IArray templateArray = new ArrayClass();
    templateArray. Add(newEditTemplate);
    m_editor. AddTemplates(templateArray);  }
```

使用 IEditTemplateManager 来访问要素模板对象：

```
public void GetEditTemplateManager(ILayer layer)
  { ILayerExtensions   layerExtensions = layer as ILayerExtensions;
    IEditTemplateManager editTemplateMgr;
    for(int j = 0;j < layerExtensions. ExtensionCount;j ++)
      { object extension = layerExtensions. get_Extension(j);
        if(extension is IEditTemplateManager)
          { editTemplateMgr = extension as IEditTemplateManager;
            IEditTemplate editTemplate = editTemplateMgr. get_EditTemplate(0);
            editTemplate. SetDefaultValue("Name","Venice",true);  }
      }
  }
```

也可通过编辑器访问要素模板：

```
public void m_editEvents_OnSketchFinished(IEditor3 m_editor)
  { IEditSketch3 m_edSketch = m_editor as IEditSketch3;
    m_editor. StartOperation();
    IPoint point = m_edSketch. LastPoint;
```

```
IEditTemplate editTemplate = m_editor. CurrentTemplate;
IFeatureLayer featLayer = editTemplate. Layer as IFeatureLayer;
IFeatureClass featClass = featLayer. FeatureClass;
IFeature newFeature = featClass. CreateFeature( );
newFeature. Shape = point;
editTemplate. SetDefaultValues( newFeature);
newFeature. Store( );
m_editor. StopOperation( "Create Point");
m_editor. Display. Invalidate( newFeature. Extent, true, (short) esriScreenCache. esriAllScreenCaches); }
```

删除要素模板：

```
IEditor3. RemoveTemplate: public void RemoveTemplate( IEditTemplate editTemplate);
IEditor3. RemoveAllTemplatesInMap: public void RemoveAllTemplatesInMap( IMap map);
IEditor3. RemoveAllTemplatesInLayer: public void RemoveAllTemplatesInLayer( ILayer layer);
```

## 10.2 版本化空间数据编辑

### 10.2.1 版本化编辑的主要接口

版本化编辑的主要接口包括：

（1）版本管理（基本）接口。版本管理（基本）接口负责版本的创建、删除及相关属性的设置，包括 IVersion 和 IVersion2。Iversion 已被 IVersion2 所取代。

（2）版本管理（高级）接口。版本管理（高级）接口负责空间数据库的压缩、版本的查找等，包括 IVersionedWorkspace、IVersionedWorkspace2 和 IVersionedWorkspace3。IVersionedWorkspace、IVersionedWorkspace2 已被 IVersionedWorkspace3 所取代。

（3）版本化编辑接口。版本化编辑接口负责版本化空间数据编辑，如协调突出、提交变化等，包括 IVersionEdit、IVersionEdit2、IVersionEdit3 和 IVersionEdit4。IVersionEdit ~ IVersionEdit3 已被 IVersionEdit4 所取代。

（4）事件接口。事件接口监听版本化空间数据编辑的相关事件，包括 IVersionEvents_Event 和 IVersionEvents2_Event。

### 10.2.2 获取当前编辑会话中的编辑变化

使用 IWorkspaceEdit2. EditDataChanges 可以获得编辑会话中的编辑变化。

```
public IDataChangesEx get_EditDataChanges( esriEditDataChangesType editChangeType);
```

编辑数据变化的类型（esriEditDataChangesType）有以下两种：

（1）esriEditDataChangesWithinSession：自编辑会话启动以来的编辑变化。

（2）esriEditDataChangesWithinOperation：自编辑操作启动以来的编辑变化。

IDataChangesEx 接口用于查找编辑会话或编辑操作过程中哪些要素变化修改了。从 IDataChangesEx 对象返回的变化，仅针对该对象创建时是准确的；引用该对象后所发生的变化，不会反映在 ChangedIDs、Extract、ExtractEx 中；要获得最新的数据变化，需要先调用 ModifiedClasses 属性，然后再调用 Extract 或 ExtractEx 方法。

编辑变化数据差异的类型（esriDifferenceType）见表 10-3。

**表 10-3 编辑变化数据差异的类型（esriDifferenceType）**

| esriDifferenceType Constant | Value | Description |
|---|---|---|
| esriDifferenceTypeInsert | 0 | 该版本中插入一个行对象 |
| esriDifferenceTypeDeleteNoChange | 1 | 该版本中删除某行对象，另一差异版本（比较版本）中没有变化 |
| esriDifferenceTypeUpdateNoChange | 2 | 该版本中更新某行对象，另一差异版本中没有变化 |
| esriDifferenceTypeUpdateUpdate | 3 | 两个版本中都更新了某行对象 |
| esriDifferenceTypeUpdateDelete | 4 | 该版本中更新某行对象，另一差异版本中删除了该行对象 |
| esriDifferenceTypeDeleteUpdate | 5 | 该版本中删除某行对象，另一差异版本中了更新该行对象 |

以下代码返回编辑会话中修改变化了的类。

```
public IEnumBSTR GetModifiedClasses(IWorkspace workspace)
  { IWorkspaceEdit2 workspaceEdit2 = (IWorkspaceEdit2)workspace;
    IDataChangesEx dataChanges = workspaceEdit2. get_EditDataChanges
    (esriEditDataChangesType. esriEditDataChangesWithinSession);
    return dataChanges. ModifiedClasses;  }
```

以下代码合并两个编辑变化的 FID 集合。

```
public IFIDSet InsertedAndDeletedIDs(IDataChangesEx dataChangesEx,String className)
  { //Get the IDs of inserted rows.
    IFIDSet insertFidSet = dataChangesEx. get_ChangedIDs(className,esriDifferenceType. esriDifference-
    TypeInsert);
    // Get the IDs of deleted rows.
    IFIDSet deleteNoChangeFidSet = dataChangesEx. get_ChangedIDs(className,esriDifferenceType. es-
    riDifferenceTypeDeleteNoChange);
    // Join the two ID sets and return the result.
    IFIDSetOperator fidSetOperator = (IFIDSetOperator)insertFidSet;
    return fidSetOperator. Union(deleteNoChangeFidSet);  }
```

以下代码获取编辑变化的行，并输出相关信息。

```
public void DisplayModifiedValues(IDataChangesEx dataChangesEx,String className)
  { // Get a cursor over the updated rows.
    IDifferenceCursorEx differenceCursorEx = dataChangesEx. ExtractEx(className,esriDifferenceType. es-
    riDifferenceTypeUpdateNoChange);
    // Prepare the output parameters.
    int featureID = -1;IRow sourceRow = null;
    IRow differenceRow = null;ILongArray fieldIndexes = null;
    // Iterate through the cursor.
    differenceCursorEx. Next(out featureID,out sourceRow,out differenceRow,out  fieldIndexes);
    while(featureID ! = -1)
      { Console. WriteLine("Changes for feature {0}:",featureID);
```

```
    // Go to each changed field and display the old and new values.
    for(int i = 0;i < fieldIndexes.Count;i ++ )
        { Console.WriteLine("Previous value:{0}",sourceRow.get_Value(i));
          Console.WriteLine("Current value:{0}",differenceRow.get_Value(i)); }
    differenceCursorEx.Next(out featureID,out sourceRow,out differenceRow,out fieldIndexes); }
}
```

### 10.2.3 查找版本之间的差异

以下代码实现子版本及其与父版本的公共祖先版本间的编辑变化的FID的提取。

```
public IFIDSet FindVersionDifferences(IWorkspace workspace,String childVersionName,
String parentVersionName,String tableName,esriDifferenceType differenceType)
  { // Get references to the child and parent versions.
    IVersionedWorkspace versionedWorkspace = (IVersionedWorkspace)workspace;
    IVersion childVersion = versionedWorkspace.FindVersion("ChildVersion");
    IVersion parentVersion = versionedWorkspace.FindVersion("ParentVersion");
    // Cast to the IVersion2 interface to find the common ancestor.
    IVersion2 childVersion2 = (IVersion2)childVersion;
    IVersion commonAncestorVersion = childVersion2.GetCommonAncestor(parentVersion);
    // Cast the child version to IFeatureWorkspace and open the table.
    IFeatureWorkspace childFWS = (IFeatureWorkspace)childVersion;
    ITable childTable = childFWS.OpenTable(tableName);
    // Cast the common ancestor version to IFeatureWorkspace and open the table.
    IFeatureWorkspace commonAncestorFWS = (IFeatureWorkspace)commonAncestorVersion;
    ITable commonAncestorTable = commonAncestorFWS.OpenTable(tableName);
    // Cast to the IVersionedTable interface to create a difference cursor.
    IVersionedTable versionedTable = (IVersionedTable)childTable;
    IDifferenceCursor differenceCursor = versionedTable.Differences(commonAncestorTable,differenceType,null);
    // Create output variables for the IDifferenceCursor.Next method and a FID set.
    IFIDSet fidSet = new FIDSetClass();
    IRow differenceRow = null;
    int objectID = -1;
    // Step through the cursor,showing the ID of each modified row.
    differenceCursor.Next(out objectID,out differenceRow);
    while(objectID != -1)
      { fidSet.Add(objectID);
        differenceCursor.Next(out objectID,out differenceRow); }
    fidSet.Reset();
    return fidSet; }
```

以下代码实现历史版本间变化的提取。

```
public IFIDSet FindHistoricalDifferences(IWorkspace workspace,String historicalMarkerName,  String ta-
bleName,esriDifferenceType differenceType)
```

```
{ IHistoricalWorkspace historicalWorkspace = (IHistoricalWorkspace)workspace;
IHistoricalVersion defaultVersion =
historicalWorkspace.FindHistoricalVersionByName(historicalWorkspace.DefaultMarkerName);
IHistoricalVersion historicalVersion =
historicalWorkspace.FindHistoricalVersionByName(historicalMarkerName);
// Cast both versions to IFeatureWorkspace and open the table from each.
IFeatureWorkspace defaultFWS = (IFeatureWorkspace)defaultVersion;
IFeatureWorkspace historicalFWS = (IFeatureWorkspace)historicalVersion;
ITable defaultTable = defaultFWS.OpenTable(tableName);
ITable historicalTable = historicalFWS.OpenTable(tableName);
// Create a difference cursor.
IVersionedTable versionedTable = (IVersionedTable)defaultTable;
IDifferenceCursor differenceCursor = versionedTable.Differences(historicalTable,differenceType,null);
// Create output variables for the IDifferenceCursor.Next method and a FID set
IFIDSet fidSet = new FIDSetClass();
IRow differenceRow = null;
int objectID = -1;
// Step through the cursor,showing the ID of each modified row.
differenceCursor.Next(out objectID,out differenceRow);
while(objectID ! = -1)
   { fidSet.Add(objectID);
     differenceCursor.Next(out objectID,out differenceRow); }
fidSet.Reset();
return fidSet; }
```

## 10.2.4 协调版本

使用 IVersionEdit4.Reconcile4 方法可以实现当前编辑的版本与目标版本（任一祖先版本）间的协调，该方法的语法如下：

*public bool IVersionEdit4.Reconcile4(string VersionName, bool acquireLock, bool abortIfConflicts, bool ChildWins, bool ColumnLevel);*

其中 VersionName 参数为协调的目标版本，格式为{owner}.{version_name}，如 SDE.DEFAULT；acquireLock 参数指定是否要获得锁；abortIfConflicts 参数指定一旦检测到冲突的时候，是否要终止协调过程；childWins 参数指定协调过程是否以子版本的编辑优先；ColumnLevel 参数指定是基于列定义冲突，还是基于行定义冲突；基于列定义冲突，是当两个版本编辑同一行同一列时才会产生冲突；基于行定义冲突，是当两个版本编辑同一行时会产生冲突。

Reconcile4()方法返回为 true 时，表示协调过程中检测到冲突，否则没有冲突。

要执行协调，应该满足协调的条件。

以下代码实现版本协调，并提交变化到目标版本。

```
public void ReconcileandPost(IVersion editVersion,IVersion targetVersion)
  { IMultiuserWorkspaceEdit muWorkspaceEdit = (IMultiuserWorkspaceEdit)editVersion;
    IWorkspaceEdit workspaceEdit = (IWorkspaceEdit)editVersion;
    IVersionEdit4 versionEdit = (IVersionEdit4)editVersion;
    if(muWorkspaceEdit.SupportsMultiuserEditSessionMode
    (esriMultiuserEditSessionMode.esriMESMVersioned))
      { muWorkspaceEdit.StartMultiuserEditing(esriMultiuserEditSessionMode.esriMESMVersioned);
        //Reconcile with the target version.
        bool conflicts = versionEdit.Reconcile4(targetVersion.VersionName,true,false,false,false);
        if(conflicts)
        MessageBox.Show(" Conflicts Detected ");
        else
        MessageBox.Show(" No Conflicts Detected ");
        workspaceEdit.StartEditOperation();
        //Post to the target version.
        if(versionEdit.CanPost())versionEdit.Post(targetVersion.VersionName);
        workspaceEdit.StopEditOperation();
        workspaceEdit.StopEditing(true);  }
  }
```

### 10.2.5 监听版本化编辑事件

版本化编辑的事件在 IVersionEvents_Event 和 IVersionEvents2_Event 接口中定义，后者并非继承自前者。

IVersionEvents_Event 定义了如下事件：OnConflictsDetected、OnReconcile、OnRedefineVersion、OnRefreshVersion。

IVersionEvents2_Event 定义了如下事件：OnArchiveUpdated、OnBeginReconcile、OnDeleteVersion、OnPost。

以下代码实现版本化编辑事件的监听：

```
public void SetVersionEvent(IVersion version)
  { // Cast the version to the event interface
    IVersionEvents_Event versionEvent = (IVersionEvents_Event)version;
    // Instantiate the delegate type and add it to the event
    versionEvent.OnReconcile + = new IVersionEvents_OnReconcileEventHandler(OnReconcile);  }
public void OnReconcile(String targetVersionName,Boolean hasConflicts)
  { // TODO:Implement the event handling
  }
```

## 10.3 DisplayFeedback 对象

DisplayFeedback 是让用户能够使用鼠标与控件进行可视化交互的对象集，主要用于创建、修改几何对象。所有的 DisplayFeedback 类都实现了 IDisplayFeedback 接口，这个接口定义了它们的公共方法和属性，如 Display、Symbol、MoveTo 和 Refresh 等方法。一般地，当 DisplayFeedback 对象初始化的时候，程序员需要给它们设置 Display 和 Symbol 属性，然后才让它们开始 MoveTo。如果不明确设置一个 Symbol 属性，系统将会给 DisplayFeedback 一个缺省的 Symbol 对象。

### 10.3.1 产生新 Geometry 的 Feedback 对象

#### 10.3.1.1 绘制 Polyline、Polygon 和 BezierCurve 对象

NewLineFeedback、NewPolygonFeedback、NewBezierCurveFeedback 分别用于创建 Polyline、Polygon 和 BezierCurve（贝塞尔曲线）对象。创建这三类 Feedback 对象使用的鼠标事件都是 MouseDown、MouseMove 和 MouseDblClick。三个对象尽管产生的几何对象不一样，但是它们使用的方法都是大同小异的，如在 MouseDown 事件中使用 Start 方法添加一个起始点或者使用 AddPoint 添加点；在 MouseMove 事件中使用 MoveTo 方法来移动鼠标到一个新的点；在 MouseDblClick 事件中 Stop 方法将返回产生的几何形体对象。

下面的例子演示了如何使用 Feedback 创建 Polyline。

```
public sealed class CreatePolylineTool:BaseTooll
  { IHookHelper m_hookHelper = null;IMap m_Map;
    ActiveView m_ActiveView;INewLineFeedback pLineFeedback;
    IFeatureLayer m_pCurrentLayer;IPoint m_pPoint;
    public CreatePolylineTool(IFeatureLayer featureLayer)
      { //设置工具的相关属性
        m_pCurrentLayer = featureLayer;  }
    public override void OnCreate(object hook)
      { m_hookHelper = new HookHelperClass();
        m_hookHelper. Hook = hook;
        m_ActiveView = m_hookHelper. ActiveView;
        m_Map = m_hookHelper. FocusMap;  }
    public override void OnMouseDown(int Button,int Shift,int X,int Y)
      { //获得鼠标在控件上点击的位置,产生一个点对象
        IPoint pPt = m_ActiveView. ScreenDisplay. DisplayTransformation. ToMapPoint(X,Y);
        if(pLineFeedback == null)
          { pLineFeedback = new NewLineFeedbackClass();
            pLineFeedback. Display = m_ActiveView. ScreenDisplay;
            pLineFeedback. Start(pPt);  }
        else
          { pLineFeedback. AddPoint(pPt);  }
      }
    public override void OnMouseMove(int Button,int Shift,int X,int Y)
      { IPoint pPt = m_ActiveView. ScreenDisplay. DisplayTransformation. ToMapPoint(X,Y);
        //MoveTo 方法继承自 IDisplayFeedback 接口的定义
```

```
        if(pLineFeedback ! =null)pLineFeedback.MoveTo(pPt);
        m_pPoint = m_ActiveView.ScreenDisplay.DisplayTransformation.ToMapPoint(X,Y); }
public override void OnDblClick()
    { IGeometry pGeom = null;IPointCollection pPointCollection = null;
        pLineFeedback.AddPoint(m_pPoint);
        IPolyline pPolyLine = pLineFeedback.Stop();
        if(pPolyLine ! =null)
        pPointCollection = (IPointCollection)pPolyLine;
        if(pPointCollection.PointCount < 2)
        MessageBox.Show("You must have at least two vertices in a line.","Bad Line Geometry",Mes-
        sageBoxButtons.OK,MessageBoxIcon.Exclamation);
        else
        pGeom = (IGeometry)pPointCollection;
        pLineFeedback = null;
        CreateFeature(pGeom); }
private void CreateFeature(IGeometry pGeom)
    { if(pGeom == null || m_pCurrentLayer == null)return;
        IWorkspaceEdit pWorkspaceEdit = GetWorkspaceEdit();
        IFeatureLayer pFeatureLayer = (IFeatureLayer)m_pCurrentLayer;
        IFeatureClass pFeatureClass = pFeatureLayer.FeatureClass;
        pWorkspaceEdit.StartEditOperation();
        IFeature pFeature = pFeatureClass.CreateFeature();
        try { pFeature.Shape = pGeom; }
        catch(Exception ex)
            { MessageBox.Show("创建要素",ex.Message); }
        pFeature.Store();
        pWorkspaceEdit.StopEditOperation();
        m_ActiveView.PartialRefresh(esriViewDrawPhase.esriViewGeography,m_pCurrentLayer,pGeom.
        Envelope); }
private IWorkspaceEdit GetWorkspaceEdit()
    { if(m_pCurrentLayer == null)return null;
        IFeatureLayer pFeatureLayer = (IFeatureLayer)m_pCurrentLayer;
        IFeatureClass pFeatureClass = pFeatureLayer.FeatureClass;
        IDataset pDataset = (IDataset)pFeatureClass;
        if(pDataset == null)return null;
        return(IWorkspaceEdit)pDataset.Workspace; }
}
```

#### 10.3.1.2 绘制 Circle 和 Envelope 对象

NewCircleFeedback 和 NewEnvelopeFeedback 分别用于创建圆和矩形对象，创建这两类 Feedback 对象使用的鼠标事件都是：MouseDown、MouseMove 和 MouseUp。因为矩形和圆形的绘制不需要双击鼠标来完成图形绘制。当绘制一个圆对象的时候，用户首先选择一个点作为圆心，然后移动鼠标，在释放鼠标的点处确定了圆的半径，这样一个圆就绘制完成了。下面的例子演示了如何使用 Feedback 创建圆。

```
public sealed class CreateCircleTool:BaseTool
  { IHookHelper m_hookHelper = new HookHelperClass();
    IMap m_Map;IActiveView m_ActiveView;
    INewCircleFeedback pCircleFeedback;
    IFeatureLayer m_pCurrentLayer;
    public CreateCircleTool(IFeatureLayer featureLayer)
      { //设置工具的相关属性
        m_pCurrentLayer = featureLayer;  }
    public override void OnCreate(object hook)
      { m_hookHelper. Hook = hook;
        m_ActiveView = m_hookHelper. ActiveView;
        m_Map = m_hookHelper. FocusMap;  }
    public override void OnMouseDown(int Button,int Shift,int X,int Y)
      { IPoint pPt = m_ActiveView. ScreenDisplay. DisplayTransformation. ToMapPoint(X,Y);
        if(pCircleFeedback == null)
          { pCircleFeedback = new NewCircleFeedbackClass();
            pCircleFeedback. Display = m_ActiveView. ScreenDisplay;
            pCircleFeedback. Start(pPt);  }
      }
    public override void OnMouseMove(int Button,int Shift,int X,int Y)
      { IPoint pPt = m_ActiveView. ScreenDisplay. DisplayTransformation. ToMapPoint(X,Y);
        if(pCircleFeedback ! = null)pCircleFeedback. MoveTo(pPt);  }
    public override void OnMouseUp(int Button,int Shift,int X,int Y)
      { IGeometry pGeo = null;
        pGeo = pCircleFeedback. Stop();
        pCircleFeedback = null;
        CreateFeature(pGeo);  }
    private void CreateFeature(IGeometry pGeom)
      { IWorkspaceEdit pWorkspaceEdit = GetWorkspaceEdit();
        IFeatureLayer pFeatureLayer = (IFeatureLayer)m_pCurrentLayer;
        IFeatureClass pFeatureClass = pFeatureLayer. FeatureClass;
        IConstructCircularArc pConstructArc = pGeom as IConstructCircularArc;
        IPolygon pPolygon = new PolygonClass();
        ISegmentCollection pSegmentCollection = pPolygon as ISegmentCollection;
        ISegment pSegment = pConstructArc as ISegment;
        object missing = Type. Missing;
        pSegmentCollection. AddSegment(pSegment,ref missing,ref missing);
        pWorkspaceEdit. StartEditOperation();
        IFeature pFeature = pFeatureClass. CreateFeature();
        pFeature. Shape = pPolygon;
        pFeature. Store();
```

```
        pWorkspaceEdit. StopEditOperation( );
        m_ActiveView. PartialRefresh( esriViewDrawPhase. esriViewGeography, m_pCurrentLayer, pGeom.
        Envelope); }
}
```

### 10.3.2 移动几何形体对象上的节点

LineMovePointFeedback、BezierMovePointFeedback 和 PolygonMovePointFeedback 三个对象移动节点的方法是一样的，且使用的鼠标事件也都是 MouseDown、MouseMove 和 MouseUp。LineMovePointFeedback、BezierMovePointFeedback 类都实现了 ILineMovePointFeedback 接口。ILineMovePointFeedback 和 IPolygonMovePointFeedback 接口中定义的 Start 方法：

```
public void Start(IPolyline polyline, int pointIndex, IPoint Point),
```

该方法要求传入三个参数，即需要移动节点的几何形体对象、移动的点索引号和鼠标点击位置。为了获得要移动的节点的信息，系统需要使用 IHitTest 接口定义的方法来实现。实现了 IHitTest 接口的对象有 Envelope、Point、Multipoint、Polyline 和 Polygon，这个接口只有一个方法 IHitTest. HitTest，通过这个方法可以得到查询点查询范围内的节点索引号。

```
public boolHitTest(
IPoint QueryPoint,
double searchRadius,
esriGeometryHitPartType geometryPart,
IPoint hitPoint,
ref double hitDistance,
ref int hitPartIndex,
ref int hitSegmentIndex,
ref bool bRightSide          );
```

有关移动几何形体对象上的节点的开发，请参考本书附带光盘中的“移动要素顶点”开发实例（位于“空间数据编辑”菜单中）。

### 10.3.3 移动整个对象

MovePointFeedback、MoveLineFeedback、MovePolygonFeedback 和 MoveEnvelopeFeedback 分别用于移动点、线、多边形、包络线（Envelope）。它们移动整个几何形体对象而不改变几何形体对象的形状。每一个这样的 Feedback 对象都有自己的接口，不过它们定义的方法都是相似的，Start 方法用于开始移动，Stop 方法用于停止移动。

### 10.3.4 其他 DisplayFeedback

如果打算同时移动多个几何形体对象，可以使用 MoveGeometryFeedback 来实现。IMoveGeometryFeedback. AddGeometry 方法用于添加要移动的对象；MoveGeometryFeedback. ClearGeometry 可以清除 DisplayFeedback 中所有要移动的几何形体对象。Start 方法用于设置移动的起始点。

ReshapeFeedback 对象可以用于对一个实现了 IPath 接口的对象进行整形的任务，实现

IPath 接口的对象包括 Path 和 Ring。它可以对 Polyline 和 Polygon 整形。IReshapeFeedback. Start 的 Stretch 参数则决定了变形的方式。

ResizeEnvelopeFeedback 对象用于改变一个 Envelope 对象的尺寸外观，可以使用 ResizeEdge 属性来确定是移动 Envelop 的边或角。Constraints 属性可以确定整形时的对象尺寸比例，如整形为一个正方形或者整形过程中 Envelope 的宽度和高度保持一定的比例。

如果希望能够旋转或者伸缩一个已经存在的 polyline 对象，则可以使用 StretchLineFeedack 来完成这个任务。IStretchLineFeedback 接口定义了一个属性 Anchor，它用于确定旋转过程中的固定点，这个点一般设置为 Polyine 的起始点或者终止点。如果没有设置，则系统默认使用起始点作为这个锚点，Anchor 属性需要在 IStretchLineFeedback. Start 方法使用后进行设置。

## 10.4 多边形挖空处理

由于在 CAD 的环境中，四合院房屋用两个闭合环表达，当转换到 Geodatabase 中变为两个多边形要素（两栋房屋），不合语义，因此，考虑在两多边形公共部分点击鼠标，选择两个多边形，然后对两个多边形进行差分运算，这样四合院的表达才符合语义。

下面的例子演示了如何实现多边形挖空处理（图 10-4）。

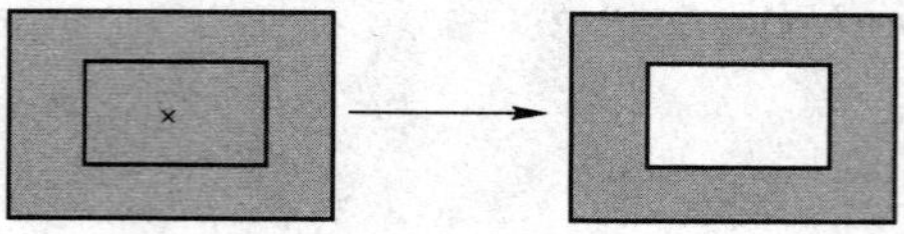

图 10-4 多边形挖空处理示意图

```
public sealed class PolygonsDifference:BaseTool
  { IHookHelper m_hookHelper = null;
    IActiveView m_activeView = null;      IMap m_map = null;
    IEngineEditProperties m_engineEditor = null;
    public PolygonsDifference()
      { //设置工具的相关属性
        m_engineEditor = new EngineEditorClass();  }
    public override void OnCreate(object hook)
      { m_hookHelper = new HookHelperClass();
        m_hookHelper. Hook = hook;  }
    public override void OnClick()
      { ILayer layer = m_engineEditor. TargetLayer;
        if(layer == null)
          { MessageBox. Show("请先启动编辑!!","信息提示",MessageBoxButtons. OK, Mes-
            sageBoxIcon. Information);
            return;  }
```

```
    }
public override void OnMouseDown(int Button,int Shift,int X,int Y)
    {   m_activeView = m_hookHelper.ActiveView;
        m_map = m_hookHelper.FocusMap;
        IPoint pPoint = m_activeView.ScreenDisplay.DisplayTransformation.ToMapPoint(X,Y);
        ISelectionEnvironment pSelectionEnvironment = new SelectionEnvironmentClass();
        pSelectionEnvironment.PointSelectionMethod = esriSpatialRelEnum.esriSpatialRelWithin;
        m_map.SelectByShape(pPoint as IGeometry,pSelectionEnvironment,false);
        if(m_map.SelectionCount != 2)
          {   MessageBox.Show("至少要选择两个要素!");
              return;   }
        m_activeView.PartialRefresh(esriViewDrawPhase.esriViewGeoSelection,null,m_activeView.Extent);
        IEnumFeature pEnumFeature = m_map.FeatureSelection as IEnumFeature;
        IFeature firstFeature = pEnumFeature.Next();
        IFeature secondFeature = pEnumFeature.Next();
        bool firstPolygonIsLarge = false;
        IGeometry pGeometry = null;
        IRelationalOperator pRelOp1 = firstFeature.Shape as IRelationalOperator;
        IRelationalOperator pRelOp2 = secondFeature.Shape as IRelationalOperator;
        ITopologicalOperator pTopologicalOperator = null;
        if(pRelOp1.Contains(secondFeature.Shape))
          {   pTopologicalOperator = firstFeature.Shape as ITopologicalOperator;
              pGeometry = pTopologicalOperator.Difference(secondFeature.Shape);
              firstPolygonIsLarge = true;   }
        else if(pRelOp2.Contains(firstFeature.Shape))
          {   pTopologicalOperator = secondFeature.Shape as ITopologicalOperator;
              pGeometry = pTopologicalOperator.Difference(firstFeature.Shape);
              firstPolygonIsLarge = false;   }
        else return;
        bool deleteInteriorPolygon = false;
        DialogResult pDialogResult = MessageBox.Show("是否要删除内多边形?","操作提示",MessageBoxButtons.YesNo);
        if(pDialogResult == DialogResult.Yes)
          {   deleteInteriorPolygon = true;   }
        IFeatureClass featureClass = firstFeature.Class as IFeatureClass;
        IDataset dataset = featureClass as IDataset;
        IWorkspaceEdit workspaceEdit = dataset.Workspace as IWorkspaceEdit;
        if(!(workspaceEdit.IsBeingEdited()))return;
        workspaceEdit.StartEditOperation();
        if(firstPolygonIsLarge)
          {   firstFeature.Shape = pGeometry;
              firstFeature.Store();
              if(deleteInteriorPolygon)secondFeature.Delete();   }
```

```
        else
          { secondFeature. Shape = pGeometry;
            secondFeature. Store( );
            if( deleteInteriorPolygon) firstFeature. Delete( ); }
        workspaceEdit. StopEditOperation( );
        m_map. ClearSelection( );
        m_activeView. PartialRefresh( esriViewDrawPhase. esriViewGeography, null, m_activeView. Extent); }
    }
```

详细实现请参阅本书附带的光盘。

## 10.5 分割线要素

分割线要素的编辑功能通常包括：将线要素一分为二、在鼠标点击位置分割线要素、在交点处分割两线要素、将线要素分割为多个要素。这里仅阐述“在交点处分割两线要素”的主要实现思路，其他的详见本书附带的光盘。

“在交点处分割两线要素”的主要实现思路：先选择第一要素、第二要素，然后移动鼠标到要分割的交点处（可能有多个交点）点击，即可将两线要素都在该交点处一分为二。

工具的执行主要分为三个阶段：（1）选择第一个线要素；（2）选择第二个线要素；（3）移动鼠标到要分割的交点处进行分割两个线要素。这三个阶段是按顺序执行的，前一阶段未执行或失败，不能进入下一阶段。为了记录工具的运行状态（执行到哪一步了），这里定义了一个如下的枚举类型 ToolPhase：

```
enum ToolPhase { SelectFirstFeature, SelectSecondFeature, Split }
```

并定义了该类型的一个变量 m_toolPhase，用于记录工具的运行状态。

两个线要素交点，可以使用 ITopologicalOperator. Intersect 方法获得，结果为 IMultipoint；线要素的分割，可以使用 ICurve. QueryPointAndDistance、IPolycurve. SplitAtPoint 方法完成。

主要实现代码如下：

```
public sealed class Split2LinesAt1IntersectTool: BaseTool
  { IHookHelper m_hookHelper = null;        IActiveView m_activeView = null;
    IMap m_map = null;                      IEngineEditProperties m_engineEditor = null;
    IPoint m_firstPoint = null;             IPoint m_secondPoint = null;
    IPoint m_activePoint = null;            IFeature m_firstFeature = null;
    IFeature m_secondFeature = null;
    enum ToolPhase { SelectFirstFeature, SelectSecondFeature, Split }
    ToolPhase m_toolPhase;
    IMultipoint intersectPoints = null;     IPoint nearestIntersectPoint = null;
    public Split2LinesAt1IntersectTool( )
      { //设置工具的相关属性
```

```
        m_engineEditor = new EngineEditorClass( ) ;    }
public override void OnCreate( object hook)
    {   m_hookHelper = new HookHelperClass( ) ;        m_hookHelper. Hook = hook;
        m_activeView = m_hookHelper. ActiveView;
        m_map = m_hookHelper. FocusMap;                m_firstPoint = new PointClass( ) ;
        m_secondPoint = new PointClass( ) ;            m_activePoint = new PointClass( ) ;    }
public override void OnClick( )
    {   m_toolPhase = ToolPhase. SelectFirstFeature;    }
public override void OnKeyDown( int keyCode, int Shift)
    {   if( keyCode == ( int) Keys. Escape)
            {   m_toolPhase = ToolPhase. SelectFirstFeature;      m_map. ClearSelection( ) ;
                m_activeView. PartialRefresh ( esriViewDrawPhase. esriViewGeoSelection, null, m_active-
                View. Extent) ;    }
    }
public override void OnMouseDown( int Button, int Shift, int X, int Y)
    {   m_activePoint = m_activeView. ScreenDisplay. DisplayTransformation. ToMapPoint( X, Y) ;
        switch( m_toolPhase)
            {   case( ToolPhase. SelectFirstFeature) :
                GetFirstFeature( ) ;break;
                case( ToolPhase. SelectSecondFeature) :
                GetSecondFeafeature( ) ;break;
                case( ToolPhase. Split) :
                SplitFeafeatures( m_firstFeature, m_secondFeature) ;break;    }
    }
public override void OnMouseMove( int Button, int Shift, int X, int Y)
    {   if( m_toolPhase ! = ToolPhase. Split) return;
        IPoint point = m_activeView. ScreenDisplay. DisplayTransformation. ToMapPoint( X, Y) ;
        nearestIntersectPoint = FindNearestIntersectPoint( intersectPoints as IPointCollection, point) ;
        if( nearestIntersectPoint ! = null)
            {   FlashGeometry( nearestIntersectPoint, 5, 10) ;
                m_activeView. PartialRefresh( esriViewDrawPhase. esriViewForeground, null, m_activeView.
                Extent) ;    }
    }
private void GetFirstFeature( )
    {   m_firstPoint = m_activePoint;
        m_firstFeature = SelctFeatureBasedMousePoint( m_firstPoint) ;
        if( m_firstFeature ! = null) m_toolPhase = ToolPhase. SelectSecondFeature;    }
private void GetSecondFeafeature( )
    {   if( m_firstFeature == null)
            { m_toolPhase = ToolPhase. SelectFirstFeature; return; }
        m_secondPoint = m_activePoint;
        m_secondFeature = SelctFeatureBasedMousePoint( m_secondPoint) ;
        if( m_secondFeature == null)
```

```
    { m_toolPhase = ToolPhase. SelectSecondFeature;return;}
    intersectPoints = GetintersectPoints(m_secondFeature,m_firstFeature);
    if(intersectPoints == null)
        { m_toolPhase = ToolPhase. SelectSecondFeature;}
        else { m_toolPhase = ToolPhase. Split;}
    }
private IMultipoint GetintersectPoints(IFeature m_secondFeature,IFeature m_firstFeature)
    { IGeometry geometry1 = m_firstFeature. ShapeCopy;
    IGeometry geometry2 = m_secondFeature. ShapeCopy;
    ITopologicalOperator2 topo1 = geometry1 as ITopologicalOperator2;
    topo1. IsKnownSimple_2 = false;
    topo1. Simplify();
    ITopologicalOperator2 topo2 = geometry2 as ITopologicalOperator2;
    topo2. IsKnownSimple_2 = false;
    topo2. Simplify();
    IMultipoint intersectPoints = topo2. Intersect(geometry1,esriGeometryDimension. esriGeometry0Dimension)
    as IMultipoint;
    return intersectPoints;  }
private void SplitFeafeatures(IFeature m_firstFeature,IFeature m_secondFeature)
    { if(intersectPoints == null) return;
    if(nearestIntersectPoint == null) return;
    SplitOneFeature(m_firstFeature);
    SplitOneFeature(m_secondFeature);
    m_map. ClearSelection();
    m_activeView. PartialRefresh(esriViewDrawPhase. esriViewGeography | esriViewDrawPhase. esri-
    ViewGeoSelection,null,m_activeView. Extent);
    m_toolPhase = ToolPhase. SelectFirstFeature; }
private void SplitOneFeature(IFeature splitFeature)
    { IPolycurve curveToSplit = splitFeature. ShapeCopy as IPolycurve;
    double distanceOnCurve = 0;
    double nearestDistance = 0;
    bool isRightSide = false;
    IPoint outPoint = new PointClass();
    bool SplitHappened;
    int newPartIndex;
    int newSegmentIndex;
    ISegmentCollection polyline = null;
    IFeature newFeature = null;
    IFeatureClass splitFeatureClass = splitFeature. Class as IFeatureClass;
    IDataset dataset = splitFeatureClass as IDataset;
    IWorkspaceEdit workspaceEdit = dataset. Workspace as IWorkspaceEdit;
    if(! (workspaceEdit. IsBeingEdited())) return;
    try
```

```
{   curveToSplit.QueryPointAndDistance(esriSegmentExtension.esriNoExtension, nearestIntersectPoint, false, outPoint, ref distanceOnCurve, ref nearestDistance, ref isRightSide);
    curveToSplit.SplitAtPoint(outPoint, true, true, out SplitHappened, out newPartIndex, out newSegmentIndex);
    IGeometryCollection geometryCollection = curveToSplit as IGeometryCollection;
    workspaceEdit.StartEditOperation();
    for(int i = 0; i < geometryCollection.GeometryCount; i ++)
      { ISegmentCollection partGeom = geometryCollection.get_Geometry(i) as ISegmentCollection;
        object missing = Type.Missing;
        polyline = new PolylineClass();
        for(int k = 0; k < partGeom.SegmentCount; k ++)
          { polyline.AddSegment(partGeom.get_Segment(k), ref missing, ref missing); }
        newFeature = splitFeatureClass.CreateFeature();
        for(int j = 0; j < splitFeature.Fields.FieldCount; j ++)
          { if(splitFeature.Fields.get_Field(j).Editable)
              { newFeature.set_Value(j, splitFeature.get_Value(j)); } }
        FlashGeometry(polyline as IGeometry, 3, 50);
        newFeature.Shape = polyline as IGeometry;
        newFeature.Store();
        partGeom = null; }
    splitFeature.Delete();
    workspaceEdit.StopEditOperation(); }
  catch(Exception ex)
  {
    … //…
  }
}
private IPoint FindNearestIntersectPoint(IPointCollection intersectPoints, IPoint secondPoint)
{ IPoint point = null; double minDistance = 0.0;
  double distance = 0.0; int minDistancePointIdx = -1;
  for(int i = 0; i < intersectPoints.PointCount; i ++)
    { point = intersectPoints.get_Point(i);
      distance = (point.X-secondPoint.X) * (point.X-secondPoint.X) + (point.Y-secondPoint.Y)
        * (point.Y-secondPoint.Y);
      if(i == 0)
        { minDistance = distance;
          minDistancePointIdx = 0; }
        else
          { if(distance < minDistance)
              { minDistance = distance;
                minDistancePointIdx = i; }
          }
```

```
        }
        if(minDistancePointIdx ! = -1)
        return intersectPoints. get_Point(minDistancePointIdx);
        else return null;  }
    }
```

## 10.6 线、面要素整形

线、面整形工具的执行分为两个步骤：先选择要整形的线或面要素，然后绘制整形线即可。为了记录工具的运行状态，这里定义了一个如下的枚举类型 ToolPhase：

```
enum ToolPhase { SelectFeature, DrawSketchAndReshape }
```

并定义了该类型的一个变量 m_toolPhase，用于记录工具的运行状态。

线要素的整形使用 IPolyline. Reshape 方法完成；面要素的整形使用 IRing. Reshape 方法对面要素的各个环进行整形，从而实现面要素的整形。

主要实现代码如下：

```
public sealed class ReshapeTool:BaseTool
  {
    //…
    enum ToolPhase { SelectFeature, DrawSketchAndReshape }
    ToolPhase m_toolPhase;
    public ReshapeTool() { m_engineEditor = new EngineEditorClass();}
    //…
    public override void OnMouseDown(int Button,int Shift,int X,int Y)
      {
        m_activeView = m_hookHelper. ActiveView;
        m_map = m_hookHelper. FocusMap;
        if(m_map == null || m_activeView == null) return;
        m_activePoint = m_activeView. ScreenDisplay. DisplayTransformation. ToMapPoint(X,Y);
        switch(m_toolPhase)
          {  case(ToolPhase. SelectFeature):
             base. m_cursor = new Cursor(GetType(),"arrow_l. cur");
             GetSelectedFeature();
             base. m_cursor = new Cursor(GetType(),"pen. cur");
             break;
             case(ToolPhase. DrawSketchAndReshape):
             base. m_cursor = new Cursor(GetType(),"pen. cur");
             DrawAndReshape();
             base. m_cursor = new Cursor(GetType(),"arrow_l. cur");
             break;  }
      }
```

```
private void GetSelectedFeature( )
   { if( m_activePoint == null) return;
      IPoint mousePoint = m_activePoint;
      m_selectedFeature = SelctFeatureBasedMousePoint( mousePoint) ;
      if( m_selectedFeature ! = null) m_toolPhase = ToolPhase. DrawSketchAndReshape;  }
private void DrawAndReshape( )
   { IScreenDisplay screenDisplay = m_activeView. ScreenDisplay;
      ISimpleLineSymbol sym = new SimpleLineSymbolClass( ) ;
      IRgbColor color = new RgbColorClass( ) ;
      color. Red = 255;color. Green = 0;color. Blue = 0;
      sym. Color = color;
      sym. Style = esriSimpleLineStyle. esriSLSSolid;sym. Width = 2;
      IRubberBand reshapeBand = new RubberLineClass( ) ;
      IGeometry reshapeGeom = reshapeBand. TrackNew( screenDisplay,sym as ISymbol) ;
      screenDisplay. StartDrawing( screenDisplay. hDC,( short) esriScreenCache. esriNoScreenCache) ;
      screenDisplay. SetSymbol( sym as ISymbol) ;
      screenDisplay. DrawPolyline( reshapeGeom) ;
      screenDisplay. FinishDrawing( ) ;
      IGeometry editShape = m_selectedFeature. ShapeCopy;
      FeatureClass featureClass = m_selectedFeature. Class as IFeatureClass;
      IPointCollection reshapePath = new PathClass( ) ;
      reshapePath. AddPointCollection( reshapeGeom as IPointCollection) ;
      //reshape the selected feature
      if(featureClass. ShapeType == esriGeometryType. esriGeometryPolyline)
         { IPolyline polyline = editShape as IPolyline;
            polyline. Reshape( reshapePath as IPath) ;  }
      if(featureClass. ShapeType == esriGeometryType. esriGeometryPolygon)
         { IGeometryCollection geometryCollection = editShape as IGeometryCollection;
            IRing ring = null;
            for( int i = 0;i < geometryCollection. GeometryCount;i ++ )
               { ring = geometryCollection. get_Geometry( i) as IRing;
                  ring. Reshape( reshapePath as IPath) ;  }
         }
      IDataset dataset =featureClass as IDataset;
      IWorkspaceEdit workspaceEdit = dataset. Workspace as IWorkspaceEdit;
      try
         { workspaceEdit. StartEditOperation( ) ;
            m_selectedFeature. Shape = editShape;
            m_selectedFeature. Store( ) ;
            workspaceEdit. StopEditOperation( ) ;  }
      catch( Exception ex)
         {
            //…
```

```
            }
            m_activeView.PartialRefresh(esriViewDrawPhase.esriViewGeography | esriViewDrawPhase.esriViewGeoSelection,null,m_activeView.Extent);
            m_toolPhase = ToolPhase.SelectFeature; }
        private IFeature SelctFeatureBasedMousePoint(IPoint pPoint)
        {   ITopologicalOperator pTopo = pPoint as ITopologicalOperator;
            IGeometry pBuffer = pTopo.Buffer(0.5);
            IGeometry pGeometry = pBuffer.Envelope;
            SetAllPolylinePolygonLayersSelectable();
            ISelectionEnvironment selEnvironment = new SelectionEnvironmentClass();
            selEnvironment.CombinationMethod
            esriSelectionResultEnum.esriSelectionResultNew;
            m_map.SelectByShape(pGeometry,selEnvironment,true);
            IEnumFeature SelectedFeatures = m_map.FeatureSelection as IEnumFeature;
            SelectedFeatures.Reset();
            IFeature selFeature = SelectedFeatures.Next();
            SetAllLayersSelectable();
            m_activeView.PartialRefresh(esriViewDrawPhase.esriViewGeoSelection,null,m_activeView.Extent);
            return selFeature;  }
    }
```

详细实现请参阅本书附带的光盘。

## 10.7 要素合并

要素合并有 Union 和 Merge 两种方法，Union 源要素可来自于同几何类型的多个图层，而 Merge 源要素只能来自于同一图层；Union 并不修改源要素，源要素保留原样，其结果是创建一个新要素，新要素属性为空；Merge 将源要素合并成一个要素，源要素不复存在，新要素的属性可根据其中的一个源要素获得。

下面是 Union 实现的主要代码：

```
public sealed class UnionFeaturesCmd:BaseCommand
{   IHookHelper m_hookHelper = null;
    IActiveView m_activeView = null;
    IMap m_map = null;
    IFeatureLayer currentLayer = null;
    IEngineEditProperties m_engineEditor = null;
    public UnionFeaturesCmd() { m_engineEditor = new EngineEditorClass(); }
    public override void OnCreate(object hook)
    {   if(hook == null) return;
        m_hookHelper = new HookHelperClass();
        m_hookHelper.Hook = hook;   }
    public override void OnClick()
```

```
    { ILayer layer = m_engineEditor.TargetLayer;
      if(layer == null)
        { MessageBox.Show();return;}
      m_activeView = m_hookHelper.ActiveView;
      m_map = m_hookHelper.FocusMap;
      IEnumFeature selectedFeatures = GetSelectedFeatures();
      if(selectedFeatures == null)return;
      UnionFeatures(selectedFeatures); m_activeView.PartialRefresh(esriViewDrawPhase.esriView-
      Geography | esriViewDrawPhase.esriViewGeoSelection,null,m_activeView.Extent);   }
private IEnumFeature GetSelectedFeatures()
    { if(m_map.SelectionCount < 2){ MessageBox.Show();return null;}
      ILayer layer = m_engineEditor.TargetLayer;
      if(layer == null)return null;
      if(!(layer is IFeatureLayer))return null;
      currentLayer = layer as IFeatureLayer;
      if(currentLayer.FeatureClass.ShapeType == esriGeometryType.esriGeometryPoint)
        { MessageBox.Show();return null;}
      IEnumFeature SelectedFeatures = m_map.FeatureSelection as IEnumFeature;
      if(SelectedFeatures == null)return null;
      //判断 SelectedFeatures 是否为相同的几何类型,且是否与 m_engineEditor.TargetLayer 几何
      类型相同
      bool sameGeometryType = JudgeGeometryType(SelectedFeatures);
      if(!sameGeometryType){ MessageBox.Show();return null;}
      return SelectedFeatures;   }
private bool JudgeGeometryType(IEnumFeature SelectedFeatures)
    { SelectedFeatures.Reset();
      IFeature feature = SelectedFeatures.Next();
      if(feature == null)return false;
      esriGeometryType geometryType =feature.ShapeCopy.GeometryType;
      while((feature = SelectedFeatures.Next())!=null)
        { if(geometryType != feature.ShapeCopy.GeometryType)
            { return false;}
        }
      if(geometryType == currentLayer.FeatureClass.ShapeType)
      return true;
      return false;   }
private void UnionFeatures(IEnumFeature selectedFeatures)
    { IFeature feature = null;
      IGeometry geometry = null;
      object missing = Type.Missing;
      selectedFeatures.Reset();
      feature = selectedFeatures.Next();
      if(feature == null)return;
```

```
        IFeatureClass featureClass = feature.Class as IFeatureClass;
        IGeometryCollection geometries = new GeometryBagClass();
        while(feature != null)
            {   geometry = feature.ShapeCopy;
                geometries.AddGeometry(geometry, ref missing, ref missing);
                feature = selectedFeatures.Next(); }
        ITopologicalOperator unionedGeometry = null;
        switch(featureClass.ShapeType)
            {
                case esriGeometryType.esriGeometryMultipoint:
                unionedGeometry = new MultipointClass(); break;
                case esriGeometryType.esriGeometryPolyline:
                unionedGeometry = new PolylineClass(); break;
                case esriGeometryType.esriGeometryPolygon:
                unionedGeometry = new PolygonClass(); break;
                default: break; }
        unionedGeometry.ConstructUnion(geometries as IEnumGeometry);
        ITopologicalOperator2 topo = unionedGeometry as ITopologicalOperator2;
        topo.IsKnownSimple_2 = false; topo.Simplify();
        IFeatureClass targetFeatureClass = currentLayer.FeatureClass;
        IDataset dataset = featureClass as IDataset;
        IWorkspaceEdit workspaceEdit = dataset.Workspace as IWorkspaceEdit;
        if(!(workspaceEdit.IsBeingEdited())) return;
        try
            {
                workspaceEdit.StartEditOperation();
                IFeature unionedFeature = targetFeatureClass.CreateFeature();
                unionedFeature.Shape = unionedGeometry as IGeometry;
                unionedFeature.Store();
                workspaceEdit.StopEditOperation(); }
        catch(Exception ex)
            {
                ...
            }
    }
}
```

## 10.8 多部分要素的处理

多部分要素是指 Muiltipoint、Multipart Polyline 和 Multipart Polygon，它们的组成部分分别是 Point、Path 和 Ring。多部分要素的处理包括将部分转换为要素（将多部分要素的某一部分转换为一个单独的要素）、将多部分要素转换为多个要素（Explode）、删除多部分要素的某一部分以及向多部分要素中添加部分。以下仅阐述将部分转换为要素的主要实现，其他的实现请参阅本书附带的光盘。

将部分转换为要素工具的执行分为两个步骤：先选择多部分要素，然后选择多部分要素的某一部分，并将选择的这部分转换为一个单独的新的要素。为了记录工具的运行状态，这里定义了一个如下的枚举类型 ToolPhase：

```
enum ToolPhase { SelectingFeature, SelectingPart }
```

并定义了该类型的一个变量 m_toolPhase，用于记录工具的运行状态。

要操作多部分要素，需要使用多部分几何对象的 IGeometryCollection 接口。

主要实现代码如下：

```
public sealed class ConvertPart2FeatureTool:BaseTool
  { //…
    IEngineEditProperties m_engineEditor = null;
    enum ToolPhase { SelectingFeature, SelectingPart }
    ToolPhase m_toolPhase;
    public ConvertPart2FeatureTool() { m_engineEditor = new EngineEditorClass(); }
    //…
    public override void OnMouseDown(int Button,int Shift,int X,int Y)
      { //…
        m_activePoint = m_activeView.ScreenDisplay.DisplayTransformation.ToMapPoint(X,Y);
        switch(m_toolPhase)
          { case(ToolPhase.SelectingFeature):
            GetSelectedFeature();break;
            case(ToolPhase.SelectingPart):
            SelectAndConvertPart();break;   }
      }
    private void GetSelectedFeature()
      {
        //…
      }
    private void SelectAndConvertPart()
      { if(m_selectedFeature == null)return;
        IPoint mousePoint = m_activePoint;
        IGeometryCollection geometryCollection = m_selectedFeature.Shape as IGeometryCollection;
        int Part = FindAndDrawConvertPart(geometryCollection,mousePoint);
        ConvertPartToFeature(Part,m_selectedFeature);
        m_activeView.PartialRefresh(esriViewDrawPhase.esriViewGeography | esriViewDrawPhase.esri-
        ViewGeoSelection,null,m_activeView.Extent);  }
    private int FindAndDrawConvertPart(IGeometryCollection geometryCollection,IPoint pPt)
      { //工具鼠标点击位置,查找用户点击的是多部分要素的哪一部分
        IProximityOperator proximity = geometryCollection as IProximityOperator;
        IPoint nearestPoint = null;int convertPart = -1;
```

```
object missing = Type.Missing;int i = 0;
IFeatureClass featureClass = m_selectedFeature.Class as IFeatureClass;
switch(featureClass.ShapeType)
  { case esriGeometryType.esriGeometryMultipoint:
     nearestPoint = proximity.ReturnNearestPoint(pPt,esriSegmentExtension.esriNoExtension);
     IPoint point = null;
     for(i = 0;i < geometryCollection.GeometryCount;i ++ )
        { point = geometryCollection.get_Geometry(i) as IPoint;
          if((point.X == nearestPoint.X) &&(point.Y == nearestPoint.Y))
             { FlashGeometry(point,5,10);convertPart = i;break;}
        }
     break;
   case esriGeometryType.esriGeometryPolyline:
     nearestPoint = proximity.ReturnNearestPoint(pPt,esriSegmentExtension.esriNoExtension);
     for(i = 0;i < geometryCollection.GeometryCount;i ++ )
        { IGeometryCollection polyline = new PolylineClass();polyline.AddGeometry(geom-
          etryCollection.get_Geometry(i),ref missing,ref missing);
          IRelationalOperator relationalLine = polyline as IRelationalOperator;
          if(relationalLine.Contains(nearestPoint))
             { FlashGeometry(polyline as IGeometry,5,10);
               convertPart = i;break; }
        }
     break;
   case esriGeometryType.esriGeometryPolygon:
     for(i = 0;i < geometryCollection.GeometryCount;i ++ )
        { IGeometryCollection polygon = new PolygonClass();
          polygon.AddGeometry(geometryCollection.get_Geometry(i),ref missing,ref missing);
          IRelationalOperator relPolygon = polygon as IRelationalOperator;
          if(relPolygon.Contains(pPt))
             { FlashGeometry(polygon as IGeometry,5,10);
               convertPart = i;break; }
        }
     break;
   default:break; }
  if(convertPart == -1)return -1;
  return convertPart; }
private void ConvertPartToFeature(int part,IFeature selectedFeature)
{ IGeometryCollection geometryCollection = selectedFeature.Shape as IGeometryCollection;
  IFeatureClass featureClass = selectedFeature.Class as IFeatureClass;
  IDataset dataset = featureClass as IDataset;
  IWorkspaceEdit workspaceEdit = dataset.Workspace as IWorkspaceEdit;
  if(!(workspaceEdit.IsBeingEdited()))return;
  IFeature newFeature = null;
```

```
try
  { workspaceEdit. StartEditOperation( ) ;
    newFeature = featureClass. CreateFeature( ) ;
    IGeometry convertPartGeometry = geometryCollection. get_Geometry( part) ;
    //delete the original part.
    geometryCollection. RemoveGeometries( part,1) ;
    geometryCollection. GeometriesChanged( ) ;
    selectedFeature. Shape = geometryCollection as IGeometry;
    selectedFeature. Store( ) ;
    //check the type of geometry.
    IPolygon polygon = new PolygonClass( ) ;
    IPolyline polyline = new PolylineClass( ) ;
    IMultipoint multiPoint = new MultipointClass( ) ;
    object Missing = Type. Missing;
    switch( convertPartGeometry. GeometryType)
      { case esriGeometryType. esriGeometryRing:
          geometryCollection = polygon as IGeometryCollection;
          geometryCollection. AddGeometry
          ( convertPartGeometry,ref Missing,ref Missing) ;break;
        case esriGeometryType. esriGeometryPath:
          geometryCollection = polyline as IGeometryCollection;
          geometryCollection. AddGeometry
          ( convertPartGeometry,ref Missing,ref Missing) ;break;
        case esriGeometryType. esriGeometryPoint:
          geometryCollection = multiPoint as IGeometryCollection;
          geometryCollection. AddGeometry
          ( convertPartGeometry,ref Missing,ref Missing) ;break;
        default:break;  }
    newFeature. Shape = geometryCollection as IGeometry;
    IField field = new FieldClass( ) ;IFields fields = selectedFeature. Fields;
    for( int fieldCount = 0;fieldCount  < fields. FieldCount;fieldCount ++ )
      { field = fields. get_Field(fieldCount) ;
        if( (field. Type !  = esriFieldType. esriFieldTypeGeometry) &&
        (field. Type !  = esriFieldType. esriFieldTypeOID) && field. Editable)
          { newFeature. set_Value(fieldCount,selectedFeature. get_Value(fieldCount) ) ;}
      }
    newFeature. Store( ) ;
    workspaceEdit. StopEditOperation( ) ;  }
catch( Exception ex)
  { … }
m_toolPhase = ToolPhase. SelectingFeature;  }
}
```

详细实现请参阅本书附带的光盘。

## 10.9 线要素的延伸与修剪

线要素延伸（extend）是将线要素延伸到目标线，如图 10-5 所示，具体执行时是先选择目标线，然后选择要延伸的线。线要素修剪（trim）是用目标线去修剪其他的线要素，具体执行的时候先选择用作修剪的线要素，然后选择要修剪的线要素，所单击的线的部分将被移除，如图 10-6 所示；选择用于修剪的目标线后，如果鼠标点击要修剪的线的上部分，则上部分被修剪掉，如果鼠标点击下部分，则下部分被修剪掉。

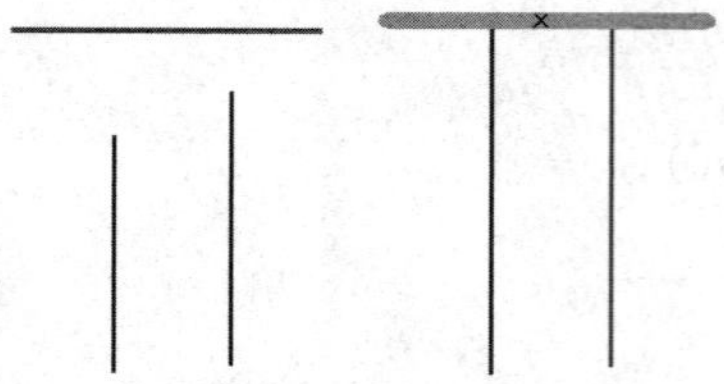

图 10-5　线要素延伸示意图

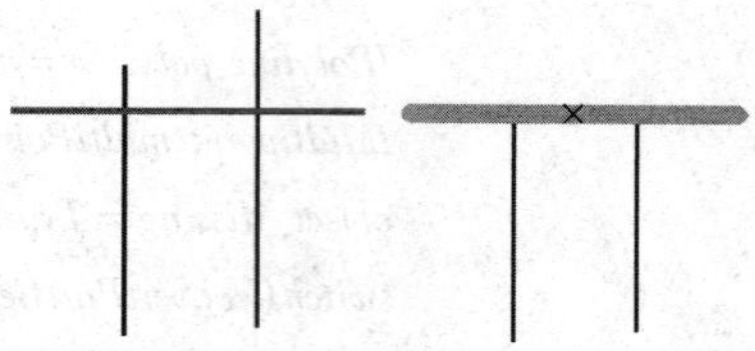

图 10-6　线要素裁剪示意图

这里仅阐述修剪线要素的实现，线要素的延伸请参阅本书附带的光盘。

修剪线要素功能的实现：先使用 ITopologicalOperator. Cut 方法，利用修剪的目标线将要修剪的线几何切割为左、右两部分；然后使用 ICurve. QueryPointAndDistance 方法查询用户鼠标点击的部分是否为右边部分，是的话，将右边部分删除，保留左边部分；不是的话，将左边部分删除，保留右边部分。

主要实现代码如下：

```
public sealed class TrimPolylineTool:BaseTool
  { //…
      IFeature m_secondFeature = null;
      enum ToolPhase { SelectFirstFeature,SelectSecondFeature }
      ToolPhase m_toolPhase;
      public TrimPolylineTool()
        { //…
            m_engineEditor = new EngineEditorClass();  }
      public override void OnCreate(object hook)
        { m_hookHelper = new HookHelperClass();
            m_hookHelper. Hook = hook;
            m_activeView = m_hookHelper. ActiveView;
            m_map = m_hookHelper. FocusMap;
            m_firstPoint = new PointClass();
            m_secondPoint = new PointClass();
            m_activePoint = new PointClass();  }
      public override void OnMouseDown(int Button,int Shift,int X,int Y)
```

```
    { //…
      m_activePoint = m_activeView. ScreenDisplay. DisplayTransformation. ToMapPoint(X,Y);
      switch(m_toolPhase)
        { case(ToolPhase. SelectFirstFeature):
            GetFirstFeature();                    break;
          case(ToolPhase. SelectSecondFeature):
            GetSecondFeafeature();                break; }
    }
private void GetFirstFeature(){ … }
private void GetSecondFeafeature()
    { //获得需要修剪的线要素,并进行修剪
      if(m_firstFeature == null)
        { m_toolPhase = ToolPhase. SelectFirstFeature;      return; }
      m_secondPoint = m_activePoint;
      m_secondFeature = SelctFeatureBasedMousePoint(m_secondPoint);
      if(m_secondFeature == null)
        { m_toolPhase = ToolPhase. SelectSecondFeature;     return; }
      TrimPolyline(m_secondFeature,m_firstFeature,m_secondPoint);
      m_toolPhase = ToolPhase. SelectFirstFeature;   }
private void TrimPolyline(IFeature trimFeature,IFeature targetFeature,IPoint secondPoint)
    { IGeometry preservedGeom = null;
      IGeometry leftGeom = null;           IGeometry rightGeom = null;
      double distanceOnCurve = 0;          double nearestDistance = 0;
      bool isRightSide = false;            IPoint outPoint = new PointClass();
      IFeatureClass featureClass = trimFeature. Class as IFeatureClass;
      IDataset dataset = featureClass as IDataset;
      IWorkspaceEdit workspaceEdit = dataset. Workspace as IWorkspaceEdit;
      if(!(workspaceEdit. IsBeingEdited()))return;
      try
        { IGeometry targetGeometry = targetFeature. ShapeCopy;
          IGeometry trimGeometry = trimFeature. ShapeCopy;
          ITopologicalOperator2 topo = trimGeometry as ITopologicalOperator2;
          topo. IsKnownSimple_2 = false;
          topo. Simplify();
          ITopologicalOperator2 topo2 = targetGeometry as ITopologicalOperator2;
          topo2. IsKnownSimple_2 = false;
          topo2. Simplify();
          topo. Cut(targetGeometry as IPolyline,out leftGeom,out rightGeom);
          ICurve curve = targetGeometry as ICurve;
          curve. QueryPointAndDistance(esriSegmentExtension. esriNoExtension, secondPoint, false,
          outPoint,ref distanceOnCurve,ref nearestDistance,ref isRightSide);
          if(isRightSide)
            { preservedGeom = leftGeom; }
```

```
            else
              { preservedGeom = rightGeom; }
            workspaceEdit.StartEditOperation();
            trimFeature.Shape = preservedGeom;
            trimFeature.Store();
            workspaceEdit.StopEditOperation();
            FlashGeometry(trimGeometry as IGeometry,3,10); }
        catch(Exception ex)
          {
            //…
          }
      }
  }
```

本章主要从 ArcGIS Engine 应用开发的角度，介绍了 GIS 空间数据编辑的流程及相关基础知识，重点阐述了几种常用的空间数据编辑功能的实现。

# 11 三维 GIS 应用开发基础

随着 GIS 应用的深入，人们越来越多地要求使用三维 GIS 来分析、处理问题。ArcObjects 提供了较强的三维空间数据表达、管理、显示和分析功能。本章主要阐述在 ArcGIS Engine 环境下三维 GIS 功能的开发，主要内容包括：SceneControl 控件的使用与开发、GlobeControl 控件的使用与开发、三维插值、三维表面分析和三维网络分析等。

## 11.1 ArcObjects 三维开发概述

ArcGIS 3D 分析扩展模块是 ArcGIS 桌面产品的三维可视化及分析的扩展模块。这个可选的 ArcGIS 3D 分析扩展模块包含两个专用的三维可视化应用程序：ArcScene 和 ArcGlobe；ArcScene 主要完成三维数据创建及其小场景可视化。ArcGlobe 提供交互式全球海量地理数据三维可视化，可以实现全球、地方和街道数据一级一级的无缝转换。

在 ArcObjects 中用于三维开发的主要控件有：SceneControl 和 GlobeControl。

SceneControl 控件封装了 SceneViewer 对象，这和 ArcScene 应用程序是类似的，使用 SceneControl 控件开发的应用程序适合生成远景三维场景，让我们能进行导航并与三维要素和栅格数据互动。在 SceneControl 控件中，三维场景中的所有数据都加载到了内存中，这样能相对快速地实现导航、漫游和缩放功能，因此 SceneControl 更适合用于开发数据量少的小型研究区域的应用程序。

GlobeControl 控件封装了 GlobeViewer 对象，这个控件定义的属性和方法都与 ArcGlobe 应用程序类似，因此使用 GlobeControl 控件开发的应用程序更适合于海量数据集、无缝的栅格与要素数据的可视化。GlobeControl 基于三维地球视图，能在多细节层次（LOD）上进行显示，每个层次都组织到瓦片上，为了最大限度发挥性能，将数据进行缓存，这样能组织和拷贝源数据到瓦片 LOD 上。

## 11.2 使用 SceneControl 控件开发

### 11.2.1 SceneControl 控件

#### 11.2.1.1 SceneControl 控件概述

SceneControl 的功能类似于 ArcScene 中的三维视图，它提供了三维显示和研究小型空间数据图层的方法。SceneControl 封装了 SceneViewer 对象（实现了 ISceneViewer 接口）。ISceneViewer 对象包含一个 Camera，Camera 包含了一对 Observer 和 Target 位置。SceneControl 提供了快捷的方式去使用它内部封装对象的属性和方法，这些封装的对象包括 Camera、Scene、SceneGraph 和 SceneViewer。这些对象都定义在 3DAnalyst 类库中。SceneControl

还提供了额外的属性、方法和事件用于：管理控件的外观、显示属性和地图属性；装载 Scene 文档（sxd）到控件中；添加并管理控件中的数据层；管理 Scene、SceneGraph 和 Camera 属性；设置当前工具。在可视化环境中，可以通过控件的"属性"页设置控件的相关属性，也可以通过编程设置。

SceneControl 控件具有内置的导航功能，它在设计时可以通过 SceneControl 属性页或导航属性编程设置。这个功能能让最终用户得到以下体验：

（1）用鼠标左键向后向前导航，向左向右显示；

（2）用鼠标右键在显示中放大和缩小。

在 SceneControl 控件中，还能通过 SceneControl 属性页设置三维场景文档（Scene Document）；也可以编程实现加载一个三维场景文档，SceneControl 对象提供了 CheckSxFile（string filepath）方法来检验这个文档是否有效，并使用 LoadSxFile（string filepaht）方法来加载这个文档。

以下代码实现了在 SceneControl 中加载文档：

```
string filePath = @"C:\Temp\MySceneDocument.sxd";
if(axSceneControl1.CheckSxFile(filePath)) axSceneControl1.LoadSxFile(filePath);
```

SceneControl 实现的主要接口包括：ISceneControlDefault、ISceneControl 和该控件的事件接口 ISceneControlEvents。

（1）ISceneControlDefault 接口。ISceneControlDefault 接口是三维场景控件缺省接口，多数开发环境自动使用这个接口定义的属性、方法。由于 SceneControl 是一个自动化控件，当它被放到一个容器——如窗体上后，它会自动产生一个被称为 axSceneControl1 的对象，这个对象可以直接使用缺省接口定义的属性和方法。这个接口也代表了控件最新版本的接口。当需要使用这个接口的时候，可以使用下面的代码：

```
ISceneControlDefault sceneControl = axSceneControl1.Object as ISceneControlDefault;
```

（2）ISceneControl 接口。这个接口是任何一个与 SceneControl 相关任务的起点，如设置控件的外观，向控件中添加 Scene 文档，管理 Scene、SceneGraph 和 Camera 对象，以及设置当前工具，在控件中绘制图形等。在 Visual C# .NET 中，当查询接口 ISceneControl 时，Object 属性或容器定义代码必须使用，因为 .NET 包含的控件是由包装对象控制。

下面代码实现了 ISceneControl 接口：

```
ISceneControl sceneControl = axSceneControl1.Object as ISceneControl;
```

（3）ISceneControlEvents 事件接口。ISceneControlEvents 是一个事件接口，它定义了 SceneControl 能够处理的全部事件，如 OnDoubleClick、OnkeyDown、OnMouseDown、OnMouseMove、OnMouseUp、OnSceneReplaced 等，这些事件在建立独立的三维应用程序时经常用到，与 MapControl 事件接口相似，不同的是由于三维视图操作更为复杂，因此与键盘操作互动的 OnKeyDown 事件也较为常用。

#### 11.2.1.2 鼠标与 SceneControl 控件交互

##### A 三维场景漫游

在 SceneControl 中通过移动 Camera 来实现三维场景的漫游。下面的代码使用了 Camera

的 Pan（IPoint pStartPoint，IPoint pEndPoint）方法在 SceneControl 的 OnMouseDown 和 OnMouseMove 事件中实现三维场景的漫游：

```
public override void OnMouseDown(int Button,int Shift,int X,int Y)
  { //获取鼠标起始点坐标
    m_lMouseX = X;m_lMouseY = Y;  }
public override void OnMouseMove(int Button,int Shift,int X,int Y)
  { if(X-m_lMouseX == 0 && Y-m_lMouseY == 0)return;
    //用起始点坐标创建点
    IPoint  pStartPoint = new PointClass();
    pStartPoint.PutCoords((double)m_lMouseX,(double)m_lMouseY);
    //用起始点坐标创建点
    IPoint  pEndPoint = new PointClass();
    pEndPoint.PutCoords((double)X,(double)Y);
    //获取鼠标移动坐标
    m_lMouseX = X;     m_lMouseY = Y;
    //获取 SceneViewer 和 Camera
    ISceneViewer  pSceneViewer = axSceneControl1.SceneViewer;
    ICamera pCamera = PSceneViewer.Camera;
    //移动 camera 以实现漫游
    pCamera.Pan(pStartPoint,pEndPoint);
    //重绘 scene viewer 刷新
    pSceneViewer.Redraw(false);  //重绘 scene viewer
  }
```

B 在 SceneControl 中绘制图形

在三维场景中，由于三维几何与二维几何的差异，一些二维图形的绘图方法不能在三维场景中直接使用；并且如果几何没有高度属性，在三维场景中将无法对它进行渲染，所以要在 SceneControl 中绘制图形并对它渲染就需要获取绘制点的三维坐标，或者直接调用图形设备接口对绘制的几何进行渲染。下面展示了两种绘制和渲染几何的方法，一种通过得到三维场景中的三维点，使用创建图形反馈如 INewLineFeedback 来得到三维几何，然后根据这个三维图形，在图形图层中添加三维元素，最后在三维场景中对它进行渲染；另一种直接在窗口中绘制一个二维几何，然后调用图形设备接口 GDI + 对它进行渲染。

下面代码实现了第一种方法，在三维场景中绘制一条三维多义线：

```
public override void OnMouseDown(int Button,int Shift,int X,int Y)
  { ISceneGraph pSceneGraph = m_sceneHookHelper.SceneGraph;
    ISceneViewer pSceneViwer = pSceneGraph.ActiveViewer;
    object ppOwner,ppObject;
    pSceneGraph.Locate (pSceneViwer, X, Y, esriScenePickMode.esriScenePickAll, true, out Startpt, out
    ppOwner,out ppObject);
    if(Startpt == null)return;
    if(pNewLineFeedback == null)
      { pNewLineFeedback = new NewLineFeedbackClass();
```

```
            pNewLineFeedback.Display = pSceneGraph as IScreenDisplay;
            pNewLineFeedback.Start(Startpt); }
        else {pNewLineFeedback.AddPoint(Startpt); }
    }
public override void OnMouseMove(int Button,int Shift,int X,int Y)
    { if(Startpt == null)return;                IPoint pt = new PointClass();
      pt.PutCoords((double)X,(double)Y); pt.Z = Startpt.Z;
      if(pNewLineFeedback != null)pNewLineFeedback.MoveTo(pt); }
public override void OnDblClick()
    { IGeometry pgeo = pNewLineFeedback.Stop();
      if(pgeo == null)return;  pNewLineFeedback = null;
      //对反馈得到的图形进行渲染
      ILineElement lineEle = new LineElementClass();
      ISimpleLineSymbol pSimpleLineSymbol = new SimpleLineSymbolClass();
      pSimpleLineSymbol.Color.RGB = 255;
      lineEle.Symbol = pSimpleLineSymbol;
      IElement pElement = lineEle as IElement;
      pElement.Geometry = pgeo;
      //将元素添加到图形图层中,然后刷新
      IGraphicsContainer3D pGraphicsContainer3D = m_sceneHookHelper.Scene.BasicGraphicsLayer as
      IGraphicsContainer3D;
      pGraphicsContainer3D.AddElement(pElement);
      m_sceneHookHelper.SceneGraph.RefreshViewers();
      m_sceneHookHelper.SceneGraph.ActiveViewer.Redraw(false); }
```

说明：创建针对 SceneControl 或 ArcScene 的自定义命令、工具等时，可以使用 SceneHookHelper 及 ISceneHookHelper 简化开发，通过 ISceneHookHelper 可以访问 ActiveViewer、Camera、Scene 和 SceneGraph 属性。使用方法与使用 HookHelper、IHookHelper 相似。

下面代码实现了第二种绘制方法，在窗口中绘制一个二维的矩形。这种绘制图形的方法效率更高，在不需要 Z 值时，一般选用这种方法。

```
public override void OnMouseDown(int Button,int Shift,int X,int Y)
    { m_lMouseX = X;  m_lMouseY = Y;  //获取鼠标的初始化坐标
      SetCapture(pSceneViewer.hWnd);  //捕捉 SceneViewer 的当前窗口
    }
public override void OnMouseMove(int Button,int Shift,int X,int Y)
    { IEnvelope pEnvelope;
      //进行判断,设置包络线的最大和最小 XY 值
      if((double)m_lMouseX <= (double)X)
        { pEnvelope.XMin = (double)m_lMouseX;  pEnvelope.XMax = (double)X; }
        else
        { pEnvelope.XMin = (double)X;  pEnvelope.XMax = (double)m_lMouseX; }
      if((double)m_lMouseY <= (double)Y)
        { pEnvelope.YMin = (double)m_lMouseY;  pEnvelope.YMax = (double)Y; }
```

```
else
 { pEnvelope.YMin = (double)Y;pEnvelope.YMax = (double)m_lMouseY; }
  //根据得到的包络线绘制矩形
  using(Graphics myGraphics = Graphics.FromHdc((IntPtr)pSceneViewer.hDC))
    {   using(Brush brush = new SolidBrush(Color.Transparent))//hollow brush
        {  //调用图形设备接口(GDI+)的空心刷去填充矩形
           myGraphics.FillRectangle(brush,(int)pEnvelope.XMin,(int)pEnvelope.YMin,(int)
           pEnvelope.Width,(int)pEnvelope.Height);  }
        using(Pen pen = new System.Drawing.Pen(Color.Black,2))//使用画笔绘制
          { myGraphics.DrawRectangle(pen,(int)pEnvelope.XMin,(int)pEnvelope.YMin,(int)
          pEnvelope.Width,(int)pEnvelope.Height); }
    }
}
```

C　在 SceneControl 中放大

三维场景中进行放大是通过改变 Camera 的属性来实现的，有三种方法：(1) 通过改变视场角度大小来实现；(2) 通过 Camera 的 Zoom()方法，传入一个缩放比例实现；(3) 通过 Camera 的 ZoomToRec()方法，传入一个矩形实现。

下面代码实现在 SceneControl 中点击后改变 Camera 的目标点，并进行缩放：

```
public override void OnMouseDown(int Button,int Shift,int X,int Y)
  { ICamera pCamera = pSceneViewer.Camera;//获取 camera
    ISceneGraph pSceneGraph = pSceneViewer.SceneGraph;//获取 SceneGraph
    IPoint pPoint;      object pOwner,pObject;
    pSceneGraph.Locate (pSceneGraph.ActiveViewer, X, Y, esriScenePickMode.esriScenePickAll, true, out
    pPoint,out pOwner,out pObject);
    //重新设置照相机的目标点并放大
    pCamera.Target = pPoint;pCamera.Zoom(0.75);   }
```

下面代码实现了在三维场景中拉框放大。因为三维图形比二维图形绘制更为复杂，而传入的矩形图形只要二维图形即可，所以这里通过调入图形设备接口 GDI+来渲染这个矩形。

```
public override void OnMouseDown(int Button,int Shift,int X,int Y)
  { //获取鼠标的初始化坐标
    m_bInUse = true;   m_lMouseX = X;   m_lMouseY = Y;
    ISceneViewer pSceneViewer = GetSceneViewer();//获取 scene viewer
    SetCapture(pSceneViewer.hWnd);//捕捉 SceneViewer 当前窗口
  }
public override void OnMouseMove(int Button,int Shift,int X,int Y)
  { if(! m_bInUse)return;
    IEnvelope pEnvelope;CreateEnvelope(X,Y,out pEnvelope);
    DrawRectangle(pEnvelope);//绘制矩形
  }
public override void OnMouseUp(int Button,int Shift,int X,int Y)
  { if(GetCapture(pSceneViewer.hWnd)! =0)
```

```
    ReleaseCapture(m_pSceneHookHelper.ActiveViewer.hWnd);
    ICamera pCamera = pSceneViewer.Camera;//获取 camera
    ISceneGraph pSceneGraph = pSceneViewer.SceneGraph;//获取 SceneGraph
    IEnvelope pEnvelope;   CreateEnvelope(X,Y,out pEnvelope);
    IPoint pPoint;   object pOwner,pObject;
    if(pEnvelope.Width == 0 || pEnvelope.Height == 0)
      { //将屏幕上鼠标获取的坐标转换为三维点
        pSceneGraph.Locate(pSceneGraph.ActiveViewer,X,Y,esriScenePickMode.esriScenePickAll,true,
        out pPoint,out pOwner,out pObject);
        pCamera.Target = pPoint;pCamera.Zoom(0.75);//设置 camera 目标点并放大
      }
    else
      { //设置照相机的投影类型,这里设置为三维场景投影
        if(pCamera.ProjectionType == esri3DProjectionType.esriPerspectiveProjection)
          { pCamera.ZoomToRect(pEnvelope); }
        //Zoom camera to the envelope
        else
          { pSceneGraph.Locate(pSceneGraph.ActiveViewer,(int)(pEnvelope.XMin + (pEnvelope.Width/
            2)),(int)(pEnvelope.YMin + (pEnvelope.Height/2)),esriScenePickMode.esriScenePickAll,
            true,out pPoint,out pOwner,out pObject);
            pCamera.Target = pPoint;   //设置 camera 目标点
            //获取 Scene viewer 窗口的大小
            Rectangle rect;   rect = new Rectangle();
            if(GetWindowRect(pSceneViewer.hWnd,ref rect) == 0)return;
            double dx,dy;   dx = pEnvelope.Width;   dy = pEnvelope.Height;
            //Determine zoom factor
            if(dx > 0 && dy > 0)
              { dx = dx / Math.Abs(rect.Right-rect.Left);
                dy = dy / Math.Abs(rect.Top-rect.Bottom);
                if(dx > dy)pCamera.Zoom(dx);
                else  pCamera.Zoom(dy); }
        else  pCamera.Zoom(0.75); }
    pSceneViewer.Redraw(true); }
}
```

D 定位观察点

在三维场景中，如果想要定位一个新的观察点进行观察，就要重新设置 Camera 的 Oberser 属性，下面代码在 OnMouseUp 事件中实现了定位观察位置：

```
public override void OnMouseUp(int Button,int Shift,int X,int Y)
  { IPoint pNewObs;   object pOwner,pObject;
    //将屏幕上鼠标获取的坐标转换为三维点
    pSceneGraph.Locate(pSceneViewer, X, Y, esriScenePickMode.esriScenePickAll, true, out pNewObs, out
    pOwner,out pObject);
```

```
    ICamera pCamera = pSceneViewer. Camera;
    //获取 camera 原观察点
    IPoint pOldObs = (IPoint)pCamera. Observer;
    //获取重绘的间隔周期和每秒钟帧的平均数
    double dlastFrameDuration,dMeanFrameRate;
    pSceneGraph. GetDrawingTimeInfo(out dlastFrameDuration,out dMeanFrameRate);
    //控制三维场景在改变时的速度
    if(dlastFrameDuration < 0. 01)dlastFrameDuration = 0. 01;
    int iSteps;  iSteps = (int)(2/dlastFrameDuration);
    if(iSteps < 1)iSteps = 1;  if(iSteps > 60)iSteps = 60;
    double dxObs,dyObs,dzObs;
    dxObs = (pNewObs. X-pOldObs. X)/ iSteps;
    dyObs = (pNewObs. Y-pOldObs. Y)/ iSteps;
    dzObs = (pNewObs. Z-pOldObs. Z)/ iSteps;
    //通过每一个步骤依次移动观察点和目标并刷新三维场景视图
    for(int i = 0;i < = iSteps;i ++ )
      { pNewObs. X = pOldObs. X + (i * dxObs);
        pNewObs. Y = pOldObs. Y + (i * dyObs);
        pNewObs. Z = pOldObs. Z + (i * dzObs);
        pCamera. Observer = pNewObs;
        pSceneGraph. ActiveViewer. Redraw(true);  }
}
```

E 定位目标中心

定位目标中心可以操纵目标位置，当您在三维场景中点击新的目标位置时，观察者的位置仍然保持不变，这和您站着不动然后转动您的头去看东西是类似的。设置目标中心，实际上就是设置了照相机的位置，然后旋转镜头去观察三维场景。

```
public override void OnMouseUp(int Button,int Shift,int X,int Y)
  { IPoint pNewTgt;object pOwner,pObject;
    //将屏幕上鼠标获取的坐标转换为三维点
    pSceneGraph. Locate(pSceneGraph. ActiveViewer, X, Y, esriScenePickMode. esriScenePickAll, true, out
    pNewTgt,out pOwner,out pObject);
    ICamera pCamera = pSceneGraph. ActiveViewer. Camera;
    //设置为固定比例尺的投影类型
    if(pCamera. ProjectionType == esri3DProjectionType. esriOrthoProjection)
      { pCamera. Target = pNewTgt;   //Set the camera's new target
        pSceneGraph. ActiveViewer. Redraw(true);//Redraw the scene viewer
      }
    else
      { IPoint pOldTgt,pOldObs;   //获取 camera 原目标和观察点
        pOldTgt = pCamera. Target;   pOldObs = pCamera. Observer;
        //设置 camera 新的目标以及获得新的观察点
        pCamera. Target = pNewTgt;   pCamera. PolarUpdate(1,0,0,true);
```

```
            IPoint pNewObs = (IPoint)pCamera.Observer;
            //获取重绘周期和每秒钟帧的平均数量
            double dlastFrameDuration,dMeanFrameRate;
            pSceneGraph.GetDrawingTimeInfo(out dlastFrameDuration,out dMeanFrameRate);
            if(dlastFrameDuration < 0.01)dlastFrameDuration = 0.01;
            int iSteps; iSteps = (int)(2 / dlastFrameDuration);
            if(iSteps < 1)iSteps = 1; if(iSteps > 60)iSteps = 60;
            double dxObs,dyObs,dzObs; double dxTgt,dyTgt,dzTgt;
            dxObs = (pNewObs.X-pOldObs.X)/ iSteps;
            dyObs = (pNewObs.Y-pOldObs.Y)/ iSteps;
            dzObs = (pNewObs.Z-pOldObs.Z)/ iSteps;
            dxTgt = (pNewTgt.X-pOldTgt.X)/ iSteps;
            dyTgt = (pNewTgt.Y-pOldTgt.Y)/ iSteps;
            dzTgt = (pNewTgt.Z-pOldTgt.Z)/ iSteps;
            //依次通过每一个步骤去移动观察点和目标并刷新三维场景视图
            for(int i = 0;i < iSteps;i++)
              { pNewObs.X = pOldObs.X + (i * dxObs); pNewObs.Y = pOldObs.Y + (i * dyObs);
                pNewObs.Z = pOldObs.Z + (i * dzObs); pNewTgt.X = pOldTgt.X + (i * dxTgt);
                pNewTgt.Y = pOldTgt.Y + (i * dyTgt); pNewTgt.Z = pOldTgt.Z + (i * dzTgt);
                pCamera.Observer = pNewObs; pCamera.Target = pNewTgt;
                pSceneGraph.ActiveViewer.Redraw(true); }
        }
}
```

F 在三维场景中飞行

飞行让您能通过飞越观察您要研究的三维场景，它让您能在任何方向移动，并用不同的速度向前或向后。飞行主要是控制目标位置，在鼠标点击的方向上向前或向后移动，这样观察者就相对的移动了。当然，操控飞行需要一定的练习。

```
public override void OnMouseUp(int Button,int Shift,int X,int Y)
  { if(! m_bInUse)
      { m_lMouseX = X;    m_lMouseY = Y;
        if(m_iSpeed == 0)StartFlight(); }
    else
      { //设置速度i
        if(Button == 1)m_iSpeed = m_iSpeed + 1;
        else if(Button == 2)m_iSpeed = m_iSpeed - 1;
        //开始或结束飞行
        if(m_iSpeed == 0)EndFlight();
        Else StartFlight(); }
  }
public override void OnMouseMove(int Button,int Shift,int X,int Y)
  { if(! m_bInUse)return; m_lMouseX = X; m_lMouseY = Y; }
public void StartFlight()
```

```
{ m_bInUse = true;
  //获取 scene graph 的范围
  IEnvelope pEnvelope;   pEnvelope = pSceneGraph.Extent;
  //查询这个范围的坐标
  double dXmin,dXmax,dYmin,dYmax;
  pEnvelope.QueryCoords(out dXmin,out dYmin,out dXmax,out dYmax);
  //设置三维场景移动速度
  if((dXmax-dXmin) > (dYmax-dYmin))m_dMotion = (dXmax-dXmin)/100;
  else   m_dMotion = (dYmax-dYmin)/ 100;
  //获取 camera 的目标和观察点
  ICamera pCamera = pSceneViewer.Camera;
  m_pPointObs = pCamera.Observer;m_pPointTgt = pCamera.Target;
  //计算观察点和目标的距离
  double dx,dy,dz;   dx = m_pPointTgt.X-m_pPointObs.X;
  dy = m_pPointTgt.Y-m_pPointObs.Y;   dz = m_pPointTgt.Z-m_pPointObs.Z;
  //确定高程、方位角以及观察点和目标间的距离
  m_dElevation = Math.Atan(dz/ Math.Sqrt(dx * dx  + dy * dy));
  m_dAzimut = Math.Atan(dy / dx);
  m_dDistance = Math.Sqrt((dx * dx) + (dy * dy) + (dz * dz));
  Flight();//飞行
}
public void Flight()
{ double dlastFrameDuration,dMeanFrameRate;//获取绘制时间间隔
  pSceneGraph.GetDrawingTimeInfo(out dlastFrameDuration,out dMeanFrameRate);
  if(dlastFrameDuration  < 0.01)dlastFrameDuration = 0.01;
  if(dlastFrameDuration  > 1)dlastFrameDuration = 1;
  //调用 Windows API 接口获取窗体坐标
  Rectangle rect = new Rectangle();
  if(GetClientRect(pSceneViewer.hWnd,ref rect) == 0)return;
  double dXMouseNormal,dYMouseNormal;//获取法线向量
  dXMouseNormal = 2  * ((double)m_lMouseX /(double)rect.Right) - 1;
  dYMouseNormal = 2  * ((double)m_lMouseY /(double)rect.Bottom) - 1;
  //设置法线旋转的高程和方位角
  m_dElevation = m_dElevation-(dlastFrameDuration  *  dYMouseNormal  *  Math.Abs(dYMouseNormal));
  m_dAzimut = m_dAzimut-(dlastFrameDuration  *  dXMouseNormal  *  Math.Abs(dXMouseNormal));
  if(m_dElevation  > 0.45  *  3.141592)m_dElevation = 0.45  *  3.141592;
  if(m_dElevation  < -0.45  *  3.141592)m_dElevation = -0.45  *  3.141592;
  if(m_dAzimut  < 0)m_dAzimut = m_dAzimut + (2  *  3.141592);
  if(m_dAzimut  > 2  *  3.141592)m_dAzimut = m_dAzimut-(2  *  3.141592);
  double dx,dy,dz;
  dx = Math.Cos(m_dElevation) * Math.Cos(m_dAzimut);
  dy = Math.Cos(m_dElevation) * Math.Sin(m_dAzimut);
  dz = Math.Sin(m_dElevation);
```

```
    //改变目标点方向
    m_pPointTgt. X = m_pPointObs. X + (m_dDistance * dx);
    m_pPointTgt. Y = m_pPointObs. Y + (m_dDistance * dy);
    m_pPointTgt. Z = m_pPointObs. Z + (m_dDistance * dz);
    //在视线方向移动照相机
    m_pPointObs. X = m_pPointObs. X + (dlastFrameDuration * (2^m_iSpeed) * m_dMotion * dx);
    m_pPointObs. Y = m_pPointObs. Y + (dlastFrameDuration * (2^m_iSpeed) * m_dMotion * dy);
    m_pPointTgt. X = m_pPointTgt. X + (dlastFrameDuration * (2^m_iSpeed) * m_dMotion * dx);
    m_pPointTgt. Y = m_pPointTgt. Y + (dlastFrameDuration * (2^m_iSpeed) * m_dMotion * dy);
    m_pPointObs. Z = m_pPointObs. Z + (dlastFrameDuration * (2^m_iSpeed) * m_dMotion * dz);
    m_pPointTgt. Z = m_pPointTgt. Z + (dlastFrameDuration * (2^m_iSpeed) * m_dMotion * dz);
    pCamera. Observer = m_pPointObs;  pCamera. Target = m_pPointTgt
    //设置观察点和目标点间的视线角度
    pCamera. RollAngle = 10 * dXMouseNormal * Math. Abs(dXMouseNormal);
    pSceneViewer. Redraw(true);//Redraw the scene viewer
    object objCancel;
    if(bCancel == true) EndFlight();//如果 ESC 键取消飞行
    while(m_bInUse == true && bCancel == false);
    bCancel = false;  }
public void EndFlight()
  { m_bInUse = false;
    IPoint pPointTgt;  pPointTgt = new PointClass();
    object pOwner, pObject;
    Rectangle rect = new Rectangle();
    //Windows API call to get windows client coordinates
    if(GetClientRect(m_pSceneHookHelper. ActiveViewer. hWnd, ref rect)! =0)
      { //转换屏幕坐标为三维点
        pSceneGraph. Locate(pSceneViewer, rect. Right / 2, rect. Bottom / 2, esriScenePickMode. esriSce-
        nePickAll, true, out pPointTgt, out pOwner, out pObject); }
    ICamera pCamera = GetCamera();
    if(pPointTgt ! = null)
      { //重置观察点和目标
        pCamera. Target = pPointTgt;  pCamera. Observer = m_pPointObs; }
    //设置观察点和目标的之间的 camera 角度
    pCamera. RollAngle = 0; pCamera. PropertiesChanged();  m_iSpeed = 0; }
public override void OnKeyDown(int keyCode, int Shift)
  { if(keyCode == 27)//ESC 键取消飞行
      { bCancel = true; }
  }
```

G 在 SceneControl 中进行导航

三维导航是通过使用一个 Camera 对象实现的。所有的三维视图都有一个单一的 Camera，这个 Camera 包含了观察者的位置（三维视图中 Camera 摆放的位置）和目标位置

(Camera 朝向的三维点)。三维导航是通过操纵观察者和目标位置来实现的。

下面代码实现了在 SceneControl 中进行简单的导航:

```
public override void OnMouseDown(int Button,int Shift,int X,int Y)
    { if(Button == 3) bCancel = true;//如果鼠标同时按下左右键取消导航
      else //如果单击开始导航
        { m_bInUse = true;
          SetCapture(pSceneViewer. hWnd);//
          m_lMouseX = X;     m_lMouseY = Y;  }
    }
public override void OnMouseMove(int Button,int Shift,int X,int Y)
    { if(m_bInUse ==false) return;//从鼠标单击开始导航
      if(X-m_lMouseX == 0 && Y-m_lMouseY == 0) return;
      long dx,dy;  dx = X-m_lMouseX;  dy = Y-m_lMouseY;
      if(Button == 2)//If right mouse clicked
        { //设置缩放鼠标,并进行缩放
          SetCursor(m_pCursorZoom. Handle. ToInt32());
          if(dy < 0)pSceneViewer. Camera. Zoom(1. 1);
          else if(dy > 0)pSceneViewer. Camera. Zoom(0. 9);  }
      if(Button == 1)//单击鼠标左键
        { if(m_bGesture ==false)pSceneViewer. Camera. PolarUpdate(1,dx,dy,true);
          else
            { if(m_bSpinning == true)//如果正在进行旋转
                { pSceneViewer. Camera. PolarUpdate(1,dx,dy,true); }
              else {  //Windows API call to get windows client coordinates
                      Rectangle rect;  rect = new Rectangle();
                      GetClientRect(pSceneViewer. hWnd,ref rect);
                      //计算旋转的步长
                      if(dx < 0)m_dSpinStep = (180 / rect. Right-rect. Left) * (dx-pSceneViewer. Gesture-
                      Sensitivity);
                      else m_dSpinStep = (180 / rect. Right-rect. Left) * (dx +pSceneViewer. GestureSensitivity);
                      StartSpin();//开始旋转
                    }
            }
          //Set Mouse coordinates for the next //OnMouse Event
          m_lMouseX = X;  m_lMouseY = Y;
          //刷新
          pSceneViewer. Redraw(true);  }
    }
public override void OnMouseUp(int Button,int Shift,int X,int Y)
    { //设置导航鼠标指针
      if(m_bGesture == true) SetCursor(m_pCursorGest. Handle. ToInt32());
      else   SetCursor(m_pCursorNav. Handle. ToInt32());
```

```
        if( GetCapture( pSceneViewer. hWnd) ! =0)
        ReleaseCapture( pSceneViewer. hWnd) ; }
public void StartSpin( )
    {  m_bSpinning = true;
        //获取 IMessageDispatcher 接口
        IMessageDispatcher pMessageDispatcher;
        pMessageDispatcher = new MessageDispatcherClass( ) ;
        //设置 ESC 键取消导航
        pMessageDispatcher. CancelOnClick = false;
        pMessageDispatcher. CancelOnEscPress = true;
        do
            {  //移动照相机
                pSceneViewer. Camera. PolarUpdate( 1 , m_dSpinStep ,0 , true) ;
                pSceneViewer. Redraw( true) ;//Redraw the scene viewer
                object b_oCancel;
                pMessageDispatcher. Dispatch( pSceneViewer. hWnd ,false ,out b_oCancel) ;
                if( bCancel == true)    m_bSpinning = false;   }
        while( bCancel == false) ;   bCancel = false;   }
public override void OnKeyDown( int keyCode , int Shift)
    {  …  //设置相应的键盘响应事件
    }
```

### 11.2.2 Scene 对象

Scene 对象相当于 Map 对象，用于显示和操纵数据的容器，允许访问它所加载的数据与三维视图，它的数据由多个 Layer 对象组合而成，而在显示上由多个 SceneGraph 对象组成。

Scene 对象的获得可以通过以下方法获得：

（1）通过 SxDocument 获得：

```
m_application = hook as IApplication;
IDocument document = m_application. Document;
ISxDocument sxDocument = document as ISxDocument;
IScene scene = sxDocument. Scene;
```

（2）通过 SceneControl 获得：

```
IScene scene = axSceneControl1. Scene;
```

Scene 对象主要的接口有：IScene、IMap、IActiveView、IAnimationTracks、IConnectionPointContainer 等。下面主要介绍 IScene 接口。

IScene 接口用来管理 Scene 对象中 Layer 对象、SceneGraph 对象、FeatureSelection、SpatialReference 等对象。

Scene 对象是地理数据的容器，地理数据是通过图层加载到 Scene 对象中的，因此 IScene 定义了操纵图层的方法。

Extend 属性可以设置三维场景的显示范围，缩小场景的显示范围对于提高显示性能和去除无关信息非常有用。默认情况，场景范围是场景中各个图层的范围。可以把场景的范围设置为某个图层的范围，或通过指定最小和最大的 X、Y 坐标来设置场景的范围。

AddLayer（ILayer pLayer，bool autoArrange）可以加载一个图层到 Scene 对象中，而 AddLayers（IEnumLayer pEnumLayer，bool autoArrange）方法可以加载多个图层对象，EnumLayer 是一个图层枚举对象可以保存多个图层的指针。

ClearLayers( )方法可以清除 Scene 中所有图层，LayerCount 则指明这个 Scene 对象中包含了多少个图层对象。

get_Layer(index)方法可以根据图层的索引值得到具体的图层对象，MoveLayer( )方法则可以在 TOC 中移动图层的位置。

SelectByShape（IGeometrypGeometry，ISelectionEnvironment pSelEnviroment，bool justone）方法可以用来在三维场景中选择要素。

下面代码实现在 Scene 中选择要素：

```
public override void OnMouseUp(int Button,int Shift,int X,int Y)
  {   IPoint pPoint;   object pOwner,pObject;
      //将屏幕上鼠标获取的坐标转换为三维点
      pSceneGraph.Locate(pSceneGraph.ActiveViewer,X,Y,esriScenePickMode.
      esriScenePickGeography,true,out pPoint,out pOwner,out pObject);
      //设置选择环境
      ISelectionEnvironment pSelectionEnv;
      pSelectionEnv = new SelectionEnvironmentClass();
      pSelectionEnv.CombinationMethod                                          =
      ESRI.ArcGIS.Carto.esriSelectionResultEnum.esriSelectionResultNew;
      //清除原来的选择集
      if(pOwner == null) {pScene.ClearSelection();   return;   }
      //判断该要素图层是否可选
      if(pOwner is IFeatureLayer)
        {
            IFeatureLayer pFeatureLayer = (IFeatureLayer)pOwner;
            if(pFeatureLayer.Selectable == true)
              {   pScene.SelectByShape(pPoint,pSelectionEnv,false);   }
        }
      pSceneGraph.RefreshViewers();//刷新
  }
```

### 11.2.3 SceneGraph 对象

SceneGraph 对象实现了对 Scene 对象的分层组织，使得在三维图形应用程序中的进程实现更有效率，在 3DAnalyst 中也是作为一种定向非循环图形（DAG）实现的。它主要有以下几个功能：

（1）使得可视化成本最小；

（2）组织和应用 Scene 对象的属性；

（3）管理无效的视图，恢复和记录内部的缓存。

除了这些功能，SceneGraph 对象也通过实现 IDisplay3D 接口来协同实现三维的渲染。因此，SceneGraph 对象在 3DAnalyst 的可视化中起着重要的作用。

SceneGraph 对象也是访问其他三维渲染相关对象的切入点；SceneGraph 实现的最重要的接口包括：ISceneGraph、IView3D 和 IDisplay3D。用 ISceneGraph 接口处理一般的渲染操作，IView3D 管理着三维视图窗口，IDisplay3D 可以实现闪烁。还有 ISceneGraphEvents 事件接口，如果需要调用 OpenGL 接口辅助可视化，可以在 BeforDraw 和 AfterDraw 事件中对这些接口进行调用。

下面主要介绍 ISceneGraph 接口。

ISceneGraph 接口定义了操纵 SceneGraph 对象的各种方法和属性。

Locate（ISceneViewer pViewer，int x，int y，esriScenePickMode mode，bool bGetTransformed，out IPoint ppPt，out object ppOwner，out object ppObject）方法用于在 SceneViewer 中定位单个的对象，其中选择模式包括了 esriScenePickGeography（选择要素）、esriScenePickGraphics（选择图形）、esriScenePickAll（选择所有）、esriScenePickPlane（从平面选择）等。

LocateMultiple（ISceneViewer pViewer，int x，int y，esriScenePickMode mode，bool bGetTransformed，ref IHit3DSet ppHits）方法在 Sceneviewer 中获取多个对象，并返回一个 Hit3DSet 对象。

SunVector 属性用来设置太阳矢量，实现了 IVector3D 接口，这是一个三维矢量，它的 X、Y、Z 元素分别与 X、Y、Z 轴保持一致。这个三维矢量可以定义在椭球体坐标系中，它在 YZ 平面上包括了一个旋转角度（方位角），在 XY 平面包括一个位移角度（倾角），还包括了一个长度（大小）。

Extent 属性指定了 SceneGraph 的范围。

LockViewers（bool lock）属性用来锁定观察照相机的位置。

Remove（object pObject，bool bUpdateExtent）方法用来移动一个表现对象的活动体。

RefreshViewer( )方法用来重绘所有的 Viewers。

RegisterViewer（ISceneViewer pViewer）方法用来向 SceneGraph 中添加一个 Viewer。UnregisterViewer（ISceneViewer pViewer）方法可以从 SceneGraph 中移除一个 Viewer。

Scene 属性可以得到当前 SceneGraph 的 Scene 对象。

VerticalExaggeration 属性可以拉伸 SceneGraph 的垂直因子，用于表现表面的细微变化，在地形数据可视化中，如果表面的水平范围远远大于垂直变化范围，改变垂直拉伸会很有用，它可以使得三维视图更加的逼真。

### 11.2.4 SceneViewer 对象

SceneViewer 表现的是三维场景 Scene 中的三维显示窗口，它支持了一个或多个 Viewer，主要的 Viewer 显示在主程序中，子 Viewer 在单独的浮动窗口中打开。当前的活动 Viewer 是 ActiveViewer。SceneViewer 的远景视角是由 Scene 的 Camera 对象控制的。

I3DViewer 接口提取了 SceneViewer 和 GlobeViewer 的公共属性和方法，比如全屏视图，所以这个接口可以被两个对象实现。

下面的代码实现了用 ISceneViewer 和 I3DViewer 接口获取当前活动 SceneViewer 的 Camera 对象：

```
ISceneGraph sceneGraph = scene.SceneGraph;
ISceneViewer sceneViewer = sceneGraph.ActiveViewer;
I3DViewer viewer3D = sceneViewer as I3DViewer;
ICamera camera_SceneViewer = sceneViewer.Camera;
ICamera camera_Vierwer3D = viewer3D.Camera;
```

下面介绍 ISceneViewer 接口。

ISceneViewer. Camera 属性可以获得 SceneViewer 的 Camera，实现 ICamera 接口；Caption 属性是当前 SceneViewer 的标题和说明；GetSnapshot（esri3DOutputImageType type，string FileName）将 SceneViewer 内容作为一个影像数据保存；GetScreenShot（esri3DOutputImageType type，string FileName）将保存 SceneViewer 的内容以及添加到 SceneViewer 中的任何窗体作为一个影像数据，其中影像的类型包括 BMP 和 JPEG 两种类型。SceneGraph 属性获取当前 SceneViewer 的 SceneGraph 对象；hDC 属性是个整数，用来设置关联的设备环境；hWnd 属性是个整数，可以设置关联的窗体句柄；Redraw（bool cameraMoved）方法重绘三维场景视图。ClearGesture( )可以清除最后的姿态。

### 11.2.5 GraphicsLayer3D 对象

在 SceneControl 中 3D 图形就是承载在 GraphicsLayer3D 图层对象中的对象。GraphicsLayer3D 实现的接口有：IGraphicsContainer3D 接口、IGraphicsSelection 接口、IGraphicsContainer 接口、IGeoDataset 接口、ILayer 接口、IGraphicsLayer 接口、LayerEffects 接口以及 ISceneRendererEvents 事件接口等。

#### 11.2.5.1 IGraphicsContainer3D 接口

IGraphicsContainer3D 是一个操纵图形容器的接口，定义了元素的添加、删除、选择等方法。AddElement（IElement Element）方法用来添加一个元素，添加元素几何的所有顶点都必须含有 Z 值，且 Z 值不能为（NaN）。AddElements（IElementCollection elements）方法用来添加一个元素几何。LocateElements（IPoint pPoint，double tolerance）方法通过输入一个点以及容差值，可以返回与由点和容差构成的射线相交的元素。LocateElementByEnvelope（IEnvelope pEnvelop）方法通过给定一个包络线返回与它相交的元素。DeleteElement（IElement Element）方法用来删除一个特定的元素。DeleteElements( )方法可以删除图形容器中的所有元素。

#### 11.2.5.2 IGraphicsSelection 接口

IGraphicsSelection 接口被 GraphicsLayer3D 对象和 GlobeGraphicsLayer 对象实现。这个接口定义了在图形容器中与图形元素选择有关的三个属性和九个方法。SelectedElements 属性实现 IEnumeElment 接口，通过这个接口下的 Reset( )和 Next( )方法，可以遍历被选择的每一个元素。SelectedElementExtent 属性得到被选择元素的范围，一个包络线对象。Select-

Element（IElement element）方法可以选择一个特定的元素。SelectElements（IEnumeElment elements）方法可以选择一个特定元素集合。

下面代码实现在三维场景点击选择图形元素：

```
public override void OnMouseUp(int Button,int Shift,int X,int Y)
{ IPoint pPoint;   object pOwner,pObject;
  pSceneGraph.Locate(pSceneGraph.ActiveViewer,X,Y,esriScenePickMode.
  esriScenePickGraphics,false,out pPoint,out pOwner,out pObject);
  GraphicsSelection pGraphicsSelection;
  pGraphicsSelection=pOwner as IGraphicsSelection;
  //取消所有的图形选择集
  if(Shift==0)pGraphicsSelection.UnselectAllElements();
  //选择元素到图形选择集中
  IElement pElement=(IElement)pObject;
  pGraphicsSelection.SelectElement(pElement);
  pSceneGraph.ActiveViewer.Redraw(false);//刷新
}
```

### 11.2.6 3DProperties 对象

在 Scene 对象中有几种类型的图层经常用到，包括图形、要素、TIN 和栅格图层。每一种图层都有自己的三维属性，如基准高度（base height）、拉伸（extrusions）等，这些都可以在用户界面上从它们各自的图层属性页得到。通过 ArcObjects，可以获取和设置这些属性以及重新应用它们以适应特定的三维可视化需要。3DProperties 主要实现了 I3DProperties 接口，这个接口被 Basic3DProperties 对象、Feature3DProperties 对象、Raster3DProperties 对象和 Tin3DProperties 对象实现，同时也被 IFeature3DProperties 接口继承。

I3DProperties 接口用来设置三维属性，这个接口已经更新到 I3DProperties3 接口。BaseSurface 属性实现了 IFunctionalSurface 接口，实现这个接口包括 RasterSurface 对象和 TIN 对象。DepthPriorityValue 属性设置这个图层在相同位置相对其他图层的绘制的优先级。ExtrusionType 属性设置拉伸类型（ExtrusionType），这个类型属于 esriExtrusionType 对象成员。FaceCulling 属性用来设置面选择模式，它属于 esri3DFaceCulling 对象成员。Illuminate 属性是个布尔值，它设置面要素是否会被光照。MaxTextureMemory 设置内存中纹理能获取的最大空间；MaxRasterColumns 属性是个 int 类型，用来设置栅格高程网格最大的列数；MaxRasterRows 属性也是个 int 类型，用来设置栅格高程网格最大的行数；RenderMode 属性用来设置渲染的模式，它属于 esriRenderMode 对象成员；SmoothShading 属性是个布尔值，指示是否平滑阴影；Apply3Dproperties( ) 方法用来应用设置的所有属性。

下面代码实现了如何获取 Scene 中第一个图层的 3DProperties：

```
ILayer layer=pScene.get_Layer(0);
IFeatureLayer featureLayer=layer as IFeatureLayer;
```

```
I3DProperties properties3D = null;
ILayerExtensions layerExtensions = featureLayer as ILayerExtensions;
for( int i = 0;i < layerExtensions. ExtensionCount;i ++ )
    {  if( layerExtensions. get_Extension( i) is I3DProperties)
        {
            object extension3D = layerExtensions. get_Extension( i) ;
            properties3D = extension3D as I3DProperties;
            break;  }
    }
//获取或设置要素图层的三维属性
properties3D. SmoothShading = true;
```

### 11.2.7 Camera 对象

在三维场景中 Camera 对象是一个很重要的对象，因为三维场景的可视化一般通过这个对象来实现，比如放大、缩小、漫游、飞行等。Camera 实现的主要接口为 ICamera。

ICamera 接口提供了访问 Camera 对象成员和操纵 Camera 的方法。ICamera 接口最新的版本为 ICamera3 接口。Observer 属性用来设置观察者的位置，表现了 Camera 的原点或视点，它使用的坐标系测量单位和 Scene 本身是相同的，Observer 是 IPoint 对象。Target 属性用来设置观察者正在观察的位置，或者说是 Camera 指向的位置，它使用的坐标系测量单位和 Scene 本身也是相同的，Target 也是 IPoint 对象。Azimuth 属性用来设置 Observer 相对于 Target 的方位角，当它改变时观察者 Observer 也就移动了。Azimuth 取值：观察者相对目标的角度，0°时观察者位于目标的正北方向，90°时正东方向，180°正南方向，270°时正西方向。如果值超出了 0° ~ 360° 的范围将重置为这个范围的值（如 365° 重置为 5°，-5° 重置为 355°，以此类推）。Azimuth 为 double 类型。Inclination 属性用来设置 Observer 相对于 Target 的倾角，当它改变时观察者 Observer 也相应移动了。Inclination 表现了观察者相对于目标的高度角，当观察者位于目标的上方时，倾角为正，当位于下方时倾角为负。这个倾角的范围大于 -90° 小于 90°，超过这个范围，值将自动重置为最接近的正或负极限（如 95° 重置为 89.9999°）。Inclination 为 double 类型。UpDirection 属性实现了 IVector3D 接口，可以获取和设置 Camera 的向上矢量。VerticalExaggeration 属性使 Camera 适应 Scene 的垂直拉伸特性（参考 Scene 对象的 ISceneGraph 接口）通过拉伸表面的高程，可以使得三维场景更加的逼真。ViewFieldAngle 属性用来设置视场角度，是一个 double 值，大的视场角度能让观察者看到一个大范围的三维场景，当然大的视场角度也让三维场景变得失真，就像鱼眼的晶状体一样。ViewingDistance 属性是观察者和目标之间的距离，也是一个 double 值，当这个值改变时，也就是观察者移动了。GetIdentifyRay (int dx, int dy) 方法实现了 IRay 接口，返回的是给定的屏幕坐标的射线 Ray 对象（三维射线对象是从一个起点只沿着一个方向并无限延伸的线）。GetIdentifyVector (IPoint point) 方法实现了 IVector3D 接口。

下面代码实现改变视场角度进行放大：

```
ICamera pCamera = GetCamera( ) ;
```

```
//拓宽视场,进行缩小
Double dAngle;   dAngle = pCamera. ViewFieldAngle;
pCamera. ViewFieldAngle = dAngle * 1.1;
pSceneViewer. Redraw(false);//重绘三维视图
```

下面代码实现了全局视图：

```
//将 Camera 定位到 SceneGraph 的全局视图
pCamera. SetDefaultsMBB(pSceneGraph. Extent);
pSceneGraph. ActiveViewer. Redraw(true);//重绘三维视图
```

### 11.2.8 SceneHookHelper 对象

SceneHookHelper 对象和 HookHelper 对象类似，当创建自定义命令、工具或菜单时，开发者使用它能直接创建命令与 SceneControl 控件、ToolbarControl 控件以及 ArcScene 协同工作。SceneHookHelper 对象用于传递 hook 参数，不论 hook 传递的是什么类型对象，只要实现 ISceneHookHelper 接口就能返回 SceneViewer 对象、Scene 对象、SceneGraph 对象以及 Camera 对象。

下面代码使用 IScene Hook Helper 获取 Scene 对象：

```
ISceneHookHelper m_pSceneHookHelper;
IScene m_pScene;
public void OnCreate(object hook)
  { m_pSceneHookHelper = new SceneHookHelperClass();
    m_pSceneHookHelper. Hook = hook;
    m_pScene = m_pSceneHookHelper. Scene;  }
```

## 11.3 使用 GlobeControl 控件开发

### 11.3.1 GlobeControl 控件

#### 11.3.1.1 GlobeControl 控件概述

GlobeControl 的功能类似于 ArcGlobe 应用程序中的三维视图，它能将三维数据视图显示在一个三维地球表面，并且这个表面处于一个真实的大地位置上。GlobeControl 通过使用一个高效的缓存模式来处理大量的数据集。GlobeControl 封装了实现 IGlobeViewer 接口的 GlobeViewer 对象，并且提供了额外的属性、方法和事件用于：管理控件的外观、显示属性和地图属性；添加并管理控件中的数据层（data layers）；装载 globe 文档到控件中；管理 Globe、Globedisplay 和 GlobeCamera 属性；设置当前工具。

在可视化环境中，可以通过控件的“属性”页设置控件的相关属性，也可以通过编程设置。

在 GlobeControl 控件中，还能通过 GlobeControl 属性页设置 Globe 文档 GlobeDocument。GlobeControl 在文档创建以后便可以直接加载到控件中，当然也可以编程实现加载一个三维场景文档。GlobeControl 对象提供了 Check3dFile（string filepath）方法来检验这个文档是否有效，并使用 Load3dFile（string filepaht）方法来加载这个文档。

以下代码实现了在 GlobeControl 中加载文档：

```
string filePath = @"C:\Temp\MyGlobeDocument.3dd";
if(axGlobeControl1.Check3dFile(filePath))
axGlobeControl1.Load3dFile(filePath);
```

GlobeControl 实现的主要接口：IGlobeControlDefault、IGlobeControl 和 IGlobeControlEvents 事件接口。

（1）IGlobeControlDefault 接口。IGlobeControlDefault 接口是三维地球控件的缺省接口，多数开发环境自动使用这个接口定义的属性、方法。由于 GlobeControl 是一个自动化控件，当它被放到一个容器（如窗体）上后，它会自动产生 axGlobeControl1 对象，这个对象可以直接使用缺省接口定义的属性和方法。这个接口也代表了控件最新版本的接口。当需要使用这个接口的时候，可以使用下面的代码：

```
IGlobeControlDefault globeControl = axGlobeControl1.Object as IGlobeControlDefault;
```

（2）IGlobeControl 接口。这个接口是任何一个与 GlobeControl 相关任务的起点，如设置控件的外观，向控件中添加 globe 文档，管理 Globe、Globe display 和 Globe Camera 对象，以及设置当前工具等。在 Visual C#.NET 中，当查询接口 IGlobeControl 时，可以使用 Object 属性或容器控件代码。下面代码实现了 IGlobeControl 接口：

```
IGlobeControl globeControl = axGlobeControl1.Object as IGlobeControl;
```

#### 11.3.1.2 鼠标与 GlobeControl 控件交互

##### A 设置光源位置

三维地球模仿真实地球，需要设置这个三维地球的一些显示环境，比如通过设置光源的位置，我们就能模拟出光照强度和光照角度，通过操纵 Globe 的光源，可以取消、设置光源，也能移动光源，并通过改变 Globe 的环境光照以形成一定的对比。可以使用 IGlobeDisplayRendering 接口中的 SetSunPosition 方法来设置光源。

下面代码实现了鼠标点击设置光源位置：

```
private void axGlobeControl1_OnMouseDown(object sender,
ESRI.ArcGIS.Controls.IGlobeControlEvents_OnMouseDownEvent e)
  {
      //获取 globe 对象
      IGlobe   globe = axGlobeControl1.Globe;
      //实现 IGlobeDisplay3 接口,这个接口定义了渲染功能
      IGlobeDisplay3   globeDisplay = globe.GlobeDisplay as IGlobeDisplay3;
      //设置太阳位置属性
      IGlobeDisplayRendering globeDisplayRendering = globeDisplay as IGlobeDisplayRendering;
      //获取 globe camera 对象
      IGlobeCamera globeCamera = globeDisplay.ActiveViewer.Camera as IGlobeCamera;
      //这个接口下的方法能实现屏幕坐标转换功能
      IGlobeViewUtil   globeViewUtil = globeCamera as IGlobeViewUtil;
```

```
    ISceneViewer    sceneViewer = globeDisplay. ActiveViewer;
    double lat,lon,alt;    lat = lon = alt = 0;
    //转换屏幕坐标为地理坐标
    globeViewUtil. WindowToGeographic(m_globeDisplay,m_sceneViewer,e. X,    e. Y,false,out lon,out
    lat,out alt);
    //根据坐标点移动光源位置
    globeDisplayRendering. SetSunPosition(lat,lon);
    //重绘当前的三维场景视图
    sceneViewer. Redraw(false);
}
```

B 在三维地球中选择一个对象

```
public override void OnMouseUp(int Button,int Shift,int X,int Y)
{   //获取 globe 对象
    IGlobe globe = axGlobeControl1. Globe;
    //实现 IGlobeDisplay 接口
    IGlobeDisplay globeDisplay = globe. GlobeDisplay as IGlobeDisplay;
    //得到三维地球显示窗口的当前视图
    ISceneViewer sceneViewer = globeDisplay. ActiveViewer;
    IPoint pPoint;    object pOwner,pObject;
    //进行选择
    globeDisplay. Locate(sceneViewer,X,Y,false,false,out pPoint,out pOwner,out pObject);
    //得到一个图形选择集
    IGraphicsSelection pGraphicsSelection;
    pGraphicsSelection = pOwner as IGraphicsSelection;
    //取消先前的图形选择集
    if(Shift == 0)pGraphicsSelection. UnselectAllElements();
    //添加元素到图形选择集中
    IElement pElement = (IElement)pObject;
    pGraphicsSelection. SelectElement(pElement);
    sceneViewer. Redraw(false);//刷新
}
```

C 在 GlobeControl 中绘制图形

在三维球体上绘制图形元素，与二维地图上绘制图形的差别除了应用 Z 值外，将屏幕坐标转化成三维球体坐标也是必要的。

下面代码实现了在三维地球上绘制一个多边形，并根据这个多边形创建一个多边形元素，添加到当前活动的图形图层中。

```
public override void OnMouseDown(int Button,int Shift,int X,int Y)
{   IGlobe m_globe = m_globeHookHelper. Globe;
    IGlobeDisplay m_globeDisplay = m_globe. GlobeDisplay;
    IScene m_scene = m_globeDisplay. Scene;
    m_sceneviewer = m_globeDisplay. ActiveViewer;
```

```
        //获取当前活动的图形图层
        IBasicMap bsmap = m_globe as IBasicMap;
        IGlobeGraphicsLayer pGL = bsmap.ActiveGraphicsLayer as IGlobeGraphicsLayer;
        double longitude,latitude,altitudeInKilometers;
        //设置图层的透明度
        ILayerEffects pLayerEffects = pGL   as ILayerEffects;
        pLayerEffects.Transparency = 50;
        IGlobeDisplayLayers pGlobeLayers = m_globeDisplay as IGlobeDisplayLayers;
        IGlobeLayerProperties pGlobeLayerProps = pGlobeLayers.FindGlobeProperties(pGL as ILayer);
        // 应用设置的属性
        pGlobeLayerProps.ApplyDisplayProperties(pGL as ILayer);
        //设置图形图层上的元素属性
        IGlobeGraphicsElementProperties   pGEP = new GlobeGraphicsElementPropertiesClass();
        //设置为悬挂属性,图形元素将悬挂在三维地球表面
        pGEP.DrapeElement = true;
        //设置元素的 Z 偏移值为点的高度
        pGEP.DrapeZOffset = altitudeInKilometers;
        //对图形元素栅格化
        pGEP.Rasterize = true;
        //应用设置好的属性到图形图层中
        pGlobeLayerProps.ApplyDisplayProperties(pGL as ILayer);
        startPt = new PointClass();
        //转换屏幕坐标为地理坐标
        ICamera camera = m_globeDisplay.ActiveViewer.Camera;
        IGlobeViewUtil globeViewUtil = camera as IGlobeViewUtil;
        globeViewUtil.WindowToGeographic(m_globeDisplay,m_sceneviewer,X,Y,true,out longitude,out lati-
        tude,out altitudeInKilometers);
        startPt.PutCoords(longitude,latitude);   startPt.Z = altitudeInKilometers;
        if(m_polygonFeedback == null)
          { //得到一个创建多边形反馈,将 GlobeDisplay 对象设置为绘图窗口
            m_polygonFeedback = new NewPolygonFeedbackClass();
            m_polygonFeedback.Display = m_globeDisplay as IScreenDisplay;
            m_polygonFeedback.Start(startPt); }
        else { m_polygonFeedback.AddPoint(startPt);}
    }
public override void OnMouseMove(int Button,int Shift,int X,int Y)
    { if(startPt == null)return;
        //设置所有点的高度值相等
        IPoint pt = new PointClass();
        pt.PutCoords((double)X,(double)Y);
        pt.Z = startPt.Z;
        if(m_polygonFeedback != null)m_polygonFeedback.MoveTo(pt);  }
public override void OnDblClick()
```

```
{ //停止反馈,得到一个多边形几何
  IGeometry pGeo;
  pGeo = m_polygonFeedback. Stop( );
  m_polygonFeedback = null;
  if( pGeo == null) return;
  //由反馈得到的多边形创建一个多边形元素
  IPolygonElement polygonelement = new PolygonElementClass( );
  //设置填充符号
  ISimpleFillSymbol fillsymbol = new SimpleFillSymbolClass( );
  fillsymbol. Color. RGB = 184;
  //应用填充颜色到多边形元素中
  IFillShapeElement fill = polygonelement as IFillShapeElement;
  fill. Symbol = fillsymbol;
  IElement element = polygonelement as IElement;
  element. Geometry = pGeo;
  int pElementindex;
  //向图形图层中添加元素
  pGL. AddElement( element, pGEP, out pElementindex);
  //刷新,对三维视图进行重绘,false 为不移动 camera
  m_sceneviewer. Redraw(false); }
```

D 在三维地球中进行导航

```
private void axGlobeControl1_OnMouseUp(object sender, ESRI. ArcGIS. Controls. IGlobeControlEvents_OnMouseUpEvent e)
  { if( m_dSpinSpeed > 0)
      { //三维球体开始顺时针旋转
        axGlobeControl1. GlobeViewer. StartSpinning( esriGlobeSpinDirection. esriCounterClockwise); }
  }
private void axGlobeControl1 _OnMouseMove ( object sender, ESRI. ArcGIS. Controls. IGlobe-ControlEvents_On-
MouseMoveEvent e)
  { //当我们在缩放操作时计算此时获取的鼠标坐标和上一次获取的坐标差值
    double dx = e. x-m_pMousePos. X; double dy = e. y-m_pMousePos. Y;
    if( ( dx ==0) &( dy ==0) ) { return; }
    //计算观察者与三维地球的距离,并根据这个距离移动
    IPoint observer = m_Camera. Observer;
    double zObs; double xObs; double yObs; double dist;
    observer. QueryCoords( out xObs, out yObs); zObs = observer. Z;
    dist = System. Math. Sqrt( xObs * xObs + yObs * yObs + zObs * zObs);
    //判断 camera 是否指向了三维球体中心
    bool bIsAtCenter;     int indexGlobe;
    IGlobeViewer globeViewer = axGlobeControl1. GlobeDisplay. ActiveViewer;
    globeViewer. GetIsTargetAtCenter( out bIsAtCenter, out indexGlobe);
    //如果指向三维球体中心,根据远近设置缩放速度,否则固定缩放速度
    //当 camera 接近三维球体表面( where dist = 1) 缩放速度减慢
```

```
    if(bIsAtCenter == true)
        { m_dZoom = cMinZoom + (cMaxZoom-cMinZoom) * (dist - 1.0)/3.0; }
    else    { m_dZoom = 1.1; }
            //鼠标移动时进行缩放
            if((dy < 0)&(dist < cDistanceZoomLimit)){m_Camera.Zoom(m_dZoom);   }
    elseif(dy > 0)    { m_Camera.Zoom((1 / m_dZoom)); }
    m_pMousePos.X = e.x;m_pMousePos.Y = e.y;
    m_ActiveView.Redraw(false);  }
private void axGlobeControl1_OnMouseDown(object sender,ESRI.ArcGIS.Controls.IGlobeControlEvents_On-
MouseDownEvent e)
{   if(m_bZooming ==false){ return; }
    if(e.button ==1)
       { m_bMouseDown = true;m_pMousePos.X = e.x;m_pMousePos.Y = e.y; }
}
```

### 11.3.2 Globe 对象

Globe 对象，与 Map、Scene 类似，是 GlobeControl 或 ArcGlobe 中数据图层的容器。

IGlobe2 接口是 Globe 最新版本的接口，通过该接口可以访问 Globe 的基本属性和方法。可以增加不同类型的图层，包括浮动类型、叠置类型和高程类型（esriGlobeLayerType）；获得 Globe 的显示对象 GlobeDisplay；更改 Globe 背景（DefaultGlobeBackgroundOption，过渡颜色或单一颜色，过渡颜色在一定的高度范围内颜色渐变）；GetDefaultBackgTransitionDistances 获得背景颜色渐变的高度范围：pLowAltitute 和 pHighAltitude；GetDefaultHighBackgroundColor、GetDefaultLowBackgroundColor 获得背景颜色渐变的高、低端背景颜色的 R、G、B 值；SetDefaultHighBackgroundColor、SetDefaultLowBackgroundColor 设置背景颜色渐变的高、低端背景颜色的 R、G、B 值；显示提示（ShowGlobeTips）；指定线性单位（GlobeUnits）等。

下面代码实现了在 Globe 中添加一个高程类型的图层。

```
public void AddGlobeLayerByType(IGlobe globe,esriGlobeLayerType globeLayerType,ESRI.ArcGIS.Carto.IL-
ayer layer)
   {  if(globeLayerType == ESRI.ArcGIS.GlobeCore.esriGlobeLayerType.esriGlobeLayerTypeElevation)
         {  if(layer is IRasterLayer || layer is ITinLayer || layer is ITerrainLayer)
               { globe.AddLayerType(layer,globeLayerType,true); }
            return; }
   }
```

### 11.3.3 GlobeDisplay 对象

GlobeDisplay 对象是 ArcGlobe 的核心对象，它能更好地设置 Globe 和图层基本属性，包括了视图管理、渲染、数据缓存。GlobeDisplay 对象的主要接口有：IGlobeDisplay3 接口、IGlobeDisplayRendering2 接口、IGlobeDisplayLayers2 接口。

IGlobeDisplay 接口继承了 IViewers3D 接口，最新的版本 IGlobeDisplay3 接口，这个接

口定义了控制Globe对象显示的方法和属性。

IGlobeDisplay接口包括如下的非继承属性和方法：AdvancedOptions属性定义了Globe的数据处理和管理方式；CacheUsage（string CachePath，bool bUpdate）属性可以获取在特定路径的当前磁盘缓存使用，bUpdate如果为true将更新CacheUsage；EnableMessages属性可以设置对于刷新一个图层或显示矢量数据时警告信息和问题是否给出；Globe属性是一个显示操纵数据的容器；ImmediateDataFetching属性显示了在导航之前待定请求的瓦片是否应该完成；SelectionColor属性设置被选择要素用什么颜色显示；Clear（bool bRecycleBasicObjects）方法用来停止所有待定的瓦片获取请求，当为false时将停止加载线程。GetSurfaceElevation方法得到给定经度和纬度的表面高程。GetSurfacePoint方法返回视图本地坐标系的一个X、Y位置的坐标点；Locate方法、LocateFeature方法、LocateMultiple方法和LocateLayers方法都能返回一个与从观察者位置发出的视线相碰撞的对象集合，观察者位置位于视图中的窗体坐标中。

下面代码实现在三维地球中选择要素：

```
public override void OnMouseUp(int Button,int Shift,int X,int Y)
  { //获取globe对象
    IGlobe globe = axGlobeControl1.Globe;
    //实现IGlobeDisplay接口
    IGlobeDisplay globeDisplay = globe.GlobeDisplay as IGlobeDisplay;
    //得到三维地球显示窗口的当前视图
    ISceneViewer sceneViewer = globeDisplay.ActiveViewer;
    IPoint pPoint;   object pOwner,pObject;
    //选择要素
    globeDisplay.LocateFeature(sceneViewer,X,Y,out pPoint,out pOwner,out pObject);
    //得到一个要素选择集
    IFeatureSelection   pFeatureSelection = pOwner as IFeatureSelection;
    //添加元素到图形选择集中
    IFeature pFeature = (IFeature)pObject;
    ppFeatureSelection.Add(pFeature);
    sceneViewer.Redraw(false);//刷新
  }
```

### 11.3.4 GlobeViewer对象

GlobeViewer对象和Sceneviewer对象类似，在GlobeControl或ArcGlobe中，它是一个三维显示窗体，其主要接口为IGlobeViewer2. 该接口定义的属性有：GlobeDisplay、HUDEnabled、IsClearBuffersEnabled、IsSwapBuffersEnabled、NorthArrowEnabled、SecondaryViewersVisiblity和SpinSpeed；定义的方法有：ClearOGLBuffers、GetIsTargetAtCenter、StartSpinning、StopSpinning和SwapOGLBuffers.

### 11.3.5 GlobeCamera对象

GlobeCamera定义了Globe和Globe中数据透视图。使用GlobeCamera对象获取观察者和目标的位置，而不用 Camera 对象，是因为 GlobeCamera 定义的是经度和纬度值而不是本地的坐标系统。IGlobeCamera 接口是这个对象主要的接口，其中 OrientationMode 属性可以控制导航方向，RollOffset 属性控制转动角度的偏移，SetObserverLatLonAlt（latDD，lonDD，altKMs）方法、SetTargetLatLonAlt（latDD，lonDD，altKMs）方法、GetObserverLatLonAlt（latDD，lonDD，altKMs）方法、GetTargetLatLonAlt（latDD，lonDD，altKMs）方法用来设置和获取目标和观察者的位置，这个位置由双精度的经度和纬度以及以千米为单位的高度构成。GetLocalOrientation（plocalAzi，pLocalIncl，pLocalRoll）方法可以获取方位角、倾角和相对当前表面上的目标转动角。

下面代码实现三维地球的全局视图：

```
IGlobeCamera camera = (IGlobeCamera)m_Camera;
//使用三维地球坐标系
camera. OrientationMode =   esriGlobeCameraOrientationMode. esriGlobeCameraOrientationGlobal;
//设置 camera 指向默认的目标点，经纬度为 0,0
IPoint target = new PointClass( );  target. PutCoords(0. 0,0. 0);
arget. Z =0. 0;                     m_Camera. Target = target;
//重置为 camera 的默认值
m_Camera. Azimuth =140;             m_Camera. Inclination =45;
m_Camera. ViewingDistance =4. 0;    m_Camera. ViewFieldAngle =30. 0;
m_Camera. RollAngle =0. 0;          m_Camera. RecalcUp( );
m_ActiveView. Redraw(false);
```

在三维地球中，坐标是由经纬度和高度确定的，所以需要将屏幕上的坐标转换成由经纬度和高度构成的地理坐标。下面的代码实现了将当前屏幕的坐标转换为地理坐标：

```
private void GetGeographicCoordinates(IGlobe globe,int screenX,int screenY,  refdouble longitude,refdouble
latitude,refdouble altitudeInKilometers)
  { IGlobeDisplay globeDisplay = globe. GlobeDisplay;
    ISceneViewer sceneViewer = globeDisplay. ActiveViewer;
    ICamera camera = globeDisplay. ActiveViewer. Camera;
    IGlobeViewUtil globeViewUtil = camera as IGlobeViewUtil;
    globeViewUtil. WindowToGeographic(globeDisplay,sceneViewer,screenX,screenY,true,out longitude,out
    latitude,out altitudeInKilometers);  }
```

### 11.3.6 GlobeGraphicsLayer 对象

GlobeGraphicsLayer 对象相当于 ArcScene 中的 GraphicsLayer3D 对象，这个对象用于在 ArcGlobe 中创建图形图层。一个基本的隐藏的图形图层将自动添加到 Globe 对象中。这个对象主要的接口：IGeoDataset 接口、IGraphicsContainer3D 接口、IGraphicsSelection 接口。

下面的代码实现了在 Globe 中添加一个 GlobeGraphicsLayer，并将其设置为当前活动的图形图层：

```
IGlobe globe = axGlobeControl1. Globe;
IScene scene = globe. Scene;
```

```
IGlobeGraphicsLayer pGraphicsLayer = new GlobeGraphicsLayerClass();
pGraphicsLayer.Name = "GlobeGraphicsLayer";
globe.AddLayerType(pGraphicsLayer,esriGlobeLayerType.esriGlobeLayerTypeDraped,false);
m_scene.ActiveGraphicsLayer = pGraphicsLayer;
```

### 11.3.7　GlobeLayerProperties 对象

GlobeLayerProperties 对象是图层对象的扩展，包括了 Globe 特定的图层属性，这个对象主要实现了 IGlobeLayerProperties 接口，其最新版本接口为 IGlobeLayerProperties4；其中 BaseImageDrawingPriority 属性设置图层在三维地球表面的绘制优先级；为了得到图层的绘制顺序列表，可以使用 IGlobeDrawingOrder. OrderedLayers；高程图层总是在顺序列表的顶部，接着就是覆盖图层。

IGlobeLayerProperties. CacheRemovalOption 属性控制着图层的缓存数据的清除。默认的设置是当应用程序退出或移除图层时清除缓存数据。

IGlobeLayerProperties. IsDynamicallyRasterized 属性设置要素数据是否栅格化；如果设置为 true，所有的二维要素将被栅格化，但是三维数据（包括多面体要素类）会以矢量显示。

符号大小通常以点为单位进行度量，当应用程序使用真实的地理单位时，符号有一个比例因子进行大小变换，这时需要使用 SymbologyScalingFactor 属性设置这个比例因子；比如一个 8 个点大小的符号，当它转换为地理单位时，它代表的大小等于 8 乘以这个比例因子（SymbologyScalingFactor）。

图层可见距离临界值：IGlobeLayerProperties. MaximumDistance 和 MinimumDistance 属性控制图层的可视距离范围；当对 MaxFeatureLevelOfDetail 属性进行设置时，这两个值将为要素数据自动设置好。

下面的代码实现设置 Globe 中所有图层的最大 LOD 属性：

```
IGlobe glbDisplay;   IGlobeDisplayLayers globeDispLayers;
IGlobeLayerProperties globeLayerProps;
globeDispLayers = (IGlobeDisplayLayers)glbDisplay;
ILayer layer;          IEnumLayer enumLayer;
enumLayer = glbDisplay.get_GlobeLayers(null,false,true,true);
//返回 Globe 中所用图层,并通过绘制优先级排序
layer = enumLayer.Next();
while(layer! = null)
    {  globeLayerProps = globeDispLayers.FindGlobeProperties(layer);
       int maxLod = 0;
       int LOD = 2;
       while(layer! = null)
       if(globeLayerProps.maxLOD == -1)
         //如果值为 -1,则 LOD 还没有设置
       globeLayerProps.maxLOD = LOD;
       globeDispLayers.RefreshLayer(layer);
       layer = enumLayer.Next();  }
```

### 11.3.8 GlobeHeightProperties 对象

GlobeHeightProperties 对象包含在 GlobeLayerProperties 对象中。任何时候都仅有一个 GlobeHeightProperties 对象。这个对象很重要，通过它可以得到一个图层的高度属性。

Globe 图层有三种类型：

（1）覆盖图层（Draped layers）。覆盖图层是叠置到三维球体表面的图层，可以是要素图层或栅格图层。

（2）浮动图层（Floating layers）。浮动图层不是叠置在三维球体的表面，而是有一个偏移，这个偏移可以是常量，也可以用一个表达式来表达。

（3）高程图层（Elevation layers）。高程图层是栅格图层，用来定义三维球体的表面。

IGlobeHeightProperties. Offset 是一个能应用到任何浮动图层的偏移常量；覆盖图层都没有偏移值，要使用这个属性，需要将覆盖转为浮动图层。IGlobeHeightProperties. ElevationExpressionString 和 ElevationExpression 属性可以用一个常量或一个表达式来定义一个要素图层的高程。

IGlobeHeightProperties. HasElevationValues 是一个布尔值，判断要素图层是否含有 Z 值。矢量要素图层有一个拉伸因子，通过 IGlobeHeightProperties 接口的 ExtrusionExpression 或 ExtrusionExpressionString 属性，可以将二维要素图层转换成一个三维对象（多面体）。

### 11.3.9 GlobeAdvancedOptions 对象

GlobeAdvancedOptions 对象用来操纵 Globe 的高级可视化选项和数据缓存管理。IGlobeAdvancedOptions 接口的主要属性、方法：

CachePath 是 Globe 数据缓存在本地机器的路径；

DefaultUse16ColorBits 影像颜色压缩的默认值；

DefaultUse16ElevBits 高程压缩的默认值；

GetDefaultCompression 获取默认数据类型的压缩损耗值，范围从 1 ~ 100；

GetUseCache 获取磁盘缓存和缓存大小；

LevelOfDetail 影像和高程图层的详细程度（LOD）；

ManualLOD 布尔值，显示是否进行手工的 LOD 控制；

RestoreClipPlaneDefaults 保存默认的剪切平面设置；

RestoreLODDefaults 保存默认的 LOD 设置；

SetDefaultCompression 设置默认数据类型的压缩损耗值，范围从 1 到 100；

SetUseCache 设置磁盘缓存和缓存大小；

TargetFrameRate 当使用 LOD 自动控制时，目标帧率；

WriteToRegistry 提交设置改变。

### 11.3.10 GlobeLayer 对象

GlobeLayer 对象是内部使用的，建议最好不要使用这个对象，因为在未来的发布中将不被支持。应该使用抽象的图层对象，然后添加图层扩展如 GlobeLayerProperties，和 GlobeLayerHeight 对象，到一个图层中来访问 Globe 的属性。

有两种实现方式：

（1）当一个图层添加到应用程序中，GlobeLayerProperties图层扩展和GlobeLayerHeight对象以默认的值自动加入，可以从这些对象访问可用的属性和方法。实现代码如下：

```
Document document = null;          IScene scene = null;
IRasterLayer pRasLayer = null;      ILayer layer = null;
layer = pRasLayer;                  IGlobe globe = null;
IGMxDocument gMxDoc = null;         gMxDoc = (IGMxDocument)document;
globe = (IGlobe)scene;
globe.AddLayerType(layer,esriGlobeLayerType.esriGlobeLayerTypeElevation);
```

（2）在重新创建一个图层后，必须在添加图层到应用程序之前明确地添加GlobeLayer-Properties图层扩展和GlobeLayerHeight对象。当编程实现添加一个要素数据时特别是矢量要素数据，必须要设置一个较优的LOD值。下面代码实现了如何添加GlobeLayerProperties图层扩展和GlobeLayerHeight对象。

```
IApplication application = null;   IDocument document = null;
application = document.Parent;
IObjectFactory objectFactory = null;
objectFactory = (IObjectFactory)application;
UID pUID = new UID();              string SID = null;
IRasterLayer rasterLayer = null;
SID = "esricarto.RasterLayer";   pUID.Value = SID;
rasterLayer = (IRasterLayer)(objectFactory.Create(pUID));
rasterLayer.CreateFromFilePath("D:\\ArcGlobe\\redlands\\gdredlands");
IGlobeLayerProperties glbLyrPrp = null;//创建图层属性扩展
SID = "esriglobecore.GlobeLayerProperties";
glbLyrPrp = (IGlobeLayerProperties)(objectFactory.Create(SID));
//设置图层属性,将栅格数据作为高程数据源
glbLyrPrp.Type = esriGlobeDataType.esriGlobeDataElevation;
glbLyrPrp.ImageSamplingMode = esriGlobeImageSamplingMode.esriGlobeImageSamplingNearest;
glbLyrPrp.PutLossyCompressionOption(true,70);
glbLyrPrp.Use16ElevationBits = false;
//创建高度属性
IGlobeHeightProperties glblyrHghtProp = null;
SID = "esriglobecore.GlobeHeightProperties";
glblyrHghtProp = (IGlobeHeightProperties)(objectFactory.Create(SID));
//设置高度属性
//英尺到米的转换系数
glblyrHghtProp.ZFactor = 0.0348;
//增加图层高程属性.
glbLyrPrp.HeightProperties = glblyrHghtProp;
//增加拉伸属性
ILayer layer = null;     ILayerExtensions lyrExt = null;
```

```
layer = rasterLayer;        lyrExt = (ILayerExtensions) layer;
lyrExt. AddExtension(glbLyrPrp);
//查询上面设置的属性是否被应用
//默认当添加一个栅格图层时,这个图层将作为一个影像,但这里设置了图层类型为 esriGlobeDataEl-
evation,所以应该添加的是一个高程图层
glbLyrPropsCurr = glbdispLyr. FindGlobeProperties(layer);
esriGlobeDataType glbdatatype = null;
glbdatatype = glbLyrPropsCurr. Type;
Debug. Print(System. Convert. ToString(glbdatatype));
gmxdoc. Addlayer(layer);
```

### 11.3.11 GlobeHookHelper 对象

GlobeHookHelper 对象和 HookHelper 对象类似，当创建自定义命令、工具或菜单时，开发者使用它能直接创建命令与 GlobeControl 控件、ToolbarControl 控件以及 ArcGlobe 协同工作。GlobeHookHelper 对象用于传递 hook 参数，不论 hook 传递的是什么类型对象，只要实现 IGlobeHookHelper 接口就能返回 GlobeViewer 对象、GlobeDisplay 对象以及 Camera 对象。

下面代码使用 IGlobeHookHelper 获取 Globe 对象：

```
IGlobeHookHelper m_pGlobeHookHelper;
IGlobe m_pGlobe;
public void OnCreate(object hook)
    {  m_pGlobeHookHelper = new GlobeHookHelperClass();
       m_pGlobeHookHelper. Hook = hook;
       m_pGlobe = m_pGlobeHookHelper. Globe;  }
```

## 11.4 三 维 分 析

ArcGIS 支持基于要素和表面的三维分析。要素是由点、线、面和多面体表达的对象，要素在三维空间中用 x、y、z 坐标来定位。表面是用来表达连续变化的对象，包括栅格表面、TIN 表面及地形数据集。对于三维要素数据集，可以像二维要素数据一样进行缓冲分析、叠置分析，以判断这些三维要素的空间关系；也可以构建三维网络数据集，这样就能对它进行三维的网络分析，三维网络数据集的构建和二维的网络数据集类似，只是增加了 Z 值。而对于表面数据集，能对它构建三维表面模型，进行一系列的表面分析。

### 11.4.1 表面模型

ArcGIS 可以创建和存储三种类型的表面模型：栅格、TIN 和 Terrain 数据集，如图11-1所示。

这三类表面模型可通过多种数据源创建。创建表面模型的两种主要方法为插值法和三角构网法。插值的方法有很多种，例如反距离加权法、样条函数法、克里金法和自然邻域法。通过创建 TIN 或向现有 TIN 中添加元素，都可以构建三角化网格面，还可以在栅格表

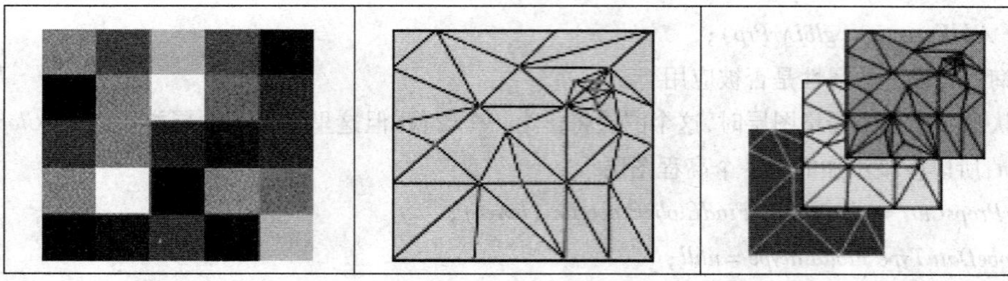

图 11-1 三种类型的表面模型

面、TIN 和 Terrain 数据集这三种模型之间相互转换。

栅格数据集是由按行和列（或格网）组织的单元（或像素）矩阵组成，其中的每个单元都包含一个信息值（例如高程、温度等）。栅格数据集可以是数字航空摄影、卫星影像、数字图片或甚至扫描的地图。尽管栅格数据的结构很简单，但它在各种应用中都极为重要。在 GIS 中，栅格数据的使用主要分为四个类别：底图、表面地图、主题地图和要素的属性。

下面代码实现打开一个栅格数据集：

```
//获取栅格数据工作空间
IWorkspaceFactory pwsf = new RasterWorkspaceFactoryClass( );
IRasterWorkspace pRasterWorkspace;
pRasterWorkspace = pwsf. OpenFromFile( pPath ,0) as IRasterWorkspace;
//获取栅格数据集
IRasterDataset pRasterDataset = pRasterWorkspace. OpenRasterDataset( fileName) ;
```

TIN 是基于矢量的表面表达的一种形式，它是根据一系列离散点按照一定的规则构成三角网表面，在构建三角网过程中，可以考虑特殊的线（如山脊线、山谷线、各种断裂线等）、面（如河流、湖泊、水库等）。考虑到计算机性能和内存的限制，TIN 的规模不能太大；对于 Win32 系统而言，正常操作条件下，可达到的最大大小为 1000 到 1500 万个节点；出于可用性和性能的考虑，强烈建议始终将此大小限制为几百万。如果超出这一大小，则最好使用 Terrain 数据集来表示。

下面代码实现打开一个 TIN 表面：

```
//从文件路径打开 TIN 工作空间
IWorkspaceFactory tinWsf = new TinWorkspaceFactoryClass( );
ITinWorkspace tinWorkspace = tinWsf. OpenFromFile( fileInfo. DirectoryName ,0) as ITinWorkspace;
//打开 TIN
ITin   tin = tinWorkspace. OpenTin( fileInfo. Name) ;
```

下面的代码实现了创建一个 TIN，然后加载数据到这个创建的 TIN 中，最后保 存 TIN 到磁盘中：

```
// 初始化一个空的 TIN.
ITinEdit TinEdit = new TinClass( ) ;
// 用包络线来初始化 TIN,包络线的范围应该设得足够大,能包围所有添加到 TIN 中的
```

```
//数据。如果设置了包络线的空间参考,它将作为 TIN 的空间参考。如果没有设置,TIN
//的空间参考将为未知。
IEnvelope Env = new EnvelopeClass( );   Env.PutCoords(0,0,10,10);
TinEdit.InitNew(Env);
//增加点到 TIN 中,这些点将作为三角网的节点。
IPoint Point = new PointClass( );
Point.X = 2;   Point.Y = 2;   Point.Z = 0;
TinEdit.AddPointZ(Point,0);
Point.Y = 7;   TinEdit.AddPointZ(Point,0);
Point.X = 7;   TinEdit.AddPointZ(Point,0);
// 保存 TIN 到磁盘中
TinEdit.SaveAs("c:\\data\\my_tin",ref overwrite);
```

Terrain 数据集是一种多分辨率的基于 TIN 的表面数据结构，它是基于作为要素存储在地理数据库中的测量值构建而成的。Terrain 存储在地理数据库的要素数据集中，其中包含用于构建 Terrain 的要素。与拓扑相似，Terrain 具有参与要素类和规则。用作 Terrain 数据源的通用要素类包括以下三项：

（1）通过激光雷达或声呐等数据源创建的 3D 多点要素类；

（2）摄影测量工作站创建的 3D 点和线要素类；

（3）用于定义 Terrain 数据集界限的研究区域边界。

地形数据集规则用于控制如何使用要素来定义表面，如道路边线要素类可以通过将其要素用作硬隔断线的规则来进行控制，这样就会在产生表面上创建线性不连续 Terrain 的预期效果。规则还可以指示在一系列比例尺下要素类的参与方式；只有在中到大比例的表面制图表达时才可能需要道路边线要素，可通过规则来指定在使用小比例时不显示这些要素，从而改善性能。

地理数据库中的 Terrain 数据集引用原始要素类，它不会实际地将表面存储为栅格或 TIN；相反，它会对数据进行组织以获得较快的检索速度，并会动态生成 TIN 表面。在组织过程中，会创建 Terrain 数据集，用于只从数据库中快速检索构建具有所需细节层次（LOD）的给定感兴趣区域（AOI）表面所需的数据。可以相对于当前显示比例使用适当的金字塔等级，也可以在分析功能中由用户进行选择，以便使用适当的分辨率等级来满足精度要求。

下面代码实现了打开一个地形数据集：

```
// 获取包含了地形数据集的要素工作空间
IWorkspaceFactory WSFact = new FileGDBWorkspaceFactoryClass( );
IFeatureWorkspace FWS;
FWS = WSFact.OpenFromFile("C:\\project\\terrain.gdb",0) as IFeatureWorkspace;
// 获取包含了地形数据集的要素数据集
IFeatureDataset FDS = FWS.OpenFeatureDataset("myFDS");
// 打开地形数据集
IFeatureDatasetExtensionContainer EC = FDS as
IFeatureDatasetExtensionContainer;
```

```
IDatasetContainer3 DC = EC. FindExtension(esriDatasetType. esriDTTerrain) as
IDatasetContainer3;
ITerrain Terrain = DC. get_DatasetByName(esriDatasetType. esriDTTerrain, "myTerrain") as ITerrain;
```

基于地形数据集的表面分析是在一个动态的表面上进行的，因此需要使用地形数据集来创建一个动态的表面，然后从动态表面中提取一个派生的表面，可以是 TIN 或栅格，然后在这个表面上进行分析，在 ArcGIS 9.2 和 9.3 中，能通过 IDynamicSurface 接口进行 TIN 的提取和栅格化。TIN 表面一般必须是一个子集，因为不能获取太多的点，而栅格表面不同，我们能按照需要对地形数据集的全部范围进行栅格化。而在 ArcGIS10 版本中不再需要提取一个 TIN 或栅格表面，通过 IDynamicSurface3 接口我们能直接在地形数据集上进行表面分析。

下面代码实现了从地形数据集获取一个动态的表面：

```
// 使用 ITerrain 接口获取动态表面
IDynamicSurface DynSurf = Terrain. CreateDynamicSurface();
//从地形数据集中提取 TIN
ITin Tin;
IEnvelope Env = new EnvelopeClass();
Env = Terrain. Extent;
//获取一个 TIN 子集
Env. Expand(0.1,0.1,true);
Tin = DynSurf. GetTin(Env,10.0,false,null);
```

下面代码实现了在地形数据集的动态表面上对一个点进行插值：

```
IDynamicSurface3 DynSurf3 = DynSurf as IDynamicSurface3;
IPoint InPoint = new PointClass();
InPoint. X = Env. XMin + (Env. XMax-Env. XMin);
InPoint. Y = Env. YMin + (Env. YMax-Env. YMin);
IGeometry OutPoint;
object Missing = Type. Missing;
DynSurf3. InterpolateShape(InPoint, 0.0, esriSurfaceInterpolationType. esriLinearInterpolation, null, out Out-
Point, ref Missing);
```

TIN 数据集和 Terrain 数据集能够相互覆盖，当三维场景中的数据包含了多个 TIN 数据集，或 TIN 数据集和 Terrain 数据相交时，应采用如下方法获取需要的部分：如果只有 TIN 数据集，只要通过 ITinSurface3. Intersect 属性就可以完成；如果至少有一个表面是地形数据集，就要通过 IDynamicSurface3. Intersect 属性来设置。两种方法都有一个明确的输出要素类，它们描述了一个表面在另一个表面的上面或下面的区域。此外，还可以获取相交部分的差分表面，这个差分表面是一个存储在内存中的 TIN。通过事件变量去监听相交方法触发的事件（ISurfaceIntersectionEvents. OnIntersect）。在基于 TIN 的处理过程中，事件释放了一次，一个差分表面就建立了。在包含了地形数据集的动态表面情况下，事件变量将被调用多次，如果地形数据集太大以至于要分多块处理，在这种情况下，就需要使用一个逻辑差分表面来表达，该逻辑差分表面是由多个平铺的 TIN 组合而成。

下面代码实现了在 TIN 和 Terrain 相交时获取一个差分表面：

```
//定义 OnIntersect 方法来保存不同的 TIN 到磁盘中
static void OnIntersect(ITinSurface DiffSurf)
  {
      ITinAdvanced Tin = DiffSurf as ITinAdvanced;
      string OutTinName = "c:\\project\\diff_tin";
      OutTinName = OutTinName + PubVars.Counter.ToString();
      object Overwrite;   Overwrite = true;
      Tin.SaveAs(OutTinName,ref Overwrite);  }
      //获取两个输入的表面和输出的要素类
      IDynamicSurface3 DynSurf_Ground = GroundTerrain.CreateDynamicSurface() as IDynamicSurface3;
      IDynamicSurface3 DynSurf_Water = WaterTerrain.CreateDynamicSurface() as IDynamicSurface3;
      IFeatureClass OutFC = FWS.OpenFeatureClass("intersect_fc");
      //设置事件变量,并指向 OnIntersect 方法
      ESRI.ArcGIS.GeoDatabaseExtensions.ISurfaceIntersectionEvents_Event
      SurfEvents = (ESRI.ArcGIS.GeoDatabaseExtensions.ISurfaceIntersectionEvents_Event) DynSurf_
      Ground;
      SurfEvents.OnIntersect += new
      ESRI.ArcGIS.GeoDatabaseExtensions.ISurfaceIntersectionEvents_OnIntersectEventHandler(OnInter-
      sect);
      //调用相交方法
      DynSurf_Ground.Intersect(null,10.0,DynSurf_Water,0.0,false,OutFC,  "Volume","Surf_Area","
      Code",null);
```

## 11.4.2 点、线、面插值

### 11.4.2.1 插值基础

点、线、面插值是构建表面模型的方式之一，也是进行表面分析的基础。通过插值的方法，可以从一个表面上获取输入的二维几何的 Z 值，从而得到相应的三维几何。输入的几何可以是点、线和面。通过对一个点进行插值能得到这个点的 Z 值，在高程模型中就是高程值；对一条线进行插值，能得到一条沿着插值线的剖面线，这条剖面线能反映出表面上这条线前进时表面（高程）的变化情况，这在工程建设特别是交通工程中经常需要提取剖面图；而对一个面插值，能形成一个具有高程的三维表面。

当对点进行插值时，如果点没有落入表面，这个点将被忽略。当对线和面进行插值时，在获取高程时，需要设定一个插值密度，这个参数能让落在这个密度值的点不进行重复插值。当表面是一个默认使用输入点采样模式的 TIN 时，或三角边交叉点的数量足以捕捉到所有表面信息时，这个参数不是很重要；但是当表面是一个栅格表面时，这个参数很重要，如果值设置得很小，将获取到更多的细节，但是将增加处理时间和几何存储空间的大小。默认的参数等于格网大小。

插值运算时，当输入的几何和表面的空间参考不同时，会将输入几何投影到表面上，来匹配表面的空间参考，当插值完成后，输出的几何将重新投影到输入几何的空间参考中。

下面代码实现在 TIN 表面进行插值获取一个点高程值：

```
//打开一个 TIN 表面
ITinAdvanced2 Tin = new TinClass( );
Tin. Init( "c:\\project\\my_tin" );
// 实现 ITinSurface 接口
ITinSurface TinSurf = Tin as ITinSurface;
// 获取一个二维点
IPoint MyPoint = new PointClass( );
MyPoint. X = 741626;   MyPoint. Y = 4341457;
//调用 GetElevation 方法获取 z 值
double z;  z = TinSurf. GetElevation( MyPoint);
// 判断一个点是否落在表面上
if( TinSurf. IsVoidZ( z) )
MessageBox. Show( "Point is off surface!" );
```

下面代码实现了在 TIN 表面上的线插值，进行剖面分析：

```
//创建一条二维线
IPointCollection MyLine = new PolylineClass( );
IPoint MyPoint = new PointClass( );
MyPoint. X = 741626;   MyPoint. Y = 4341457;
object Missing = Type. Missing;
MyLine. AddPoint( MyPoint,ref Missing,ref Missing);
MyPoint. Y = 4341467;
MyLine. AddPoint( MyPoint,ref Missing,ref Missing);
// 调用 ITinSurface 的 InterpolateShape 方法,得到一条三维剖面线
IGeometry ProfiledLine;
TinSurf. InterpolateShape( MyLine as IGeometry,out ProfiledLine,ref Missing);
//如果输入的线不从表面上穿过,输出的线将为空
if( ProfiledLine == null)
MessageBox. Show( "Line is off surface!" );
```

#### 11.4.2.2 TIN 数据直接输出为 VCT 规则格网 DEM 格式

在 GIS 工程应用中，通常是根据野外采集的离散点来构建基于 TIN 的数字高程模型。但在有些应用中又需要 VCT 规则格网 DEM 格式即 Grid 格式（地理空间数据交换格式 GB/T 17798—2007），为了不损失 TIN 的精度，需要将 TIN 数据直接输出为 VCT Grid 格式。

VCT 的 Grid DEM 格式由文件头和数据体两部分构成。

文件头包括以下几部分：

```
DataMark:CNSDTF-DEM        //格网数据交换格式标志
Version:GB/T 17798—2007  //空间数据交换格式的版本号
Alpha:0. 0//方向角
Compress:0  //压缩方法,0 表示不压缩,1 表示游程编码
```

X0://左上角原点 X 坐标
Y0://左上角原点 Y 坐标
DX://格网 X 方向的间距
DY://格网 Y 方向的间距
Row://行数
Col://列数
ValueType://值类型,Integer 或 Char
Hzoom://高程放大倍数
XYUnit:M//XY 坐标单位
ZUnit://Z 坐标单位

文件头后紧接着是数据体，其内容为左上角开始从左到右、从上到下，每个格网点的 Z 值，每行 10 个 Z 值。

以下阐述该功能的实现，其界面设计如图 11-2 所示，其上主要放置了如下控件：

（1）Button：btnBrowserTIN，用于打开 TIN 数据集所在的目录，这里使用了一个 FolderBrowserDialog 对话框控件；

（2）Button：btnSaveVCT，用于保存输出结果（txt 文件）；

（3）Button：btnOutput，执行输出；

（4）Button：btnCancel，关闭主窗体，结束程序运行；

（5）DX、DY 文本框，用于输入格网单元的大小；

（6）文件头其他几个参数设置的控件。

图 11-2　TIN 数据直接输出为 VCT Grid 格式界面设计

主要实现代码如下：

```
private void btnOutput_Click(object sender,EventArgs e)
   { OutputOneLine10ZUpLeft(); }
```

```
//输出格式:VCT 格网 DEM 国家标准格式—— 一行 10 个高程值
//格网原点为左上角
private void OutputOneLine10ZUpLeft()
    {  string tinFilePath = textBox1.Text;
       string tinFolder = System.IO.Path.GetDirectoryName(tinFilePath);
       string tinName = System.IO.Path.GetFileName(tinFilePath);
       IWorkspaceFactory TinWF = new TinWorkspaceFactoryClass();
       ITinWorkspace TinWK = TinWF.OpenFromFile(tinFolder,0) as ITinWorkspace;
       ITinAdvanced2 tinAd = TinWK.OpenTin(tinName) as ITinAdvanced2;
       IEnvelope extent = tinAd.Extent;
       //X 方向上的间距
       double DX = double.Parse(txtDX.Text.Trim());
       //Y 方向上的间距
       double DY = double.Parse(txtDY.Text.Trim());
       //规则格网的行数
       int Row = (int)Math.Ceiling(extent.Height / DY);
       //规则格网的列数
       int Col = (int)Math.Ceiling(extent.Width / DX);
       //左上角原点 X 坐标
       double X0 = (Math.Floor(extent.XMin / 10)) * 10;
       //左上角原点 Y 坐标
       double Y0 = (Math.Ceiling(extent.YMax / 10)) * 10;
       //格网数据交换格式标志
       string DataMark = cbDataMark.SelectedItem.ToString();
       //版本号
       string Version = txtVersion.Text.Trim();
       //方向角
       double Alpha = double.Parse(txtAlpha.Text.Trim());
       //压缩方法
       string Compress = cbCompress.SelectedItem.ToString();
       //格网值的类型
       string ValueType = cbValueType.SelectedItem.ToString();
       //高程放大倍率
       int HZoom;
       int decimalNum;
       if(cbZAccuracy.SelectedItem.ToString() == "厘米")
         { HZoom = 100;decimalNum = 2; }
       else
         { HZoom = 1000;decimalNum = 3; }
       //XY 方向上面的坐标单位单位
       string XYUnit = "M";
       //Z 方向上的坐标单位
       string ZUnit = "M";
```

```
//获取所有格网中心点的高程,文件头部分
ArrayList mDEMlist = new ArrayList();
mDEMlist.Add("DataMark:" + DataMark);
mDEMlist.Add("Version:" + Version);
mDEMlist.Add("Alpha:" + Alpha.ToString());
mDEMlist.Add("Compress:" + Compress);
mDEMlist.Add("X0:" + X0.ToString());
mDEMlist.Add("Y0:" + Y0.ToString());
mDEMlist.Add("DX:" + DX.ToString());
mDEMlist.Add("DY:" + DY.ToString());
mDEMlist.Add("Row:" + (Row - 1).ToString());
mDEMlist.Add("Col:" + (Col - 1).ToString());
mDEMlist.Add("ValueType:" + ValueType);
mDEMlist.Add("Hzoom:" + HZoom.ToString());
mDEMlist.Add("XYUnit:" + XYUnit);
mDEMlist.Add("ZUnit:" + ZUnit);
//依顺序读取每个格网中心点的高程放入到泛型数组中去(使用struct来提升读取数据速度)
List<HelperPoint> mGridDemBlocks = new List<HelperPoint>();
HelperPoint helpPoint;
for(int i = 1;i < Row;i++)
  { for(int j = 1;j < Col;j++)
      { helpPoint = new HelperPoint();
        helpPoint.x = X0 + DX / 2 + DX * (j - 1);
        helpPoint.y = Y0 - DY / 2 - DY * (i - 1);
        mGridDemBlocks.Add(helpPoint); }
  }
//把泛型数组中的高程数据写入到对应列表变量中去
ITinSurface pMTinSurface = tinAd as ITinSurface;
IFunctionalSurface pMFSurface = pMTinSurface as IFunctionalSurface;
double midleZ;
string zString;
string mSplitData = String.Empty;
for(int i = 0;i < (Col-1) * (Row-1);i++)
  { midleZ = pMFSurface.get_Z(mGridDemBlocks[i].x,mGridDemBlocks[i].y);
    if(double.IsNaN(midleZ))
    zString = " -9999";
    else
    zString = (Math.Round(midleZ,decimalNum)).ToString();
    if(((i+1)% 10)! =0)
      { mSplitData = mSplitData + zString + " "; }
    else
      { mSplitData = mSplitData + zString;
        mDEMlist.Add(mSplitData);
```

```
                mSplitData = null;  }
        }
    //构造文件名
    string path = textBox2.Text.Trim();
    string[] splitPath = path.Split('.');
    string mDEMfilePath = splitPath[0].ToString() + " - C." + splitPath[1].ToString();
    //如果存在重名的文件对其删除
    if(File.Exists(mDEMfilePath))
        { File.Delete(mDEMfilePath); }
    try
        {  using(FileStream fsDEM = File.Create(mDEMfilePath))
              {  StreamWriter demWriter = new StreamWriter(fsDEM);
                 for(int i = 0;i < mDEMlist.Count;i ++)
                   { demWriter.WriteLine(mDEMlist[i].ToString()); }
                 demWriter.Close();
                 fsDEM.Close();  }
        }
    catch(Exception ex)
        { MessageBox.Show(ex.Message); }
    MessageBox.Show("数据输出完毕!!!");  }
```

详细实现请参阅本书附带的光盘。

### 11.4.3 表面分析

表面是由许多的点组成的区域，其中包含了大量有用的信息。通过对表面进行简单的视觉浏览可以从总体上了解表面或对表面上某个感兴趣的区域进行研究。同时，可以为需要进行一些更为复杂的分析，如两点之间的通视性分析，或计算表面的坡度信息，为土地利用规划决策提供帮助。表面创建以后，通常可以用来进行进一步的分析，包括可视化增强如设置阴影地貌，或者从一个特定的位置或路径设置可视化的更高级别的分析。

表面分析用到的主要接口包括了 ISurface 接口、ITinSurface 接口、IRasterOp 接口、IRasterBandCollection 接口、IGeoDataset 接口、IDynamicSurface3 接口等。

#### 11.4.3.1 坡度分析

坡度表示表面上某个位置的最陡的倾斜度。计算坡度时，将对 TIN 中的每一个三角面或栅格中的每个单元进行计算。对于 TIN 而言，坡度是各个三角面之间最大的高程变化率。对于栅格而言，坡度是每个栅格单元与其相邻的 8 个栅格单元中最大的高程变化率。

下面代码实现了在栅格表面上进行坡度分析：

```
private void Slope_Click(object sender,EventArgs e)
    { //打开栅格数据工作空间
    IWorkspaceFactory workspaceFactory = new   RasterWorkspaceFactoryClass();
```

```
IRasterWorkspace workspace = workspaceFactory. OpenFromFile(filePath,0) as IRasterWorkspace;
//获取栅格数据集
IRasterDataset rasterDataset = workspace. OpenRasterDataset(fileName);
//将栅格数据添加到三维场景中
IRasterLayer rasterLayer = new RasterLayerClass( );
rasterLayer. CreateFromDataset( rasterDataset);
pScene. AddLayer( rasterLayer as ILayer,true);
pSceneGraph. Refreshviewers( );
//设置栅格分析环境
ISurfaceOp surfaceOp = new RasterSurfaceOpClass( );
IRasterAnalysisEnvironment rasterAnalysisEnveronment = surfaceOp as IRasterAnalysisEnvironment;
rasterAnalysisEnveronment. OutWorkspace = workspace as IWorkspace;
//进行坡度分析,并返回一个地理数据集
object zFactor = 2;
IGeoDataset rasterGeoDataset = rasterDataset as IGeoDataset;
IGeoDataset outGeoDataset = surfaceOp. Slope( rasterGeoDataset,esriGeo
AnalysisSlopeEnum. esriGeoAnalysisSlopePercentrise, ref zFactor);
//将分析结果保存到输出的栅格数据集中
IRasterBandCollection rasterBandCollection = outGeoDataset as IRasterBandCollection;
rasterBandCollection. SaveAs( "podu. tif",workspace as IWorkspace,"TIFF"); }
```

下面的代码实现了在一个 TIN 表面上获取一个点的坡度信息:

```
private void axSceneControl1_OnMouseDown( object sender, ESRI. ArcGIS. Controls. ISceneControlEvents_On-
MouseDownEvent e)
  { //屏幕上点击获取一个点
    ISceneGraph pSceneGraph = axSceneControl1. SceneGraph;
    ISceneViewer pSceneViewer = pSceneGraph. ActiveViewer;
    IPoint pPt; object a,b;
    pSceneGraph. Locate(pSceneViewer,e. x,e. y,esriScenePickMode. esriScenePickAll,true, out pPt, out a,
    out b);
    //获得该点的坡度
    ITinSurface TinSurf = tin as ITinSurface;
    double slopeDegree = TinSurf. GetSlopeDegrees( pPt);
    string inform = Convert. ToString( slopeDegree);
    MessageBox. Show( "坡度为:" + inform + "度"); }
```

#### 11.4.3.2 坡向分析

坡向是指坡面的朝向。它表示表面某处最陡的倾斜方向。它可以被认为是山体所面向的坡的方向或指南针方向。在计算坡向的过程中，对 TIN 表面的每个三角面或栅格图像的每一个像元进行计算。

坡向以度为单位，按逆时针方向从 0°（正北方向）~360°（即绕完一圈以后的正北方向）来度量。坡向图中的每个栅格单元的值表明此栅格单元所在坡的朝向。水平的坡没有朝向，值为 -1。

下面代码实现了在一个栅格表面进行坡向分析：

```
private void Aspect_Click(object sender,EventArgs e)
{ //打开栅格数据工作空间
    IWorkspaceFactory workspaceFactory = new RasterWorkspaceFactoryClass();
    IRasterWorkspace workspace = workspaceFactory. OpenFromFile(filePath,0) as IRasterWorkspace;
    //获取用于坡向分析的栅格数据集
    IRasterDataset rasterDataset = workspace. OpenRasterDataset(fileName);
    //设置输出栅格数据集保存的工作空间
    ISurfaceOp surfaceOp = new RasterSurfaceOpClass();
    IRasterAnalysisEnvironment rasterAnalysisEnveronment = surfaceOp as IRasterAnalysisEnvironment;
    rasterAnalysisEnveronment. OutWorkspace = workspace as IWorkspace;
    //进行坡向分析,并返回一个地理数据集
    IGeoDataset rasterGeoDataset = rasterDataset as IGeoDataset;
    IGeoDataset outGeoDataset = surfaceOp. Aspect(rasterGeoDataset);
    //将分析结果保存到输出的栅格数据集中
    IRasterBandCollection rasterBandCollection = outGeoDataset as IRasterBandCollection;
    rasterBandCollection. SaveAs("poxiang. tif",workspace as IWorkspace,"TIFF");  }
```

下面的代码实现了在一个 TIN 表面上获取一个点的坡向：

```
private void axSceneControl1_OnMouseDown(object sender,ESRI. ArcGIS. Controls. ISceneControlEvents_On-
MouseDownEvent e)
{ //屏幕上点击获取一个点
    ISceneGraph pSceneGraph = axSceneControl1. SceneGraph;
    ISceneViewer pSceneViewer = pSceneGraph. ActiveViewer;
    IPoint pPt;      object a,b;
    pSceneGraph. Locate(pSceneViewer,e. x,e. y,esriScenePickMode. esriScenePickAll,true,out pPt,out a,
    out b);
    //获得该点的坡向
    ITinSurface TinSurf = tin as ITinSurface;
    double   aspectDegree = TinSurf. GetAspectDegrees(pPt);
    string inform = Convert. ToString(aspectDegree);
    MessageBox. Show("坡向为:" + inform + "度");  }
```

#### 11.4.3.3　创建等值线

等值线是连接栅格或 TIN 中相等值的线，表达了连续的现象，如高程、气温、污染程度或气压等。等值线的分布反映了沿着表面的某种值改变状况，变化越小，线之间的间隔就越宽，变化越快，线就挨得越近。

通过等值线，能知道哪个位置具有相同的值，这样就能通过等值线之间的距离来估计平坦和陡峭的区域，通过等值线的收紧和分散来判断山脊和山谷。

下面的代码实现在 TIN 表面上点击得到一条等高线：

```
private void axSceneControl1_OnMouseDown(object sender,ESRI. ArcGIS. Controls. ISceneControlEvents_On-
MouseDownEvent e)
```

```
{ //屏幕上点击获取一个点
  ISceneGraph pSceneGraph = axSceneControl1. SceneGraph;
  ISceneViewer pSceneViewer = pSceneGraph. ActiveViewer;
  IPoint pPt; object a,b;
  pSceneGraph. Locate(pSceneViewer,e. x,e. y,esriScenePickMode. esriScenePickAll,true, out pPt, out a, out b);
  //获取该点处的等高线,以及高程
  ITinSurface TinSurf = tin as ITinSurface;
  //获取该点处的等高线,以及高程
  ITinSurface TinSurf = tin as ITinSurface;
  n = 100&locale = en - us"\IPolylineppContour;double pElevation;
  TinSurf. GetContour(pPt,out ppContour,out pElevation);
  //对获得的等高线进行渲染
  LineElementSymbol(ppContour as IGeometry);
  //显示等高线的高程值
  string inform = Convert. ToString(pElevation);
  MessageBox. Show("该等高线的高程为:" + inform); }
```

下面代码实现了在栅格表面上点击获取一条等高线：

```
private void axSceneControl1_OnMouseDown(object sender,ESRI. ArcGIS. Controls. ISceneControlEvents_On-
MouseDownEvent e)
{ //屏幕上点击获取一个点
  ISceneGraph pSceneGraph = axSceneControl1. SceneGraph;
  ISceneViewer pSceneViewer = pSceneGraph. ActiveViewer;
  IPoint pPt;object a,b;
  pSceneGraph. Locate(pSceneViewer,e. x,e. y,esriScenePickMode. esriScenePickAll,true,out pPt,out a,out b);
  //设置栅格数据分析相关参数
  ISurfaceOp surfaceOp = new RasterSurfaceOpClass();
  IRasterAnalysisEnvironment rasterAnalysisEnveronment;
  rasterAnalysisEnveronment = surfaceOp as IRasterAnalysisEnvironment;
  rasterAnalysisEnveronment. OutWorkspace = pRasterWorkspace as IWorkspace;
  //将获得的栅格数据集用于分析
  IGeoDataset geoDataset = pRasterDataset as IGeoDataset;
  IPolyline contourline;double elevation;
  surfaceOp. ContourAsPolyline(geoDataset,pPt,out contourline,out elevation);
  //对获得的等高线进行渲染
  LineElementSymbol(contourline as IGeometry);
  //显示该等高线的高程值
  string strElevation = Convert. ToString(elevation);
  MessageBox. Show("该等高线的高程值为:" + strElevation); }
```

#### 11.4.3.4 寻找最陡路径

最陡路径的含义是指沿着最大的坡降方向，即坡度最大的方向，从山顶点到山脚的路径。最陡路径往往是理论上的沿山体最短路径。

最陡路径可以用来模拟水流、泥石流、岩溶路径、评估表面精度（通过比较模拟的与实际的水流路径得到表面精确度）。通过最陡路径，可以在表面模型上评估径流模式。寻找最陡路径是计算在表面的给定点释放球时球将滚动的方向，适用于栅格、不规则三角网（TIN）或 Terrain 表面。球将沿着最陡路径下坡，直到它到达表面模型的边缘或到达一个凹地（所有周围区域都流入的点），也可以使用寻找最陡路径来评估表面模型的完整性，例如，可以通过评估查找与实际地点径流不同的方向上因不明原因终止或迂回的路径，如果要对径流研究使用该模型，需要校正这些异常值。

下面的代码实现了在一个 TIN 表面上获取一个最陡路径：

```
private void axSceneControl1_OnMouseDown(object sender,ESRI. ArcGIS. Controls. ISceneControlEvents_On-
MouseDownEvent e)
  { //屏幕上点击获取一个点
    ISceneGraph pSceneGraph = axSceneControl1. SceneGraph;
    ISceneViewer pSceneViewer = pSceneGraph. ActiveViewer;
    IPoint pPt;object a,b;
    pSceneGraph. Locate(pSceneViewer,e. x,e. y,esriScenePickMode. esriScenePickAll,true,out pPt,out a,out b);
    //获得该点的最陡路径
    ITinSurface TinSurf = tin as ITinSurface;
    IPolyline   polyline;
    polyline = TinSurf. GetSteepestPath(pPt);
    //对获得的最陡路径进行渲染
    LineElementSymbol(polyline as IGeometry);  }
```

### 11.4.3.5 通视分析

视线是表面上两点之间的一条线，它表示观察者观察表面时，沿着这条线的表面是可见还是隐藏的。创建通视线可以判断某点相对于另一点是否可见。如果地形隐藏了目标点，用户可以看到障碍物的位置，以及通视线上可视的或隐藏的区域。

下面代码实现了在一个 TIN 表面创建一条通视线，返回两点的视线信息包括目标是否可视、第一个障碍点的位置以及沿着表面视线的可视和不可视的部分。观察点和目标点都需要是三维点。如果要应用顶点偏移，就应该考虑 Z 值。如果目标不可见，就会设置一个三维的障碍点，即从观察点到目标点，表面和视线之间第一个交点，并且 GetLineOfSight 方法会自动创建这个障碍点。如果设置 bApplyCurvature 为 true，则会考虑地球的曲率，一般默认为 false。如果设置 bApplyRefraction 为 true，则考虑可视光线的折射。默认的折射因子为 0.13。

下面代码实现了在 TIN 表面上进行通视分析：

```
private void GetLineOfSight_Click(object sender,EventArgs e)
  { //选择一个 TIN 图层
    ILayer layer = getLayerByname(comboBox1. SelectedItem. ToString());
    ITinLayer tinlayer;
    if(layer == null)return;
    //获取 Tin 数据集
    if(layer is ITinLayer)  { tinlayer = layer as ITinLayer;tin = tinlayer. Dataset; }
```

```
else {MessageBox.Show("请选择 TIN 图层");}
if(tin == null)return;
if(pGraphicsContainer3D.ElementCount < 2)return;
if(pGraphicsContainer3D.ElementCount > =2)
  {  //获取观察点和目标点
     IElement pElement =pGraphicsContainer3D.get_Element(pGraphicsContainer3D.ElementCount -2);
     IPoint ObeserPt =pElement.Geometry as IPoint;
     pElement =pGraphicsContainer3D.get_Element(pGraphicsContainer3D.ElementCount -1);
     IPoint targetPt =pElement.Geometry as IPoint;
     //进行通视分析,输出障碍点,可见视线和不可见视线
     ITinSurface TinSurf =tin as ITinSurface;
     IPoint Obstruction;IPolyline visibleline;  IPolyline notVisibleline;
     bool IsVisible1;    object pRe =Type.Missing;
     TinSurf.GetLineOfSight(ObeserPt,targetPt,out Obstruction,out visibleline,out notVisibleline,out
     IsVisible1,false,false,ref pRe);
     //对输出的障碍点可见和不可见视线渲染
     if(Obstruction ! =null)MarkerElementSymbol(Obstruction);              //设置障碍点为蓝色
     if(visibleline ! =null)LineElementSymbol(visibleline as IGeometry);        //设置可见视线为绿色
     if(notVisibleline ! =null)LineElementSymbol(notVisibleline as IGeometry);//设置不可见视线为
     红色
  }
}
```

下面代码实现了在栅格表面上进行通视分析:

```
private void Visibility_Click(object sender,EventArgs e)
  { IWorkspaceFactory workspaceFactory =new RasterWorkspaceFactoryClass();
    IRasterWorkspace rasterWorkspace =workspaceFactory.OpenFromFile(filePath,0)as IRasterWorkspace;
    IWorkspaceFactory pointWorkspaceFactory =new AccessWorkspaceFactoryClass();
    IWorkspace featureWorkspace =pointWorkspaceFactory.OpenFromFile(filePath +@"\aaa.mdb",0);
    IFeatureClass featureClass =featureWorkspace.OpenFeatureClass("point");
    IEnumDataset enumDataset =featureWorkspace.get_Datasets(esriDatasetType.esriDTAny);
    enumDataset.Reset();
    IGeoDataset featureDataset =enumDataset.Next()as IGeoDataset;
    IRasterDataset rasterDataset =rasterWorkspace.OpenRasterDataset(fileName);
    ISurfaceOp surfaceOp =new RasterSurfaceOpClass();
    IRasterAnalysisEnvironment rasterAnalysisEnveronment;
    rasterAnalysisEnveronment =surfaceOp as IRasterAnalysisEnvironment;
    rasterAnalysisEnveronment.OutWorkspace =rasterWorkspace as IWorkspace;
    IGeoDataset outGeoDataset,rasterGeoDataset;
    rasterGeoDataset =rasterDataset as IGeoDataset;
    //可见性分析的类型为 Frequency 时输出地理数据集将记录观察点能看到
    //的每个栅格点位置
    outGeoDataset = surfaceOp.Visibility(rasterGeoDataset,featureDataset,esriGeoAnalysisVisibilityEnum.
```

```
esriGeoAnalysisVisibilityFrequency);
IRasterBandCollection rasterBandCollection = outGeoDataset as IRasterBandCollection;
rasterBandCollection.SaveAs("visibility.tif",rasterWorkspace as IWorkspace,"TIFF"); }
```

### 11.4.3.6 表面面积和体积

表面面积是指某一区域内所有面的总面积，表面越粗糙，表面积越大。体积是指物体占有的空间量。表面积与体积的计算都是针对某个参考平面进行的。

表面面积是沿着表面的坡度计算的。考虑到表面高度的变化情况，除非表面是平坦的，表面面积通常要大于其二维的底面积。用户可以比较二维面积与对应的表面面积的值，了解表面的粗糙程度或表面的坡度，两者差异越大，表面越粗糙或越陡。

下面代码实现了在 TIN 表面获取感兴趣区域的面积和体积：

```
private void VolumeAndArea_Click(object sender,EventArgs e)
{   IPolygon polygon = GetPolygon();
    Double height;
    ITinSurface3 TinSurf = tin as ITinSurface3;
    bool IsOutsideDataArea;object volume = Type.Missing;
    object area = Type.Missing;object type = Type.Missing;
    //参考平面的类型如果选择 below,将计算参考平面以下的面积和体积
    //如果选择 above,将计算参考平面以上,表面以下的部分
    tinSurface.GetVolumeAndArea(polygon as IGeometry,height,esriPlaneReferenceType.esriPlaneReferenceBelow,out IsOutsideDataArea,ref volume,ref area,ref type);
    string strVolume = Convert.ToString(volume);
    string strArea = Convert.ToString(area);
    MessageBox.Show("体积为:" + strVolume + "面积为:" + strArea); }
```

下面代码实现了在地形数据集中计算地形表面的面积和体积：

```
private void VolumeAndArea_Click(object sender,EventArgs e)
{   IWorkspaceFactory WSFact = new FileGDBWorkspaceFactoryClass();
    IFeatureWorkspace FWS = WSFact.OpenFromFile(@"C:\\project\\terrain.gdb",0)as IFeatureWorkspace;
    // 获取包含了地形数据集的要素数据集
    IFeatureDataset FDS = FWS.OpenFeatureDataset("myFDS");
    // 打开地形数据集
    IFeatureDatasetExtensionContainer EC = FDS as IFeatureDatasetExtensionContainer;
    IDatasetContainer3 DC = EC.FindExtension(esriDatasetType.esriDTTerrain)as IDatasetContainer3;
    ITerrain Terrain = DC.get_DatasetByName(esriDatasetType.esriDTTerrain,"myTerrain")as ITerrain;
    IDynamicSurface3 DynSurf = Terrain.CreateDynamicSurface();
    IPolygon polygon = GetPolygon();
    double height = GetHeight();
    //设置容差
    double resolution = 0.1;
    bool IsOutsideDataArea;object volume = Type.Missing;
    object area = Type.Missing;object type = Type.Missing;
```

```
//计算面积和体积
DynSurf. GetVolumeAndArea(polygon as IGeometry, resoluttion, height, esriPlaneReference. esriPlaneReferenceBelow, out IsOutsideDataArea, ref volume, ref area, ref type);
string strVolume = Convert. ToString(volume);
string strArea = Convert. ToString(area)
MessageBox. Show("体积为:" + strVolume + "面积为:" + strArea); }
```

#### 11.4.3.7 表面长度计算

表面长度指表面上沿某一方向的剖面线的长度。表面长度计算需要一个表面及一个二维线段组成的要素类作为输入数据源。只有与表面相交的线才能计算出长度，完全在表面之外的值为0。当输入的表面为TIN时，以线段与表面三角形的边或节点的交点为采样点，对高程进行线性内插生成三维线；当输入的表面为DEM时，采用双线性内插方法对线段高程做内插生成三维线。

下面代码实现了在三维场景中查询TIN表面上长度：

```
private void QuerySurfaceLengh_Click(object sender, EventArgs e)
  { //选择一个TIN图层
    ILayer layer = getLayerByname(comboBox1. SelectedItem. ToString());
    ITinLayer tinlayer;
    if(layer == null) return;
    if(layer is ITinLayer)
      { //获取TIN数据集
        tinlayer = layer as ITinLayer; tin = tinlayer. Dataset; }
    else { MessageBox. Show("请选择TIN图层!"); }
        if(tin == null) return;
        IGraphicsContainer3D pGraphicsContainer3D = axSceneControl1. Scene. BasicGraphicsLayer as IGraphicsContainer3D;
        IElement pElement = pGraphicsContainer3D. get_Element(pGraphicsContainer3D. ElementCount - 1);
    if(pElement is ILineElement)
      { IPolyline polyline = pElement. Geometry as IPolyline;
        //获得沿线的表面长度
        ITinSurface tinSurface = tin as ITinSurface;
        double lengh; object step = Type. Missing;
        tinSurface. QuerySurfaceLength(polyline as IGeometry, out lengh, ref step);
        string chang = Convert. ToString(lengh);
        MessageBox. Show("表面长度为:" + chang + ""); }
  }
```

#### 11.4.3.8 山影分析

山影（HillShade）分析是通过计算栅格中每个栅格的光照值模拟的表面光照，它是通过设置一个模拟的光源的位置和计算每个栅格相对邻近栅格的光照值来实现的。山影分析能很好地增强表面分析和图形显示的可视化效果，特别是当使用透明时。默认情况下，阴影通过0~255的整型值来表示。山影的主要参数设置是太阳在天空中的位置，方位角azimuth是太阳的角度方位，从北顺时针方向0°~360°，如果方位角为90°就是正东方位，默认的方位角是西北方位315°。高度角altitude是水平线上光源的倾角，从水平线0°到正上方的90°，默认为45°。

通过山影分析，我们能计算当地的光照，判断栅格是否处于阴影中；还能知道一天中特定时间每个栅格将处于其他栅格的阴影中，处于阴影中的栅格编码为0，其他的栅格编码为1~255。

下面代码实现了默认的太阳方位角和高度下对栅格表面进行山影分析：

```
private void HillShade_Click(object sender,EventArgs e)
{   ISurfaceOp surfaceOp = new RasterSurfaceOpClass();
    IRasterAnalysisEnvironment rasterAnalysisEnveronment;
    rasterAnalysisEnveronment = surfaceOp as IRasterAnalysisEnvironment;
    rasterAnalysisEnveronment. OutWorkspace = pRasterWorkspace as IWorkspace;
    //将获得的栅格数据集用于分析
    IGeoDataset geoDataset = pRasterDataset as IGeoDataset;
    //设定方位角和高度
    double azimuth = 315;double altitude = 45;
    //将栅格表面拉伸两倍,这样使山影的效果更明显
    object ZFactor = 2;
    //进行山影分析,如果下面的布尔值为true,则输出的山影栅格数据将考虑本地的
    //光照角度和阴影;如果为false则仅考虑本地光照角度,不考虑阴影效果
    IGeoDataset outGeoDataset = surfaceOp. HillShade(geoDataset,azimuth,altitude,true,ZFactor);
    //将分析结果另存
    IRasterBandCollection rasterBandCollection = outGeoDataset as
    IRasterBandCollection;
    rasterBandCollection. SaveAs("HillShade. tif",pRasterWorkspace as IWorkspace,"TIFF");  }
```

### 11.4.4 三维网络分析

网络是一种由边线元素和交汇点元素相连形成的网状系统，这些元素用来表示从一个位置到另一个位置的可能路径。人员、资源和货物都将沿着网络行进；例如，汽车和货车在道路上行驶，飞机沿着预定的航线飞行，石油沿着管道铺设路线输送。通过使用网络构建潜在行进路径模型，可以进行与在网络流动方向上的石油、货车或其他对象的移动相关的分析。最常用的网络分析是查找两点之间的最短路径。ArcGIS中的网络共分为两类：几何网络和网络数据集。

如果网络数据集中源要素的几何具有Z值，便可以创建一个三维网络并对其执行分析。三维网络数据集的创建和二维网络数据集的创建类似，只是它针对的是三维要素数据集，在创建时设置相应的高程选项即可。

三维网络分析的流程和二维是相同的，首先在三维场景中加载创建好的三维网络数据集，然后创建网络分析图层（包括了六种：路径分析图层、最近设施点分析图层、服务区分析图层、OD成本矩阵分析图层、多路径派发（VRP）分析图层、位置分配分析图层），接着添加网络分析对象并设置网络分析图层的属性，最后执行网络分析得出结果。网络分

析成员的关系如图 11-3 所示。

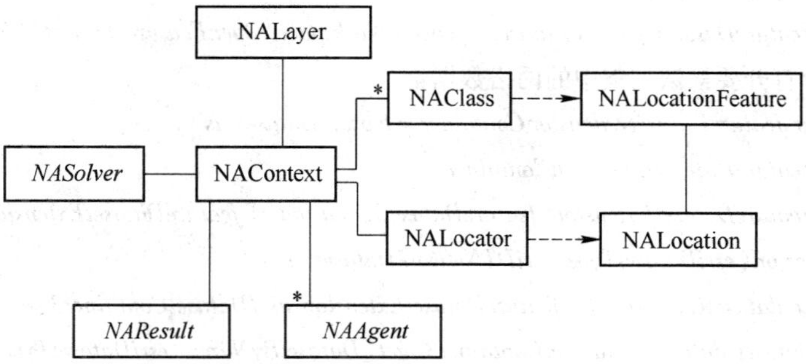


图 11-3　网络分析相关对象之间的关系

网络分析图层 NALayer 是网络分析成员中最重要的成员，它是一个真实的图层对象，网络分析图层是通过网络分析求解 NASolver 调用 INASolver. CreateLayer 方法来创建的。通过网络分析图层，能获取网络分析环境 NAContext 以及网络分析图层的子图层。

网络分析环境是由 NASolver 调用 INASolver. CreateContext 方法创建的，创建好了就绑定到一个网络数据集上，INAContext 接口能访问到分析中的其他对象如 NAClass、Solver、NALocator、NetworkDataset 以及分析的结果。INAContexEdit 接口控制着网路分析环境的初始化和 NAClass 事务编辑方法。

网络分析对象是在网络分析时用作输入和输出的要素和记录。例如，停靠点、障碍、路径和设施点都属于网络分析对象。可以向输入类添加网络分析对象，但不能将它们添加到仅输出类。输出网络分析对象只能由求解过程创建，例如，路径分析图层中的路径类为输出，因此只能由求解程序创建路径对象。可通过不同方式向类添加对象。有以下两种常用方法：一种是将多个要素一次加载到网络分析类；另一种是以交互方式一次添加一个对象。

网络分析图层的某些属性与其网络分析对象的属性相比，在分析中要更加通用。常规的分析属性包括要使用的网络阻抗特性、要遵守的约束条件特性等。此外，还包括要执行的分析种类所特有的属性。创建了分析图层、添加了输入网络分析对象并设置了分析对象和分析图层的参数后，就可以求解网络问题。

下面的代码实现了网络分析中的最佳路径分析，展示了如何打开一个要素数据集，如何创建 NAContext 和 NASolver，如何从要素类中加载位置和创建网络位置，如何设置 Solver 参数，最后求解并输出分析结果：

```
//打开网络分析数据源
private void LoadDataSource_Click(object sender,EventArgs e)
  { if(folderBrowserDialog1. ShowDialog() == DialogResult. OK)
      { workspacePath =folderBrowserDialog1. SelectedPath;
        //打开要素工作空间
        IWorkspaceFactory pWorkspaceFactory = new FileGDBWorkspaceFactoryClass();
        IWorkspace workspace =    pWorkspaceFactory. OpenFromFile(workspacePath,0);
```

```
            featureWorkspace = workspace as IFeatureWorkspace;
            //打开要素数据集
            IFeatureDataset featureDataset = featureWorkspace. OpenFeatureDataset( "Transportation" );
            //打开要素数据集中的网络数据集
            var featureDatasetExtensionContainer = featureDataset as
            IFeatureDatasetExtensionContainer;
            IFeatureDatasetExtension featureDatasetExtension = featureDatasetExtensionContainer. FindExtension( esriDatasetType. esriDTNetworkDataset );
            var datasetContainer3 = featureDatasetExtension as IDatasetContainer3;
            IDataset dataset = datasetContainer3. get_DatasetByName( esriDatasetType. esriDTNetworkDataset, "Transportation_ND" );
            networkDataset = dataset as INetworkDataset; }
    }
//初始化网络分析环境
private void initial_Click( object sender, EventArgs e)
    { //获取网络数据集中的数据元素
        IDatasetComponent dsComponent = networkDataset as IDatasetComponent;
        IDENetworkDataset deNDS = dsComponent. DataElement as IDENetworkDataset;
        //创建路径分析的网络分析环境
        INASolver naSolver = new NARouteSolverClass( );
        INAContextEdit contextEdit = naSolver. CreateContext( deNDS, naSolver. Name) as INAContextEdit;
        contextEdit. Bind( networkDataset, new GPMessagesClass( ) );
        m_NAContext = contextEdit as INAContext;
        //获取成本属性
        INetworkAttribute networkAttribute;
        for( int i = 0; i < networkDataset. AttributeCount; i ++ )
            { networkAttribute = networkDataset. get_Attribute( i );
            if( networkAttribute. UsageType == esriNetworkAttributeUsageType. esriNAUTCost)
                { cboCostAttribute. Items. Add( networkAttribute. Name);
                cboCostAttribute. SelectedIndex = 0; }
            }
        //从要素类加载网络位置
        IFeatureClass inputFClass = featureWorkspace. OpenFeatureClass( "TestPoint" );
        double snaptolerance = Convert. ToDouble( tolerance. Text. ToString( ) );
        LoadNANetworkLocations( "Stops", inputFClass, snaptolerance);
        //创建网络分析图层并加载到三维场景中
        ILayer layer;
        INALayer naLayer = m_NAContext. Solver. CreateLayer( m_NAContext);
        layer = naLayer as ILayer;
        layer. Name = m_NAContext. Solver. DisplayName;
        m_scene. AddLayer( layer, true);  }
public void LoadNANetworkLocations( string strNAClassName, IFeatureClass inputFC, double snapTolerance)
    { INAClass naClass; INamedSet classes;
```

```
        classes = m_NAContext. NAClasses;
        naClass = classes. get_ItemByName(strNAClassName) as INAClass;
        // 删除存在的网络位置
        naClass. DeleteAllRows();
        //创建一个 NAClassLoader,并设置捕捉容差
        INAClassLoader classLoader = new NAClassLoader();
        classLoader. Locator = m_NAContext. Locator;
        if(snapTolerance > 0)classLoader. Locator. SnapTolerance = snapTolerance;
        classLoader. NAClass = naClass;
        //创建从输入要素类到网络分析对象的字段映射
        INAClassFieldMap fieldMap = new NAClassFieldMap();
        fieldMap. CreateMapping(naClass. ClassDefinition,inputFC. Fields);
        classLoader. FieldMap = fieldMap;
        // 避免加载网络位置到不能遍历的位置
        INALocator3 locator = m_NAContext. Locator as INALocator3;
        locator. ExcludeRestrictedElements = true;
        locator. CacheRestrictedElements(m_NAContext);
        //加载网络位置
        int rowsIn = 0;int rowsLocated = 0;
        IFeatureCursor featureCursor = inputFC. Search(null,true);
        classLoader. Load((ICursor)featureCursor,null,ref rowsIn,ref rowsLocated);
        //更新网络分析环境
        ((INAContextEdit)m_NAContext). ContextChanged();    }
//设置求解参数
public void SetSolverSettings()
    {   //设置路径分析的特有参数
        INASolver naSolver = m_NAContext. Solver;
        INARouteSolver rSolver = naSolver as INARouteSolver;
        rSolver. OutputLines = esriNAOutputLineType. esriNAOutputLineTrueShape;
        // 设置一般的分析属性
        // 设置阻抗或成本属性
        INASolverSettings naSolverSettings;
        naSolverSettings = rSolver as INASolverSettings;
        naSolverSettings. ImpedanceAttributeName = cboCostAttribute. Text;
        // 设置单行道限制
        IStringArray restrictions;
        restrictions = naSolverSettings. RestrictionAttributeNames;
        restrictions. RemoveAll();
        if(checkBox1. Checked)restrictions. Add("oneway");
        naSolverSettings. RestrictionAttributeNames = restrictions;
        naSolverSettings. IgnoreInvalidLocations = true;
        //设置成本属性后更新网络分析环境
        naSolver. UpdateContext(m_NAContext,deNDS,new GPMessagesClass())    }
```

```
// 进行求解,得到结果
private void Solve_Click(object sender,EventArgs e)
   {  SetSolverSettings();
      IGPMessages gpMessages = new GPMessagesClass();
      if(! m_NAContext.Solver.Solve(m_NAContext,gpMessages,null))
         {  //得到分析结果,并输出
            …
            //放大到获得的路径视图
            IGeoDataset geoDataset;IEnvelope envelope;
            geoDataset = m_NAContext.NAClasses.get_ItemByName("Routes") as IGeoDataset;
            envelope = geoDataset.Extent;
            if(! envelope.IsEmpty)envelope.Expand(1.1,1.1,true);
            m_scene.AreaOfInterest = envelope;
            m_scene.SceneGraph.ActiveViewer.Redraw(false); }
   }
```

本章主要介绍了 ArcObjects 中两个三维开发控件 SceneControl 与 GlobeControl 及它们的主要接口，重点阐述了三维表面分析、三维网络功能的开发。

# 参 考 文 献

[1] 蒋波涛. ArcObjects 开发基础与技巧——基于 VisualBasic .NET[M]. 武汉：武汉大学出版社，2006.

[2] 韩鹏，徐占华，等. 地理信息系统开发——ArcObjects 方法[M]. 武汉：武汉大学出版社，2005.

[3] ArcGIS Resource Center. http：//help. arcgis. com/en/sdk/10. 0/arcobjects_net/ao_home. html.

[4] ArcGIS 桌面中文帮助文档. http：//help. arcgis. com/zh-cn/arcgisdesktop/10. 0/help.

[5] ESRI 中国（北京）有限公司在线支持中心. http：//bbs. esrichina-bj. cn/esri.

[6] ESRI 中国第九届用户大会资料. 构造完整的三维 GIS 解决方案.

[7] Turner A K. Three-dimension modeling with geoscientific information systems[M]. NATO ASI 354, Dordrech: Kluwer Academic Publishers, 1992.

[8] Breuning M. Integration of spatial information for geoinformation systems[M]. Berlin Heidelberg: Springer-verse, 1996.